Einstieg in die Astroteilchenphysik

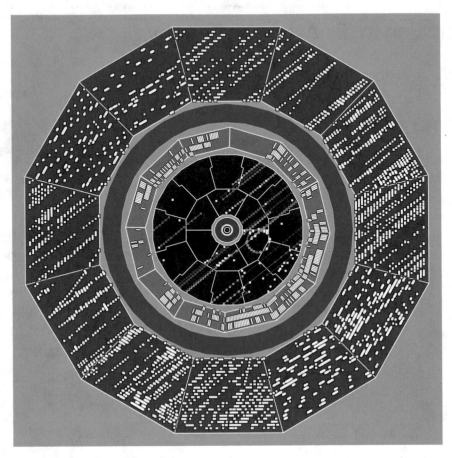

Myonenschauer im ALEPH-Experiment in 125 Metern Tiefe unter der Erde

Urheberrechtshinweis

Das Copyright nicht extern zitierter Bilder liegt beim Autor. Diese Bilder sind zum Teil aus der ersten Auflage ‚Astroteilchenphysik', Springer 2000, oder der englischen Ausgabe ‚Astroparticle Physics', Springer 2005, mit einigen Modifikationen übernommen. Alle gezeichneten Cartoons stammen vom Autor, der auch das Copyright dafür hat. Wer in diesem Buch enthaltene Cartoons nutzen möchte, möge sich bitte an den Autor wenden. Die im Buch zitierten Internetseiten sind alle zu den angegebenen Daten auf Korrektheit überprüft worden. Internetseiten und -adressen sind aber einem schnellen Wandel unterworfen. Solche Änderungen unterliegen nicht der Kontrolle des Autors. Der Autor hat für verwendete Bilder und graphische Darstellungen in jedem Fall eine schriftliche Genehmigung des jeweiligen Urhebers eingeholt. Falls Inhalte in diesem Buch nicht korrekt oder unvollständig zitiert worden sind, wäre der Autor dankbar, darüber informiert zu werden, sodass es in zukünftigen Ausgaben des Buches berücksichtigt werden kann.

Claus Grupen

Einstieg in die Astroteilchenphysik

Grundlagen, Messungen und Ergebnisse aktueller Forschung

2. Auflage

Springer Spektrum

Claus Grupen
FB Physik
Universität Siegen
Siegen
Deutschland

Die Darstellung von manchen Formeln und Strukturelementen war in einigen elektronischen Ausgaben nicht korrekt, dies ist nun korrigiert. Wir bitten damit verbundene Unannehmlichkeiten zu
entschuldigen und danken den Lesern für Hinweise.

ISBN 978-3-662-55270-4   ISBN 978-3-662-55271-1 (eBook)
https://doi.org/10.1007/978-3-662-55271-1

Die Deutsche Nationalbibliothek verzeichnet diese Publikation in der Deutschen Nationalbibliografie; detaillierte
bibliografische Daten sind im Internet über http://dnb.d-nb.de abrufbar.

Springer Spektrum
© Springer-Verlag GmbH Deutschland 2000, 2018

Planung: Margit Maly

Gedruckt auf säurefreiem und chlorfrei gebleichtem Papier

Springer Spektrum ist Teil von Springer Nature
Die eingetragene Gesellschaft ist Springer-Verlag GmbH Deutschland
Die Anschrift der Gesellschaft ist: Heidelberger Platz 3, 14197 Berlin, Germany

Vorwort zur zweiten überarbeiteten Auflage

Bücher mögen sich nicht rechnen, aber sie zahlen sich aus.
Anonym

Seit der Erstauflage sind nun sechzehn Jahre vergangen. Was ist das schon im Verhältnis zum Weltalter, das kürzlich vom Planck-Satelliten mit großer Genauigkeit zu $13{,}798 \pm 0{,}037$ Milliarden Jahren bestimmt wurde? Es hat sich aber in dieser relativ kurzen Zeit doch eine Menge getan, insbesondere in der Kosmologie. Das klassische Urknallmodell mit der Inflation kann das Flachheits-, das Horizont- und das Monopolproblem plausibel erklären. Was aber in den ersten Sekundenbruchteilen der Entstehung des Universums geschah, liegt dagegen immer noch im Dunkeln.

Ein offener Punkt ist auch die Dominanz der Materie. *CP*-verletzende Effekte sind zwar aus der Teilchenphysik bekannt, reichen aber nicht aus, um das fast vollständige Verschwinden der Antimaterie zu verstehen. Resultate des Satelliten PAMELA und des AMS-Experiments an Bord der Raumstation ISS finden zwar unerwartet viele Positronen im Hochenergiebereich, aber diese könnten auch in Neutronensternen, Quasaren oder Aktiven Galaktischen Kernen erzeugt worden sein.

In der Elementarteilchenphysik war die Entdeckung des Higgs-Teilchens im Juli 2012 am Large Hadron Collider (LHC) am CERN sicher ein Highlight. Mit einer Masse von 125 GeV ergänzt und stützt das Higgs-Teilchen das Standardmodell der Teilchenphysik. Allerdings kann der LHC supersymmetrische schwere Teilchen mit Massen unterhalb des TeV-Bereiches ausschließen, was für die Suche nach Teilchen der Dunklen Materie eine Ernüchterung darstellt. Durch den Gravitationsmikrolineffekt hat man allerdings im Bullet-Cluster immerhin indirekt gesehen, wo die Dunkle Materie sich versteckt. Die Suche nach konkreten ‚dunklen' Teilchen geht aber weiter.

Ein kurzer Hoffnungsschimmer für die Existenz und den Nachweis von Gravitationswellen durch den Urknall selbst durch das BICEP-Experiment am Südpol hat sich allerdings ‚in Staub aufgelöst'. Die vermuteten Gravitationswellen sollten einen Fingerabdruck in der Polarisation der kosmischen Hintergrundstrahlung hinterlassen, der von BICEP scheinbar gefunden wurde. Aber die Polarisation der Schwarzkörperstrahlung wird auch von kosmischem Staub beeinflusst, und der Effekt konnte vom Planck-Satelliten nicht bestätigt werden. Dagegen gab es mit der ersten Messung von Gravitationswellen mit LIGO durch ein System aus zwei Michelson-Interferometern im Jahr 2015 einen wirklichen Durchbruch. Bisher wurden vier Ereignisse gefunden, jeweils ausgelöst durch das Verschmelzen zweier Schwarzer Löcher. Die zeitliche Struktur des Gravitationswellensignals und die Tatsache einer koinzidenten Messung stellt eine große Stütze dieser Entdeckung dar. Der experimentelle Nachweis von Gravitationswellen eröffnet damit ein weiteres Fenster für eine neue Gravitationswellenastronomie.

Das ICECUBE-Experiment entdeckte erste Spuren von vermutlich kosmogenischen, hochenergetischen Neutrinos im PeV-Bereich, die möglicherweise von einem im Jahr 2012 gemessenen Strahlungsausbruch einer 10 Milliarden Lichtjahre entfernten Galaxie (einem Blazar) stammen. Die Hochenergie-Neutrinoastronomie betritt damit die Bühne der Astroteilchenphysik im Hochenergiebereich.

In der Technik gibt es weitere Entwicklungen, die neuen Erkenntnisgewinn versprechen. Die Messung hochenergetischer primärer kosmischer Strahlung über deren Radioemission durch geomagnetisch erzeugte Synchrotronstrahlung erlaubt einen kostengünstigen Nachweis dieser Teilchen in ausgedehnten Luftschauern. Die Pionierexperimente LOPES und LOFAR haben der Radioastronomie und Hochenergie-Astroteilchenphysik ein neues Fenster eröffnet. Radioexperimente können den Himmel – im Gegesatz zu Fluoreszenz- und Cherenkov-Teleskopen – ganztägig beobachten und sind nicht auf wolkenfreie und mondlose Nächte angewiesen. Das geplante Square Kilometer Array (SKA) wird in der Zukunft das empfindlichste Radioteleskop der Welt sein, und könnte wesentlich dazu beitragen, die Gesetze des Universums, seine Herkunft und Entwicklung zu verstehen.

Der Planck-Satellit mit seiner hervorragenden Winkelauflösung von fünf Bogenminuten (COBE: 7 Grad, WMAP: 13,5 Bogenminuten) und erhöhter Empfindlichkeit konnte die kosmische Hintergrundstrahlung in großem Detail vermessen und hat schon wichtige Beiträge zur Bestimmung kosmologischer Parameter beigesteuert.

Gegenüber der ersten Auflage sind diesem Buch einige weitere Kapitel hinzugefügt worden, die auf diese neuen Entwicklungen Rücksicht nehmen. Natürlich sind alle übrigen Kapitel wissenschaftlich auf den neuesten Stand gebracht worden.

Ich danke Prof. Dr. Glen Cowan für seine zahlreichen Anregungen insbesondere zur Kosmologie des frühen Universums.

Dr. Tilo Stroh hat die umfangreiche Aufgabe übernommen, dem Manuskript die endgültige LATEX-Gestalt zu geben. Außerdem hat Herr Dr. Stroh in vielfältiger Weise an der Gestaltung des Buches mitgewirkt. Insbesondere hat er große Mühe darauf verwendet, einen übersichtlichen und informativen Index zu erstellen. Für all diese Leistungen bin ich ihm sehr dankbar. Die grafische Gestaltung der Bilder wurde dankenswerterweise überwiegend von Dipl.-Phys. Stefan Armbrust übernommen.

Siegen, Oktober 2017

Inhaltsverzeichnis

Historische Einleitung

1

Schaue in die Vergangenheit als Anleitung für die Zukunft.
Robert Jacob Goodkin

Das Gebiet der Astroteilchenphysik bzw. Teilchenastrophysik ist relativ neu, sodass es nicht leichtfällt, die Geschichte dieses Forschungszweiges zu schildern. Daher unterliegt die Auswahl der historischen Meilensteine einer gewissen persönlichen Präferenz.

Basis der Astroteilchenphysik ist zunächst die Astronomie im optischen Spektralbereich. Mit zunehmender Messtechnik spezialisierte sich diese beobachtende Wissenschaft zur Astrophysik. Das Forschungsgebiet der Astrophysik benötigt aber viele physikalische Teilgebiete, wie etwa neben der Mechanik und Elektrodynamik auch die Thermodynamik, Plasmaphysik, Kernphysik und schließlich die Elementarteilchenphysik. Zum Verständnis vieler astrophysikalischer Zusammenhänge sind präzise Kenntnisse der Teilchenphysik erforderlich, insbesondere auch unter Bedingungen, wie man sie im Labor nicht nachstellen kann. Die Astrophysik bietet also ein außerordentlich interessantes Laboratorium auch für Hochenergiephysiker.

Die Berechtigung für den Begriff der Astroteilchenphysik ist spätestens seit der Sichtung astronomischer Objekte im Lichte von Elementarteilchen gegeben. Dabei kann man sich natürlich darüber streiten, ob Röntgen- und Gammastrahlung mehr zur klassischen Astronomie oder zur Astroteilchenphysik gehören. Um in dieser Hinsicht ganz sicherzugehen, muss man den neuen Begriff wohl auf ein ‚richtiges' Elementarteilchen einengen. In diesem Sinne lässt sich die Beobachtung unserer Sonne durch die Messung solarer Neutrinos in der Homestake Mine (Davis-Experiment) als Geburtsstunde der Astroteilchenphysik definieren, obwohl die ersten Messungen solarer Neutrinos 1967 in diesem radiochemischen Experiment ohne Richtungskorrelation durchgeführt wurden.

© Springer-Verlag GmbH Deutschland 2018
C. Grupen, *Einstieg in die Astroteilchenphysik*,
https://doi.org/10.1007/978-3-662-55271-1_1

Erst das Kamiokande[1]-Experiment konnte die Sonne mit Neutrinos in Echtzeit 1987 unter Ausnutzung der Richtungsinformation ‚sehen'. Die Natur war so freundlich, ebenfalls im Jahr 1987 eine Supernova in der Großen Magellan'schen Wolke explodieren zu lassen (SN 1987A), deren Neutrinoausbruch (Burst) auch in den großen Wasser-Cherenkov-Detektoren von Kamiokande und IMB[2] registriert wurde.

Gegenwärtig expandieren die Gebiete der Gamma- und Neutrinoastronomie außerordentlich stark. Mit geladenen Teilchen Astronomie zu betreiben, ist eine schwierige Angelegenheit. Durch irreguläre interstellare und intergalaktische Magnetfelder ‚vergessen' die geladenen kosmischen Teilchen ihren Ursprungsort. Erst bei sehr hohen Energien werden diese Teilchen kaum noch durch galaktische Magnetfelder abgelenkt, sodass Astronomie mit geladenen Teilchen denkbar ist, wenn die Flüsse im hochenergetischen Bereich nur hinreichend groß sind. Tatsächlich gibt es vorsichtige Hinweise auf eine nichtuniforme Verteilung der höchstenergetischen geladenen Teilchen ($>10^{19}$ eV) mit einem möglichen Ursprung in der supergalaktischen Ebene, einer milchstraßenartigen Anhäufung von Galaxien in einer Scheibe. Allerdings werden auch einzelne aktive galaktische Kerne in kosmologischen Entfernungen als Kandidaten für diese Ereignisse diskutiert.

Im Folgenden sollen nun in chronologischer Reihenfolge die Meilensteine diskutiert werden, die zur Bildung der neuen Disziplin Astroteilchenphysik beigetragen haben. Dabei werden in ausgewogener Weise Entdeckungen aus der Astronomie, kosmischen Strahlung und Elementarteilchenphysik berücksichtigt.

1.1   Entdeckung und Beginn der Untersuchung kosmischer Strahlung

Der Anfang aller Dinge ist ein kosmisches Paradoxon, ein Paradoxon ohne Schlüssel zum Verständnis seiner Bedeutung.

Sri Aurobindo

Interessant ist es, auf die Beobachtung der Vela-Supernova durch die Sumerer vor 6000 Jahren hinzuweisen. Diese Supernova steht in einer Entfernung von 1500 Lichtjahren im Sternbild Vela. Heute wird der Reststern dieser Sternexplosion z. B. im Röntgen- und Gammabereich beobachtet. Dabei ist Vela X1 ein Röntgen-Doppelstern, dessen eine Komponente der Vela-Pulsar ist. Mit einer Periode von 89 ms ist der Vela-Pulsar einer der ‚langsamsten' bisher in Doppelsternsystemen beobachteten Pulsare. Zur Nomenklatur ist vielleicht noch hinzuzufügen, dass die Bezeichnung X1 die stärkste ($\equiv$ erste) Röntgenquelle (X-ray source) im Sternbild Vela bezeichnet.

Als zweite spektakuläre Supernovaexplosion ist die Beobachtung der Chinesen aus dem Jahr 1054 zu erwähnen. Den Überrest dieser Explosion sehen wir heute als Krebsnebel;

---

[1] Kamiokande = Kamioka Nucleon Decay Experiment.

[2] IMB = Irvine Michigan Brookhaven Collaboration.

Abb. 1.1 Krebsnebel [1, 2]

Abb. 1.2 Schraubenbahn
eines Elektrons im
Erdmagnetfeld

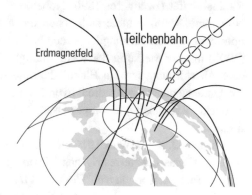

er emittiert ebenfalls im Röntgen- und Gammabereich und wird wegen seiner konstanten
Helligkeit als ‚Standardkerze' in der Gammaastronomie verwendet (Abb. 1.1).

Die Beobachtung von Polarlichtern (Gassendi 1621, Halley 1716) als Aurora Borealis
(‚nördliche Morgendämmerung') führte 1733 Mairan zur Vermutung, dass diese Erscheinung solaren Ursprungs ist. Die Polarlichter werden durch von der Sonne kommende
Elektronen erzeugt, die entlang magnetischer Feldlinien auf schraubenförmigen Bahnen in
die Polgebiete einfallen. An den Polen bewegen sich die geladenen Teilchen im Wesentlichen parallel zu den Magnetfeldlinien und können daher viel tiefer in die Atmosphäre
eindringen als am Äquator, wo sie die Feldlinien senkrecht durchqueren müssen (Abb. 1.2
und 1.3).

Erwähnenswert ist auch, dass die korrekte Interpretation der am Himmel beobachteten
‚Nebel' als Anhäufung von einzelnen Sternen zu Galaxien nicht von einem Astronomen,
sondern von einem Philosophen gegeben wurde (Kant 1775).

Abb. 1.3 Aurora Borealis;
Foto: Dennis Mammana [3]

Durch die Entdeckung von Röntgenstrahlen (Röntgen 1895, Nobelpreis 1901), der Radioaktivität (Becquerel 1896, Nobelpreis 1903) und des Elektrons (Thomson 1897, Nobelpreis 1906) deutete sich schon ein teilchenphysikalischer Aspekt für die Astronomie an. Um die Jahrhundertwende befassten sich Wilson (1900) und Elster und Geitel (1900) mit der Messung der Restleitfähigkeit in Luft. Rutherford stellte 1903 fest, dass eine Abschirmung um ein Elektroskop die Restleitfähigkeit reduziert (Nobelpreis 1908 für Untersuchungen an radioaktiven Elementen). Es lag nahe, dafür die von Becquerel entdeckte Radioaktivität von gewissen Erzen, die im Boden vorkamen, verantwortlich zu machen.

Tatsächlich stellte Wulf 1910 eine geringere Intensität im Elektrometer auf dem Eiffelturm fest, was den terrestrischen Ursprung der ionisierenden Strahlung zu bestätigen schien. Erst Messungen von Hess (1911/1912, Nobelpreis 1936) mit Ballonfahrten bis in Höhen von 5 km stellten sicher, dass es neben der terrestrischen Strahlung noch eine Komponente gab, die mit der Höhe zunahm (Abb. 1.4 und 1.5).

Diese extraterrestrische Komponente wurde zwei Jahre später von Kohlhörster (1914) bestätigt. Wilson entwickelte 1912 mit der Nebelkammer (‚Wilson-Kammer') einen Detektor, mit dem man die Spuren ionisierender Teilchen sichtbar machen konnte (Nobelpreis 1927).

Diese Höhenstrahlung, oder kosmische Strahlung, mit ihren zahlreichen Experimentiermöglichkeiten (Abb. 1.6) ist für die Entwicklung der Astroteilchenphysik von ganz besonderer Bedeutung.

Parallel zu diesen experimentellen Untersuchungen entwickelte Einstein seine Spezielle (1905) und Allgemeine Relativitätstheorie (1915/1916), wobei die Spezielle Relativitätstheorie für die Teilchenphysik und die Allgemeine Relativitätstheorie für die Kosmologie von bahnbrechender Bedeutung ist. Einstein erhielt zwar 1921 den Nobelpreis, allerdings für die korrekte Interpretation des Fotoeffekts, und nicht für seine fundamentalen Theorien der Relativität und Gravitation. Offensichtlich war

Abb. 1.4 Victor Hess bei
einem Ballonaufstieg zur
Messung der
Höhenstrahlung [4]

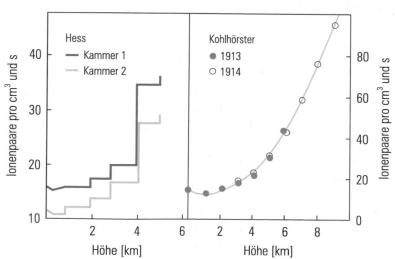

Abb. 1.5 Messungen von Hess (*links*) und Kohlhörster (*rechts*) zur Abhängigkeit der Ionisation von der Höhe in der Atmosphäre [5, 6]

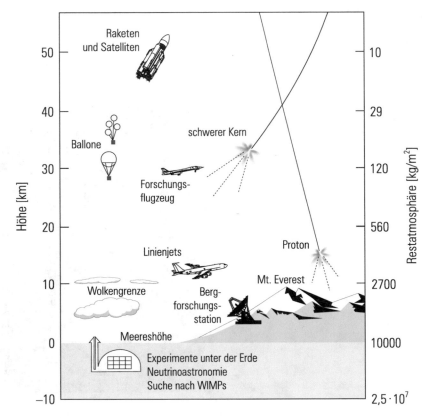

Abb. 1.6 Experimentiermöglichkeiten in der kosmischen Strahlung

dem Nobelpreiskomitee in Stockholm die herausragende Bedeutung und vielleicht auch die Korrektheit der Einstein'schen Thesen noch nicht klar, obwohl Schwarzschild 1916 schon richtige Schlussfolgerungen für die Existenz Schwarzer Löcher aus den Theorien ableitete und Eddington 1919 die von Einstein vorhergesagte gravitative Lichtablenkung bei einer totalen Sonnenfinsternis bestätigte. Die experimentelle Verifikation der Lichtablenkung in Gravitationsfeldern stellt auch zugleich die erste Entdeckung des Gravitationslinseneffekts dar. So wird einmal das Bild eines Sternes aufgrund der Lichtablenkung in einem starken Gravitationsfeld verschoben, andererseits kann das Bild eines entfernten Sterns auch doppelt, mehrfach oder ringförmig erscheinen, wenn sich zwischen dem Stern und dem Beobachter auf der Erde ein massereiches Objekt befindet. Erst 1979 konnten Mehrfachbilder von einem Quasar ('Doppelquasar') und 1988 ein von Einstein 1936 vorhergesagter Einstein-Ring bei einer Radiogalaxie beobachtet werden. Andere Konfigurationen durch den Gravitationslinseneffekt, wie ein Einstein-Kreuz, wurden auch gesehen (Abb. 1.7 und 1.8).

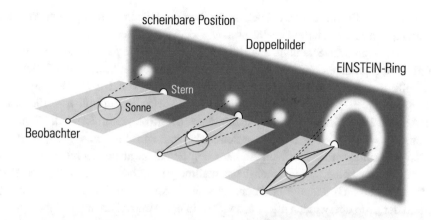

Abb. 1.7 Gravitationslinseneffekt. (**a**) Lichtablenkung, (**b**) Doppelbilder, (**c**) Einstein-Ring

Abb. 1.8 Einstein-Kreuz [7]

Im Bereich der Astronomie wurden die verschiedenen Sterne nach ihrer Helligkeit und Spektralfarbe klassifiziert (Hertzsprung-Russell-Diagramm 1911). Dieses Schema erlaubte ein besseres Verständnis der Sternentwicklung von Hauptreihensternen über Rote Riesen zu Weißen Zwergen. Hubble konnte 1924 mit dem Mount-Wilson-Observatorium die Kant'sche Vermutung, dass ‚Nebel' eine Anhäufung von Sternen in Galaxien seien, bestätigen, indem er einzelne Sterne im Andromedanebel auflöste. Nur wenige Jahre später (1929) konnte er anhand der Rotverschiebung der Spektrallinien entfernter Galaxien die allgemeine Expansion des Universums experimentell belegen.

Inzwischen hatte man aber auch mehr Klarheit über die Natur der kosmischen Strahlen gewonnen. Mit neuen Detektortechniken konnte Hoffmann 1926 die Teilchenmultiplikation durch Absorberschichten feststellen (‚Hoffmann'sche Stöße'). Clay konnte 1927 zeigen, dass die Intensität der kosmischen Strahlung von der geomagnetischen Breite abhängt: ein klarer Hinweis auf den Teilchencharakter der Höhenstrahlung, denn Photonen würden nicht vom Erdmagnetfeld beeinflusst.

Die primäre kosmische Strahlung kann an den Polen der Erde parallel zum Magnetfeld weit in die Atmosphäre eindringen, während sie am Äquator senkrecht zum Erdmagnetfeld die volle Komponente der Lorentz-Kraft spürt ($F = e(v \times B)$; F – Lorentz-Kraft, v – Geschwindigkeit des kosmischen Teilchens, B – Erdmagnetfeld, e – Elementarladung: An den Polen ist $v \parallel B$ und damit $F = 0$; am Äquator ist $v \perp B$ mit der Folge von $|F| = e \cdot v \cdot B$). Dieser Breiteneffekt war zunächst umstritten, weil eine Expedition aus mittleren Breiten zum Äquator den Effekt zwar beobachtete, eine Expedition zum Pol aber keine weitere Intensitätszunahme gegenüber mittleren Breiten ergab. Dieser Befund ließ sich dadurch erklären, dass die kosmischen Teilchen nicht nur das Magnetfeld der Erde überwinden müssen, sondern in der Atmosphäre auch einen Energieverlust durch Ionisation erleiden. Diese atmosphärische Abschneideenergie (Cut-off) von etwa 2 GeV verhindert, dass die Höhenstrahlungsintensität zu den Polen weiter anwächst (Abb. 1.9). Mit Koinzidenzmethoden konnten Bothe und Kohlhörster 1929 schließlich den geladenen Charakter der kosmischen Strahlung auf Meereshöhe nachweisen (Nobelpreis an Bothe 1954 für seine Koinzidenzmethode und seine mit deren Hilfe gemachten Entdeckungen).

Störmer berechnete schon 1930 Bahnen geladener Teilchen im Erdmagnetfeld, um die geomagnetischen Effekte genauer zu studieren. Dabei nahm er zunächst als Startpunkte der Teilchen Positionen weit außerhalb der Erde an, wobei er feststellte, dass die Teilchen aufgrund der Wirkung des Magnetfeldes die Erde häufig gar nicht erreichen. Wegen der geringen Effizienz dieses Verfahrens kam er aber schon bald auf die Idee, statt dessen Antiteilchen von der Erdoberfläche starten zu lassen, um dann herauszufinden, wohin das Magnetfeld der Erde sie ablenkte. Bei diesen Rechnungen stellte er fest, dass Teilchen mit bestimmten Impulsen vom Erdmagnetfeld auch eingefangen werden können, indem sie zwischen den Magnetpolen der Erde hin- und herpendeln. Diese Strahlungsgürtel wurden 1958 von van Allen mit Experimenten an Bord des Explorer I-Satelliten nachgewiesen (Abb. 1.10).

Abb. 1.9 Breiteneffekt:
geomagnetischer und
atmosphärischer Cut-off

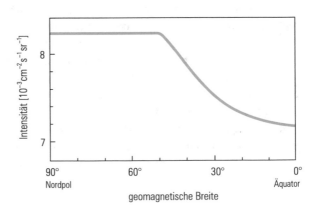

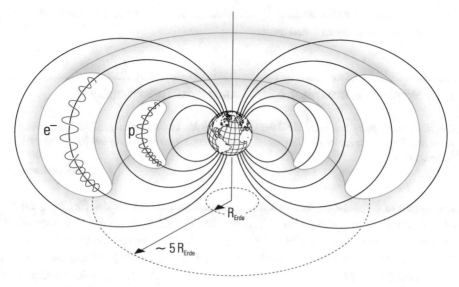

Abb. 1.10 Van-Allen-Strahlungsgürtel

Abb. 1.11 Ost-West-Effekt
[8]

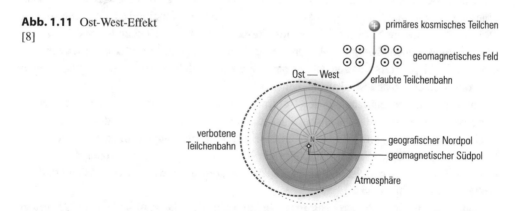

Dass die primäre Komponente der kosmischen Strahlung ganz überwiegend aus positiv geladenen Teilchen besteht, konnte 1933 durch die Beobachtung des Ost-West-Effektes gezeigt werden (Johnson und Alvarez und Compton; Nobelpreis Alvarez 1968; Nobelpreis Compton 1927). Betrachtet man die Einfallsrichtungen kosmischer Teilchen vom Pol aus, so findet man aus westlichen Richtungen eine höhere Intensität als aus östlichen Richtungen. Das liegt daran, dass einige Bahnen positiv geladener Teilchen im Osten nicht in den Weltraum hinausreichen (punktierte Bahnen in Abb. 1.11) und aus diesen Richtungen also eine geringere Intensität gemessen wird.

Rossi konnte 1933 mit der Koinzidenzmethode nachweisen, dass die sekundäre kosmische Strahlung in einer Bleischicht variabler Dicke Teilchenschauer auslöst ('Rossi-Kurve'). Durch Absorptionsmessungen mit einer solchen Anordnung konnte er ebenfalls zeigen, dass man in der Höhenstrahlung auf Meereshöhe eine weiche und eine durchdringende Komponente unterscheiden muss.

1.2   Symbiose: kosmische Strahlung und Teilchenphysik

Die übliche Methode, nach der die Wissenschaft sich ein mathematisches Modell konstruiert, kann die Frage, warum es ein Universum geben muss, welches das Modell beschreibt, nicht beantworten.

Stephen Hawking

Bis zu ungefähr diesem Zeitpunkt waren als Elementarteilchen nur das Elektron, das Proton (als Kernbaustein) und das Photon bekannt. Mit der Entdeckung des Positrons in einer Nebelkammer durch Anderson 1932 (Nobelpreis 1936), dem von Dirac 1928 vorhergesagten Antiteilchen des Elektrons (Nobelpreis 1933), und der Entdeckung des Neutrons durch Chadwick 1932 (Nobelpreis 1935) wurde ein neuer Abschnitt in der Elementarteilchenphysik und Astroteilchenphysik eingeläutet. Hinzu kam, dass Pauli 1930 zur Rettung des Energie-, Impuls- und Drehimpulserhaltungssatzes beim Kernbetazerfall die Existenz eines neutralen, masselosen Spin-$\frac{1}{2}$-Teilchens postulierte (Nobelpreis 1945). Dieses erst 1956 nachgewiesene Neutrino (Cowan und Reines, Nobelpreis 1995 an Reines) hat zu einem eigenen, neuen Zweig der Astronomie geführt: Die Neutrinoastronomie ist zur Zeit ein Paradebeispiel eines Bereiches, in dem Elementarteilchenphysik und Astronomie in der Astroteilchenphysik ideal zusammenwirken.

Im Rahmen der Entdeckung des Neutrons wird berichtet, dass Landau (Nobelpreis 1962) nur wenige Stunden, nachdem ihn die Nachricht vom Nachweis des Neutrons erreicht hatte, die Existenz von kalten, dichten Sternen, die hauptsächlich aus Neutronen bestehen, voraussagte. Erst 1967 konnte die Existenz rotierender Neutronensterne (Pulsare) aufgrund von gepulsten Radiosignalen nachgewiesen werden (Hewish und Bell, Nobelpreis 1975 an Hewish).

Neutronen in einem Neutronenstern zerfallen nicht, weil das Pauli-Prinzip (1925) einen Neutronzerfall in schon besetzte Elektronzustände verbietet. Da die Fermi-Energie der Restelektronen in einem Neutronenstern aber bei einigen 100 MeV liegt und beim Kernbetazerfall die Elektronen nur eine Maximalenergie von 0,77 MeV erhalten, gibt es keine verfügbaren Elektronen-Energieniveaus.

Nachdem mit dem Neutron neben dem Proton ein weiterer Kernbaustein entdeckt worden war, stellte sich die Frage, wie Atomkerne zusammenhalten können, da Protonen sich elektrostatisch abstoßen und Neutronen elektrisch neutral sind. Ausgehend von der Reichweite der Kernkräfte und der Heisenberg'schen Unschärferelation (1927, Nobelpreis 1932) stellte Yukawa 1935 die Hypothese auf, dass instabile Mesonen mit einer etwa 200-fachen Elektronenmasse Kernbindungskräfte vermitteln könnten (Nobelpreis 1949). Das von Anderson und Neddermeyer 1937 mit einer Nebelkammer in der kosmischen Strahlung entdeckte Myon schien die gesuchten Eigenschaften des Yukawa-Teilchens zu haben

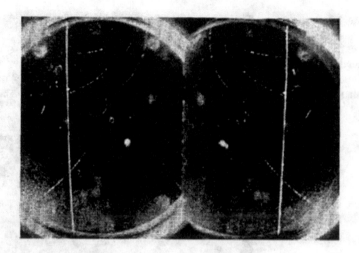

Abb. 1.12 Stereoaufnahme eines kosmischen Myons in einer Nebelkammer (Anderson und Neddermeyer) [9]

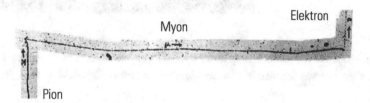

Abb. 1.13 Zerfall eines geladenen Pions über ein Myon in ein Elektron in einer Kernemulsion [10]

(Abb. 1.12). Es zeigte allerdings keine starken Wechselwirkungen mit Materie und stellte sich schließlich als ein neues, quasi schweres Gegenstück zum Elektron heraus. Die Tatsache, dass es neben dem Elektron und Positron noch ein weiteres elektronartiges Teilchen gab, veranlasste Rabi (Nobelpreis 1944) zu der Frage: „Wer hat das bestellt?" Rabis Frage ist bis heute unbeantwortet geblieben. Sie ist 1975 sogar noch verschärft worden, als Perl (Nobelpreis 1995) ein weiteres schweres Lepton, das Tau, entdeckte.

Mit der Entdeckung der stark wechselwirkenden geladenen Pionen ($\pi^{\pm}$) durch Lattes, Occhialini, Powell und Muirhead 1947 in Kernemulsionen, die der kosmischen Strahlung ausgesetzt waren, löste sich aber das Rätsel um die Yukawa-Teilchen (Nobelpreis 1950 an Powell) (Abb. 1.13).

Die Pionenfamilie wurde 1950 durch das neutrale Pion (π^0) komplettiert. Schon 1949 konnten Pionen am Beschleuniger auch künstlich erzeugt werden.

In diesem Zeitabschnitt wurden Elementarteilchen überwiegend in der kosmischen Strahlung entdeckt. Neben dem Myon ($\mu^{\pm}$) und den Pionen fand man in Nebelkammeraufnahmen auch Spuren von geladenen und neutralen K-Mesonen. Die neutralen Kaonen verrieten sich über ihren Zerfall in geladene Teilchen, die ein K^0 als ein auf

Abb. 1.14 Zerfall eines
neutralen Kaons in einer
Nebelkammer. Die
Zerfallsspuren der beiden
geladenen Pionen sind *rechts
unten* zu sehen [11, 12]

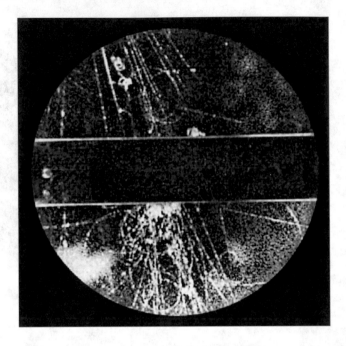

dem Kopf stehendes V erscheinen ließen, da in der Nebelkammer nur die Ionisations-
spuren der geladenen Zerfallsprodukte sichtbar werden (Rochester und Butler 1947;
Abb. 1.14).

Ein Teil der V's entpuppte sich später (1951) als Lambda-Baryonen, die ebenfalls
relativ schnell in zwei geladene Teilchen zerfielen ($\Lambda^0 \rightarrow p + \pi^-$). Auch Ξ- und Σ-
Hyperonen wurden in der kosmischen Strahlung entdeckt (Ξ: Armenteros et al. 1952; Σ:
Tomasini et al. 1953). Im Jahr 1954 wurden in einem Stapel von Kernemulsionen, der
in etwa 30 km Höhe der kosmischen Strahlung ausgesetzt wurde, von Yehuda Eisenberg
Spuren gefunden, die möglicherweise vom Zerfall eines Omega minus (Ω^-) herrührten.

Neben dem Studium der lokalen Wechselwirkungen kosmischer Strahlen wurden aber
auch deren globale Eigenschaften untersucht. Die von Rossi unter Bleiplatten beobachteten Teilchenschauer wurden auch in der Atmosphäre gefunden (Pfotzer 1936). Durch die
Wechselwirkungen der primären kosmischen Teilchen in der Atmosphäre bilden sich dort
ausgedehnte Luftschauer aus (Auger 1938), die zu einem Intensitätsmaximum in 15 km
über dem Erdboden führen (‚Pfotzer-Maximum‘; Abb. 1.15).

Schon ein Jahr vorher (1937) hatten Bethe und Heitler und unabhängig davon Carl-
son und Oppenheimer die Theorie elektromagnetischer Kaskaden entwickelt, die zur
Beschreibung der ausgedehnten Luftschauer herangezogen wurde.

Im Jahr 1938 löste ebenfalls Bethe zusammen mit Weizsäcker das lang anstehende Rät-
sel der Energiequellen der Sterne. Durch Fusionsprozesse von Protonen werden letztlich
Heliumkerne gebildet, wobei die frei werdende Kernbindungsenergie von 6,6 MeV pro
Nukleon die Sterne zum Leuchten bringt (Nobelpreis 1967 an Bethe).

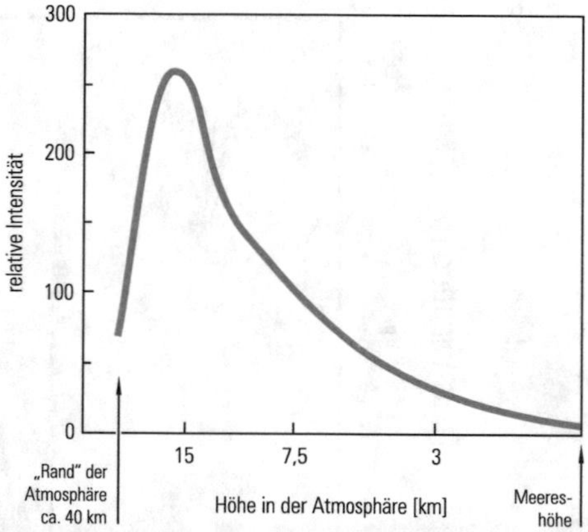

Abb. 1.15 Intensitätsprofil kosmischer Teilchen in der Atmosphäre

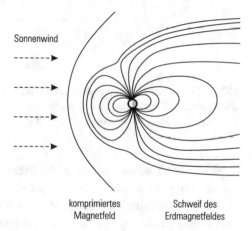

Abb. 1.16 Einfluss des Sonnenwindes auf das Erdmagnetfeld

Forbush stellte 1937 fest, dass die Intensität der kosmischen Strahlung weltweit zurückging, wenn das geomagnetische Feld der Erde durch von der Sonne ausgehende Teilchen („Sonnenwind") verstärkt wurde. Durch die Sonnenaktivität wird also die galaktische Komponente der kosmischen Strahlung moduliert (Abb. 1.16 und 1.17).

Auf die Existenz des Sonnenwindes schloss Ludwig Biermann schon 1951 aus den Untersuchungen an Kometenschweifen, die von der Sonne weg weisen. Dieser vermutete kontinuierliche Teilchenstrom wurde 1962 durch die Mariner 2-Sonde erstmals direkt nachgewiesen. Der Sonnenwind besteht überwiegend aus Elektronen und Protonen mit einer geringen Beimischung von α-Teilchen. Die Teilchenintensität im Abstand einer astronomischen Einheit beträgt immerhin $2 \cdot 10^8$ Ionen/(cm$^2 \cdot$ s). Dieses Sonnenplasma führt einen Teil des solaren Magnetfeldes mit sich und bewirkt deshalb die erwähnten Modulationseffekte der primären kosmischen Strahlung.

Seit 1949 wusste man, dass die primäre kosmische Strahlung überwiegend aus Protonen besteht. Schein, Jesse und Wollan hatten in Ballonexperimenten die Protonen als Träger der kosmischen Strahlung identifiziert.

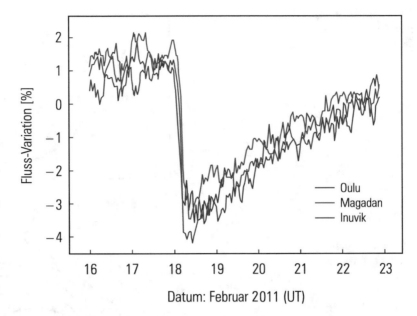

Abb. 1.17 Variation der Intensität der galaktischen kosmischen Strahlung (Forbush Decrease) bei einem solaren Teilchenausbruch, registriert in verschiedenen Messstationen. Ein solcher solarer Teilchenstrom kann für Astronauten zu einer ernsten Strahlengefahr werden [13]

Neben der Untersuchung der Wechselwirkungen kosmischer Strahlung mit der Atmosphäre und dem solaren und irdischen Magnetfeld überlegte sich Fermi schon 1949 (Nobelpreis 1938 für Untersuchungen zur Radioaktivität), wie die Teilchen der primären kosmischen Strahlung auf so hohe Energien beschleunigt werden können. Inzwischen hatte man gefunden, dass neben Elektronen, Protonen und α-Teilchen auch das ganze Spektrum schwerer Kerne in der primären kosmischen Strahlung vertreten war (Freier, Bradt, Peters 1948). Haar diskutierte schon 1950 Supernovaexplosionen als mögliche Quellen der kosmischen Strahlung, eine Vermutung, die auch durch spätere Rechnungen und Messungen gestützt wird.

Nachdem mit dem Positron 1932 schon ein erstes Antiteilchen in der kosmischen Strahlung gefunden worden war, entdeckten Chamberlain und Segrè im Jahr 1955 das Antiproton in einem Beschleunigerexperiment (Nobelpreis an Segrè und Chamberlain 1959). Positronen (Meyer und Vogt, Earl 1961) und Antiprotonen (Golden 1979) wurden auch später in der primären kosmischen Strahlung gefunden. Man geht allerdings davon aus, dass diese Antiteilchen nicht direkt aus den Quellen stammen, sondern als Sekundärprodukte durch Wechselwirkung der primären kosmischen Strahlung mit dem interstellaren Gas oder auch in den obersten Schichten der Erdatmosphäre erzeugt werden.

Mit dem Start des ersten künstlichen Satelliten (Sputnik 4.10.1957) wurde eine Entwicklung eingeleitet, die neue Felder in der Astroteilchenphysik eröffnen sollte. Die Beobachtung von primärer Röntgen- und Gammastrahlung war durch die abschirmende

Wirkung der Erdatmosphäre vorher praktisch ausgeschlossen. Immerhin ist die Atmosphäre etwa 25 Strahlungslängen dick, sodass Röntgenstrahlung und Gammastrahlung praktisch nur am Rand der Atmosphäre ungestört beobachtet werden kann. Es dauerte allerdings noch einige Zeit, bis die ersten Röntgensatelliten (z. B. 1970 Uhuru, 1978 Einstein Observatory, 1983 Exosat) und Gammasatelliten (z. B. 1967 Vela, 1969 OSO 3, 1972 SAS 2, 1975 COS-B) gestartet wurden und eine Fülle neuer Daten über einen bis dahin unzugänglichen Spektralbereich lieferten. So konnte das galaktische Zentrum als heller Bereich im Röntgen- und Gammalicht gefunden und erste Punktquellen bei hohen Energien entdeckt werden (Krebsnebel, Vela X1, Cygnus X3, . . .) (Nobelpreis an Giacconi für seine Beiträge zur Röntgenastronomie 2002).

Mit der Entdeckung der Quasistellaren Radioquellen (Quasare 1960) stieß man bis an den ‚Rand‘ des Universums vor. Quasare übertreffen die Leuchtkraft ganzer Galaxien. Ihre Entfernung wird über die Rotverschiebung der Spektrallinien bestimmt. Der zurzeit bekannte entfernteste Quasar mit einer Rotverschiebung von $z = \frac{\lambda - \lambda_0}{\lambda_0} = 7{,}085$ wurde 1999 entdeckt. Wie in Kap. 8 gezeigt wird, bedeutet dies, dass wir den Quasar in einem Zustand sehen, als das Weltall etwa 5 % des heutigen Alters hatte, d. h., dieser Quasar steht in einer Entfernung von fast 14 Milliarden Lichtjahren. Es war allerdings lange Zeit umstritten, ob es sich bei den Quasar-Rotverschiebungen um einen gravitativen oder kosmologischen Effekt handelte. Heute besteht kein Zweifel mehr daran, dass die beobachtete Rotverschiebung eine Folge der Hubble-Expansion des Universums ist. Das Hubble-Teleskop hat 2012 sogar entfernte Galaxien mit Rotverschiebungen bis $z = 11{,}9$ gefunden.

Der Befund, dass das Universum expandiert, schließt die Überlegung ein, dass die Expansion irgendwann in einer gewaltigen Explosion einmal angefangen haben muss. Nach dieser Urknallhypothese wurde die beobachtete Expansion vor ca. 14 Milliarden Jahren gestartet. Das Urknallmodell stand lange Zeit in Konkurrenz zur Steady-State-Theorie, die auf einem in der Zeit unveränderlichen Universum basierte. Gamow hatte bereits in den 1940er-Jahren den Gedanken geäußert, dass es eine Reststrahlung des Urknalls geben müsste, die in der gegenwärtigen Zeit im Kelvin-Bereich liegen müsste. Als Penzias und Wilson 1965 dieses Echo des Urknalls mit einer Temperatur von etwa 3 Kelvin ganz zufällig bei der Entwicklung rauscharmer Antennen für Radiostrahlung entdeckten (Nobelpreis 1978), setzte sich das Urknallmodell endgültig durch (Abb. 1.18).[3] Die genaue Temperatur dieser Schwarzkörperstrahlung wurde vom COBE-Satelliten[4] im Jahr 1992 mit $2{,}725 \pm 0{,}001$ Kelvin vermessen und von den Satelliten WMAP[5] und Planck bestätigt.

---

[3]Bei dem Versuch, das Rauschen der Hornantenne zu reduzieren, stellten die Exkremente von Tauben ein großes Problem dar. Als nach gründlicher Säuberung der Anlage immer noch ein Restrauschen beobachtet wurde, sagte Arno Penzias: „Either we have seen the birth of the universe, or we have seen another pile of pigeon shit."

[4]COBE = COsmic Ray Background Explorer.

[5]WMAP = Wilkinson Microwave Anisotropy Probe.

Abb. 1.18 Penzias und
Wilson vor einer Hornantenne
zur Messung der
Schwarzkörperstrahlung
[14, 15]

COBE (Nobelpreis an Mather und Smoot, 2006) fand auch räumliche Asymmetrien dieser Schwarzkörperstrahlung auf dem Niveau von $\Delta T/T \approx 10^{-5}$, die auf eine klumpige Struktur des frühen Universums hinweisen und als Indiz für Galaxienbildung interpretiert werden. Mit deutlich besserer Auflösung haben die Satelliten WMAP und Planck dieses Ergebnis bestätigt.

Nachdem das Elektron-Antineutrino in einem Reaktorexperiment von Reines und Cowan direkt nachgewiesen war, gab es parallel zu den Fortschritten im Verständnis der Kosmologie 1962 eine für die Astroteilchenphysik entscheidende Entdeckung mit dem Nachweis, dass das beim Pionzerfall auftretende Neutrino nicht mit dem Neutrino des Kernbetazerfalls identisch ist ($\nu_\mu \neq \nu_e$) (Lederman, Schwartz, Steinberger; Nobelpreis 1988). Zum gegenwärtigen Zeitpunkt sind drei Neutrinogenerationen (ν_e, ν_μ, ν_τ) bekannt. Experimente am großen Elektron-Positron-Speicherring LEP am CERN haben Ende 1989 nachgewiesen, dass es genau drei Neutrinoflavours mit Massen unterhalb der halben Z-Masse gibt. Ein direkter Nachweis des Tau-Neutrinos gelang erst im Juli 2000 mit dem DONUT-Experiment (DONUT – Direct Observation of Nu Tau (ν_τ)).

Mit dem Nachweis solarer Neutrinos durch das Davis-Experiment (seit 1967) begann die Disziplin der Neutrinoastronomie (Nobelpreis an Davis jun. 2002 für die Messung solarer Neutrinos). Tatsächlich stellte Davis ein Defizit im Fluss solarer Neutrinos fest, das auch von späteren Experimenten (GALLEX,[6] SAGE,[7] Kamiokande (Nobelpreis an Koshiba 2002)) bestätigt wurde. Es wurde für unwahrscheinlich gehalten, dass ein mangelndes Verständnis der Physik der Sonne dafür verantwortlich ist. Schon 1958 hatte Pontecorvo auf die Möglichkeit der Neutrino-Antineutrino-Oszillationen hingewiesen. Tatsächlich werden Neutrino-Oszillationen ($\nu_e \rightarrow \nu_\mu$) als Lösung des solaren Neutrinoproblems angesehen. Dazu ist es aber erforderlich, anzunehmen, dass Neutrinos eine – wenn auch kleine – Masse haben. Im Rahmen der elektroschwachen Theorie (Glashow, Salam, Weinberg 1967; Nobelpreis 1979), die die elektromagnetischen und schwachen Wechselwirkungen einheitlich beschreibt, war eine von null verschiedene Masse der Neutrinos nicht vorgesehen. Durch die Beobachtung der Oszillationen von Myon-Neutrinos in Super-Kamiokande und den Nachweis im SNO-Experiment (Sudbury Neutrino Observatory), dass die solaren Elektron-Neutrinos mischen und letztlich vollständig an der Erde ankommen, wenn auch in einer Mischung aus den verschiedenen Neutrinoflavours, konnte gezeigt werden, dass Neutrinos eine – wenn auch kleine – Masse besitzen (Nobelpreis an Takaaki Kajita und Arthur McDonald 2015).

Durch die Einführung von Quarks als den fundamentalen Bausteinen der Hadronen (Gell-Mann und Zweig 1964; Nobelpreis 1969 für Gell-Mann) und deren Beschreibung im Rahmen der Quantenchromodynamik wurde die elektroschwache Theorie zum Standardmodell der Elementarteilchen erweitert (Veltman und t'Hooft; Nobelpreis 1999). Da in diesem Modell die Massen von Elementarteilchen a priori nicht berechnet werden können, sollten kleine, von null verschiedene Ruhmassen der Neutrinos aber keine entscheidende Schwierigkeit für die Theorie darstellen. Da das Standardmodell immerhin noch 25 freie Parameter hat (s. Kap. 2: Standardmodell), ist man der Meinung, dass es nicht das letzte Wort der Theoretiker sein kann.

Mit der Entdeckung charmanter Mesonen in der kosmischen Strahlung (Niu et al. 1971; s. Abb. 1.19 und 1.20) und der Bestätigung durch Beschleunigerexperimente für ein viertes Quark (Richter und Ting 1974; Nobelpreis 1976) wurde das Quarkmodell von Gell-Mann und Zweig erweitert (up, down, strange, charm).

Die Allgemeine Relativitätstheorie Einsteins und die Überlegungen Schwarzschilds zur Bildung von gravitativen Singularitäten wurden 1970 durch die genaue Untersuchung der starken Röntgenquelle Cygnus X1 gestützt und vorangebracht. Die optischen Beobachtungen von Cygnus X1 deuteten darauf hin, dass die kompakte Röntgenquelle in dem System etwa zehnmal massereicher als unsere Sonne ist. Aus der extrem schnellen Veränderlichkeit des Objektes im Röntgenbereich schloss man, dass die Quelle einen Durchmesser von nur 10 km hat. Da Neutronensterne nicht viel schwerer als die Sonne sein können, weil sie sonst unter ihrer eigenen Schwerkraft unter Überwindung des Fermi-Druckes entarteter Neutronen kollabieren würden, schloss man, dass Cygnus X1 im Zentrum ein Schwarzes Loch enthält.

---

[6]GALLEX = deutsch-italienisches GALLium EXperiment.

[7]SAGE = Soviet American Gallium Experiment.

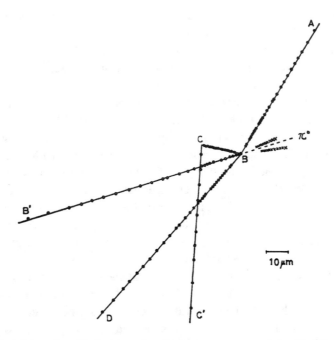

Abb. 1.19 z-Projektion eines Ereignisses, das die Paarerzeugung und den Zerfall von X-Teilchen zeigt, die in einer Emulsionskammer von Niu et al. 1971 nachgewiesen wurden. Das Teilchen B zerfällt im Punkt B in ein geladenes Teilchen B' und ein neutrales Pion. Die Zerfallsphotonen des π^0 initiieren je einen Elektronschauer, den man an den *etwas breiteren Spuren* erkennt. Das Teilchen C zerfällt in C in ein geladenes Teilchen C' und weitere ungesehene neutrale Hadronen (die in einer Kernemulsion nicht nachgewiesen werden können). Wenn man die Spuren B, B' und die des π^0-Mesons als Zweikörperzerfall eines X-Teilchens in ein Hadron und ein π^0 interpretiert, dann ergibt sich eine Masse von etwa $2\,\text{GeV}/c^2$ und eine Lebensdauer, die mit der des D-Mesons konsistent ist [16]

Bereits 1974 gelang es Hawking, Aspekte der Allgemeinen Relativitätstheorie und der Quantentheorie zu vereinigen. Er konnte zeigen, dass durch Paarerzeugung von Fermionen aus der Gravitationsenergie außerhalb des Ereignishorizontes Schwarze Löcher verdampfen können (Hawking-Strahlung). Allerdings überschreiten die Zeitkonstanten für den Verdampfungsprozess massiver Schwarzer Löcher das Weltalter um ein Vielfaches.

Die Hoffnung, dass die bei der Bildung Schwarzer Löcher oder anderen kosmischen Katastrophen emittierten Gravitationswellen auf der Erde gemessen werden könnten, erhielt 1969 durch die Gravitationswellenexperimente von Weber Auftrieb. Die Weber'sche Beobachtung in einer massiven Gravitationswellenantenne konnte aber bisher in dieser Form nicht bestätigt werden. Dagegen sorgte die Entdeckung von Gravitationswellen beim Verschmelzen zweier massiver Schwarzer Löcher durch Michelson-Interferometer im LIGO-Experiment 2015–2017 für eine große Erwartung für den Bereich der Gravitationswellenastronomie (Nobelpreis an Weiss, Thorne und Barish 2017; s. auch Abschn. 6.6).

Abb. 1.20 x- und y-Projektion des Ereignisses aus der vorigen Abbildung [16]

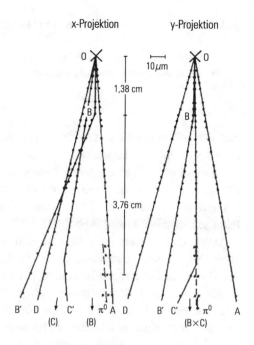

Ein indirekter Nachweis für die Emission von Gravitationswellen gelang Taylor und Hulse schon früher. Sie beobachteten seit 1974 ein Doppelsternsystem aus einem Pulsar und einem Neutronenstern (Nobelpreis 1993). Sie konnten an diesem System die Vorhersagen der Allgemeinen Relativitätstheorie sehr genau testen. Die Drehung der Bahnellipse (Periastrondrehung) dieses Systems ist zehntausendmal stärker als die Periheldrehung des Merkur. Die Abnahme der Umlaufzeit ist darauf zurückzuführen, dass das Sternenpaar Gravitationswellen abstrahlt. Die beobachteten Effekte stimmen mit den Berechnungen auf der Basis der Allgemeinen Relativitätstheorie auf besser als 1 Promille überein.

Dass im Kosmos Vorgänge ablaufen, die schwer zu erklären sind, wurde 1967 mit der Entdeckung der γ-Burster[8] deutlich unterstrichen. Man fand überraschend γ-Blitze mit Strahlungsdetektoren an Bord militärischer Aufklärungssatelliten, die die Einhaltung des Übereinkommens gegen die Durchführung oberirdischer Kernwaffentests überwachen sollten. Diese Entdeckung unterlag eine Weile der militärischen Geheimhaltung, wurde aber veröffentlicht, als klar war, dass die γ-Blitze nicht von der Erde, sondern aus dem Weltraum kamen. Die γ-Burster (GRB = Gamma-Ray Burster) blitzen nur einmal auf und sind mit Burst-Dauern von 10 ms bis zu einigen Minuten recht kurzlebig. Sie lassen sich in zwei Klassen einteilen. Die langen GRB dauern im Mittel etwa eine halbe Minute, die kurzen dagegen nur einige wenige Sekunden. Die γ-Blitze könnten durch Kollisionen von Neutronensternen ausgelöst werden. Sie setzen in Sekundenbruchteilen enorme Energiemengen frei.

---

[8]γ-Burster sind auch unter dem Namen Gamma-Ray Burster (GRB) bekannt.

1.3   Beiträge der Elementarteilchenphysik

Die Energie ist tatsächlich der Stoff, aus dem alle Elementarteilchen, alle Atome und daher überhaupt alle Dinge gemacht sind, und gleichzeitig ist die Energie auch das Bewegende.

Werner Heisenberg

Auf der anderen Seite scheint der elementarteilchenphysikalische Aspekt der Astroteilchenphysik mit der Entdeckung des b-Quarks (Lederman 1977) und t-Quarks (CDF-Kollaboration 1995) eine gewisse Abrundung erfahren zu haben. Den sechs Leptonen (ν_e, e^-; ν_μ, μ^-; ν_τ, τ^-) und ihren Antiteilchen stehen nun sechs Quarks (up, down; charm, strange; top, bottom) mit ihren sechs Antiquarks gegenüber, die sich jeweils zu drei Familien anordnen lassen (Abb. 1.21).

Dafür, dass es nicht mehr als drei Familien mit leichten Neutrinos gibt, gab es schon Hinweise aus der Astrophysik durch die Messung der primordialen Elementhäufigkeit der Elemente Deuterium, Helium und Lithium. Dieses Ergebnis aus der Astrophysik wurde durch die Experimente am Elektron-Positron-Speicherring LEP im Jahr 1989 direkt bestätigt (s. auch Abb. 2.1). Das Standardmodell der Elementarteilchen, das die drei Fermionen-Familien beschreibt, wurde auch durch die Entdeckung der Träger der starken Wechselwirkung, der Gluonen (Deutsches Elektronensynchrotron (DESY) 1979; s. auch Abb. 1.22) und der Bosonen der schwachen Wechselwirkung (W^+, W^-, Z^0; CERN 1983; Nobelpreis an Rubbia und van der Meer 1984) glänzend bestätigt.

up   charm   top

down   strange   bottom

Abb. 1.21 Periodensystem der Elementarteilchen [17]

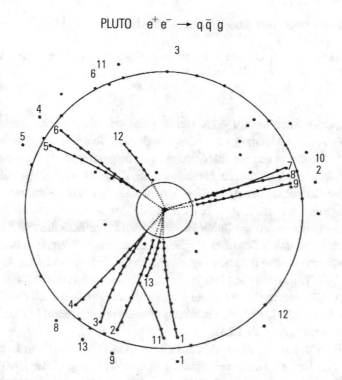

PLUTO $e^+ e^- \rightarrow q \bar{q} g$

Abb. 1.22 Das Gluon als Träger der starken Wechselwirkung wurde 1979 am Elektron-Positron-Speicherring PETRA am DESY in Hamburg entdeckt. Alle vier PETRA-Experimente PLUTO, JADE, MARK J und TASSO sahen das Gluon über den Prozess der Gluon-Bremsstrahlung. PLUTO hatte schon ein Jahr früher indirekte Hinweise auf das Gluon beim Υ-Zerfall in drei Gluonen gesehen. Das Bild zeigt ein Drei-Jet-Ereignis in PLUTO [18]

Abb. 1.23 Verteilung der invarianten $\gamma\gamma$-Masse in Proton-Proton-Kollisionen, die die Erzeugung eines Teilchens, des Higgs-Bosons, im Bereich um 125 GeV/c^2 zeigt. Die Daten stammen vom ATLAS-Experiment am LHC und sind untergrundbereinigt [19]

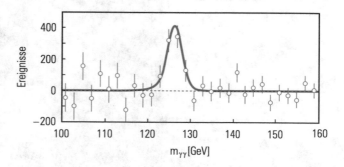

Das noch fehlende Higgs-Teilchen, das den fundamentalen Fermionen Massen verleiht, wurde 2012 am Large Hadron Collider (LHC) am CERN gefunden (s. Abb. 1.23; Nobelpreis an Higgs und Englert 2013 für die theoretische Vorhersage des Higgs-Teilchens).

1.4   Renaissance der kosmischen Strahlung

Ein Neutrino ist wie ein Gedicht – im Wesentlichen nichts – es hat keine Masse und durchdringt die Erde ohne wechselzuwirken.

                                                                        Mary Ruefle

Die Explosion der Supernova 1987A stellte praktisch die Geburtsstunde der Astro-teilchenphysik mit der Messung von extragalaktischen Teilchen dar. Die Messung des Neutrinobursts bestehend aus nur 20 Neutrinos von insgesamt 10^{58} emittierten Neutrinos ließ elementarteilchenphysikalische Messungen zu, die im Labor lange Zeit unmöglich waren. Aus der Dispersion der Ankunftszeiten konnte eine obere Schranke für die Neu-trinomasse abgeleitet werden ($m_{\nu_e} < 10\,\text{eV}/c^2$). Aus der Tatsache, dass die Neutrinos von der 170 000 Lichtjahre entfernten Quelle in der Großen Magellan'schen Wolke die Erde er-reichen, ließ sich eine untere Schranke für die Lebensdauer der Neutrinos bestimmen. Aus der Gammaemission konnte man bestätigen, dass in der Supernova Elemente bis hin zum Eisen und Kobalt synthetisiert wurden, in Übereinstimmung mit den theoretischen Super-novamodellen. Als erste im Optischen deutlich sichtbare Supernova seit der Erfindung des Fernrohrs markierte SN 1987A eine ideale Symbiose von Astronomie, Astrophysik und Elementarteilchenphysik (Abb. 1.24).

Mit dem Start des hochauflösenden Satelliten ROSAT[9] (1990) wurde eine Vielzahl neuer Röntgenquellen entdeckt, und mit dem Hubble-Teleskop (Start 1990) eine bisher unerreichte Qualität von Stern- und Galaxienaufnahmen im optischen Bereich erzielt, nachdem der anfänglich etwas defokussierende Spiegel in einer spektakulären Reparatur im Weltraum richtig eingestellt worden war. Gegenwärtig liefern die Satelliten Chandra

Abb. 1.24 Supernovaexplosion SN 1987A im Tarantelnebel [20]

---

[9]ROentgen SATellit des Max-Planck-Instituts für Extraterrestrik, München.

Abb. 1.25 Das H.E.S.S. Cherenkov-Teleskopsystem in Namibia zur Messung hochenergetischer Gammastrahlung (H.E.S.S. = High Energy Stereoscopic System) [21]

(Chandra X-Ray Observatory, Start 1999) und XMM (Newton-Observatorium, Start 1999) und FGST (Fermi Gamma-ray Space Telescope, Start 2008) wertvolle Ergebnisse zur Röntgen- und Gammaastronomie.

Das Compton-Gamma-Ray-Observatorium (CGRO, Start 1991) hatte die Tür zur GeV-Gammaastronomie aufgestoßen, und die erdgebundenen atmosphärischen Cherenkov-Teleskope (H.E.S.S., s. auch Abb. 1.25) und MAGIC (Major Atmospheric Gamma-Ray Imaging Cherenkov Telescopes) und Luftschauer-Experimente waren in der Lage, TeV-Punktquellen in unserer Milchstraße (Krebsnebel) und in extragalaktischen Entfernungen zu identifizieren (1992, Markarian 501, Markarian 421). Die aktiven galaktischen Kerne der Markarian-Galaxien sind auch gute Kandidaten für Quellen hochenergetischer geladener kosmischer Strahlung.

1.5 Offene Fragen

Kennst Du die Gesetze des Himmels oder bestimmst Du seine Herrschaft über die Erde?
Buch Hiob 38:33

Eine ungeklärte Frage der Astroteilchenphysik ist das Problem der Dunklen Materie und der Dunklen Energie. Aus der Bahngeschwindigkeit von Sternen in Milchstraßen und

Abb. 1.26 Skizze typischer, gemessener Bahngeschwindigkeiten in Galaxien im Vergleich zu der Erwartung von Kepler-Bahnen

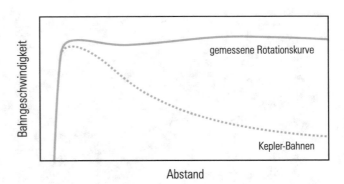

der Bewegung von Galaxien in Galaxien-Clustern ist klar, dass die sichtbare Materie nicht ausreicht, um die Dynamik von Milchstraßen und Galaxien-Clustern korrekt zu beschreiben (s. Abb. 1.26).

Seit Anfang der 1990er-Jahre suchen die Experimente MACHO (search for Massive Astronomical Compact Halo Objects), EROS (Expérience de Recherche d'Objets Sombres) und OGLE (Optical Gravitational Lensing Experiment) nach kompakten, nicht leuchtenden, jupiterartigen Objekten im Halo unserer Milchstraße unter Ausnutzung des Gravitationslinseneffektes (Microlensing). Zwar wurden einige gute Kandidaten gefunden, ihre Zahl reicht aber bei Weitem nicht aus, um die fehlende Dunkle Materie im Universum zu erklären. Man vermutet, dass exotische, bisher nicht bekannte Teilchen (supersymmetrische Teilchen, WIMPs (= Weakly Interacting Massive Particles), ...) oder massive Neutrinos das Problem der fehlenden Dunklen Materie lösen könnten. Auch eine nichtverschwindende Vakuumenergiedichte des Universums spielt für die beschleunigte Expansion des Weltalls eine entscheidende Rolle. Damit hat die 1915 von Einstein eingeführte kosmologische Konstante Λ wieder eine wichtige Bedeutung erlangt.

In diesem Zusammenhang kommt der Entdeckung von null verschiedener Neutrinomassen durch das Super-Kamiokande-Experiment (1998) eine große Bedeutung zu. Das Defizit von atmosphärischen Myon-Neutrinos lässt sich am elegantesten durch die Annahme von Neutrino-Oszillationen ($\nu_\mu \rightarrow \nu_\tau$) erklären, die nur möglich sind, wenn Neutrinos eine Masse haben. Dass die gegenwärtig diskutierte Masse von 0,05 eV/c^2 (für m_{ν_μ} oder m_{ν_τ}) ausreicht, die Dynamik des Universums zu erklären, ist aber praktisch ausgeschlossen.

Ein noch offener Punkt ist auch die Dominanz der Materie. *CP*-verletzende Effekte sind zwar aus der Teilchenphysik bekannt, reichen aber nicht aus, um das fast vollständige Verschwinden der Antimaterie zu verstehen. Resultate des Satelliten PAMELA und des AMS-Experiments an Bord der Raumstation ISS finden zwar unerwartet viele Positronen im Hochenergiebereich, aber diese könnten auch in Supernovaexplosionen, Neutronensternen, Quasaren oder Aktiven Galaktischen Kernen erzeugt worden sein. Die Suche nach Antiteilchen in der primären kosmischen Strahlung und das theoretische Verständnis für einen möglichen starken Teilchen-Antiteilchen-asymmetrischen Effekt ist also nach wie vor ein wichtiges Thema.

Eine ebenso aufregende Entdeckung ist die Messung des Beschleunigungsparameters des Universums. Nach dem klassischen Urknallmodell wäre zu erwarten, dass der ursprüngliche Schwung der Explosion durch die Gravitation langsam abgebremst würde. Die Untersuchungen an Supernovaexplosionen (1998) in entfernten Galaxien legen nahe, dass in früheren kosmologischen Epochen die Expansionsgeschwindigkeit kleiner war als heute. Nach dem gegenwärtigen Kenntnisstand wird angenommen, dass das Universum seit einigen Milliarden Jahren wieder ‚Gas gibt' (Nobelpreis an Perlmutter, Schmidt und Riess 2011). Dieser Befund wird durch das Wirken der Dunklen Energie erklärt und hat bedeutende Implikationen für die Kosmologie.

Schließlich soll noch darauf hingewiesen werden, dass mit dem Auffinden extrasolarer Planeten (Mayor und Queloz 1995) die Diskussionen um die Existenz extraterrestrischer Intelligenz wieder zugenommen haben. Inzwischen sind mehr als Dreitausend Exoplaneten in etwa 2700 anderen Sternsystemen gefunden worden. Darunter sind über 500 Systeme mit zwei bis sieben Planeten (Stand 2017). Diese Planeten werden in der Regel nicht direkt im Optischen gesichtet, sondern werden aus verschiedenen indirekten Messungen, wie der Veränderung der Radialgeschwindigkeiten oder durch Gravitational-Mikrolensing-Messungen oder der Transitmethode, erschlossen. Möglicherweise gelang 2004 erstmals eine direkte Sichtung eines Planeten beim 225 Lichtjahre entfernten Braunen Zwerg 2M1207, die vom Hubble-Weltraumteleskop 2006 bestätigt wurde. Es wird abgeschätzt, dass es allein in unserer Milchstraße Millionen von Planeten in habitablen Zonen geben könnte. Das NASA-Weltraumteleskop Kepler hat als Planetensucher viele extrasolare Planeten in habitablen Zonen gefunden. Mit dem Kepler-452b wurde 2015 ein Planet mit einem der Erde vergleichbaren Radius in der habitablen Zone eines Sterns gefunden. Es sieht so aus, dass Kepler-452b – wie die Erde – ein Gesteinsplanet ist. Der zugehörige Stern steht im Sternbild Schwan in einer Entfernung von etwa 1400 Lichtjahren von der Sonne. Einer der erdnächsten Exoplaneten, der den Stern Epsilon Eridani begleitet, könnte ebenfalls in einer habitablen Zone liegen. Er ist nur etwa 10 Lichtjahre von der Erde entfernt. Proxima Centauri b ist nach dem aktuellen Forschungsstand (2017) der erdnächste Exoplanet mit einer habitablen Zone. Er umkreist den 4,2 Lichtjahre entfernten Stern Proxima Centauri. Vielleicht sind wir nicht die einzigen intelligenten Wesen im Universum, die Astroteilchenphysik betreiben.

Zusammenfassung

Die Geburtsstunde der Astroteilchenphysik ist die historische Ballonfahrt von Victor Hess im Jahr 1912. Er entdeckte die kosmische Strahlung mit einer Ionisationskammer. In der Frühzeit der kosmischen Strahlung – der Name Astroteilchenphysik war noch nicht geläufig – wurden viele Entdeckungen von Elementarteilchen gemacht. Positronen, Myonen und Pionen waren die ersten neuen Elementarteilchen. Mit dem Aufkommen der Beschleuniger verlagerte sich aber das Feld der Elementarteilchen zu den erdgebundenen Beschleunigern. Erst in den 1970er-Jahren wurden die kosmischen Beschleuniger wieder interessant: Die Messung der solaren Neutrinos, die

Entdeckung der Supernova 1987A mit der Messung von Neutrinos aus dieser Quelle und die Entdeckung der Neutrino-Oszillationen führte zu einer Renaissance der kosmischen Strahlung. Heute ist die Astroteilchenphysik ein aktives, interdisziplinäres Forschungsgebiet, das Astronomie, kosmische Strahlung und Elementarteilchenphysik umfasst und vereinigt.

Standardmodell der Elementarteilchen

2

*Die meisten grundlegenden Ideen der Wissenschaften sind im
Wesentlichen einfach und können in der Regel in einer Sprache, die
jeder versteht, ausgedrückt werden.*
Albert Einstein

In den letzten Jahrzehnten hat das Bild der Elementarteilchen eine gewisse Abrundung
erfahren. Seit der Entwicklung des Atommodells hat man durch bessere instrumentelle
Auflösungen immer kleinere Strukturen erkennen können. Auch der Atomkern, in dem
praktisch die gesamte Masse eines Atoms vereinigt ist, ist ein aus Kernbausteinen zusam-
mengesetztes Objekt. Die Protonen und Neutronen, die den Kern aufbauen, haben – wie
sich bei Elektron-Nukleon-Streuexperimenten zeigte – ebenfalls eine körnige Struktur. Die
Konstituenten der Nukleonen sind die Quarks, wobei im naiven Quarkmodell ein Nukleon
aus drei Quarks aufgebaut ist. Dieses Zwiebelschalenphänomen von immer kleineren Bausteinen in Teilchen, die ehemals für fundamental und elementar gehalten wurden, könnte
mit der Entdeckung der Quarks und ihrer Dynamik ein Ende gefunden haben. Während
man Atome, Atomkerne, Protonen und Neutronen als einzelne freie Teilchen in Experimenten untersuchen kann, können Quarks aus ihrem hadronischen Gefängnis offenbar
nicht entkommen. Man hat – trotz intensiver Suche in zahlreichen Experimenten – noch
keine freien Quarks finden können. Die Quantenchromodynamik, die die Wechselwirkung
der Quarks untereinander beschreibt, gesteht den Quarks asymptotische Freiheit nur bei
hohen Impulsen zu. Für kleine Impulse, wie sie für gebundene Quarks innerhalb von Protonen typisch sind, herrscht ein Einschluss (Confinement; ,infrarote Sklaverei'), der es den
Quarks nicht gestattet, sich voneinander zu lösen.

Quarks sind also die Bausteine der stark wechselwirkenden (hadronischen) Materie. Bei der gegenwärtigen Auflösung der stärksten Mikroskope (= Beschleuniger und
Speicherringe) erscheinen sie punktförmig, ebenso wie die Leptonen. Ihre Größe liegt

© Springer-Verlag GmbH Deutschland 2018

C. Grupen, *Einstieg in die Astroteilchenphysik*,

https://doi.org/10.1007/978-3-662-55271-1_2

Abb. 2.1 Bestimmung der
Zahl der Neutrinogenerationen
aus dem Z^0-Zerfall

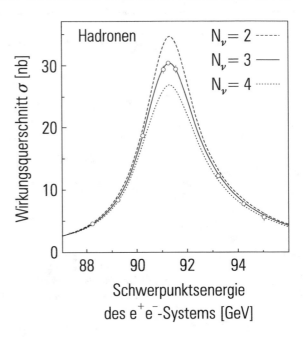

damit unterhalb von 10^{-18} m. Den Quarks stehen die schwach und elektromagnetisch wechselwirkenden Leptonen gegenüber. Man kennt drei verschiedene geladene Leptonen: Elektronen, Myonen und Tauonen. Zu jedem geladenen Lepton gehört ein eigenes Neutrino: ν_e, ν_μ, ν_τ. Seit der präzisen Untersuchung des Z^0-Teilchens, des neutralen Trägers der schwachen Wechselwirkung, weiß man, dass es genau drei Teilchenfamilien mit leichten Neutrinos gibt (Abb. 2.1).

Dieses Ergebnis erhielt man aus der Messung der Z^0-Zerfallsbreite. Nach der Heisenberg'schen Unschärferelation ist die Messgenauigkeit komplementärer Größen prinzipiell durch das Planck'sche Wirkungsquantum ($h = 6,626\,075\,5 \cdot 10^{-34}$ J s) begrenzt. Angewandt auf Energie und Zeit besagt diese Relation, dass

$$\Delta E \cdot \Delta t \geq \hbar/2 \quad (\hbar = h/2\pi). \tag{2.0.1}$$

Falls $\Delta t = \tau$ die Lebensdauer eines Teilchens ist, folgt aus Gl. (2.0.1), dass die Zerfallsbreite $\Delta E = \Gamma$ umso größer ist, je kleiner τ wird. Wenn es aber sehr viele Generationen leichter Neutrinos gibt, kann das Z^0 in diese Neutrinos zerfallen,

$$Z^0 \to \nu_x + \bar{\nu}_x, \tag{2.0.2}$$

selbst wenn die zu der jeweiligen Generation gehörenden geladenen Leptonen ℓ_x zu schwer sind, um im Z^0-Zerfall erzeugt zu werden. Eine große Zahl verschiedener leichter Neutrinos reduziert also die Z^0-Lebensdauer und vergrößert damit die Zerfallsbreite. Die genaue Messung der Zerfallsbreite des Z^0 am LEP-Speicherring (Large Electron–Positron collider) ergab 1989 für die Zahl der Neutrinogenerationen den Wert drei.

Schon aus Messungen der primordialen Heliumhäufigkeit hatte man eine Grenze für die Zahl der Neutrinogenerationen abgeleitet. Die Nukleosynthese im frühen Universum wird durch die Anzahl der relativistischen Teilchen bestimmt, die das Universum nach dem Urknall kühlen können. Bei Temperaturen von $\approx 10^{10}$ K (entsprechend ≈ 1 MeV), also Energien, bei denen Nukleonen Kernbindungen eingehen, sind dies Protonen, Neutronen, Elektronen und Neutrinos. Wenn es sehr viele verschiedene Neutrinoarten gibt, wird – wegen der geringen Wechselwirkung der Neutrinos – sehr viel Energie aus dem ursprünglichen Feuerball herausgetragen, und die Temperatur sinkt rasch. Wenn die Temperatur aber schnell sinkt, ist die Zeitspanne zur Erreichung der Kernbindungsenergie für Neutronen sehr kurz, und sie haben nur wenig Zeit zu zerfallen (Lebensdauer $\tau_n = 877$ s). Wenn es aber noch viele Neutronen gibt, können sie zusammen mit den stabilen Protonen Helium bilden. Die primordiale Heliumhäufigkeit ist daher ein Indikator für die Zahl der Neutrinogenerationen. Aus der experimentell bestimmten primordialen Heliumhäufigkeit hat man schon 1990 abgeleitet, dass die Zahl der verschiedenen leichten Neutrinos höchstens vier sein kann.

Den drei Leptongenerationen stehen die drei Quarkgenerationen gegenüber:

$$\begin{pmatrix} \nu_e \\ e^- \end{pmatrix} \quad \begin{pmatrix} \nu_\mu \\ \mu^- \end{pmatrix} \quad \begin{pmatrix} \nu_\tau \\ \tau^- \end{pmatrix} \\ \begin{pmatrix} u \\ d \end{pmatrix} \quad \begin{pmatrix} c \\ s \end{pmatrix} \quad \begin{pmatrix} t \\ b \end{pmatrix} . \tag{2.0.3}$$

Die Eigenschaften dieser fundamentalen Materieteilchen sind in Tab. 2.1 zusammengestellt. Die Quarks haben eine drittelzahlige elektrische Ladung (in Einheiten der Elementarladung). Die unterschiedlichen Ausführungen oder Arten der Quarks (u, d; c, s; t, b) in den drei Generationen (Familien) bezeichnet man mit Flavour.

Man war bis in die 1990er-Jahre davon ausgegangen, dass Neutrinos masselos sind. Deshalb hat man aus direkten experimentellen Messungen auch nur Oberschranken für ihre Massen ableiten können. Diese Schranken sind in der Tabelle angegeben. Durch die Beobachtungen der Neutrino-Oszillationen als Interpretation des solaren Neutrinoproblems (Davis-Experiment) und die Untersuchungen kosmischer Myonen in Kamiokande wurde aber klar, dass Neutrinos nicht masselos sein können. Aus Neutrino-Oszillationsmessungen erhält man aber nur Werte für die Differenzen der Massenquadrate $\delta m^2 = m_{\nu_1}^2 - m_{\nu_2}^2$ für jeweils zwei Neutrinos mit den Massen m_{ν_1} und m_{ν_2}. Unter plausiblen Annahmen und dem bekannten Limit für die Elektron-Neutrino-Masse, kann man davon ausgehen, dass für alle Neutrinos gilt: $m_\nu < 2 \, \text{eV}/c^2$. Wenn man im Neutrinosektor die gleiche Massenhierarchie wie im Sektor der geladenen Leptonen annimmt, könnten die Neutrinomassen im Bereich um $50 \, \text{meV}/c^2$ liegen. Auch kosmologische Argumente legen aufgrund der Daten des Planck-Satelliten nahe, dass die Massensumme aller drei leichten Neutrinos durch $\sum m_\nu < 0.5 \, \text{eV}/c^2$ begrenzt wird.

Die Massen der Quarks kann man nur ungefähr angeben, weil freie Quarks nicht vorkommen und die Bindungsenergien der Quarks in Hadronen nur approximativ abgeschätzt werden können. Zu jedem in der Tabelle aufgeführten Teilchen existiert ein Antiteilchen,

Tab. 2.1 Periodensystem der Elementartcilchen: Materiebausteine (Fermionen)

LEPTONEN ℓ, Spin $\frac{1}{2}\hbar$ (Antileptonen $\bar{\ell}$)

elektr. Ladung [e]	1. Generation		2. Generation		3. Generation	
	Flavour	Masse [GeV/c^2]	Flavour	Masse [GeV/c^2]	Flavour	Masse [GeV/c^2]
0	ν_e Elektron-Neutrino	$< 2 \cdot 10^{-9}$	ν_μ Myon-Neutrino	$< 1{,}7 \cdot 10^{-4}$	ν_τ Tau-Neutrino	$< 0{,}018$
-1	e Elektron	$5{,}11 \cdot 10^{-4}$	μ Myon	$0{,}106$	τ Tau	$1{,}777$

QUARKS q, Spin $\frac{1}{2}\hbar$ (Antiquarks $\bar{q}$)

elektr. Ladung [e]	Flavour	$\simeq$ Masse [GeV/c^2]	Flavour	$\simeq$ Masse [GeV/c^2]	Flavour	$\simeq$ Masse [GeV/c^2]
$+2/3$	u up	$2 \cdot 10^{-3}$ bis $8 \cdot 10^{-3}$	c charm	$1{,}1$ bis $1{,}7$	t top	173
$-1/3$	d down	$5 \cdot 10^{-3}$ bis $15 \cdot 10^{-3}$	s strange	$0{,}1$ bis $0{,}3$	b bottom	$4{,}3$

das sich in allen Fällen von dem Teilchen unterscheidet. Es gibt also 12 fundamentale Leptonen und ebensoviele Quarks.

Zwischen den Elementarteilchen wirken verschiedene Wechselwirkungskräfte. Man unterscheidet starke, elektromagnetische, schwache und gravitative Wechselwirkungen. In den 1960er-Jahren ist es gelungen, die elektromagnetischen und schwachen Wechselwirkungen in einer elektroschwachen Theorie zu vereinigen. Die Träger der Wechselwirkung sind Teilchen mit ganzzahligem Spin (Bosonen), im Gegensatz zu den Materieteilchen, die alle halbzahligen Spin haben (Fermionen). Die Eigenschaften der Bosonen sind in Tab. 2.2 zusammengefasst.

Während die Eichbosonen der elektroschwachen Wechselwirkung und die Existenz der Gluonen etabliert ist, ist das Graviton, der Überträger der Gravitationswechselwirkung, noch nicht nachgewiesen. Die Eigenschaften der Wechselwirkungen sind in Tab. 2.3 gegenübergestellt. Man erkennt klar, dass im mikroskopischen Bereich die Gravitation keine Rolle spielt, weil ihre Stärke relativ zur starken Wechselwirkung nur etwa 10^{-40} beträgt.

Im naiven Quarkmodell stellt man sich die stark wechselwirkenden Teilchen (Hadronen) aus Valenzquarks zusammengesetzt vor. Baryonen sind Drei-Quark-Systeme, während Mesonen aus je einem Quark und einem Antiquark bestehen. So ist etwa das Proton ein uud-System, das Neutron ein udd-Verband und das positiv geladene Pion ein $u\bar{d}$-System. Die Existenz von Baryonen aus drei identischen Quarks mit parallelem Spin ($\Omega^- = (sss)$; Spin $\frac{3}{2}\hbar$) legt nahe, dass die Quarks noch über eine verborgene Quantenzahl verfügen, da sonst das Pauli-Prinzip verletzt wäre. Diese Quantenzahl nennt man Farbe

Tab. 2.2 Periodensystem der Elementarteilchen: Träger der Kräfte (Bosonen)

Elektroschwache Wechselwirkung	γ	W^-	W^+	Z^0
Spin [$\hbar$]	1	1	1	1
Elektr. Ladung [e]	0	−1	+1	0
Masse [GeV/c^2]	0	80,3	80,3	91,2
Starke Wechselwirkung	Gluon g			
Spin [$\hbar$]	1			
Elektr. Ladung [e]	0			
Masse [GeV/c^2]	0			
Gravitations-Wechselwirkung	Graviton G			
Spin [$\hbar$]	2			
Elektr. Ladung [e]	0			
Masse [GeV/c^2]	0			

Tab. 2.3 Eigenschaften der Wechselwirkungen

Wechselwirkung → Eigenschaft ↓	Gravitation	Elektroschwache Wechselwirkung		stark
		schwach	elektromagnetisch	
Wirkt auf	Masse–Energie	Flavour	elektrische Ladung	Farbladung
Betroffene Teilchen	alle	Quarks, Leptonen	alle geladenen Teilchen	Quarks, Gluonen
Austauschteilchen	Graviton G	W^+, W^-, Z^0	γ	Gluonen g
Relative Stärke	$\approx 10^{-40}$	10^{-5}	10^{-2}	1
Reichweite	∞	$\approx 10^{-3}$ fm	∞	≈ 1 fm
Beispiel	System Erde–Mond	β-Zerfall	Atombindung	Kernbindung

(Colour). Aus Elektron-Positron-Wechselwirkungen weiß man, dass es genau drei verschiedene Farben gibt. Jedes Quark kommt also in drei Farben vor; aber alle beobachteten Hadronen sind farbneutral. Wenn man die drei Farbfreiheitsgrade mit rot (r), grün (g) und blau (b) bezeichnet, ist daher das Proton genauer aus $u_{rot}u_{grün}d_{blau}$ zusammengesetzt. Neben den Valenzquarks gibt es in den Hadronen noch einen See von virtuellen Quark-Antiquark-Paaren.

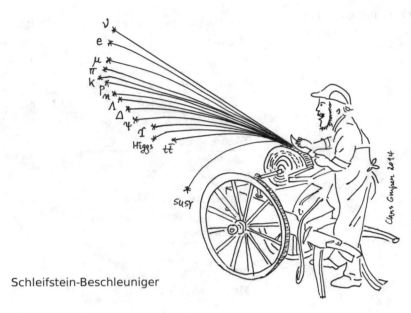

Schleifstein-Beschleuniger

Erzeugung von Elementarteilchen

Die Morgendämmerung des
Quarkmodells

Zu viele Teilchen

Die Quarks in Hadronen werden durch den Austausch von Gluonen zusammengehalten. Da die Gluonen Wechselwirkungen zwischen Quarks vermitteln, müssen sie zweifarbig sein: Sie tragen eine Farbe und eine Antifarbe. Da es je drei Farben und Antifarben gibt, würde man erwarten, dass 3×3, also 9 Gluonen existieren. Aus gruppentheoretischen Überlegungen ergeben sich als mögliche Farbkombinationen ein Gluonenoktett und ein Singulett. Das Singulett besteht aus einem farbneutralen Mischzustand aus *allen* Farben und Antifarben ($r\bar{r} + g\bar{g} + b\bar{b}$). Es ist nicht in der Lage, die Farbe eines Quarks zu ändern, da es einen totalsymmetrischen Zustand darstellt. Die starke Wechselwirkung wird also nur durch die acht Gluonen des Oktetts vermittelt. In einem vereinfachten Bild kann die Gluonabstrahlung von Quarks etwa durch das Diagramm in Abb. 2.2 wiedergegeben werden.

Der Zusammenhalt von Nukleonen im Kern wird durch die Restwechselwirkung der Gluonen vermittelt, genauso wie die Molekülbindung durch die Restwechselwirkung elektrischer Kräfte zustande kommt.

Das Standardmodell hat durch die Entdeckung des Higgs-Bosons im Jahr 2012 eine sehr gute Abrundung erfahren. Die Masse des Higgs-Bosons liegt bei $125\,\text{GeV}/c^2$. Im Rahmen des Brout-Englert-Higgs-Mechanismus ist es möglich, den zunächst masselosen Fermionen durch eine spontane Symmetriebrechung eine Masse zu verleihen. Die Abb. 2.3 zeigt die Produktion eines Higgs-Bosons durch Gluon-Fusion und den Zerfall

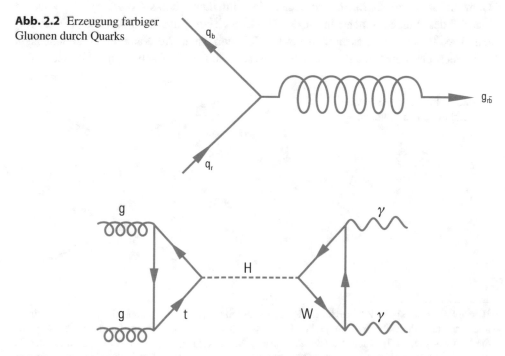

Abb. 2.2 Erzeugung farbiger Gluonen durch Quarks

Abb. 2.3 Erzeugung eines Higgs-Teilchens durch Gluon-Fusion mit anschießendem Zerfall des Higgs in zwei Photonen. Die Gluonen werden von den kollidierenden Protonen abgestrahlt

des Higgs-Teilchens in zwei energiereiche Photonen, der bei der Entdeckung eine wichtige Rolle gespielt hat.

Dieser Erfolg darf allerdings nicht darüber hinwegtäuschen, dass das gegenwärtige Standardmodell der Elementarteilchen noch 25 Parameter enthält, die vom Experiment bestimmt werden müssen.[1]

2.1   Wechselwirkungen von Elementarteilchen

Wenn man von dem Bekannten und Unbekannten einmal absieht, was gibt es denn noch?
Harold Pinter

Wechselwirkungen von Elementarteilchen stellt man grafisch durch Feynman-Diagramme dar, die eine Kurzschrift zur Berechnung von Wirkungsquerschnitten repräsentieren. An einigen Prozessen soll die zugrunde liegende Quark-Lepton-Struktur exemplarisch erläutert werden.

Die Rutherford-Streuung von Elektronen an Protonen wird durch Photonen vermittelt (Abb. 2.4).

Bei hohen Energien wechselwirkt das Photon aber nicht mit dem Proton als Ganzem, sondern nur mit einem seiner Konstituenten-Quarks (Abb. 2.5). Die anderen Quarks des Nukleons nehmen an der Wechselwirkung nur als Zuschauer (Spectator) teil. Das Photon als elektrisch neutrales Teilchen kann die Natur eines Teilchens in der Wechselwirkung nicht ändern. In der schwachen Wechselwirkung kommen aber

Abb. 2.4 Rutherford-Streuung von Elektronen an Protonen

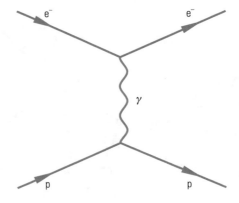

---

[1] Diese Parameter sind: 12 Werte für die Fermionmassen (6 Quarks, 6 Leptonen), 3 Mischungswinkel und eine Phase der Cabibbo-Kobayashi-Maskawa-Matrix, 3 Mischungswinkel und eine Phase (wenn die Neutrinos Dirac-Teilchen sind) der Pontecorvo-Maki-Nakagawa-Sakata-Matrix, 2 Parameter für die Higgs-Masse und den Vakuumerwartungswert des Higgs-Feldes, 3 Kopplungen: die Feinstrukturkonstante α, die Kopplungkonstante der starken Wechselwirkung α_s und die Kopplungskonstante der schwachen Wechselwirkung.

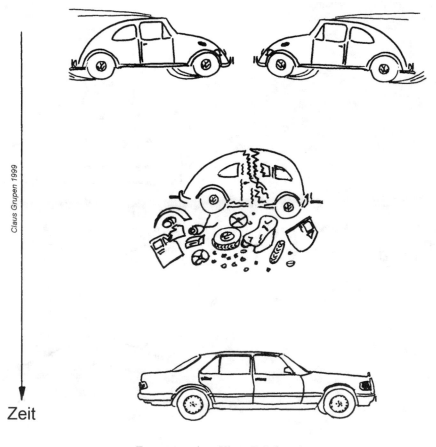

Zeit

Erzeugung eines Higgs-Teilchens in
Proton-Proton-Wechselwirkungen

Kleine Wirkungsquerschnitte

auch geladene Austauschteilchen vor, die Teilchen innerhalb einer Familie ineinander umwandeln können. Abb. 2.6 zeigt als Beispiel die Streuung eines Elektron-Neutrinos an einem Neutron über einen geladenen Strom (W^+, W^--Austausch).

Bei einem neutralen Strom (Z^0-Austausch) würde das Neutrino ohne Veränderung seiner Natur am Neutron gestreut. Bei einer Streuung von Elektron-Neutrinos an Elektronen können sowohl geladene als auch neutrale Ströme beitragen. Eine Streuung von Myon- oder Tau-Neutrinos an Elektronen kann aber nur über neutrale Ströme erfolgen, weil ν_μ und ν_τ nicht der Elektron-Familie angehören (Abb. 2.7).

In analoger Weise können auch Zerfälle von Elementarteilchen beschrieben werden. Der Kernbetazerfall des Neutrons $n \rightarrow p + e^- + \bar{\nu}_e$ wird durch einen geladenen schwachen Strom vermittelt (Abb. 2.8), wobei sich ein d-Quark im Neutron unter Emission eines virtuellen W^- in ein u-Quark umwandelt. Das W^- zerfällt in der Folge in Mitglieder der ersten

Abb. 2.5 Rutherford-Streuung
als Photon-Quark-Streuprozess

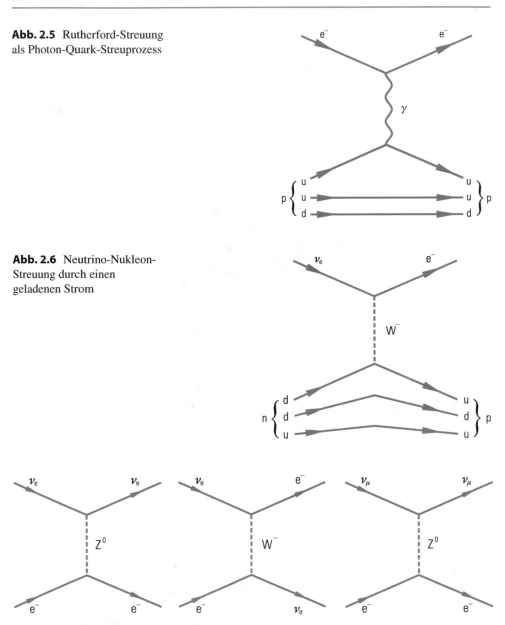

Abb. 2.6 Neutrino-Nukleon-
Streuung durch einen
geladenen Strom

Abb. 2.7 Möglichkeiten der Streuung von Neutrinos an Elektronen

Leptonenfamilie ($W^- \rightarrow e^- \bar{\nu}_e$). Ein an sich zulässiger Zerfall eines freien W^- gemäß $W^- \rightarrow \mu^- \bar{\nu}_\mu$ oder $W^- \rightarrow \bar{u}d$ ist in diesem Fall kinematisch nicht möglich. In analoger Weise wird der Myonzerfall beschrieben (Abb. 2.9). Das Myon überträgt seine Ladung auf ein W^- und verwandelt sich dabei in das neutrale Lepton der zweiten Familie, ein ν_μ. Das W^- zerfällt wiederum in $e^- \bar{\nu}_e$.

Schwache Wechselwirkungen

Abb. 2.8 Neutronzerfall

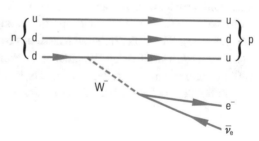

Abb. 2.9 Myonzerfall

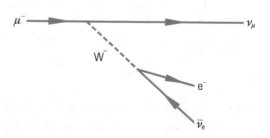

Schließlich soll noch der Pionzerfall dargestellt werden (Abb. 2.10). Im Prinzip könnte das W^+ in diesem Fall auch in einen $e^+\nu_e$-Zustand übergehen. Aus Helizitätsgründen ist dieser Zerfall aber stark unterdrückt: Als Spin-0-Teilchen zerfällt das Pion in zwei Leptonen, die aus Gründen der Drehimpulserhaltung antiparallele Spins haben müssen. Da die Helizität (Projektion des Spins auf den Impulsvektor) für das Neutrino aber festgelegt ist (bei masselosen Teilchen oder Teilchen mit sehr geringer Masse ist der Spin entweder parallel oder antiparallel zum Impuls) und Teilchen normalerweise eine negative Helizität

Abb. 2.10 Pionzerfall

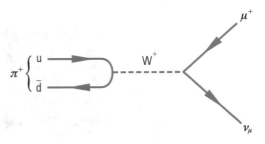

Abb. 2.11 Helizitätserhaltung
beim π^+-Zerfall

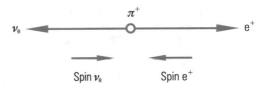

haben (Spin $\parallel -\boldsymbol{p}$, linkshändig), muss das Positron als Antiteilchen (Spin $\parallel \boldsymbol{p}$, rechtshändig) eine unnatürliche Helizität annehmen (Abb. 2.11). Die Wahrscheinlichkeit, eine ,falsche' Helizität anzunehmen, ist aber proportional zu $1 - \frac{v}{c}$ (v – Geschwindigkeit des geladenen Leptons). Wegen der höheren Masse des Myons ($m_\mu \gg m_e$) ist beim Pionzerfall aber $v(\mu) \ll v(e)$. Damit ist die Wahrscheinlichkeit für das Zerfallsmyon, eine unnatürliche Helizität anzunehmen, größer als für das Positron. Daher ist der ($\pi^+ \rightarrow e^+\nu_e$)-Zerfall gegenüber dem ($\pi^+ \rightarrow \mu^+\nu_\mu$)-Zerfall unterdrückt (Unterdrückungsfaktor $1{,}23 \cdot 10^{-4}$).

2.2   Quantenzahlen und Symmetrien

Ich fordere nicht, dass eine Theorie sich auf die Wirklichkeit bezieht, weil ich nicht weiß, was das ist.

Stephen Hawking

Die verschiedenen Elementarteilchen werden durch Quantenzahlen charakterisiert. Neben der elektrischen Ladung wird auch die Zugehörigkeit zu einer Quarkfamilie (Quarkflavour) oder Leptonenfamilie (Leptonenzahl) als Quantenzahl eingeführt. Leptonen erhalten in ihrer jeweiligen Familie die Leptonenzahl $+1$ und Antileptonen die Leptonenzahl -1. Dabei sind die Leptonenzahlen für die verschiedenen Leptonenfamilien (L_e, L_μ, L_τ) getrennt erhalten, wie es am Beispiel des Myonzerfalls gezeigt wird:

$$
\begin{array}{ccccccc}
 & \mu^- & \rightarrow & \nu_\mu & + & e^- & + & \bar{\nu}_e \\
L_\mu & 1 & & 1 & & 0 & & 0 \\
L_e & 0 & & 0 & & 1 & & -1
\end{array}
\qquad (2.2.1)
$$

Die Paritätstransformation P ist die Punktspiegelung eines physikalischen Zustandes am Koordinatenursprung. Die Parität ist bei starken und elektromagnetischen Wechselwirkungen erhalten, bei schwachen Wechselwirkungen aber maximal verletzt, d. h., der gespiegelte Zustand eines schwachen Prozesses entspricht nicht einer physikalischen Realität. Die Natur unterscheidet also zwischen rechts und links in der schwachen Wechselwirkung.

Die Operation der Ladungskonjugation C, angewandt auf einen physikalischen Zustand, ändert alle Ladungen; d. h., man geht von Teilchen zu Antiteilchen über, lässt aber Größen wie Impuls oder Spin unberührt. Auch die Ladungskonjugation wird von den schwachen Wechselwirkungen nicht erhalten. Beim β-Zerfall ergibt sich etwa eine Bevorzugung von linkshändigen Elektronen (negative Helizität) und rechtshändigen Positronen (positive Helizität). Sind die Symmetrieoperationen P und C auch nicht einzeln erhalten, so ist doch ihre Kombination CP, also eine Anwendung der Raumspiegelung (Paritätsoperation P) mit nachfolgender Vertauschung von Teilchen und Antiteilchen (Ladungskonjugation C) eine gut erhaltene Symmetrie. Allerdings ist auch diese Symmetrie bei bestimmten Zerfällen (K^0-Zerfall) schwach gebrochen. Man geht jedoch davon aus, dass die CPT-Symmetrie (CP-Symmetrie mit zusätzlicher Zeitumkehr) unter allen Umständen erhalten ist.

Einige Teilchen (z. B. Kaonen) verhalten sich recht seltsam. Sie werden zwar reichlich erzeugt, aber sie zerfallen relativ langsam. Sie werden offenbar durch Prozesse der starken Wechselwirkung erzeugt, zerfallen aber nach der schwachen Wechselwirkung. Dieser Eigenschaft wird durch die Einführung der Quantenzahl Strangeness (Seltsamkeit) Rechnung getragen, die bei starken Wechselwirkungen erhalten bleibt, aber in schwachen Zerfällen verletzt wird. Wegen der Erhaltung der Strangeness in starken Wechselwirkungen können seltsame Teilchen nur assoziiert erzeugt werden, z. B.

$$\pi^- + p \rightarrow K^+ + \Sigma^-, \tag{2.2.2}$$

wobei dem $\bar{s}$-Quark im K^+ ($= u\bar{s}$) die Strangeness $+1$ und dem s-Quark im Σ^- ($= dds$) die Strangeness -1 zugewiesen wird. Beim schwachen Zerfall des $K^+ \rightarrow \pi^+\pi^0$ wird die Strangeness aber verletzt, weil die Pionen keine seltsamen Quarks (s) enthalten.

Bestimmte Teilchen, die sich nur in ihrem Ladungszustand unterscheiden, in starken Wechselwirkungen sich aber sonst gleich verhalten, werden zu Isospinmultipletts zusammengefasst. Proton und Neutron bilden damit als Nukleon ein Isospindublett mit $I = 1/2$. Der Projektion des Nukleonenisospins auf die z-Achse mit $I_z = +1/2$ entspricht das Proton; entsprechend stellt der Zustand mit $I_z = -1/2$ das Neutron dar. Die drei Pionen (π^+, π^-, π^0) werden zu einem Isospintriplett mit $I = 1$ zusammengefasst mit den Zuordnungen: $I_z = -1 \rightarrow \pi^-$, $I_z = +1 \rightarrow \pi^+$ und $I_z = 0 \rightarrow \pi^0$. Die Teilchenmultiplizität m in einem Isospinmultiplett hängt mit dem Isospin über

$$m = 2I + 1 \tag{2.2.3}$$

zusammen.

Schließlich soll noch die Baryonenzahl B erwähnt werden. Den Quarks wird die Baryonenzahl $1/3$, den Antiquarks $-1/3$ zugeordnet. Damit haben Baryonen die Baryonenzahl 1 und alle anderen Teilchen die Baryonenzahl 0.

Die Bedeutung der Erhaltungssätze in der Elementarteilchenphysik für die verschiedenen Wechselwirkungstypen ist in Tab. 2.4 zusammengefasst.

Im Quarksektor gibt es leider eine kleine Komplikation. Wie man in der Tab. 2.1 sieht, besteht eine komplette Symmetrie zwischen Leptonen und Quarks. Die Leptonen nehmen jedoch an Wechselwirkungen als freie Teilchen teil, während bei Quarkwechselwirkungen wegen des Confinements grundsätzlich in irgendeiner Weise Zuschauerquarks beteiligt sind. Für geladene Leptonen gilt eine strenge Leptonenzahlerhaltung; die Mitglieder verschiedener Familien mischen nicht untereinander. Neutrino-Oszillationen bilden da allerdings eine Ausnahme. Bei den Quarks hatten wir gesehen, dass schwache Prozesse die Strangeness ändern. Offenbar kann etwa beim Λ-Zerfall ein s-Quark aus der zweiten Familie in ein u-Quark der ersten Familie übergehen, was eigentlich nur einem d-Quark erlaubt wäre (Abb. 2.12).

Tab. 2.4 Erhaltungssätze der Teilchenphysik (erhalten: +; verletzt: −)

physikalische Größe	Wechselwirkung		
	stark	elektromagnetisch	schwach
Impuls	+	+	+
Energie (inkl. Masse)	+	+	+
Drehimpuls	+	+	+
Elektrische Ladung	+	+	+
Quarkflavour	+	+	−
Leptonenzahl	./.	+	+
Parität	+	+	−
Ladungskonjugation	+	+	−
Strangeness	+	+	−
Isospin	+	−	−
Baryonenzahl	+	+	+

Abb. 2.12 Lambdazerfall: $\Lambda \to p + \pi^-$

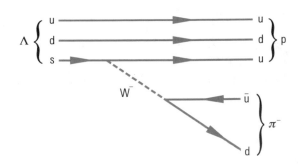

Es ist so, als wenn ein s-Quark sich manchmal wie ein d-Quark verhält. Statt der Quarks d und s koppeln offenbar die Quarks d' und s' an die schwache Wechselwirkung, wobei d' und s' gegenüber d und s etwas gedreht sind. Dabei gilt

$$d' = d \cos \vartheta_{c} + s \sin \vartheta_{c},$$
$$s' = -d \sin \vartheta_{c} + s \cos \vartheta_{c}, \tag{2.2.4}$$

wobei ϑ_{c} der Mischungswinkel (Cabibbo-Winkel) ist.

Der Grund dafür, dass Winkel zur Wichtung verwendet werden, besteht allein darin, dass die Quadratsumme der Wichtungsfaktoren, $\cos^2 \vartheta + \sin^2 \vartheta = 1$, automatisch zur richtigen Normierung führt.

Experimentell ergibt sich der Winkel zu $\vartheta_{c} \approx 13°$ ($\sin \vartheta_{c} \approx 0{,}2255$). Wegen $\cos \vartheta_{c} \approx 0{,}9742$ verhält sich das d'-Quark überwiegend wie ein d-Quark, allerdings mit einer kleinen Beimischung des s-Quarks.

Die von Cabibbo eingeführte Quarkmischung wurde von Kobayashi und Maskawa auf die drei Quarkfamilien erweitert (Nobelpreis an Kobayashi und Maskawa 2008), sodass d', s', b' aus d, s, b durch eine Drehmatrix, die Cabibbo-Kobayashi-Maskawa-Matrix (CKM-Matrix), hervorgehen,

$$\begin{pmatrix} d' \\ s' \\ b' \end{pmatrix} = U \begin{pmatrix} d \\ s \\ b \end{pmatrix}. \tag{2.2.5}$$

Dabei sind die Elemente der (3×3)-Matrix U auf der Hauptdiagonalen fast gleich 1. Die Elemente außerhalb der Diagonalen geben die Stärke der Quark-Flavour-Verletzung an. Eine ähnliche Komplikation wird uns später auch im Neutrinosektor begegnen, wo die Eigenzustände zur Masse nicht mit den Eigenzuständen der schwachen Wechselwirkung übereinstimmen.

2.3   Vereinigte Theorie der Wechselwirkungen

Meine Erklärung war sehr einfach, und auch sehr einleuchtend – genauso wie die meisten falschen Theorien.

Herbert George Wells

Das Standardmodell der elektroschwachen und starken Wechselwirkung kann aber nicht die endgültige Theorie sein. Das Modell enthält noch zu viele freie Parameter, die von Hand angepasst werden müssen. Außerdem sind die Massen der fundamentalen Fermionen zunächst null und erhalten erst durch den Mechanismus der spontanen Symmetriebrechung (Brout-Englert-Higgs-Mechanismus) ihre Masse. Ein ganz wichtiger Punkt ist auch, dass die Gravitation in diesem Modell gar nicht berücksichtigt wird. Für den Makrokosmos ist die Gravitation aber die entscheidende Kraft. Man bemüht sich daher, eine

Theorie für Alles (Theory of Everything, TOE) zu entwickeln, die alle Wechselwirkungen enthält. Als ein ernstzunehmender Kandidat für eine solche globale Beschreibung hat sich die Stringtheorie erwiesen. Sie beruht auf der Annahme, dass die Elementarteilchen nicht punktförmig sind, sondern eindimensionale Fäden (Strings), die wie Saiten schwingen können. Bestimmte Stringtheorien sind außerdem supersymmetrisch. Supersymmetrische Teilchen (SUSY-Teilchen) müssten aber sehr schwer sein. Experimente am LHC haben supersymmetrische Teilchen mit Massen unterhalb der TeV-Skala praktisch ausgeschlossen.[2] SUSY-Teilchen stellen eine Symmetrie zwischen Fermionen und Bosonen her. Stringtheorien werden aber in einem höherdimensionalen Raum formuliert. Von den ursprünglichen 11 Dimensionen müssen 7 eng aufgewickelt sein, da sie in der Natur nicht beobachtet werden. Stringtheorien sind aber nicht die einzigen Kandidaten für eine ‚Theorie für Alles‘.

In Abb. 2.13 ist ein Überblick über die historischen Erfolge der Vereinheitlichung und die Projektion in die Zukunft vorgestellt. Man geht davon aus, dass mit zunehmender Temperatur ($\widehat{=}$ Energie) die Natur immer symmetrischer wird und dass bei den hohen Temperaturen, wie sie beim Urknall herrschten, die Symmetrie so groß war, dass alle Prozesse durch eine einheitliche Kraft beschrieben werden konnten. Der Sinn, immer größere

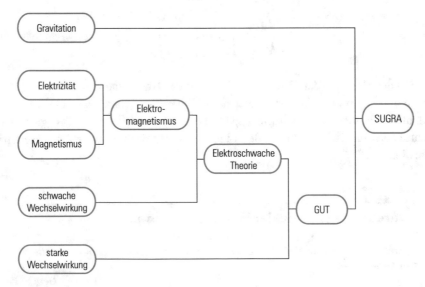

Abb. 2.13 Vereinigung aller unterschiedlichen Wechselwirkungen zu einer Theorie für Alles; GUT = Grand Unified Theory, SUGRA = Supergravitation

---

[2]Neueste, vorläufige Analysen von LHC-Daten (2015/2016) schienen allerdings vorsichtige Hinweise auf ein Boson der Masse um 750 GeV in Gamma-Gamma-Endzuständen anzudeuten. Messungen bei höherer Luminosität im Jahr 2016 zeigten allerdings, dass es sich um eine statistische Fluktuation gehandelt hat.

Beschleuniger mit höheren Energien zu bauen, ist, dieser einheitlichen Beschreibung aller Kräfte auf die Spur zu kommen.

Die allumfassende Supergravitationstheorie (SUGRA) ist nach der gegenwärtigen Auffassung in die sogenannte M-Theorie, eine 11-dimensionale Superstringtheorie, eingebettet. Die kleinsten Bausteine der Superstringtheorie sind p-dimensionale Objekte (‚Branes‘) von der Größe der Planck-Länge $L_{\mathrm{P}} = \sqrt{\hbar G / c^3}$ (G – Gravitationskonstante, $\hbar$ – Planck'sches Wirkungsquantum, c – Lichtgeschwindigkeit). Sieben der zehn Raumdimensionen sind in einem Calabi-Yau-Raum kompaktifiziert (‚aufgewickelt‘). Das ‚M‘ der M-Theorie kann – je nach Geschmack – für ‚Membrane‘, ‚Matrix‘, ‚Mysterium‘ oder ‚Mutter (aller Theorien)‘ stehen.

Das ist meine Vorstellung von einer vereinigten Theorie!

Zusammenfassung

Das Standardmodell der Elementarteilchenphysik ist eines der bestbestätigten Modelle in diesem Gebiet. Trotzdem ist es nur eine vorläufige Beschreibung der Elementarteilchen und ihrer Wechselwirkungen, denn es enthält noch eine Vielzahl von freien Parametern, die aus dem Experiment angepasst werden müssen. In den frühen Zeiten der Teilchenphysik hat die kosmische Strahlung viele Informationen zu diesem Modell geliefert, und auch heute noch hat die Astroteilchenphysik etwa mit der Entdeckung von Neutrinomassen weitere Informationen, die im Standardmodell nicht enthalten waren, bereitgestellt. Trotzdem ist die Kenntnis dieses Standardmodells mit der Beschreibung der starken, elektromagnetischen und schwachen Wechselwirkungen auch für die Astroteilchenphysik fundamental. Es fehlt allerdings noch eine für die Astroteilchenphysik ganz wesentliche Wechselwirkung, nämlich die Gravitation.

Kinematik und Wirkungsquerschnitte

3

Die beste Art, einem Problem zu entkommen, ist, es zu lösen.
Alan Saporta

In der Astroteilchenphysik sind die Energien der beteiligten Teilchen in der Regel so hoch, dass relativistisch gerechnet werden muss. In diesem Gebiet wird besonders deutlich, dass Masse und Energie nur unterschiedliche Ausformungen derselben Sache sind. Masse ist eine besonders kompakte Form der Energie, die durch die bekannte Einstein'sche Beziehung

$$E = mc^2 \tag{3.0.1}$$

mit der Gesamtenergie eines Teilchens verknüpft ist. In dieser Gleichung ist m die Masse eines Teilchens, das sich mit der Geschwindigkeit v bewegt. c ist die Vakuumlichtgeschwindigkeit.

Der experimentelle Befund, dass die Vakuumlichtgeschwindigkeit eine Maximalgeschwindigkeit und in allen Bezugssystemen gleich ist, führt dazu, dass Teilchen mit einer Geschwindigkeit nahe der Lichtgeschwindigkeit durch eine Beschleunigung kaum noch schneller, dafür aber schwerer werden,

$$m = \frac{m_0}{\sqrt{1 - \beta^2}} = \gamma m_0. \tag{3.0.2}$$

Dabei sind m_0 die Ruhmasse, $\beta = v/c$ die auf die Lichtgeschwindigkeit normierte Teilchengeschwindigkeit und

$$\gamma = \frac{1}{\sqrt{1 - \beta^2}} \tag{3.0.3}$$

© Springer-Verlag GmbH Deutschland 2018
C. Grupen, *Einstieg in die Astroteilchenphysik*,
https://doi.org/10.1007/978-3-662-55271-1_3

der Lorentz-Faktor. Damit kann Gl. (3.0.1) auch als

$$E = \gamma m_0 c^2 \tag{3.0.4}$$

geschrieben werden, wobei $m_0 c^2$ die Ruhenergie eines Teilchens ist. Der Impuls eines Teilchens lässt sich durch

$$p = mv = \gamma m_0 \beta c \tag{3.0.5}$$

darstellen. Die Differenz

$$E^2 - p^2 c^2 = \gamma^2 m_0^2 c^4 - \gamma^2 m_0^2 \beta^2 c^4$$

lässt sich mithilfe von (3.0.3) als

$$E^2 - p^2 c^2 = \frac{m_0^2 c^4}{1 - \beta^2}(1 - \beta^2) = m_0^2 c^4 \tag{3.0.6}$$

schreiben. Die Differenz $E^2 - p^2 c^2$ stellt sich damit als lorentzinvariante Größe heraus. Sie ist in allen Systemen gleich und ist gleich dem Quadrat der Ruhenergie. Damit ergibt sich für die Gesamtenergie eines relativistischen Teilchens

$$E = c\sqrt{p^2 + m_0^2 c^2}. \tag{3.0.7}$$

Gl. (3.0.7) gilt für alle Teilchen. Für masselose Teilchen (genauer: für Teilchen mit Ruhmasse Null) folgt

$$E = cp. \tag{3.0.8}$$

Ruhmasselose Teilchen mit einer Gesamtenergie E unterliegen aber auch der Gravitation, weil sie eine bewegte Masse von

$$m = E/c^2 \tag{3.0.9}$$

besitzen.

Einen Anschluss an den Bereich der klassischen Mechanik ($p \ll m_0 c$) erhalten wir ebenfalls aus (3.0.7) durch Reihenentwicklung. Für die kinetische Energie erhält man

$$
\begin{aligned}
E^{\text{kin}} &= E - m_0 c^2 = c\sqrt{p^2 + m_0^2 c^2} - m_0 c^2 \\
&= m_0 c^2 \sqrt{1 + \left(\frac{p}{m_0 c}\right)^2} - m_0 c^2 \\
&\approx m_0 c^2 \left(1 + \frac{1}{2}\left(\frac{p}{m_0 c}\right)^2\right) - m_0 c^2 \\
&= \frac{p^2}{2m_0} = \frac{1}{2}m_0 v^2,
\end{aligned}
\tag{3.0.10}
$$

in Übereinstimmung mit der klassischen Mechanik. Aus (3.0.4) und (3.0.5) ergibt sich für die Geschwindigkeit

$$v = \frac{p}{\gamma m_0} = \frac{c^2 p}{E}$$

oder

$$\beta = \frac{cp}{E}. \tag{3.0.11}$$

In der Relativistik ist es üblich, $c = 1$ zu setzen. Damit vereinfachen sich alle angegebenen Formeln. Zur Berechnung von Zahlenwerten ist jedoch der tatsächliche Wert der Lichtgeschwindigkeit zu berücksichtigen.

In der Astroteilchenphysik tritt häufig das Problem auf, die Schwellwertenergie für einen bestimmten Prozess der Teilchenerzeugung zu berechnen. Dazu muss im Schwerpunktsystem der Kollision mindestens die Masse aller Teilchen im Endzustand der Reaktion aufgebracht werden. In Speicherringen ist das Schwerpunktsystem meist mit dem Laborsystem identisch, sodass etwa für die Erzeugung eines Teilchens der Masse M in einer Elektron-Positron-Frontalkollision (e^+ und e^- haben beide die Energie E) gelten muss:

$$2E \geq M. \tag{3.0.12}$$

Bei der Wechselwirkung eines Teilchens der Energie E mit einem ruhenden Target, wie es für die Prozesse in der kosmischen Strahlung typisch ist, muss aber zunächst die Schwerpunktsenergie des Prozesses berechnet werden.

Für den allgemeinen Fall der Kollision zweier Teilchen mit Gesamtenergien E_1 und E_2 sowie Impulsen p_1 und p_2 errechnet sich die lorentzinvariante Größe der Schwerpunktsenergie E_{CMS} nach Gl. (3.0.7) mithilfe von (3.0.11) zu

$$
\begin{aligned}
E_{CMS} = \sqrt{s} &= \left\{ (E_1 + E_2)^2 - (p_1 + p_2)^2 \right\}^{1/2} \\
&= \left\{ E_1^2 - p_1^2 + E_2^2 - p_2^2 + 2E_1E_2 - 2p_1p_2 \right\}^{1/2} \\
&= \left\{ m_1^2 + m_2^2 + 2E_1E_2(1 - \beta_1\beta_2 \cos\theta) \right\}^{1/2} .
\end{aligned}
\tag{3.0.13}
$$

Dabei ist θ der Winkel zwischen p_1 und p_2. Für hohe Energien ($\beta_i \to 1$ und $m_1, m_2 \ll E_1, E_2$) vereinfacht sich (3.0.13) zu

$$
\sqrt{s} \approx \{ 2E_1E_2(1 - \cos\theta) \}^{1/2} .
\tag{3.0.14}
$$

Falls ein Teilchen (z. B. das mit der Masse m_2) in Ruhe ist (Laborsystem $E_2 = m_2$; $p_2 = 0$), folgt aus (3.0.13)

$$
\sqrt{s} = \{ m_1^2 + m_2^2 + 2E_1m_2 \}^{1/2},
\tag{3.0.15}
$$

und mit der relativistischen Näherung ($m_1^2, m_2^2 \ll 2E_1m_2$) erhält man

$$
\sqrt{s} \approx \sqrt{2E_1m_2}.
\tag{3.0.16}
$$

In einer solchen Reaktion können nur Teilchen mit Massen $M \le \sqrt{s}$ erzeugt werden.

3.1 Beispiele für die Berechnung von Schwerpunktsenergien

Die genaue Formulierung eines Problems ist der wichtigste Schritt zu seiner Lösung.

Edwin Bliss

Beispiel 1

Ein hochenergetisches Proton der kosmischen Strahlung (Energie E_p, Impuls $\boldsymbol{p}$, Ruhmasse m_0) möge an einem ruhenden Targetproton ein Proton-Antiproton-Paar erzeugen:

$$p + p \rightarrow p + p + p + \bar{p}. \tag{3.1.1}$$

Nach Gl. (3.0.13) errechnet sich die Schwerpunktsenergie folgendermaßen:

$$\begin{aligned}
\sqrt{s} &= \left\{ (E_p + m_0)^2 - (\boldsymbol{p} - 0)^2 \right\}^{1/2} \\
&= \left\{ E_p^2 + 2m_0 E_p + m_0^2 - p^2 \right\}^{1/2} \\
&= \left\{ 2m_0 E_p + 2m_0^2 \right\}^{1/2}.
\end{aligned} \tag{3.1.2}$$

Für den Endzustand, bestehend aus drei Protonen und einem Antiproton (die Masse des Antiprotons ist gleich der des Protons), muss also gelten

$$\sqrt{s} \geq 4m_0. \tag{3.1.3}$$

Damit folgt für die Mindestenergie des einfallenden Protons

$$2m_0 E_p + 2m_0^2 \geq 16m_0^2,$$
$$E_p \geq 7m_0 \quad (= 6{,}568\,\text{GeV}). \tag{3.1.4}$$

Beispiel 2

Ein energiereiches Elektron (Energie E_e, Impuls $\boldsymbol{p}$, Ruhmasse m_e) möge an einem ruhenden Targetelektron ein $e^+ e^-$-Paar erzeugen,

$$e^- + e^- \rightarrow e^- + e^- + e^+ + e^-. \tag{3.1.5}$$

Nach Gl. (3.0.15) gilt

$$\begin{aligned}
\sqrt{s} &= \{ m_e^2 + m_e^2 + 2E_e m_e \}^{1/2} \geq 4m_e, \\
E_e &\geq 7m_e, \\
E_e &\geq 3{,}58\,\text{MeV}.
\end{aligned} \tag{3.1.6}$$

Beispiel 3

Ein Photon möge an einem ruhenden Targetelektron ein e^+e^--Paar erzeugen,

$$\gamma + e^- \rightarrow e^- + e^+ + e^-. \tag{3.1.7}$$

$$\sqrt{s} = \{m_e^2 + 2E_\gamma m_e\}^{1/2} \geq 3m_e,$$
$$E_\gamma \geq 4m_e,$$
$$E_\gamma \geq 2{,}04\,\text{MeV}. \tag{3.1.8}$$

Beispiel 4

Ein Photon möge an einem ruhenden Targetproton (Masse m_0) ein neutrales Pion (Masse $m_{\pi^0} \approx 135\,\text{MeV}$) erzeugen:

$$\gamma + p \rightarrow p + \pi^0, \tag{3.1.9}$$

$$\sqrt{s} = \{m_0^2 + 2E_\gamma m_0\}^{1/2} \geq (m_0 + m_{\pi^0}),$$
$$m_0^2 + 2E_\gamma m_0 \geq m_0^2 + m_{\pi^0}^2 + 2m_0 m_{\pi^0},$$

$$E_\gamma \geq \frac{2m_0 m_{\pi^0} + m_{\pi^0}^2}{2m_0} = m_{\pi^0} + \frac{m_{\pi^0}^2}{2m_0}, \tag{3.1.10}$$
$$E_\gamma \geq m_{\pi^0} + 9{,}7\,\text{MeV} \approx 145\,\text{MeV}.$$

Für Rechnungen dieser Art ist es sinnvoll, Vierervektoren, mit denen dasselbe physikalische Objekt unabhängig vom Lorentz-System beschrieben werden kann, einzuführen. Genauso wie die Zeit t und der Ortsvektor $s = (x, y, z)$ zu einem Vierervektor zusammengefasst werden können, lässt sich der Viererimpuls

$$q = \begin{pmatrix} E \\ \boldsymbol{p} \end{pmatrix} \quad \text{mit} \quad \boldsymbol{p} = (p_x, p_y, p_z) \tag{3.1.11}$$

einführen. Wegen

$$q^2 = \begin{pmatrix} E \\ \boldsymbol{p} \end{pmatrix}^2 = E^2 - \boldsymbol{p}^2 = m_0^2 \tag{3.1.12}$$

ist das Quadrat des Viererimpulses gleich dem Quadrat der Ruhmasse. Für Photonen gilt

$$q^2 = E^2 - \boldsymbol{p}^2 = 0. \tag{3.1.13}$$

Von Teilchen, für die Gl. (3.1.12) gilt, sagt man, sie liegen auf der Massenschale. Man nennt diese Teilchen auch reell. Daneben können sich Teilchen im Rahmen der

Heisenberg'schen Unschärferelation aus dem Vakuum für kurze Zeit Energie ,borgen'. Diese Teilchen bezeichnet man als virtuelle Teilchen. Sie liegen nicht auf der Massenschale. In Wechselwirkungsprozessen können sie nur als Austauschteilchen vorkommen.

Beispiel 5

Elektron-Positron-Paarerzeugung im Coulomb-Feld eines Kernes durch ein Photon (Abb. 3.1)

In diesem Beispiel ist das einlaufende Photon γ reell, und das zwischen dem Elektron und Kern ausgetauschte Photon γ^* virtuell,

$$q_\gamma + q_p \geq 2m_e + m_p,$$
$$q_\gamma^2 + q_p^2 + 2q_\gamma q_p \geq 4m_e^2 + m_p^2 + 4m_e m_p.$$

Wegen $q_\gamma^2 = 0$, und wenn man annimmt, dass der Targetkern ein Proton ist, also $q_p^2 = m_p^2$ folgt

$$2q_\gamma q_p \geq 4m_e^2 + 4m_e m_p$$

und weiter

$$2\begin{pmatrix} E_\gamma \\ \boldsymbol{p}_\gamma \end{pmatrix}\begin{pmatrix} m_p \\ 0 \end{pmatrix} = 2m_p E_\gamma \geq 4m_e^2 + 4m_e m_p,$$

denn das Targetproton ist in Ruhe ($E = m_p, \boldsymbol{p} = 0$). Damit wird die Schwellwertenergie

$$E_\gamma \geq 2m_e + \frac{2m_e^2}{m_p}.$$

Abb. 3.1 Der Prozess
$\gamma + \text{Kern} \to e^+ + e^- + \text{Kern}'$

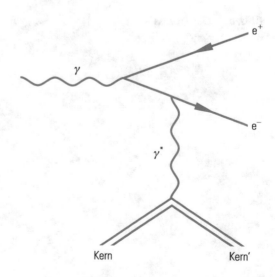

Die Schwellwertenergie ist etwas größer als $2m_e$, weil das Targetproton eine gewisse Rückstoßenergie aufnimmt. Ohne Proton als Rückstoßpartner ist diese Reaktion aus Gründen der Impulserhaltung nicht möglich.

Beispiel 6

Elektron-Proton-Streuung (Abb. 3.2)

Die Virtualität des ausgetauschten Photons γ^* kann aus der Kinematik mithilfe der Virerevektoren von Elektron und Proton leicht ausgerechnet werden. Die Viererimpulse werden wie folgt definiert: einlaufendes Elektron $q_e = \binom{E_e}{\boldsymbol{p}_e}$; auslaufendes Elektron $q'_e = \binom{E'_e}{\boldsymbol{p}'_e}$; einlaufendes Proton $q_p = \binom{E_p}{\boldsymbol{p}_p}$; auslaufendes Proton $q'_p = \binom{E'_p}{\boldsymbol{p}'_p}$. Es gilt die Viererimpulserhaltung (Energie- und Impulserhaltung):

$$q_e + q_p = q'_e + q'_p. \tag{3.1.14}$$

Das Viererimpulsquadrat des ausgetauschten virtuellen Photons $q^2_{\gamma^*}$ ist

$$\begin{aligned}
q^2_{\gamma^*} &= (q_e - q'_e)^2 \\
&= \binom{E_e - E'_e}{\boldsymbol{p}_e - \boldsymbol{p}'_e}^2 = (E_e - E'_e)^2 - (\boldsymbol{p}_e - \boldsymbol{p}'_e)^2 \\
&= E_e^2 - \boldsymbol{p}_e^2 + E_e'^2 - \boldsymbol{p}_e'^2 - 2E_e E'_e + 2\boldsymbol{p}_e \cdot \boldsymbol{p}'_e \\
&= 2m_e^2 - 2E_e E'_e (1 - \beta_e \beta'_e \cos\theta), \tag{3.1.15}
\end{aligned}$$

Abb. 3.2 Der Prozess
$e^- + p \rightarrow e^- + p$

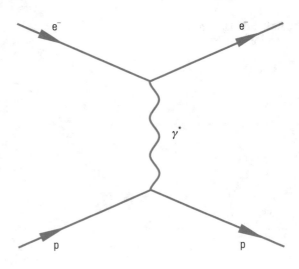

wobei β_e und β'_e die Geschwindigkeiten des einlaufenden und auslaufenden Elektrons und θ der Winkel zwischen $\boldsymbol{p}_e$ und $\boldsymbol{p}'_e$ sind. Für hohe Energien und nicht zu kleine Streuwinkel vereinfacht sich (3.1.15) zu

$$q_{\gamma^*}^2 = -2E_e E'_e (1 - \cos\theta) = -4E_e E'_e \sin^2\frac{\theta}{2}. \qquad (3.1.16)$$

Falls sich $\sin\frac{\theta}{2}$ durch $\frac{\theta}{2}$ annähern lässt, erhält man für nicht zu kleine Winkel

$$q_{\gamma^*}^2 = -E_e E'_e \theta^2. \qquad (3.1.17)$$

Das Massenquadrat des ausgetauschten Photons ist in diesem Falle negativ! Damit ist die Masse von γ^* rein imaginär. Solche Photonen nennt man raumartig.

Beispiel 7

Myonpaarerzeugung in e^+e^--Wechselwirkungen (Abb. 3.3)
Für den Fall, dass Elektronen und Positronen gleiche Gesamtenergie E und entgegengesetzten Impuls ($\boldsymbol{p}_{e^+} = -\boldsymbol{p}_{e^-}$) haben, gilt

$$q_{\gamma^*}^2 = (q_{e^+} + q_{e^-})^2 = \begin{pmatrix} E + E \\ \boldsymbol{p}_{e^+} + (-\boldsymbol{p}_{e^+}) \end{pmatrix}^2 = 4E^2. \qquad (3.1.18)$$

In diesem Fall ist die Masse des ausgetauschten Photons $2E$ und damit positiv. Ein solches Photon heißt zeitartig. Das Myonenpaar im Endzustand kann erzeugt werden, falls $2E \geq 2m_\mu$ ist.

Abb. 3.3 Der Prozess
$e^+e^- \rightarrow \mu^+ + \mu^-$

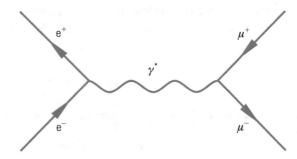

Beispiel 8

Der WIMP-Nachweis

Die Berechnung des maximalen Energieübertrages eines WIMPs ($m_W = 100\,\text{GeV}$ Masse) auf einen ruhenden Targetkern (Masse $m_T = 12\,\text{GeV}$) ist für die Suche nach supersymmetrischen und massiven schwach wechselwirkenden Teilchens von besonderer Bedeutung. Da die WIMPs möglicherweise im Halo der Milchstraße gravitativ eingefangen werden, nehmen sie auch dessen Geschwindigkeit von etwa $300\,\text{km/s}$ an, entsprechend $\beta = 10^{-3}$. Wegen der geringen Geschwindigkeiten der WIMPs ist es in diesem Fall ausreichend, klassisch zu rechnen. Die Geschwindigkeiten des WIMPs vor dem Stoß seien u_1 bzw. v_1 nach der Wechselwirkung. v_2 sei die Geschwindigkeit des Targets nach dem Stoß. Die Masse des WIMPs sei m_W und die des Targets m_T.

Die Impulserhaltung liefert

$$m_W \cdot u_1 = m_W \cdot v_1 + m_T \cdot v_2 \qquad (3.1.19)$$

oder

$$m_W \cdot v_1 = m_W \cdot u_1 - m_T \cdot v_2. \qquad (3.1.20)$$

Nach dem Quadrieren erhält man

$$m_W^2 \cdot v_1^2 = m_W^2 \cdot u_1^2 + m_T^2 \cdot v_2^2 - 2 \cdot m_W m_T u_1 v_2. \qquad (3.1.21)$$

Die Energieerhaltung bedeutet (nach Multiplikation mit dem Faktor 2):

$$m_W \cdot u_1^2 = m_W \cdot v_1^2 + m_T \cdot v_2^2. \qquad (3.1.22)$$

Diese Gleichung wird mit dem Faktor m_W multipliziert,

$$m_W^2 \cdot u_1^2 = m_W^2 \cdot v_1^2 + m_T m_W \cdot v_2^2, \qquad (3.1.23)$$

und in die Impulserhaltung eingesetzt,

$$m_W^2 \cdot v_1^2 = m_W^2 \cdot v_1^2 + m_T m_W \cdot v_2^2 + m_T^2 \cdot v_2^2 - 2 \cdot m_W m_T u_1 v_2, \qquad (3.1.24)$$

woraus folgt:

$$2 \cdot m_W m_T u_1 v_2 = m_T m_W \cdot v_2^2 + m_T^2 \cdot v_2^2.$$ (3.1.25)

Nach Kürzen und Rearrangieren erhält man

$$\frac{v_2}{u_1} = \frac{2m_W}{m_W + m_T}.$$ (3.1.26)

Nach dem Quadrieren und der Multiplikation mit $\frac{m_T}{m_W}$ folgt für das Verhältnis der Energie des Targets zur WIMP-Energie:

$$f = \frac{\frac{1}{2}m_T v_2^2}{\frac{1}{2}m_W u_1^2} = \frac{4m_T m_W}{(m_W + m_T)^2}.$$ (3.1.27)

Mit Zahlen findet man für die oben angegebenen Massen $f = 0{,}383$. Mit $u_1 = 300\,\text{km/s}$ und $m_W = 100\,\text{GeV}$ ist die kinetische Energie des einfallenden WIMPs $8 \cdot 10^{-15}$ Joule. Damit erhält man für die Rückstoßenergie des Targets wegen des Faktors f etwa $20\,\text{keV}$. So geringe Werte für die Rückstoßkerne sind bei einem Untergrund von Konkurrenzreaktionen sehr schwer nachzuweisen.

3.2   Beispiele für die Behandlung von Zerfällen

Mathematik ist das Alphabet, mit dessen Hilfe Gott das Universum beschrieben hat.

Galileo Galilei

Der elegante Formalismus der Viererimpulse zur Berechnung kinematischer Zusammenhänge lässt sich auch auf Zerfälle von Elementarteilchen anwenden. Bei einem Zweikörperzerfall eines Elementarteilchens aus der Ruhe heraus erhalten aus Gründen der Impulserhaltung die beiden Zerfallsteilchen wohldefinierte diskrete Energien.

Beispiel 9

Der Zerfall $\pi^+ \rightarrow \mu^+ + \nu_\mu$

Die Viererimpulserhaltung liefert

$$q_\pi^2 = (q_\mu + q_\nu)^2 = m_\pi^2.$$ (3.2.1)

Im Ruhsystem des Pions fliegen das Myon und das Neutrino mit $\boldsymbol{p}_\mu = -\boldsymbol{p}_{\nu_\mu}$ auseinander,

$$\begin{pmatrix} E_\mu + E_\nu \\ \boldsymbol{p}_\mu + \boldsymbol{p}_{\nu_\mu} \end{pmatrix}^2 = (E_\mu + E_\nu)^2 = m_\pi^2.$$ (3.2.2)

Für das Neutrino als masseloses Teilchen (bzw. mit einer für diese Betrachtung verschwindend kleinen Masse) gilt

$$E_\nu = p_{\nu_\mu}$$

und damit

$$E_\mu + p_\mu = m_\pi .$$

Durch Umstellen und Quadrieren erhält man

$$E_\mu^2 + m_\pi^2 - 2E_\mu m_\pi = p_\mu^2,$$
$$2E_\mu m_\pi = m_\pi^2 + m_\mu^2,$$
$$E_\mu = \frac{m_\pi^2 + m_\mu^2}{2m_\pi}. \tag{3.2.3}$$

Mit $m_\mu = 105{,}658\,389\,\text{MeV}$ und $m_{\pi^\pm} = 139{,}569\,95\,\text{MeV}$ erhält man $E_\mu^{\text{kin}} = E_\mu - m_\mu = 4{,}12\,\text{MeV}$. Für den Zweikörperzerfall $K^+ \to \mu^+ + \nu_\mu$ liefert Gl. (3.2.3) $E_\mu^{\text{kin}} = E_\mu - m_\mu = 152{,}49\,\text{MeV}$ ($m_{K^\pm} = 493{,}677\,\text{MeV}$).

Aus Gründen der Helizitätserhaltung ist der Zerfall $\pi^+ \to e^+ + \nu_e$ stark unterdrückt (s. Abb. 2.11). Für diesen Zerfall erhält das Positron nach Gl. (3.2.3) eine kinetische Energie von $E_{e^+}^{\text{kin}} = E_{e^+} - m_e = \frac{m_\pi}{2} + \frac{m_e^2}{2m_\pi} - m_e = 69{,}3\,\text{MeV}$, also etwa die halbe Pionmasse. Dieses Ergebnis ist nicht überraschend, weil das ‚schwere' Pion in zwei fast masselose Teilchen zerfällt.

Beispiel 10

Der Zerfall $\pi^0 \to \gamma + \gamma$

Die Kinematik des π^0-Zerfalls aus der Ruhe ist extrem einfach. Beide Photonen erhalten als Energie die halbe Pionmasse. An diesem Beispiel soll aber auch der Zerfall eines π^0 im Fluge diskutiert werden. Wird ein Photon in Flugrichtung des π^0 emittiert, so erhält es eine höhere Energie als wenn es entgegengesetzt zur Flugrichtung ausgesandt wird. Für den Zerfall eines π^0 im Fluge (Lorentz-Faktor $\gamma = E_{\pi^0}/m_{\pi^0}$) erhält man ein flaches Spektrum der Photonen mit einer Maximal- und Minimalenergie. Aus der Viererimpulserhaltung

$$q_{\pi^0} = q_{\gamma_1} + q_{\gamma_2}$$

folgt

$$q_{\pi^0}^2 = m_{\pi^0}^2 = q_{\gamma_1}^2 + q_{\gamma_2}^2 + 2q_{\gamma_1} q_{\gamma_2}. \tag{3.2.4}$$

Da die Massen der reellen Photonen null sind, ergeben sich die energetischen Grenzen aus

$$2q_{\gamma_1} q_{\gamma_2} = m_{\pi^0}^2. \tag{3.2.5}$$

Für diesen Grenzfall werden die Photonen parallel bzw. antiparallel zur Flugrichtung des π^0 emittiert. Damit folgt

$$\boldsymbol{p}_{\gamma_1} \parallel -\boldsymbol{p}_{\gamma_2}. \tag{3.2.6}$$

Gl. (3.2.5) liefert damit

$$2(E_{\gamma_1}E_{\gamma_2} - \boldsymbol{p}_{\gamma_1} \cdot \boldsymbol{p}_{\gamma_2}) = 4E_{\gamma_1}E_{\gamma_2} = m_{\pi^0}^2. \tag{3.2.7}$$

Wegen $E_{\gamma_2} = E_{\pi^0} - E_{\gamma_1}$ führt Gl. (3.2.7) auf die quadratische Gleichung

$$E_{\gamma_1}^2 - E_{\gamma_1}E_{\pi^0} + \frac{m_{\pi^0}^2}{4} = 0 \tag{3.2.8}$$

mit den symmetrischen Lösungen

$$E_{\gamma_1}^{\max} = \frac{1}{2}(E_{\pi^0} + p_{\pi^0}),$$

$$E_{\gamma_1}^{\min} = \frac{1}{2}(E_{\pi^0} - p_{\pi^0}). \tag{3.2.9}$$

Wegen $E_{\pi^0} = \gamma m_{\pi^0}$ und $p_{\pi^0} = \gamma m_{\pi^0}\beta$ lässt sich Gl. (3.2.9) auch schreiben als

$$E_{\gamma_1}^{\max} = \frac{1}{2}\gamma m_{\pi^0}(1 + \beta) = \frac{1}{2}m_{\pi^0}\sqrt{\frac{1+\beta}{1-\beta}},$$

$$E_{\gamma_1}^{\min} = \frac{1}{2}\gamma m_{\pi^0}(1 - \beta) = \frac{1}{2}m_{\pi^0}\sqrt{\frac{1-\beta}{1+\beta}}. \tag{3.2.10}$$

Im relativistischen Grenzfall ($\gamma \gg 1$, $\beta \approx 1$) erhält das in Flugrichtung des π^0 emittierte Photon die Energie $E_\gamma^{\max} = E_{\pi^0} = \gamma m_{\pi^0}$ und das rückwärts emittierte Photon die Energie null.

In einer logarithmischen Skala ist die Energieverteilung der Photonen symmetrisch um die halbe π^0-Masse. Hat man ein Spektrum von neutralen Pionen, so überlagern sich die Energieverteilungen der Zerfallsphotonen in der Weise, dass man in einer logarithmischen Darstellung ein Maximum bei der halben π^0-Masse erhält (s. Abb. 3.4).

Abb. 3.4 Energieverteilung der Photonen beim π^0-Zerfall in zwei Photonen für unterschiedliche Pionenenergien in logarithmischer Darstellung [22]

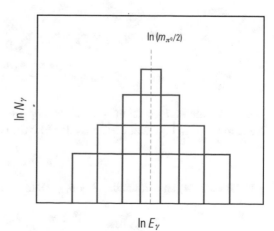

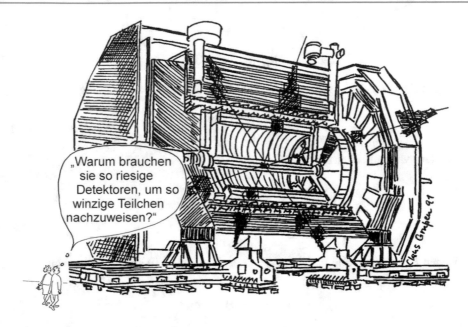

Viel schwieriger wird die Behandlung von Dreikörperzerfällen. Dieser Prozess soll am Beispiel des Myonzerfalls erläutert werden:

$$\mu^- \rightarrow e^- + \bar{\nu}_e + \nu_\mu. \tag{3.2.11}$$

Wir nehmen an, dass sich das Myon ursprünglich in Ruhe befindet ($E_\mu = m_\mu$). Die Viererimpulserhaltung

$$q_\mu = q_e + q_{\bar{\nu}_e} + q_{\nu_\mu} \tag{3.2.12}$$

lässt sich umschreiben zu

$$(q_\mu - q_e)^2 = (q_{\bar{\nu}_e} + q_{\nu_\mu})^2,$$

$$q_\mu^2 + q_e^2 - 2q_\mu q_e = m_\mu^2 + m_e^2 - 2\begin{pmatrix} m_\mu \\ 0 \end{pmatrix}\begin{pmatrix} E_e \\ \boldsymbol{p}_e \end{pmatrix} = (q_{\bar{\nu}_e} + q_{\nu_\mu})^2,$$

$$E_e = \frac{m_\mu^2 + m_e^2 - (q_{\bar{\nu}_e} + q_{\nu_\mu})^2}{2m_\mu}. \tag{3.2.13}$$

Die Elektronenenergie ist maximal, wenn $(q_{\bar{\nu}_e} + q_{\nu_\mu})^2$ minimal wird. Für verschwindende Neutrinomassen bedeutet dies, dass das Elektron eine Maximalenergie erhält, falls

$$q_{\bar{\nu}_e} q_{\nu_\mu} = E_{\bar{\nu}_e} E_{\nu_\mu} - \boldsymbol{p}_{\bar{\nu}_e} \cdot \boldsymbol{p}_{\nu_\mu} = 0 \tag{3.2.14}$$

gilt. Gl. (3.2.14) ist erfüllt für $\boldsymbol{p}_{\bar{\nu}_e} \parallel \boldsymbol{p}_{\nu_\mu}$. Damit wird

$$E_e^{\max} = \frac{m_\mu^2 + m_e^2}{2m_\mu} \approx \frac{m_\mu}{2} = 52{,}83 \text{ MeV}. \tag{3.2.15}$$

Abb. 3.5 Energiespektrum der
Elektronen aus dem
Myonzerfall

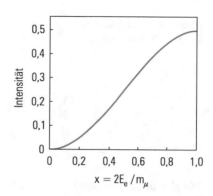

Für diese Konfiguration ist also p_e antiparallel zu den Neutrinoimpulsen, die wiederum zueinander parallel sind.

Unter Berücksichtigung der Spins der beteiligten Teilchen und der Struktur der schwachen Wechselwirkung erhält man für das Elektronenspektrum mit den Abkürzungen $x = 2E_e/m_\mu \approx E_e/E_e^{\max}$

$$N(x) = \text{const} \cdot x^2 (1{,}5 - x).\tag{3.2.16}$$

Beim Dreikörperzerfall wird die zur Verfügung stehende Zerfallsenergie also wie beim Betazerfall ($n \rightarrow p + e^- + \bar{\nu}_e$) kontinuierlich auf die Endzustandsteilchen aufgeteilt (Abb. 3.5)

3.3 Lorentz-Transformationen

Mathematik ist wie Liebe – eine einfache Sache, aber sie kann kompliziert werden.

Robert J. Dr'abek

Bei der kinematischen Behandlung von Wechselwirkungs- und Zerfallsprozessen reicht es völlig aus, den Prozess im Schwerpunktsystem zu berechnen. In einem anderen System (z. B. Laborsystem) erhält man die Energien und Impulse durch eine Lorentz-Transformation. Wenn E und p Energie und Impuls im Schwerpunktsystem sind und das Laborsystem sich mit der Geschwindigkeit β relativ zu $p_\parallel$ bewegt, erhält man für die Größen E^* und $p_\parallel^*$ im bewegten System (Abb. 3.6)

$$\begin{pmatrix} E^* \\ p_\parallel^* \end{pmatrix} = \begin{pmatrix} \gamma & -\gamma\beta \\ -\gamma\beta & \gamma \end{pmatrix} \begin{pmatrix} E \\ p_\parallel \end{pmatrix}, \quad p_\perp^* = p_\perp.\tag{3.3.1}$$

Die Transversalimpulskomponente bleibt bei dieser Transformation erhalten. Gl. (3.3.1) ausgeschrieben lautet

$$\begin{aligned} E^* &= \gamma E - \gamma\beta p_\parallel, \\ p_\parallel^* &= -\gamma\beta E + \gamma p_\parallel. \end{aligned}\tag{3.3.2}$$

Abb. 3.6 Illustration zur
Lorentz-Transformation

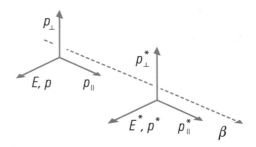

Für $\beta = 0$, entsprechend $\gamma = 1$, erhält man trivialerweise $E^* = E$ und $p_\parallel^* = p_\parallel$.

Ein Teilchen der Energie $E = \gamma_2 m_0$, gesehen von einem System, das sich relativ zum Teilchen mit γ_1 parallel zum Impuls $\boldsymbol{p}$ bewegt, erhält dort die Energie

$$E^* = \gamma_1 E - \gamma_1 \beta_1 p_\parallel$$

$$= \gamma_1 \gamma_2 m_0 - \gamma_1 \frac{\sqrt{\gamma_1^2 - 1}}{\gamma_1} \sqrt{(\gamma_2 m_0)^2 - m_0^2}$$

$$= \gamma_1 \gamma_2 m_0 - m_0 \sqrt{\gamma_1^2 - 1} \sqrt{\gamma_2^2 - 1}. \tag{3.3.3}$$

Falls $\gamma_1 = \gamma_2 = \gamma$ (für ein mit dem Teilchen bewegtes System) erhält man korrekterweise

$$E^* = \gamma^2 m_0 - m_0(\gamma^2 - 1) = m_0.$$

John trifft seinen Zwillingsbruder
nach einer langen Reise in den
Weltraum.

3.4 Berechnung von Wirkungsquerschnitten

Wenn man es nicht in Zahlen ausdrücken kann, dann ist es keine Wissenschaft, es ist nur Meinung.

Lazarus Long

Neben der Kinematik der Wechselwirkungsprozesse kommt der Angabe des Wirkungsquerschnitts für eine Reaktion eine besondere Rolle zu. Im einfachsten Fall kann man sich den Wirkungsquerschnitt als eine effektive Fläche vorstellen, die ein Targetteilchen dem Projektil entgegenstellt. Stellt das Target eine Fläche von πr_{T}^2 dar und hat das Projektil eine Größe entsprechend πr_{P}^2, so ist der geometrische Wirkungsquerschnitt für eine Kollision

$$\sigma = \pi (r_{\mathrm{T}} + r_{\mathrm{P}})^2. \tag{3.4.1}$$

In der Regel hängt der Wirkungsquerschnitt natürlich von weiteren Parametern, z. B. der Energie der Teilchen ab. Der atomare Wirkungsquerschnitt σ_{A}, gemessen in cm^2, hängt mit der Wechselwirkungslänge λ gemäß

$$\lambda[\mathrm{cm}] = \frac{A}{N_{\mathrm{A}}[\mathrm{g}^{-1}] \cdot \varrho[\mathrm{g/cm}^3] \cdot \sigma_{\mathrm{A}}[\mathrm{cm}^2]} \tag{3.4.2}$$

zusammen (N_{A} – Avogadro-Zahl; A – Massenzahl des Targets, ϱ – Dichte). Häufig wird die Wechselwirkungslänge auch durch die Größe $\lambda \cdot \varrho$ [g/cm^2] angegeben. Entsprechend wird der Absorptionskoeffizient durch

$$\mu[\mathrm{cm}^{-1}] = \frac{N_{\mathrm{A}} \cdot \varrho \cdot \sigma_{\mathrm{A}}}{A} = \frac{1}{\lambda} \tag{3.4.3}$$

beziehungsweise durch μ/ϱ [(g/cm^2)$^{-1}$] definiert.

Der Absorptionskoeffizient liefert damit auch eine nützliche Beziehung zur Berechnung von Wechselwirkungsraten,

$$\phi[(\mathrm{g/cm}^2)^{-1}] = \frac{N_{\mathrm{A}}}{A} \cdot \sigma_{\mathrm{A}}. \tag{3.4.4}$$

Falls σ_{N} der Wirkungsquerschnitt pro Nukleon ist, gilt

$$\phi[(\mathrm{g/cm}^2)^{-1}] = \sigma_{\mathrm{N}} \cdot N_{\mathrm{A}}. \tag{3.4.5}$$

Wenn j der Teilchenstrom pro cm^2 und s ist, erhält man für die Zahl dN der unter einem Winkel θ pro Zeiteinheit in den Raumwinkel dΩ gestreuten Teilchen

$$\mathrm{d}N(\theta) = j \cdot \sigma(\theta)\,\mathrm{d}\Omega. \tag{3.4.6}$$

Dabei ist

$$\sigma(\theta) = \frac{\mathrm{d}\sigma}{\mathrm{d}\Omega}$$

der differentielle Streuquerschnitt, der die Wahrscheinlichkeit der Streuung in den Raumwinkel

$$d\Omega = \sin\theta \; d\theta \; d\varphi \tag{3.4.7}$$

darstellt (φ – Azimutwinkel, θ – Polarwinkel). Bei azimutaler Symmetrie gilt

$$d\Omega = 2\pi \sin\theta \; d\theta = -2\pi \; d(\cos\theta). \tag{3.4.8}$$

Neben der Winkelabhängigkeit kann der Wirkungsquerschnitt auch noch von anderen
Größen abhängen, sodass man eine Vielzahl von differentiellen Wirkungsquerschnitten
kennt, z. B.

$$\frac{d\sigma}{dE}, \; \frac{d\sigma}{dp}$$

oder auch doppelt differentielle Wirkungsquerschnitte wie

$$\frac{d^2\sigma}{dE \; d\theta}. \tag{3.4.9}$$

Neben den angegebenen charakteristischen Größen gibt es noch eine Reihe anderer
kinematischer Variablen, die zur Beschreibung spezieller Prozesse herangezogen werden.

Zusammenfassung

Für die Astroteilchenphysik ist die Kenntnis der Schwellwertenergien und Wirkungsquerschnitte von großer Bedeutung. In der kosmischen Strahlung war es lange Zeit
üblich, nur im Laborsystem zu rechnen. Experimente der kosmischen Strahlung waren
wie Experimente mit festem Target. In der Teilchenphysik, insbesondere an Speicherringen, war die Berechnung von physikalischen Größen im Schwerpunktsystem eher
angemessen. Der Astroteilchenphysiker muss in beiden Lorentz-Systemen zu Hause
sein. Die Kenntnis der energieabhängigen Wirkungsquerschnitte ist für den Enwurf
und die Auswertung von Experimenten eine wesentliche Voraussetzung. Exemplarisch
werden in diesem Kapitel die Übergänge zwischen verschiedenen Lorentz-Systemen
an typischen Prozessen der Astroteilchenphysik dargestellt.

Physikalische Grundlagen der Messtechniken

4

Jeder physikalische Effekt ist die Basis für einen Detektor.
Anonym

Die in der Astroteilchenphysik relevanten Wechselwirkungen, die die Basis der Messtechniken darstellen, zu beschreiben, ist ein mehrstufiger Prozess. In jedem Falle ist der Teilchennachweis recht indirekt. Zunächst einmal müssen die Astroteilchen über einen Wechselwirkungsprozess nachgewiesen und identifiziert werden. Dabei erfolgt die Wechselwirkung in einem Targetmedium, das in vielen Fällen nicht identisch ist mit dem Detektor, in dem die Wechselwirkungsprodukte registriert werden. So werden etwa in Experimenten zum Nachweis kosmischer Myon-Neutrinos zunächst in Neutrino-Nukleon-Wechselwirkungen im antarktischen Eis oder im Ozean geladene Myonen erzeugt. Diese Myonen erleiden im Eis (Wasser) Energieverluste durch elektromagnetische Wechselwirkungen und erzeugen Cherenkov-Strahlung. Letztere wird über einen Fotoeffekt in Fotomultipliern gemessen und dazu benutzt, die Einfallsrichtung und Energie des Myons – und damit des primären Neutrinos – zu rekonstruieren.

Es sollen nun zunächst die Charakteristika der primären Wechselwirkungsprozesse skizziert werden, um dann später auf diejenigen für den eigentlichen Nachweis der Wechselwirkungsprodukte im Detektor einzugehen.

Die Wirkungsquerschnitte für die verschiedenen Prozesse hängen von der Teilchenart, von der Teilchenenergie und vom Targetmaterial ab. Eine nützliche Beziehung, Wechselwirkungswahrscheinlichkeiten ϕ und Ereignisraten zu berechnen, erhält man aus dem atomaren (σ_A) oder nuklearen Wirkungsquerschnitt (σ_N) gemäß

$$\phi[(g/cm^2)^{-1}] = \frac{N_A}{A}\sigma_A = N_A\sigma_N, \tag{4.0.1}$$

© Springer-Verlag GmbH Deutschland 2018
C. Grupen, *Einstieg in die Astroteilchenphysik*,
https://doi.org/10.1007/978-3-662-55271-1_4

wobci N_A die Avogadro-Zahl, A die Massenzahl des Targets und σ_A der atomare Wirkungsquerschnitt in cm²/Atom ist (σ_N in cm²/Nukleon). Wenn das Target eine Säulendicke von
d [g/cm²] hat und der Fluss primärer Teilchen F [s⁻¹] ist, erhält man eine Zählrate R von

$$R = \phi\,[(\mathrm{g/cm^2})^{-1}] \cdot d\,[\mathrm{g/cm^2}] \cdot F\,[\mathrm{s^{-1}}]. \tag{4.0.2}$$

Die primären Teilchen, die astrophysikalische Information tragen, sind Kerne (Protonen,
Heliumkerne, Eisenkerne, ...), Elektronen und Photonen oder Neutrinos. Diese drei Kate-
gorien von Teilchen sind durch ganz unterschiedliche Wechselwirkungen charakterisiert.
Protonen und andere Kerne sind durch starke Wechselwirkungen gekennzeichnet. Zwar
unterliegen sie auch elektromagnetischen und schwachen Wechselwirkungen, jedoch
sind die dazugehörigen Wirkungsquerschnitte viel kleiner als die der starken Wechselwirkungen. Deshalb werden primäre Kerne ganz überwiegend in Prozessen der starken Wechselwirkung nachgewiesen. Ein typischer Wirkungsquerschnitt für inelastische
Proton-Proton-Wechselwirkungen bei Energien um 100 GeV liegt bei $\sigma_N \approx 40$ mb (1 mb =
10^{-27} cm²). Da primäre Protonen in der Atmosphäre über Proton-Luft-Wechselwirkungen
nachgewiesen werden, ist natürlich der Wirkungsquerschnitt für Proton-Luft-Kollisionen
interessant. Der Wirkungsquerschnitt für diesen Prozess ist in Abb. 4.1 dargestellt.

Geht man von einem Wirkungsquerschnitt von 250 mb aus, so ist die freie Weglänge
der Protonen in der Atmosphäre (für $A = 14$, Stickstoff)

$$\lambda = \frac{A}{N_A \cdot \sigma_A} \approx 93\ \mathrm{g/cm^2}, \tag{4.0.3}$$

Abb. 4.1 Wirkungsquerschnitt
für Proton-Luft-
Wechselwirkungen

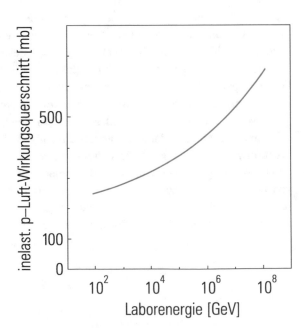

d. h., die erste Wechselwirkung der Protonen erfolgt bereits in den obersten Schichten der Atmosphäre. Wenn es sich bei den primären Teilchen nicht um Protonen, sondern um Eisenkerne (Massenzahl $A = 56$) handelt, erfolgt die erste Wechselwirkung in noch größeren Höhen, weil der Wirkungsquerschnitt für Eisen-Luft-Wechselwirkungen entsprechend größer ist.

Hochenergetische Elektronen erzeugen in Materie überwiegend Bremsstrahlung. Primäre Photonen und Bremsstrahlungsphotonen hoher Energie ($\gg 10$ MeV) werden über den elektromagnetischen Prozess der Elektron-Positron-Paarerzeugung nachgewiesen. Die charakteristische Wechselwirkungslänge energiereicher Photonen (≈ 100 GeV) in Luft erhält man zu $X_0 \approx 35$ g/cm^2. Die erste Wechselwirkung für fotoninduzierte elektromagnetische Kaskaden erfolgt daher ebenfalls in den obersten Schichten der Atmosphäre.

Ganz anders verhält sich der Nachweis kosmischer Neutrinos. Sie unterliegen nur der schwachen Wechselwirkung, wobei der Wirkungsquerschnitt für Neutrino-Nukleon-Wechselwirkungen durch

$$\sigma_{\nu N} = 0{,}7 \cdot 10^{-38} \cdot E_\nu \,[\text{GeV}]\,\text{cm}^2/\text{Nukleon} \tag{4.0.4}$$

gegeben ist. Neutrinos von 100 GeV haben in der Atmosphäre mit

$$\lambda \approx 2{,}4 \cdot 10^{12} \,\text{g/cm}^2 \tag{4.0.5}$$

deshalb eine enorm große Wechselwirkungslänge, sodass der Vertex für eine mögliche Neutrino-Luft-Wechselwirkung in der Atmosphäre gleichmäßig verteilt sein sollte.

Unabhängig von der Identität des primären Teilchens werden in den Wechselwirkungen geladene und/oder neutrale Teilchen erzeugt, die von den jeweiligen Experimenten oder Teleskopen registriert werden müssen. Dafür bietet sich nun eine Vielzahl von sekundären Wechselwirkungen an.

4.1   Wechselwirkungsprozesse für den Teilchennachweis

Ich sage oft, wenn man messen kann, worüber man spricht, und es in Zahlen ausdrücken kann, dann weiß man auch etwas darüber; aber wenn man es nicht messen kann, und wenn man es nicht in Zahlen ausdrücken kann, dann ist die Kenntnis darüber ärmlich und unbefriedigend.

Lord Kelvin (William Thomson)

In den Abb. 4.2 und 4.3 sind die Hauptwechselwirkungen von geladenen Teilchen und Photonen, wie sie in Experimenten zur Teilchenastrophysik überwiegend herangezogen werden, im Überblick zusammengestellt. Neben dem Wechselwirkungsmechanismus sind auch die Hauptdetektortypen, die auf dem jeweiligen Nachweisprinzip beruhen, aufgeführt.

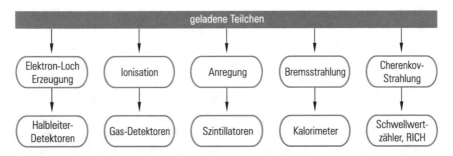

Abb. 4.2 Überblick über die Wechselwirkungsmechanismen geladener Teilchen

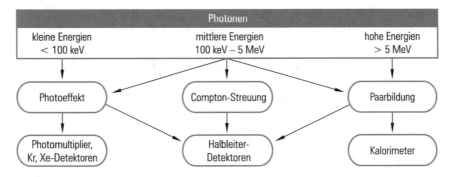

Abb. 4.3 Überblick über die Wechselwirkungsmechanismen von Photonen

Der Hauptmechanismus geladener Teilchen ist der Energieverlust durch Ionisation und Anregung. Dieser Energieverlustprozess wird durch die Bethe-Bloch-Formel beschrieben:

$$-\frac{dE}{dx}\bigg|_{\text{Ion.}} = K \cdot z^2 \frac{Z}{A} \cdot \frac{1}{\beta^2} \left\{ \frac{1}{2} \ln \frac{2m_e c^2 \beta^2 \gamma^2 T_{\max}}{I^2} - \beta^2 - \frac{\delta}{2} \right\}. \tag{4.1.1}$$

Dabei sind

$$
\begin{array}{lll}
K & - & 4\pi N_A r_e^2 m_e c^2 = 0{,}307\,\text{MeV}/(\text{g}/\text{cm}^2) \\
N_A & - & \text{Avogadro-Zahl} \\
r_e & - & \text{klassischer Elektronradius } (= 2{,}82\,\text{fm}) \\
m_e c^2 & - & \text{Elektronruheenergie } (= 511\,\text{keV}) \\
z & - & \text{Projektilladung}
\end{array}
$$

Z, A – Targetladung und Targetmasse

β – Projektilgeschwindigkeit ($= v/c$)

γ – $1/\sqrt{1-\beta^2}$

$T_{\max}$ – $\dfrac{2m_e p^2}{m_0^2 + m_e^2 + 2m_e E/c^2}$

$\quad\quad\quad m_0$ – Masse des einfallenden Teilchens

$\quad\quad\quad p, E$ – Impuls und Gesamtenergie des Projektils

I – mittlere Ionisationsenergie des Targets

δ – Dichtekorrektur

Der Energieverlust geladener Teilchen nach der Bethe-Bloch-Formel ist in Abb. 4.4 und 4.5 dargestellt. Er zeigt einen $1/\beta^2$-Anstieg zu kleinen Energien. Bei $\beta\gamma \approx 3{,}5$ wird das Minimum der Ionisation erreicht. Zu höheren Energien steigt der Energieverlust logarithmisch an und erreicht aufgrund des Dichteeffekts ein Plateau, das für Gase typischerweise um 60 % höher im Vergleich zum Minimum der Ionisation liegt. Der Energieverlust einfach geladener, minimalionisierender Teilchen durch Ionisation und Anregung in Luft ist 1,8 MeV/(g/cm^2), entsprechend $\approx$ 2,3 keV/cm bei Normalbedingungen, und 2,0 MeV/(g/cm^2) in Wasser (Eis).

Zur Erzeugung eines Elektron-Ion-Paares in Luft benötigt man im Mittel 30 eV. In Halbleiterzählern beträgt die mittlere Energie zur Bildung eines Elektron-Loch-Paares

Abb. 4.4 Energieverlust geladener Teilchen in verschiedenen Targets

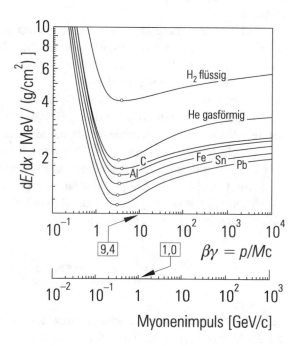

Abb. 4.5 Teilchenidentifikation in der Zeitprojektionskammer des ALICE-Experimentes am LHC [23]

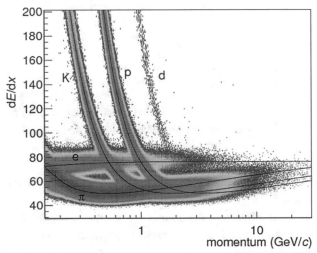

nur etwa 3 eV. Die mittlere Energie zur Erzeugung eines Szintillationsphotons beträgt in anorganischen Materialien (z. B. NaI) etwa 25 eV und ≈ 100 eV in organischen Substanzen. Halbleiterzähler können in sehr kleinen Dimensionen gebaut werden und erlauben als Pixeldetektoren hohe Ortsauflösungen. In der Astroteilchenphysik werden sie hauptsächlich in Satellitenexperimenten oder auf der Internationalen Raumstation eingesetzt.

Gl. (4.1.1) gibt nur den mittleren Energieverlust geladener Teilchen an. Die Verteilung des Energieverlustes schwankt um den wahrscheinlichsten Wert mit einer unsymmetrischen Landau-Verteilung. Dabei ist der mittlere Energieverlust etwa doppelt so groß wie der wahrscheinlichste Energieverlust.

Der Ionisationsenergieverlust ist die Basis einer Vielzahl von Teilchendetektoren. Die Szintillation von Gasen wird für die $\geq$ EeV ($\geq 10^{18}$ eV)-Teilchenastronomie etwa mit der Technik von Fluoreszenzteleskopen ausgenutzt. Bei diesen Experimenten stellt die atmosphärische Luft das Target für die Primärteilchen dar. Zunächst erzeugen die Wechselwirkungsprodukte in der Luft Szintillationslicht, das letztlich von erdgebundenen Spiegeln ausgerüstet mit Fotomultiplierpixeldetektoren registriert wird.

Bei hohen Teilchenenergien spielt der Bremsstrahlungsprozess eine wichtige Rolle. Für Elektronen wird er beschrieben durch

$$-\frac{dE}{dx}\bigg|_{\text{Bremsstrahlung}} = 4\alpha N_A z^2 \frac{Z^2}{A} r_e^2 E \ln \frac{183}{Z^{1/3}} = \frac{E}{X_0}. \tag{4.1.2}$$

Dabei ist α die Sommerfeld'sche Feinstrukturkonstante ($\alpha^{-1} \approx 137$). Die Definition der Strahlungslänge X_0 ergibt sich aus Gl. (4.1.2). Die anderen Größen haben dieselbe Bedeutung wie in Gl. (4.1.1).

„Der Mikropatterndetektor ist so
klein, weil wir winzige Teilchen
damit nachweisen wollen!"

Der Bremsstrahlungsprozess hat eine besondere Bedeutung für Elektronen. Für schwere Teilchen ist der Bremsstrahlungsverlust durch $1/m^2$ unterdrückt. Da er aber mit der Energie linear ansteigt, spielt er bei entsprechend hohen Energien auch für andere Teilchen eine Rolle.

Neben der Bremsstrahlung können geladene Teilchen auch einen Teil ihrer Energie durch direkte Paarerzeugung und durch Kernwechselwirkungen verlieren. Diese beiden Energieverlustprozesse variieren ebenfalls linear mit der Energie. Da Myonen wegen des Fehlens starker Wechselwirkungen eine relativ große Reichweite haben und deshalb beim Teilchennachweis in der Astroteilchenphysik eine besondere Rolle spielen, soll hier der gesamte Energieverlust von Myonen parametrisiert werden:

$$-\frac{\mathrm{d}E}{\mathrm{d}x}\bigg|_{\mathrm{Myon}} = a(E) + b(E) \cdot E. \qquad (4.1.3)$$

$a(E)$ beschreibt den Ionisationsverlust, und $b(E) \cdot E$ enthält die Prozesse der Myonbremsstrahlung, der direkten Paarerzeugung und der Kernwechselwirkung. Der Energieverlust von Myonen in Standardfels ist in der Abb. 4.6 im Detail als Funktion der Energie dargestellt.

Da der Energieverlust durch Bremsstrahlung und die anderen energieproportionalen Verlustprozesse bei hohen Energien den gesamten Energieverlust dominieren, werden sie als Basis zur Teilchenkalorimetrie benutzt. Für Elektronen sind die hohen Energien schon ab 100 MeV realisiert. Wegen der höheren Myonmasse ist Myonenkalorimetrie erst ab ≈ 1 TeV einsetzbar. Sie ist besonders für die TeV-Neutrinoastronomie von großer Bedeutung.

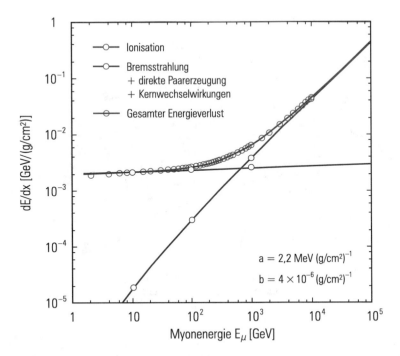

Abb. 4.6 Energieverlust für Myonen im Standardfels

4.2   Teilchenidentifikation

Mindestens einmal im Jahr wird eine Gruppe von Wissenschaftlern ganz aufgeregt und gibt bekannt:
* *Das Universum ist größer, als gedacht*
* *Es gibt mehr Elementarteilchen, als gedacht.*

Dave Barry

Teilchenidentifizierung bedeutet, dass man die Masse und Ladung eines Teilchens bestimmt. In der Teilchenphysik haben die meisten Teilchen die Ladung ± 1 oder sind neutral. In der Astroteilchenphysik, z. B. bei der Bestimmung der chemischen Zusammensetzung der primären kosmischen Strahlung, kommen aber auch Teilchen mit höherer Ladung vor. Jeder Wechselwirkungsprozess von Teilchen oder Strahlung kann im Prinzip dazu benutzt werden, Teilchen zu identifizieren.

Durch die Ablenkung eines geladenen Teilchens im Magnetfeld bestimmt man seinen Impuls. Der Ablenkradius ρ ist gegeben durch

$$\rho \propto \frac{p}{z} = \frac{\gamma m_0 \beta c}{z},\tag{4.2.1}$$

dabei ist z die Ladung des Teilchens, m_0 seine Ruhmasse, und $\beta = \frac{v}{c}$ seine Geschwindigkeit. Die Größe $\frac{p}{z}$ nennt man in der Astroteilchenphysik auch *magnetische Steifigkeit*, oder einfach *Steifigkeit*. Die Teilchengeschwindigkeit kann durch eine Flugzeitmessung bestimmt werden,

$$\beta \propto \frac{1}{\tau}, \tag{4.2.2}$$

wobei τ die Flugzeit ist, die etwa mit einem Paar von Szintillationszählern oder Widerstandsplattenkammern (Resistive Plate Chambers) bestimmt werden kann. Auch die Messung des Cherenkov-Winkels gestattet eine Messung der Teilchengeschwindigkeit.

Eine kalorimetrische Messung liefert eine Bestimmung der kinetischen Energie

$$E^{\text{kin}} = (\gamma - 1)m_0 c^2, \tag{4.2.3}$$

wobei $\gamma = \frac{1}{\sqrt{1-\beta^2}}$ der Lorentz-Faktor ist. Aus diesen Messungen kann das Verhältnis m_0/z abgeleitet werden, d. h., für einfach geladene Teilchen ist die Natur des Teilchens schon bestimmt. Um die Ladung zu erhalten, benötigt man einen weiteren Effekt, der von z abhängt, z. B. den Ionisationsverlust

$$\frac{\mathrm{d}E}{\mathrm{d}x} \propto \frac{z^2}{\beta^2} \ln(a\beta\gamma) \tag{4.2.4}$$

(a ist eine materialabhängige Konstante).

Jetzt kennt man m_0 und z unabhängig. Damit können sogar verschiedene Isotope unterschieden werden. Neutrale Teilchen kann man nur über ihre Wechselwirkungsprodukte identifizieren. Aus den identifizierten Wechselwirkungsprodukten lässt sich dann die Identität des neutralen Teilchens rekonstruieren.

4.3   Grundlagen der atmosphärischen Cherenkov-Technik

> *Ein großes Vergnügen im Leben ist es, etwas zu tun, von dem andere Leute sagen, dass es nicht geht.*
>
> *Walter Bagehot*

Der Cherenkov-Effekt wird in zunehmendem Maße von der TeV-γ-Astronomie verwendet. Ein Teilchen, das sich in einem Medium mit Brechungsindex n mit einer Geschwindigkeit v, die die Lichtgeschwindigkeit $c_n = c/n$ übersteigt, bewegt, emittiert eine elektromagnetische Strahlung, die Cherenkov-Strahlung. Diese Strahlung tritt also erst auf, falls

$$v \geq \frac{c}{n} \quad \text{oder} \quad \beta = \frac{v}{c} \geq \frac{1}{n}. \tag{4.3.1}$$

Die Cherenkov-Strahlung wird unter einem Winkel von

$$\theta_c = \arccos \frac{1}{n\beta} \qquad (4.3.2)$$

relativ zur Bahn des erzeugenden Teilchens (Ladung z) emittiert. Dabei werden im sichtbaren Spektralbereich (von $\lambda_1 = 400\,\text{nm}$ bis $\lambda_2 = 700\,\text{nm}$)

$$N = 2\pi\alpha z^2 \frac{\lambda_2 - \lambda_1}{\lambda_1 \lambda_2} \sin^2 \theta_c$$

$$= 490 z^2 \sin^2 \theta_c \; [\text{cm}^{-1}] \qquad (4.3.3)$$

Photonen pro Zentimeter erzeugt, die isotrop im Azimut emittiert werden (Abb. 4.7).

Für relativistische Teilchen ($\beta \approx 1$) ist der Cherenkov-Winkel in Wasser 42° und in Luft etwa 1,4°. Dabei werden von einem einfach geladenen Teilchen in Wasser 220 Photonen pro cm und in Luft etwa 30 Photonen pro m erzeugt. Abb. 4.7 zeigt die Variation

Abb. 4.7 Variation des Cherenkov-Winkels und der Photonenausbeute einfach geladener Teilchen in Wasser und Luft

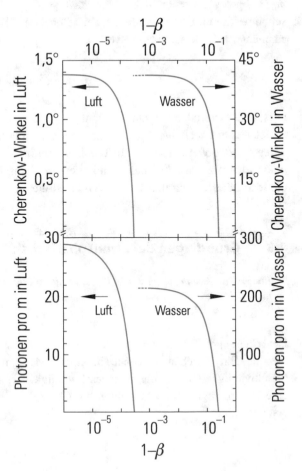

des Cherenkov-Winkels und der Photonenausbeute mit der Teilchengeschwindigkeit für Wasser und Luft. Mit der Luftschauer-Cherenkov-Technik können photoninduzierte elektromagnetische Schauer, die sich in der Atmosphäre entwickeln, sehr gut von den sehr viel häufigeren Hadronenkaskaden getrennt werden, weil die Photonen zu den Quellen zurückzeigen, während die Hadronen nur einen isotropen Hintergrund erzeugen. Dabei werden die primären Photonen über die Cherenkov-Strahlung der relativistischen Elektronen und Positronen der elektromagnetischen Kaskade, deren Achse der Einfallsrichtung der Photonen folgt, nachgewiesen. Durch den engen Cherenkov-Kegel von $\pm 1{,}4°$ für γ-induzierte Schauer ist der Hadronenuntergrund in einem kleinen Winkelbereich um eine interessante Quelle recht klein. Neben dieser Untergrundsubtraktion kann auch noch das unterschiedliche Cherenkov-Muster in der Fotomultipliermatrix, das für hadronen- und photoniduzierte Schauer charakteristisch verschieden ist, zur Trennung herangezogen werden.

Neben der Luft-Cherenkov-Technik wird der Cherenkov-Effekt in den großen Wasser-Cherenkov-Detektoren zur Neutrino-Astronomie ausgenutzt. Falls die Cherenkov-Strahlung auf einer Strecke Δx emittiert wird, ergibt sich auf der Detektorebene, die durch Lagen von Fotomultipliern im Abstand d gebildet wird, ein Cherenkov-Ring mit einem mittleren Radius von

$$r = d \cdot \tan \theta_c. \qquad (4.3.4)$$

Das Prinzip der Wasser-Cherenkov-Technik ist in Abb. 4.8 skizziert. Diese Nachweistechnik spielt insbesondere in den riesigen Detektoren wie Super-Kamiokande und im ICECUBE-Detektor eine große Rolle.

Bei sehr hohen Energien kann man geladene Teilchen auch mit Übergangsstrahlungs-Detektoren messen und sogar identifizieren, denn die Intensität, bzw. Energie der Übergangsstrahlungs-Photonen hängt vom Lorentz-Faktor des Teilchens ab. Damit ist z. B. eine Elektron-Pion-Trennung bei bekanntem Impuls möglich.

Abb. 4.8 Erzeugung eines Cherenkov-Rings in einem Wasser-Cherenkov-Zähler

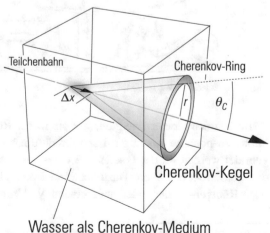

4.4   Spezielle Aspekte des Photonnachweises

Sind nicht die Lichtstrahlen kleine Teilchen, die von leuchtenden Substanzen emittiert werden?
Sir Isaac Newton

Im Vergleich zu geladenen Teilchen ist der Nachweis von Photonen noch eine Stufe indirekter. Photonen müssen über einen Wechselwirkungsprozess zunächst geladene Teilchen erzeugen, die dann über die oben beschriebenen Prozesse der Ionisation, Anregung, Erzeugung von Cherenkov-Strahlung oder Schauerbildung nachgewiesen werden.

Im Bereich kleiner Energien, wie sie in der Röntgenastronomie vorkommen, können Photonen noch zu einem gewissen Grade über Reflexionen bei streifendem Einfall abgebildet werden. In der Fokalebene eines Röntgenteleskops werden sie dann aber über den Fotoeffekt detektiert. Dazu verwendet man einerseits entweder Halbleiterdetektoren oder Röntgen-CCDs[1] oder andererseits Vieldrahtproportionalkammern, die mit einem

---

[1]CCD = Charge-Coupled Device (Festkörperionisationskammer).

Abb. 4.9 Bereiche, in denen verschiedene Photonwechselwirkungen dominieren, dargestellt als Funktion der Energie und der Kernladung des Konversionsmediums

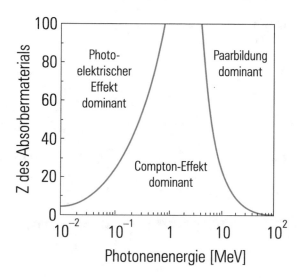

Edelgas hoher Kernladungszahl (Krypton, Xenon) gefüllt sind. Beide Detektortypen können sowohl Orts- als auch Energieinformationen liefern.

Bei mittleren Photonenenergien dominiert der Compton-Effekt (s. Abb. 4.9). Beim Compton-Effekt überträgt das Photon nur einen Teil ΔE seiner Energie auf ein Target-elektron und wird dabei in einen langwelligeren Bereich verschoben. Aus der Reaktions-kinematik lässt sich das Verhältnis von gestreuter (E'_γ) zu einfallender Photonenergie E_γ bestimmen:

$$\frac{E'_\gamma}{E_\gamma} = \frac{1}{1 + \varepsilon(1 - \cos\theta_\gamma)}. \tag{4.4.1}$$

Dabei ist $\varepsilon = E_\gamma/m_e c^2$ die reduzierte Photonenergie und θ_γ der Streuwinkel des Photons in der γe-Wechselwirkung. Mit einem Compton-Teleskop lassen sich sowohl Energie als auch Einfallsrichtung von Photonen bestimmen. Dabei wird in einer oberen Detektorlage (s. Abb. 4.10) zunächst der Energieverlust des Compton-gestreuten Photons, $\Delta E = E_\gamma - E'_\gamma$, gemessen, indem man die Energie des Compton-Elektrons bestimmt. Das Compton-gestreute und in der Energie reduzierte Photon wird dann in der unteren Detektorlage über den Fotoeffekt nachgewiesen. Aus der Kinematik des Streuprozesses kann man unter Verwendung von Gl. (4.4.1) den Streuwinkel θ_γ bestimmen. Wegen der Isotropie im Azimut erhält man als geometrischen Ort für die Herkunftsrichtung des Photons aber nur einen Kreis (bzw. Ellipse) am Himmel. Werden aber viele Photonen aus einer Quelle registriert, so ergeben die Schnittpunkte dieser Kreise die Position der Quelle. Der Nachweis der Photonen über den Compton-Effekt in solchen Compton-Teleskopen erfolgt in der Regel über großflächige, segmentierte anorganische oder organische Szintillationszähler, die über Fotomultiplier ausgelesen werden. Alternativ wurden auch hochauflösende Halbleiterpixeldetektoren eingesetzt (Abb. 4.10).

Abb. 4.10 Prinzip eines
Compton-Teleskops

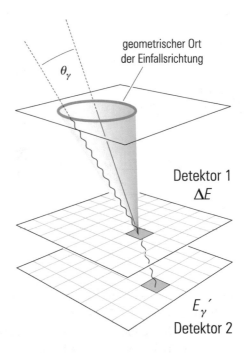

geometrischer Ort
der Einfallsrichtung

θ_γ

Detektor 1
ΔE

$E_\gamma{}'$
Detektor 2

Bei hohen Photonenergien dominiert der Prozess der Elektron-Positron-Paarerzeugung. Ähnlich wie bei Compton-Teleskopen kann man aus den Elektron- und Positronspuren die Richtung des einfallenden Photons bestimmen. Um die Photonenenergie zu erhalten, muss die Energie der erzeugten Elektronen und Positronen bestimmt werden. Das erfolgt meist in elektromagnetischen Kalorimetern, in denen die Elektronen und Positronen alternierend über Bremsstrahlungs- und Paarerzeugungsprozesse ihre Energie an das Detektormedium abgeben. Die elektromagnetischen Kalorimeter können totalabsorbierende Kristalldetektoren sein (NaI, CsI) oder nach dem sogenannten Sandwich-Prinzip gebaut werden. Beim Sandwich-Kalorimeter wechseln sich die Absorber- und Detektorschichten ab. Dabei erfolgt die Teilchenmultiplikation im Wesentlichen in den passiven Absorberschichten, während die erzeugten Schauerteilchen in den aktiven Detektorlagen registriert werden. Sandwich-Kalorimeter erlauben eine kompakte Bauweise und eine hohe Segmentierung, sind den Kristall-Kalorimetern aber in der Energieauflösung unterlegen.

4.5 Kryogenische Nachweistechniken

> *Eisverkäufer zu seinem Sohn: ‚Bleib' dabei, Kryogenik hat Zukunft!'*
>
> *Anonym*

Für den Nachweis kleinster Energien werden kryogenische Detektoren eingesetzt. Cooper-Paarbindungen in Supraleitern kann man schon mit Energiedepositionen von 1 meV

(= 10^{-3} eV) aufbrechen. Es wurden aber auch die Methoden der klassischen Kalorimetrie zum Teilchennachweis bei tiefen Temperaturen verwendet. Da die spezifische Wärme von Festkörpern mit der dritten Potenz der Temperatur variiert ($c \sim T^3$), erhält man selbst bei kleinsten Energiedepositionen ΔE ein messbares Temperatursignal.

Eine verwendete Nachweismethode beruht auf dem Effekt, dass die Supraleitfähigkeit durch die Absorption von Energie zerstört wird und dadurch ein gutes Messsignal durch die plötzliche Widerstandsänderung entsteht. Dafür müssen die Detektormodule aber sehr klein sein. Für diese Anwendung eignen sich supraleitende Granulen, also Kügelchen im Bereich von einigen 10 μm. Wenn man diese Kugeln in einem Magnetfeld einbettet, kann man den Übergang einer Granule vom supraleitenden in den normalleitenden Zustand durch die Unterdrückung des Meissner-Effektes nachweisen, d. h., das Feld, das im supra-leitenden Zustand aus der Granule herausgedrängt wird, passiert nun durch die Granule und gibt Anlass zu einem Signal, s. Abb. 4.11. Den Übergang vom supraleitenden in den normalleitenden Zustand kann man mit empfindlichen Spulen und einem nachgeschalte-ten Verstärker (z. B. mit einem SQUID = Superconducting Quantum Interference Device) detektieren.

Alternativ kann man erzeugte Quasiteilchen, z. B. Cooper-Paare, in speziellen su-praleitenden Mehrschicht-SIS-Detektoren (Superconducting – Insulating – Supercon-ducting transition) nachweisen, indem die Quasiteilchen durch Quantenübergänge tunneln.

Phononen, d. h. Gitterschwingungen, die durch Energieabsorption entstehen, kann man direkt über das entstehende Wärmesignal mit klassischer Kalorimetrie messen. Wenn ΔE die absorbierte Energie ist, erhält man eine Temperaturänderung von

$$\Delta T = \Delta E / mc \,,$$

wobei c die spezifische Wärme und m die Masse des Kalorimeters ist. In der Abb. 4.12 ist ein solches Kalorimeter skizziert. Die Kalorimeterkristalle müssen aber im Milli-Kelvin-Bereich betrieben werden, um die kleinen Signale mit entsprechend empfindlichen thermischen Detektoren vom Rauschen abzutrennen.

Abb. 4.11 Zinn-Granulen (130 μm Durchmesser) als kryogenisches Kalorimeter. Ein relativ kleiner Energieübertrag kann ausreichen, um eine Granule aus dem supraleitenden in den normalleitenden Zustand zu überführen, wodurch ein nachweisbares Signal entsteht [24]

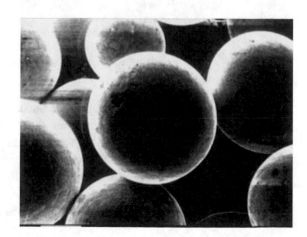

Abb. 4.12 Schematische Darstellung eines kryogenischen Kalorimeters. Die Hauptkomponenten sind der Absorber für die einfallenden Teilchen, das Thermometer zur Messung des Wärmesignals und die thermische Verbindung zum Kryo-Bad [25]

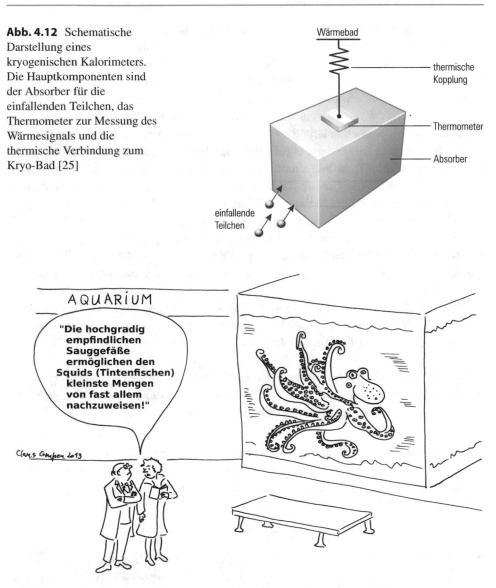

Erstaunliche Fähigkeiten von Squids (Tintenfischen)

Kryodetektoren werden hauptsächlich zur Suche nach Teilchen Dunkler Materie eingesetzt. Diese Teilchen wechselwirken nur durch die Gravitation, und entsprechend schwierig ist ihr Nachweis. WIMPs (Weakly Interacting Massive Particles) können nachgewiesen werden, indem sie in einem kryogenischen Kalorimeter einen Teil ihrer Energie auf einen Targetkern übertragen. In dieser Kollision erzeugen WIMPs durch den Kernrückstoß im Wesentlichen Gitterschwingungen, also Phononen, und praktisch kein Szintillationslicht, während Rückstoßelektronen, wie sie etwa bei Untergrundreaktionen

Abb. 4.13 Schematischer
Aufbau eines Kryokalorimeters
mit gleichzeitiger Messung des
thermischen Signals über
Phononen und des Lichtsignals
über Photonen [25]

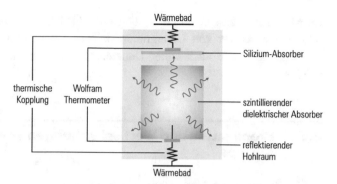

entstehen, hauptsächlich Szintillationslicht emittieren. In einem Kalorimeter für kombinierten Phonon- und Photonnachweis wird das Szintillationssignal von einem Fotodetektor
(z. B. einem Fotomultiplier oder Siliziumdetektor) und das Phononsignal von einem Wolframkalorimeter oder einem Bolometer gemessen. Eine solche Anordnung ist in Abb. 4.13
dargestellt.

In einem Testlauf wurde der Detektor mit Photonen aus einer [57]Co-Quelle und Elektronen aus einem ^{90}Sr-Präparat bestrahlt (s. Abb. 4.14, links). Um WIMP-Reaktionen zu
simulieren, wurden weiterhin Neutronen aus einer Americium-Beryllium-Quelle in den
Detektor geschossen (s. Abb. 4.14, rechts), die ein Phononsignal erzeugten. Man nimmt
an, dass WIMP-Reaktionen wie Neutronenwechselwirkungen aussehen. Trotzdem zeigen

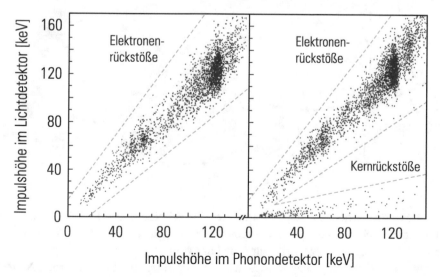

Abb. 4.14 Streudiagramm der Impulshöhenverteilung des Lichtsignals gegenüber dem Phononensignal in einem $CaWO_4$-Kristall. *Links* sind allein Elektronen über ihre Szintillation nachgewiesen;
rechts sind im Vergleich Neutronenwechselwirkungen eingeschlossen, die ein WIMP-Signal simulieren sollen [25]

die Messungen, dass in diesem System WIMP-Rückstöße mit Energieübertragungen unter 30 keV nur schwer von Untergrundreaktionen durch Elektronen zu trennen sind. Bisher war die Suche nach kalter Dunkler Materie mit dieser Technik auch noch nicht erfolgreich.

4.6   Propagation und Wechselwirkungen von Astroteilchen im Kosmos

Der Raum sagt der Materie, wie sie sich bewegen soll ... und die Materie sagt dem Raum, wie er sich krümmen soll.

John A. Wheeler

Neben den beschriebenen Nachweisprinzipien für primäre und sekundäre Teilchen sollen noch die Wechselwirkungen der Astroteilchen im galaktischen und extragalaktischen Raum auf dem Weg von der Quelle zur Erde kurz vorgestellt werden.

Wegen der schwachen Wechselwirkung von Neutrinos mit Materie haben Neutrinos eine sehr große Reichweite. Sie werden im galaktischen und intergalaktischen Raum praktisch gar nicht geschwächt und zeigen deshalb direkt zu den Quellen. Große Hoffnungen für die Neutrinoastronomie beruhen auf dem ICECUBE-Detektor am Südpol und seinen geplanten Erweiterungen.

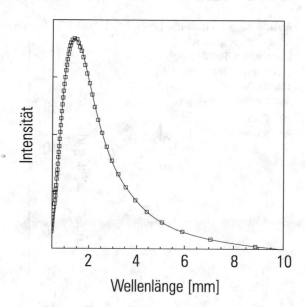

Abb. 4.15 Spektrum der kosmischen Hintergrundstrahlung

Da die Materiedichte in unserer Milchstraße und insbesondere im intergalaktischen Raum sehr klein ist, ist der Ionisationsverlust primärer Protonen oder Kerne auf dem Wege von der Quelle zur Erde sehr gering. Protonen können aber mit den kosmischen Photonen in Wechselwirkung treten. Dabei stellen die Photonen der kosmischen Schwarzkörperstrahlung ein Target mit einer sehr hohen Photonendichte dar ($\approx 400/\mathrm{cm}^3$). Allerdings ist die Energie dieser Photonen mit typisch $250\,\mu\mathrm{eV}$ sehr niedrig. Die Schwarzkörperphotonen folgen einer Planck-Verteilung (Abb. 4.15).

Wenn im Schwerpunktsystem aus den primären, energiereichen Protonen und den Schwarzkörperphotonen die Schwelle zur Pionenproduktion überschritten wird, verlieren die Protonen sehr schnell Energie (Greisen-Zatsepin-Kuzmin-Cut-off). Wegen dieser Fotoproduktionswechselwirkung kann man mit energiereichen Protonen ($> 6 \cdot 10^{19}\,\mathrm{eV}$) nur Bereiche des Kosmos bis zu etwa $50\,\mathrm{Mpc}$ erkunden. Zusätzlich wechselwirken Protonen als geladene Teilchen natürlich mit den galaktischen und extragalaktischen Magnetfeldern und dem Erdmagnetfeld. Erst bei hohen Energien ($\gg 10^{18}\,\mathrm{eV}$), wenn die magnetische Ablenkung der Protonen hinreichend klein ist, können sie zur Teilchenastronomie herangezogen werden.

Photonen werden zwar nicht durch Magnetfelder beeinflusst, aber sie wechselwirken wie Protonen ebenfalls mit den Schwarzkörperphotonen unter Bildung von Elektron-Positron-Paaren. Wegen der geringeren Elektron- und Positronmassen liegt die Schwellwertenergie allerdings schon bei $\approx 10^{15}\,\mathrm{eV}$. Die Abschwächung von Photonen als Funktion der Energie über den Prozess $\gamma\gamma \rightarrow e^+e^-$ durch Photonen der Schwarzkörperstrahlung ist in Abb. 4.16 für verschiedene Abstände der γ-Quellen dargestellt.

Durch diesen Prozess ist die Reichweite von Photonen mit Energien ab $10^{15}\,\mathrm{eV}$ auf einige $10\,\mathrm{kpc}$ eingeschränkt.

Abb. 4.16 Abschwächung der
Intensität energiereicher
kosmischer Photonen durch
Wechselwirkungen mit der
kosmischen
Schwarzkörperstrahlung

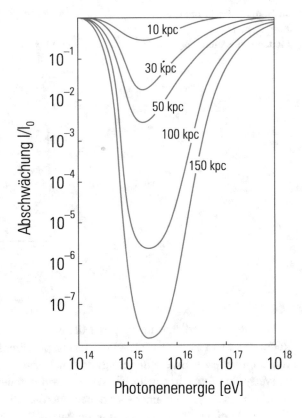

Abb. 4.17 Abschwächung
hochenergetischer kosmischer
Photonen durch
Wechselwirkungen mit
Infrarotphotonen, der
kosmischen
Schwarzkörperstrahlung und
kosmischer Radiostrahlung als
Funktion der Photonenenergie.
Auf der Ordinate ist die
Entfernung angegeben, die die
Photonen der auf der Abszisse
gezeigten Energie noch ohne
nennenswerte Abschwächung
überwinden können [26]

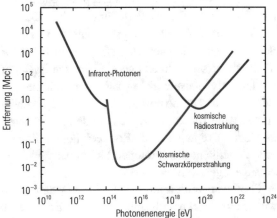

Neben der Abschwächung der Photonen durch die Hintergrundstrahlung vom Urknall
treten natürlich auch Wechselwirkungen schon bei kleineren Energien mit Sternenlichtphotonen und der Infrarotstrahlung auf. Auch die kosmische Radiostrahlung schwächt die
Photonen bei höheren Energien (Abb. 4.17). Ebenso können andere leptonische Prozese

wie $\gamma + \gamma \rightarrow \mu^+ + \mu^-$ auftreten, allerdings setzen sie erst bei höheren Schwerpunktsenergien ein. Zusätzlich können die Photonen auch noch Elektronenpaare an kosmischen Protonen oder anderen Kernen erzeugen, wenn auch meist mit kleineren Wirkungsquerschnitten.

4.7 Charakteristische Grundzüge von Detektoren

Detektoren kann man in drei Klassen einteilen – diejenigen, die nicht funktionieren, diejenigen, die kaputtgehen, und diejenigen, die verlorengehen.

Anonym

Die Wechselwirkungsprodukte von Astroteilchen können in geeigneten Detektoren nachgewiesen werden, seien sie nun an Bord von Satelliten, Ballonen, auf Meereshöhe oder in Untergrund-Laboratorien. Die Qualität der Messungen liegt im Wesentlichen an der Energie- und Ortsauflösung der Detektoren. Sehr häufig ist der Energieverlust von Teilchen durch Ionisation die relevante Basis für den Teilchennachweis.

In Gasdetektoren braucht man typisch etwa 30 eV, um ein Elektron-Ion-Paar zu erzeugen. Die vom Teilchen freigesetzten Ladungen werden in einem elektrischen Feld gesammelt und erzeugen ein Signal für die weitere Informationsverarbeitung. In anorganischen Szintillationszählern (z. B. NaI(Tl)) sind etwa 25 eV erforderlich, um ein Szintillationsphoton zu erzeugen, im Vergleich zu etwa 100 eV in organischen Substanzen.

In Festkörperzählern, dagegen, benötigt man lediglich etwa 3 eV, um ein Elektron-Loch-Paar zu erzeugen. Entspechend besser ist die Energieauflösung dieser Zähler. In kryogenischen Detektoren ist viel weniger Energie erforderlich, um ein nutzbares Signal zu erhalten. Es reichen bereits meV-Energien aus, um etwa Cooper-Paare in einem Supraleiter aufzubrechen. Damit erreicht man exzellente Energieauflösungen selbst für den Nachweis sehr kleiner Energiedepositionen. Dafür muss man die Detektoren allerdings mit aufwendiger Kryogenik bis in den Milli-Kelvin-Bereich hinunterkühlen.

Neben diesen klassischen Techniken werden auch neue Detektortechniken, wie etwa der Nachweis ausgedehnter Luftschauer über Fluoreszenzteleskope, Geosynchrotronstrahlung, Cherenkov-generierte Radiostrahlung oder sogar akustische Teilchenregistrierung eingesetzt.

Zusammenfassung

Astroteilchen werden praktisch nie direkt nachgewiesen. Am einfachsten ist der Nachweis geladener Teilchen über ihre Ionisation. Für elektromagnetische Strahlung benötigt man für verschiedene Energien (Radio-, Röntgen- und Gammastrahlung) ganz unterschiedliche Nachweistechniken. Alle diese Nachweise beruhen auf der Umwandlung von Photonen in geladene Teilchen, die wiederum über Ionisation oder Cherenkov-Strahlung registriert werden. Für die Messung von Prozessen mit kleinen übertragenen Energien werden kryogenische Detektoren eingesetzt, die häufig im Kelvin- oder sogar Milli-Kelvin-Bereich betrieben werden. Besondere Beachtung muss man Teilchen und Photonen schenken, wenn sie aus sehr entfernten Quellen nachgewiesen werden sollen. Die omnipräsente Schwarzkörperstrahlung kann die kosmischen Teilchen signifikant schwächen, sodass etwa hochenergetische Protonen oder Photonen aus entfernten Quellen die Erde gar nicht mehr erreichen können.

Beschleunigungsmechanismen

Auch die Physik löst Rätsel. Aber es sind Rätsel, die uns nicht von den Menschen, sondern von der Natur aufgegeben werden.
Maria Goeppert-Mayer

Man kann davon ausgehen, dass die Teilchen der kosmischen Strahlung in den Quellen auch überwiegend selbst beschleunigt werden. In erster Linie kommen als Quellen Supernovaexplosionen, Pulsare und die Zentren aktiver Galaxien infrage. Es ist aber auch möglich, dass kosmische Teilchen bei der Propagation im interstellaren und intergalaktischen Medium durch Wechselwirkungen mit ausgedehnten Gaswolken, die durch Magnetfelder zusammengehalten werden ('Magnetwolken'), nachbeschleunigt werden.

Es gibt eine Vielzahl von Beschleunigungsmodellen. Das ist einerseits ein Hinweis darauf, dass die tatsächlichen Beschleunigungsmechanismen noch nicht richtig verstanden und identifiziert sind; andererseits ist es auch denkbar, dass verschiedene Mechanismen für unterschiedliche Energien wirksam sind. Im Folgenden werden die plausibelsten Vorstellungen über die Beschleunigung kosmischer Teilchen exemplarisch erläutert.

5.1 Zyklotronmechanismen

Die Sonne ist eine unerschöpfliche Quelle physischer Kraft – sie ist die kontinuierlich aufgezogene Feder, die die Mechanismen aller Aktivitäten auf der Erde in Gang hält.
Robert Mayer

Schon normale Sterne können Teilchen bis in den GeV-Bereich beschleunigen. Grund dafür sind in der Regel ausgedehnte, zeitveränderliche Magnetfelder. Diese Magnetfelder äußern sich in Stern- bzw. Sonnenflecken. Die Temperatur der Sonnenflecken ist geringer

© Springer-Verlag GmbH Deutschland 2018
C. Grupen, *Einstieg in die Astroteilchenphysik*,
https://doi.org/10.1007/978-3-662-55271-1_5

als die der Umgebung. Sie erscheinen deshalb dunkler, weil ein Teil der thermischen
Energie in magnetische Energie übergegangen ist. Auf typischen Sternen können Sonnenflecken mit Feldstärken von bis zu einigen 1000 Gauß entstehen (1 Tesla = 10^4 Gauß).
Dabei kann die Lebensdauer unter Umständen bis zu mehreren Sonnenumdrehungen betragen. Die räumliche Ausdehnung der Sonnenflecken erstreckt sich auf unserer Sonne
bis zu 10^9 cm. Dass es sich bei den Sonnenflecken um ausgedehnte Magnetfelder handelt,
lässt sich anhand der Zeeman-Aufspaltung der Spektrallinien nachweisen. Da die Auf-
spaltung von der Stärke des Magnetfeldes abhängt, lässt sich auf diese Weise zugleich die
Stärke des Magnetfeldes messen.

Die Magnetfelder auf unserer Sonne entstehen durch turbulente Plasmabewegungen,
wobei das Plasma im Wesentlichen aus Protonen und Elektronen besteht. Die Bewegungen
dieses Plasmas stellen Ströme dar, die die Magnetfelder erzeugen. Wenn diese Magnetfelder aufgebaut und abgebaut werden, entstehen elektrische Felder, in denen Protonen
und Elektronen beschleunigt werden können.

Abb. 5.1 zeigt schematisch einen Sonnenflecken der Ausdehnung $A = \pi R^2$, in dem ein
variables Feld $\boldsymbol{B}$ vorliegt.

Die zeitliche Änderung des magnetischen Flusses ϕ erzeugt eine Ringspannung U,

$$- \frac{\mathrm{d}\phi}{\mathrm{d}t} = \oint \boldsymbol{E} \cdot \mathrm{d}\boldsymbol{s} = U \qquad (5.1.1)$$

($\boldsymbol{E}$ – elektrische Feldstärke, d$\boldsymbol{s}$ – Linienelement des Weges). Dabei ist der magnetische
Fluss gegeben durch

$$\phi = \int \boldsymbol{B} \cdot \mathrm{d}\boldsymbol{A} = B\pi R^2, \qquad (5.1.2)$$

Abb. 5.1 Prinzip der
Teilchenbeschleunigung durch
variable Sonnenflecken

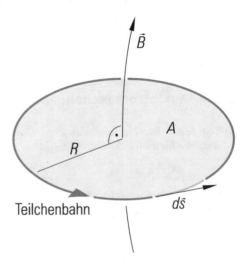

wobei dA das Flächenelement ist und B senkrecht zur Fläche, also $B \parallel A$, angenommen wird (der Flächenvektor zeigt immer senkrecht zur Fläche). Ein Teilchen, das einmal um das veränderliche Magnetfeld B herumgeführt wird, erhält damit die Energie

$$E = eU = e\pi R^2 \frac{\mathrm{d}B}{\mathrm{d}t}. \tag{5.1.3}$$

Für einen Sonnenflecken mit $B = 2000$ Gauß bei einer Lebensdauer von einem Tag ($\frac{\mathrm{d}B}{\mathrm{d}t} = 2000$ Gauß/Tag) und einer Ausdehnung des Sonnenfleckens von $R = 10^9$ cm erhält man

$$E = 1{,}6 \cdot 10^{-19}\,\mathrm{A\,s} \cdot \pi \cdot 10^{14}\,\mathrm{m}^2 \cdot \frac{0{,}2\,\mathrm{V\,s}}{86\,400\,\mathrm{s}\,\mathrm{m}^2}$$
$$= 1{,}16 \cdot 10^{-10}\,\mathrm{J} = 0{,}73\,\mathrm{GeV}. \tag{5.1.4}$$

Tatsächlich sind Teilchen von unserer Sonne mit Energien bis zu einigen 10 GeV nachgewiesen worden. Allerdings dürfte hier aber auch die Grenze für das Beschleunigungsvermögen von Sternen durch den Zyklotronmechanismus gegeben sein.

Das vorgestellte Modell vermag zwar die richtigen Energien zu liefern, erklärt aber nicht, warum die Teilchen in der beschriebenen Weise auf Kreisbahnen geführt werden. Dazu wären im Prinzip Führungskräfte fähig, wie sie in Beschleunigern auf der Erde eingesetzt werden.

5.2 Beschleunigung durch Sonnenfleckenpaare

Das Leben auf der Erde mag teuer sein, aber es schließt eine kostenlose jährliche Reise um die Sonne ein.

Ashleigh Brilliant

Sonnenflecken treten häufig paarweise auf. Dabei haben die Flächen meist entgegengesetzte magnetische Polarität (s. Abb. 5.2).

Die Sonnenflecken bewegen sich in der Regel aufeinander zu und verschmelzen zu einem späteren Zeitpunkt. Nehmen wir an, dass der linke Sonnenfleck in Ruhe ist und der rechte sich mit der Geschwindigkeit v auf ihn zu bewegt. Der räumlich sich bewegende magnetische Dipol erzeugt ein elektrisches Feld senkrecht zur Richtung des Dipols und senkrecht zu seiner Bewegungsrichtung v, also entlang $v \times B$. Mit typischen Werten für Magnetflecken auf der Sonne können sich elektrische Felder von 10 V/m ausbilden. Trotz dieser geringen Feldstärke können Protonen beschleunigt werden, da der Bremsverlust in der Chromosphäre wegen der dort herrschenden geringen Dichte kleiner als der Energiegewinn bleibt. Für realistische Ausdehnungen und Abstände der Sonnenflecken (10^7 m), Magnetfeldstärken (2000 Gauß) und Relativgeschwindigkeiten ($v = 10^7$ m/Tag) ergeben sich Teilchenenergien im GeV-Bereich. Damit kann dieses Modell der Teilchenbeschleunigung durch sich aufeinander zu bewegende magnetische Dipole auch nur Energien

Abb. 5.2 Schematische
Darstellung eines
Sonnenfleckenpaares

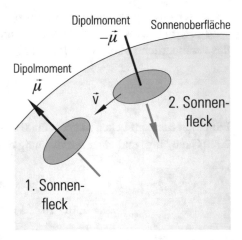

erklären, die dem Zyklotronmechanismus entsprechen. Der Mechanismus selbst scheint aber plausibler, weil hier keine Führungskräfte (wie beim Zyklotronmodell) benötigt werden.

5.3   Schockwellenbeschleunigung

> *Es ist vielleicht zu viel verlangt, dass ein Mensch zugleich ein König der Experimentalisten und auch ein kompetenter Mathematiker ist.*
>
> Oliver Heaviside

Wenn ein massereicher Stern seinen Wasserstoffvorrat aufgebraucht hat und der Strahlungsdruck dem Gravitationsdruck nicht mehr standhalten kann, kommt es zu einem Gravitationskollaps. Der Stern fällt unter seiner eigenen Schwerkraft zusammen. Durch die frei werdende Gravitationsenergie erhöht sich die Zentraltemperatur bei massereichen Sternen so weit, dass Heliumbrennen einsetzen kann. Ist der Heliumvorrat verbrannt, wiederholt sich der gravitative Einsturz der Materie, bis sich die Temperatur noch weiter erhöht, sodass die Produkte des Heliumbrennens selbst Fusionsprozesse eingehen können. Diese sukzessiven Fusionsprozesse führen maximal zur Eisengruppe (Fe, Co, Ni). Für höhere Kernladungszahlen ist die Fusionsreaktion endotherm, d. h., ohne Hinzuführung von Energie werden keine schwereren Elemente synthetisiert. Spätestens jetzt implodiert der massereiche Stern. Dabei ejiziert er einen Teil seiner Masse in den interstellaren Raum. Aus dieser Materie werden in einer nächsten Generation neue Sterne entstehen, die dann schon zum Teil – wie unsere Sonne – einige schwere Elemente enthalten. Zurück bleibt ein kompakter Neutronenstern mit einer Dichte, die der Dichte von Atomkernen vergleichbar ist. Im Laufe der Supernovaexplosionen werden einige wenige Elemente, die schwerer als Eisen sind, gebildet, indem sich die zahlreich vorhandenen Neutronen etwa an Eisen anlagern und durch sukzessive β^--Zerfälle Elemente mit höheren Ordnungszahlen entstehen, z. B.

$$\begin{aligned}
{}^{56}_{26}\mathrm{Fe} + n &\rightarrow {}^{57}_{26}\mathrm{Fe} \\
{}^{57}_{26}\mathrm{Fe} + n &\rightarrow {}^{58}_{26}\mathrm{Fe} \\
{}^{58}_{26}\mathrm{Fe} + n &\rightarrow {}^{59}_{26}\mathrm{Fe}^*,
\end{aligned}$$

(5.3.1)

$$ \hookrightarrow {}^{59}_{27}\mathrm{Co} + e^- + \bar{\nu}_e$$

$${}^{59}_{27}\mathrm{Co} + n \rightarrow {}^{60}_{27}\mathrm{Co}^*$$

$$ \hookrightarrow {}^{60}_{28}\mathrm{Ni}^{**} + e^- + \bar{\nu}_e$$

$$ \hookrightarrow {}^{60}_{28}\mathrm{Ni} + \gamma + \gamma.$$

(5.3.2)

Die abgestoßene Hülle der Supernova stellt eine Schockfront gegenüber dem interstellaren Medium dar. Die Schockfront möge sich mit der Geschwindigkeit u_1 bewegen. Hinter der Schockfront strömt das Gas von der Front mit der Geschwindigkeit u_2 relativ zur Schockfront weg. Das bedeutet, dass sich dieses Gas im Laborsystem mit der Geschwindigkeit $u_1 - u_2$ bewegt.

Ein Teilchen der Geschwindigkeit v, das gegen die Schockfront läuft und dort reflektiert wird, gewinnt die Energie (s. auch Abb. 5.3)

$$\begin{aligned}
\Delta E &= \frac{1}{2}m(v + (u_1 - u_2))^2 - \frac{1}{2}mv^2 \\
&= \frac{1}{2}m(2v(u_1 - u_2) + (u_1 - u_2)^2).
\end{aligned}$$

(5.3.3)

Da der lineare Term dominiert ($v \gg u_1, u_2$; $u_1 > u_2$), ist in diesem einfachen Modell der relative Energiezuwachs

$$\frac{\Delta E}{E} \approx \frac{2(u_1 - u_2)}{v}.$$

(5.3.4)

Für eine allgemeine, relativistische Behandlung der Schockwellenbeschleunigung unter Berücksichtigung der variablen Streuwinkel ergibt sich

Abb. 5.3 Erläuterung der Schockwellenbeschleunigung

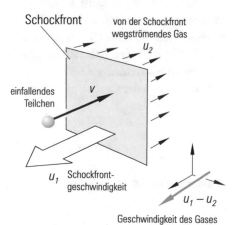

Abb. 5.4 Teilchenbeschleunigung durch Mehrfachreflexion an zwei Schockfronten

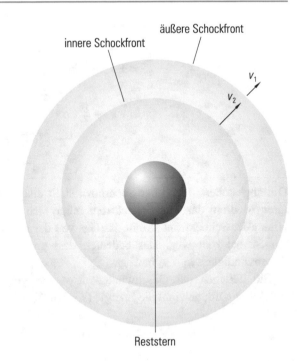

$$\frac{\Delta E}{E} = \frac{4}{3}\frac{u_1 - u_2}{c}, \tag{5.3.5}$$

wobei für die Teilchengeschwindigkeit $v \approx c$ angenommen wurde. Ähnliche Ergebnisse erhält man, wenn man annimmt, dass Teilchen zwischen zwei Schockfronten eingefangen und zwischen diesen Fronten hin- und herreflektiert werden (s. auch Abb. 5.4).

In der Regel wird sich die innere Front mit einer viel höheren Geschwindigkeit (v_2) bewegen als die äußere Front (v_1), die durch Wechselwirkung mit dem interstellaren Material schon abgebremst ist (Abb. 5.4). Für die innere Schockfront ergeben sich aus Messungen der Doppler-Verschiebung Ausstoßgeschwindigkeiten bis zu $20\,000\,\mathrm{km/s}$, während sich die äußere Front mit Geschwindigkeiten von einigen $100\,\mathrm{km/s}$ bis zu einigen $1000\,\mathrm{km/s}$ in den interstellaren Raum ausbreitet. Für Schockwellenbeschleunigungen in aktiven Galaxienkernen werden sogar superschnelle Schocks mit $v_2 = 0{,}9\,c$ diskutiert.

Ein Teilchen der Geschwindigkeit v gewinnt bei der Reflexion an der inneren Schockfront die Energie

$$\Delta E_1 = \frac{1}{2}m(v + v_2)^2 - \frac{1}{2}mv^2 = \frac{1}{2}m(v_2^2 + 2vv_2). \tag{5.3.6}$$

Bei der Reflexion an der äußeren Schockfront verliert es hingegen

$$\Delta E_2 = \frac{1}{2}m(v - v_1)^2 - \frac{1}{2}mv^2 = \frac{1}{2}m(v_1^2 - 2vv_1). \tag{5.3.7}$$

Im Mittel stellt sich jedoch ein Energiegewinn ein,

$$\Delta E = \frac{1}{2} m (v_1^2 + v_2^2 + 2v(v_2 - v_1)). \tag{5.3.8}$$

Da die quadratischen Terme vernachlässigbar sind und $v_2 > v_1$ gilt, folgt

$$\Delta E \approx m v \Delta v \,, \quad \frac{\Delta E}{E} \approx 2 \frac{\Delta v}{v}. \tag{5.3.9}$$

Die beiden vorgestellten Beschleunigungsmechanismen durch Schockwellen sind linear in der Relativgeschwindigkeit. Sie werden deshalb auch gelegentlich als Fermi-Mechanismen 1. Ordnung bezeichnet. Unter plausiblen Bedingungen lassen sich bei relativistischer Behandlung Maximalenergien von etwa 100 TeV auf diese Weise erklären.

5.4   Fermi-Mechanismus

Er ist ein unbestechlicher Wachhund, der nichts durchgehen lässt, was nicht durch Beobach-
tung belegt ist.

                                Sir Arthur Stanley Eddington (über Experimentalphysiker)

Der Fermi-Mechanismus 2. Ordnung (oder auch allgemein Fermi-Mechanismus) beschreibt die Wechselwirkung von kosmischen Teilchen mit Magnetwolken. Auf den ersten
Blick scheint es unwahrscheinlich, dass Teilchen auf diese Art Energie gewinnen können.
Nehmen wir an, dass das Teilchen (mit Geschwindigkeit **v**) an einer Gaswolke, die sich
mit Geschwindigkeit **u** bewegt, reflektiert wird (Abb. 5.5).

Falls **v** und **u** antiparallel sind, gewinnt das Teilchen die Energie

$$\Delta E_1 = \frac{1}{2}m(v+u)^2 - \frac{1}{2}mv^2 = \frac{1}{2}m(2uv+u^2). \qquad (5.4.1)$$

Für den Fall, dass **v** und **u** parallel sind, verliert das Teilchen die Energie

$$\Delta E_2 = \frac{1}{2}m(v-u)^2 - \frac{1}{2}mv^2 = \frac{1}{2}m(-2uv+u^2). \qquad (5.4.2)$$

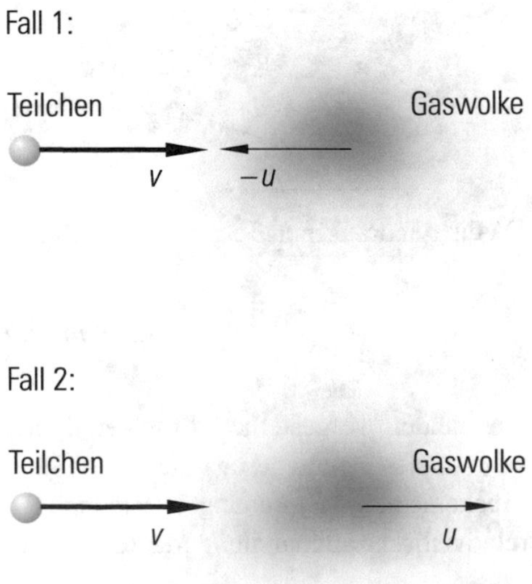

Abb. 5.5 Energiegewinn eines
Teilchens durch Reflexion an
einer Gaswolke

Im Mittel ergibt sich aber ein Energiegewinn von

$$\Delta E = \Delta E_1 + \Delta E_2 = mu^2 \tag{5.4.3}$$

und damit ein relativer Energiezuwachs von

$$\frac{\Delta E}{E} = 2\frac{u^2}{v^2}. \tag{5.4.4}$$

Weil dieser Beschleunigungsmechanismus quadratisch in der Wolkengeschwindigkeit ist, nennt man diese Variante auch häufig Fermi-Mechanismus 2. Ordnung. Das Ergebnis der Gl. (5.4.4) bleibt auch bei relativistischer Behandlung korrekt. Weil die Wolkengeschwindigkeiten aber sehr klein im Verhältnis zur Teilchengeschwindigkeit sind ($u \ll v \approx c$), ist der Energiezuwachs pro Kollision ($\sim u^2$) nur sehr gering. Deshalb nimmt auch die Beschleunigung von Teilchen durch den Fermi-Mechanismus eine sehr lange Zeit in Anspruch. In diesem Wechselwirkungsprozess nimmt man als Stoßpartner Magnetwolken – und nicht normale Staubwolken – an, weil in Magnetwolken die Gasdichte und damit die Wechselwirkungswahrscheinlichkeit größer ist.

Ein weiterer Punkt ist, dass die Teilchen zwischen zwei ‚Wolkenkollisionen‘ einen Teil ihrer gewonnenen Energie durch Wechselwirkungen mit dem interstellaren oder intergalaktischen Gas wieder verlieren. Deshalb erfordert dieser Mechanismus eine Minimalinjektionsenergie, oberhalb der nur Teilchen beschleunigt werden können. Diese Injektionsenergien könnten durch den Fermi-Mechanismus 1. Ordnung geliefert werden.

5.5 Pulsare

Ich denke, dass es ein Naturgesetz geben sollte, das einen Stern davon abhält, sich in so einer absurden Art zu verhalten.

Sir Arthur Stanley Eddington

Rotierende Neutronensterne (Pulsare) sind Überreste von Supernovaexplosionen. Während Sterne einen Radius von typisch 10^6 km haben, schrumpfen sie bei einem Gravitationskollaps auf Größen um 20 km. Dabei werden Dichten von $6 \cdot 10^{13}$ g/cm^3 erreicht, die etwa Kerndichten entsprechen. Bei diesem Prozess werden Elektronen und Protonen so stark verdichtet, dass über Prozesse der schwachen Wechselwirkung Neutronen gebildet werden,

$$p + e^- \rightarrow n + \nu_e. \tag{5.5.1}$$

Da die Fermi-Energie der Restelektronen in einem solchen Neutronenstern einige Hundert MeV beträgt, können die Neutronen wegen des Pauli-Prinzips nicht zerfallen, da die

beim Neutronenzerfall maximal frei werdende Energie nur 0,77 MeV beträgt und diese
Energieniveaus im Fermi-Gas der Restelektronen alle schon besetzt sind.

Beim Gravitationskollaps der Sterne bleibt der Drehimpuls erhalten, sodass rotierende Neutronensterne (= Pulsare) wegen ihrer geringen Größe außerordentlich kurze
Rotationszeiten haben.

Setzt man für einen normalen Stern Periodendauern von einem Monat an, so erhält
man – wenn der Massenverlust bei der Kontraktion vernachlässigt wird – Pulsarfrequenzen
ω_{Pulsar} von (Θ – Trägheitsmoment)

$$\Theta_{Stern} \cdot \omega_{Stern} = \Theta_{Pulsar} \cdot \omega_{Pulsar},$$

$$\omega_{Pulsar} = \frac{R^2_{Stern}}{R^2_{Pulsar}} \cdot \omega_{Stern} \tag{5.5.2}$$

entsprechend Pulsarperioden von

$$T_{Pulsar} = T_{Stern} \cdot \frac{R^2_{Pulsar}}{R^2_{Stern}}. \tag{5.5.3}$$

Mit $R_{Stern} = 10^6$ km, $R_{Pulsar} = 20$ km und $T = 1$ Monat erhält man

$$T_{Pulsar} = 1 \text{ ms}. \tag{5.5.4}$$

Beim Gravitationskollaps wird auch das magnetische Feld des Ausgangssterns außeror-
dentlich verstärkt. Geht man davon aus, dass der magnetische Fluss etwa durch die obere
Hemisphäre eines Sterns bei der Kontraktion erhalten bleibt, so werden die magnetischen
Feldlinien stark zusammengepresst. Man erhält (s. Abb. 5.6)

$$\int_{Stern} \boldsymbol{B}_{Stern} \cdot \mathrm{d}\boldsymbol{A}_{Stern} = \int_{Pulsar} \boldsymbol{B}_{Pulsar} \cdot \mathrm{d}\boldsymbol{A}_{Pulsar},$$

$$B_{Pulsar} = B_{Stern} \cdot \frac{R^2_{Stern}}{R^2_{Pulsar}}. \tag{5.5.5}$$

Für $B_{Stern} = 1000$ Gauß ergeben sich magnetische Felder des Pulsars von $2,5 \cdot 10^{12}$ Gauß =
$2,5 \cdot 10^8$ T! Diese rein rechnerisch erwarteten, außerordentlich hohen Magnetfeldstärken
sind experimentell bestätigt. Die Rotationsachse der Pulsare stimmt dabei meistens nicht
mit der Richtung des magnetischen Feldes überein. Es ist klar, dass bei diesen hohen Magnetfeldstärken starke elektrische Felder erzeugt werden, in denen Teilchen beschleunigt
werden können.

Für einen 30 ms-Pulsar mit Rotationsgeschwindigkeiten von

$$v = \frac{2\pi R_{Pulsar}}{T_{Pulsar}} = \frac{2\pi \cdot 20 \cdot 10^3 \text{ m}}{3 \cdot 10^{-2} \text{ s}} \approx 4 \cdot 10^6 \text{ m/s}$$

Abb. 5.6 Erhöhung des
Magnetfeldes durch den
Gravitationskollaps eines
Sterns

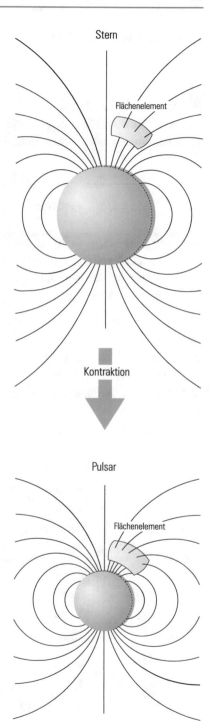

erhält man aus $E = v \times B$ mit $v \perp B$ elektrische Feldstärken von

$$|E| \approx v \cdot B = 10^{15}\ \text{V/m}. \tag{5.5.6}$$

Pro Meter nehmen die Teilchen also 1 PeV = 1000 TeV auf. Es ist allerdings nicht klar, wie es Pulsare im Einzelnen schaffen, ihre Rotationsenergie in die Beschleunigung von Teilchen umzuwandeln. Ihnen steht dabei als Rotationsenergie

$$E_{\text{Rot}} = \frac{1}{2}\Theta_{\text{Pulsar}} \cdot \omega_{\text{Pulsar}}^2 = \frac{1}{2} \cdot \frac{2}{5}m \cdot R_{\text{Pulsar}}^2 \cdot \omega_{\text{Pulsar}}^2 \tag{5.5.7}$$
$$\approx 7 \cdot 10^{42}\ \text{J} = 4{,}4 \cdot 10^{61}\ \text{eV}$$

zur Verfügung ($T_{\text{Pulsar}} = 30\,\text{ms}$, $m_{\text{Pulsar}} = 2 \cdot 10^{30}\,\text{kg}$, $R_{\text{Pulsar}} = 20\,\text{km}$, $\omega = 2\pi/T$). Wenn es den Pulsaren gelingt, von dieser enormen Energie einen Bruchteil von 1 % in die Beschleunigung kosmischer Strahlen umzusetzen, so gelangt man zu einer Injektionsrate von

$$\frac{\mathrm{d}E}{\mathrm{d}t} \approx 1{,}4 \cdot 10^{42}\ \text{eV/s}, \tag{5.5.8}$$

wenn man von einer Pulsarlebensdauer von 10^{10} Jahren ausgeht.

Bedenkt man, dass es in unserer Milchstraße 10^{11} Sterne gibt, und schätzt man die Supernovarate (= Pulsarentstehungsrate) zu 1 pro Jahrhundert ab, so haben immerhin

10^8 Pulsare zur Nachlieferung kosmischer Strahlung seit Entstehung der Milchstraße beigetragen (Alter der Milchstraße $\approx 10^{10}$ Jahre). Damit erhält man bei einer mittleren Pulsarinjektionszeit von $5 \cdot 10^9$ Jahren eine Gesamtenergie von $2{,}2 \cdot 10^{67}$ eV. Bei einem Gesamtvolumen der Milchstraße (Radius 15 kpc, mittlere effektive Dicke der galaktischen Scheibe 1 kpc) von $2 \cdot 10^{67}$ cm^3 entspricht dies einer Energiedichte der kosmischen Strahlung von $1{,}1$ eV/cm^3. Man kommt größenordnungsmäßig zu vergleichbaren Werten, wenn man annimmt, dass der Energiegewinn von $4{,}4 \cdot 10^{61}$ eV pro Pulsar mit etwa 1 % Effizienz von 10^8 Pulsaren bereitgestellt wird.

Allerdings muss berücksichtigt werden, dass die Teilchen der kosmischen Strahlung nur eine begrenzte Aufenthaltsdauer in der Milchstraße haben und außerdem Energieverlustprozesse vorkommen. Trotzdem beschreibt die obige grobe Abschätzung die tatsächliche Energiedichte der kosmischen Strahlung von ≈ 1 eV/cm^3 recht gut.

5.6 Doppelsternsysteme

Sterne sind die goldenen Früchte eines unerreichbaren Baumes.

George Eliot

Zu den kosmischen Teilchenbeschleunigern gehören auch Doppelsternsysteme aus einem Pulsar oder Neutronenstern und einem normalen Stern. In solchen Doppelsternsystemen wird ständig Materie vom Normalstern abgesaugt und in eine Akkretionsscheibe um den kompakten Begleiter gewirbelt. Bei diesen gewaltigen Plasmabewegungen werden außerordentlich starke elektromagnetische Felder in der Nähe des Neutronensterns erzeugt, in denen geladene Teilchen auf hohe Energien beschleunigt werden können (s. Abb. 5.7).

Allein aus der Gravitationsenergie einfallender Protonen (Masse m_p) erhält man einen Energiegewinn von

$$
\begin{aligned}
\Delta E &= -\int_{\infty}^{R_{\text{Pulsar}}} G\,\frac{m_p \cdot M_{\text{Pulsar}}}{r^2}\,\mathrm{d}r \\
&= G\,\frac{m_p \cdot M_{\text{Pulsar}}}{R_{\text{Pulsar}}} \\
&= 1{,}1 \cdot 10^{-11}\,\text{J} \approx 70\,\text{MeV}
\end{aligned}
\tag{5.6.1}
$$

($m_p = 1{,}67 \cdot 10^{-27}$ kg, $M_{\text{Pulsar}} = 2 \cdot 10^{30}$ kg, $R_{\text{Pulsar}} = 20$ km, $G = 6{,}67 \cdot 10^{-11}$ m^3 kg^{-1} s^{-2} Gravitationskonstante).

Die in die Akkretionsscheibe einfallende Materie erreicht Geschwindigkeiten v, die sich bei klassischer Rechnung aus

$$
\frac{1}{2}mv^2 = -\int_{\infty}^{R_{\text{Pulsar}}} G\,\frac{m \cdot M_{\text{Pulsar}}}{r^2}\,\mathrm{d}r = G\,\frac{m \cdot M_{\text{Pulsar}}}{R_{\text{Pulsar}}}
\tag{5.6.2}
$$

Abb. 5.7 Bildung von
Akkretionsscheiben bei
Doppelsternsystemen

Kosmische Beschleunigung durch Achterbahnen

zu

$$v = \sqrt{\frac{2GM_{\text{Pulsar}}}{R_{\text{Pulsar}}}} \approx 1{,}1 \cdot 10^8 \, \text{m/s} \qquad (5.6.3)$$

ergeben.

Das magnetische Feld des Neutronensterns, das senkrecht auf der Akkretionsscheibe steht, erzeugt nun über die Lorentz-Kraft ein starkes elektrisches Feld. Aus

$$F = e(v \times B) = eE \qquad (5.6.4)$$

erhält man die Teilchenenergie E mit $v \perp B$ zu

$$E = \int F \cdot \mathrm{d}s = evB\Delta s. \qquad (5.6.5)$$

Unter plausiblen Annahmen ($v \approx c$, $B = 10^6$ T, $\Delta s = 10^5$ m) erhält man Teilchenenergien von $3 \cdot 10^{19}$ eV. Noch gewaltiger sind die Akkretionsscheiben, die sich um die kompakten Kerne aktiver Galaxien aufbauen. Man nimmt an, dass in diesen aktiven galaktischen Kernen und von solchen Kernen häufig ausgehenden Materiejets Teilchen auf die höchsten in der kosmischen Strahlung beobachteten Energien beschleunigt werden können.

Die Einzelheiten dieses Beschleunigungsprozesses sind aber noch nicht voll verstanden. Bestimmte Bereiche in der Nähe von Schwarzen Löchern, die milliardenmal schwerer als die Sonne sind, könnten in der Lage sein, für die Beschleunigung der höchstenergetischen kosmischen Teilchen verantwortlich zu sein. Relativ eng gebündelte Jets scheinen in solchen Quellen häufig aufzutreten. Man nimmt an, dass Teilchenjets, die in der Nähe eines Schwarzen Loches oder einer kompakten Galaxie erzeugt werden, in das Strahlungsfeld der Quelle injiziert werden. Elektronen und Protonen, die durch Schockwellen beschleunigt werden, lösen elektromagnetische und hadronische Schauer aus. Hochenergetische γ-Strahlen werden durch den inversen Compton-Effekt an hochenergetischen Elektronen erzeugt, und energiereiche Neutrinos stammen aus dem Zerfall geladener Pionen, die in den hadronischen Kaskaden gebildet werden. Man nimmt an, dass hochenergetische Teilchen aus diesen Quellen nur dann gesehen werden, wenn die Jets direkt auf die Erde ausgerichtet sind. Ein mögliches Szenario für die Beschleunigung in solchen Jets emittiert von kompakten, massiven Quellen ist in Abb. 5.8 skizziert.

Es wird aber auch ein Kanonenkugelmodell (Cannon Balls) diskutiert, in dem die Massenausbrüche von kompakten Quellen in Form von Kanonenkugeln mit relativistischen Geschwindigkeiten emittiert werden. Beim Kollaps eines massiven Objektes werden Akkretionsscheiben gebildet. Wenn Material in die Akkretonsscheiben und das kompakte Objekt hineinfällt, kann es zur Emission diskreter *Kanonenkugeln* kommen, die in entgegengesetzten Richtungen emittiert werden. Wegen der involvierten sehr starken zeitvariablen Magnetfelder könnten auf diese Art Teilchen bis zu den allerhöchsten Energien beschleunigt werden.

Eine andere Möglichkeit ist die Beschleunigung durch resonante Zyklotronemission. In relativistischen Schocks mit starken zeitabhängigen Magnetfeldern, die kräftige elektrische Felder erzeugen, können Elektronen und Positronen beschleunigt werden. Das Plasma von kompakten Quellen kann durch Ionen dominiert werden, wobei die Ionen in den Magnetfeldern auf helikale Bahnen gezwungen werden. Diese Ionen emittieren

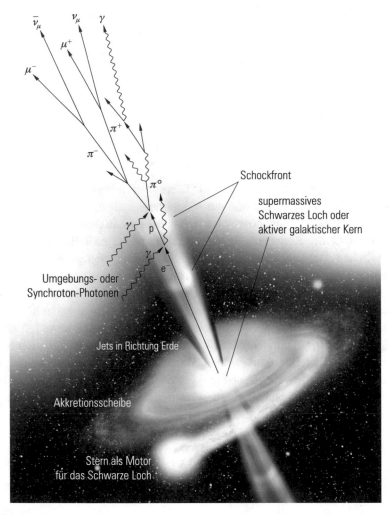

Abb. 5.8 Beschleunigungsmodell für relativistische Jets, die von einem Schwarzen Loch oder einem aktiven galaktischen Kern ausgehen. Die verschiedenen Reaktionen sind nur sehr schematisch dargestellt

Zyklotronwellen (Alfvén-Wellen) in der Magnetosphäre des Teilchenwindes der Quelle, die von den Elektronen und Positronen resonanzartig absorbiert werden können und dabei zu hohen Lorentz-Faktoren mit relativ guter Effizienz beschleunigt werden. Ein solcher Mechanismus könnte selbst die Emission höchstenergetischer Teilchen erklären.

Die Vielzahl der möglichen Beschleunigungsmodelle im Zusammenhang mit der Jet-Erzeugung in kompakten Quellen zeigt aber auch, dass es noch keine einheitliche Vorstellung darüber gibt, wie die Teilchen mit Energien bis 10^{20} eV nun beschleunigt werden.

5.7   Verlauf der Energiespektren primärer Teilchen

Wenn Du ernsthafte Physik betreiben willst, dann musst Du sie irgendwann lernen.

Rabindra Mohapatra

Es ist zurzeit nicht klar, welcher der vorgestellten Mechanismen hauptsächlich zur Beschleunigung kosmischer Teilchen beiträgt. Es spricht jedoch einiges dafür, dass der Hauptteil der galaktischen kosmischen Strahlung durch Schockwellenbeschleunigung eventuell mit einer Nachbeschleunigung durch den Fermi-Mechanismus 2. Ordnung erzeugt wird, während die höchstenergetischen Teilchen wohl überwiegend in Pulsaren, Doppelsternsystemen oder den Kernen aktiver Galaxien beschleunigt werden. Für den Fall der Schockwellenbeschleunigung in Supernovaexplosionen lässt sich die Form des Energiespektrums der kosmischen Strahlung aus dem Beschleunigungsmechanismus heraus entwickeln.

Falls E_0 die Anfangsenergie des Teilchens und εE_0 der Energiegewinn pro Beschleunigungszyklus ist, erhält man nach dem 1. Zyklus

$$E_1 = E_0 + \varepsilon E_0 = E_0(1 + \varepsilon) \tag{5.7.1}$$

und nach dem n-ten Zyklus (z. B. aufgrund von Mehrfachreflexion an Schockfronten)

$$E_n = E_0(1 + \varepsilon)^n. \tag{5.7.2}$$

Um die Endenergie $E_n = E$ zu erreichen, benötigt man daher

$$n = \frac{\ln(E/E_0)}{\ln(1 + \varepsilon)} \tag{5.7.3}$$

Zyklen. Sei jetzt die Entkommwahrscheinlichkeit pro Zyklus P. Die Wahrscheinlichkeit, dass ein Teilchen nach n Zyklen noch am Beschleunigungsmechanismus teilnimmt, ist $(1 - P)^n$. Damit ergibt sich die Anzahl der Teilchen mit Energien oberhalb von E:

$$N(> E) \sim \sum_{m=n}^{\infty} (1 - P)^m. \tag{5.7.4}$$

Wegen $\displaystyle\sum_{m=0}^{\infty} x^m = \frac{1}{1 - x}$ (für $x < 1$) lässt sich Gl. (5.7.4) auch darstellen als

$$N(> E) \sim \sum_{m=0}^{\infty} (1 - P)^m - \sum_{m=0}^{n-1} (1 - P)^m$$

$$= (1 - P)^n \sum_{m=0}^{\infty} (1 - P)^m = \frac{(1 - P)^n}{P}. \tag{5.7.5}$$

Aus den Gl. (5.7.3) und (5.7.5) erhält man durch Kombination das integrale Energiespektrum

$$N(> E) \sim \frac{1}{P} \left(\frac{E}{E_0} \right)^{-\gamma} \sim E^{-\gamma}, \tag{5.7.6}$$

wobei sich der Spektralindex γ aus den Gl. (5.7.5) und (5.7.6) mithilfe von (5.7.3) zu

$$(1 - P)^n = \left(\frac{E}{E_0} \right)^{-\gamma},$$

$$n \ln(1 - P) = -\gamma \ln(E/E_0),$$

$$\gamma = -\frac{n \ln(1 - P)}{\ln(E/E_0)} = \frac{\ln(1/(1 - P))}{\ln(1 + \varepsilon)} \tag{5.7.7}$$

ergibt. Mit dieser einfachen Überlegung erhält man ein Potenzgesetz der primären kosmischen Strahlung in Übereinstimmung mit der Beobachtung.

Der Energiegewinn pro Zyklus ist sicher äußerst klein ($\varepsilon \ll 1$). Falls auch die Entkommwahrscheinlichkeit P gering ist (z. B. bei Reflexionen zwischen zwei Schockfronten), vereinfacht sich (5.7.7) zu

$$\gamma \approx \frac{\ln(1 + P)}{\ln(1 + \varepsilon)} \approx \frac{P}{\varepsilon}. \tag{5.7.8}$$

Experimentell stellt man fest, dass der spektrale Index des integralen Primärspektrums bis zu Energien von 10^{15} eV bei $\gamma = 1,7$ liegt. Für höhere Energien wird das Spektrum mit $\gamma = 2$ etwas steiler. Numerische Werte für P und ε anzugeben, die zu $\gamma = 2$ führen, wäre aber unseriös. Es kommt bei dieser Argumentation nur darauf an, zu zeigen, dass die Schockwellenbeschleunigung zu einem Potenzgesetz führt.

Zusammenfassung

Eine wesentliche Aufgabe der Astroteilchenphysik ist es, die verschiedenen Beschleunigungsmechanismen für Astroteilchen zu verstehen und die kosmischen Beschleuniger zu lokalisieren. Naheliegenderweise denkt man zunächst an die in erdgebundenen Beschleunigern verwendeten Verfahren, die sicher auch in der Astroteilchenphysik am Werk sind. Zusätzlich kommen aber auch ganz spezifische Mechanismen infrage, die nur im Kosmos interessant sind, wie etwa Stoßwellenbeschleunigung in Supernovaexplosionen oder Kollisionen von geladenen Teilchen mit kosmischen Wolken in galaktischen oder extragalaktischen Entfernungen. Mit diesen Prozessen lässt sich sogar der spektrale Verlauf der Energiespektren in groben Zügen verstehen. Was die Beschleunigung der höchstenergetischen Teilchen angeht, so gibt es zwar Modelle zu ihrer Beschleunigung in Teilchenjets, die von aktiven galaktischen Kernen emittiert werden, aber die Details dieser Prozesse sind noch nicht recht verstanden.

Victor Hess entdeckt die kosmische Strahlung durch Inflation.

Primäre kosmische Strahlung

6

Wie Himmelkräfte auf und nieder steigen,
vom Himmel durch die Erde dringen,
harmonisch all' das All durchdringen.
Goethe, Faust

Die in den Quellen erzeugte kosmische Strahlung wird üblicherweise als primordiale Strahlung bezeichnet. Diese Strahlung wird durch die Ausbreitung im galaktischen bzw. extragalaktischen Medium leicht modifiziert. Teilchen, die in Quellen, die in unserer Milchstraße liegen, beschleunigt werden, durchlaufen im Mittel eine Massenbelegung von $6\,g/cm^2$, bevor sie den Rand der Erdatmosphäre erreichen. Da die Erdatmosphäre nicht wirklich einen Rand hat, sondern exponentiell geschichtet ist, kann man sich unter dem ‚Rand' eine Höhe von etwa $40\,km$ vorstellen. Diese Höhe entspricht einer Restmassenbelegung von $5\,g/cm^2$ oder einem Druck von $5\,mbar$ der oberhalb von $40\,km$ liegenden Restatmosphäre. Die an der Erde durch die Atmosphäre noch unbeeinflusst ankommende kosmische Strahlung bezeichnet man als primäre kosmische Strahlung.

In den Quellen werden geladene Teilchen beschleunigt, also hauptsächlich Protonen und Elektronen. Da aber bei der Elementsynthese praktisch alle Elemente des Periodensystems erzeugt werden, können auch Kerne wie Helium, Lithium etc. mitbeschleunigt werden. Die kosmische Strahlung stellt daher eine extraterrestrische und zum Teil sogar eine extragalaktische Materieprobe dar, deren chemische Zusammensetzung in gewissen Zügen der Elementhäufigkeit in unserem Sonnensystem ähnelt.

Die in den Quellen beschleunigten geladenen Teilchen können durch Wechselwirkungen in den Quellen selbst eine Reihe von Sekundärteilchen erzeugen. Diese meist instabilen Sekundärteilchen, z. B. Pionen und Kaonen, erzeugen durch ihren Zerfall letztlich stabile Teilchen, etwa Photonen aus ($\pi^0 \rightarrow \gamma\gamma$)- und Neutrinos aus ($\pi^+ \rightarrow \mu^+ + \nu_\mu$)-Zerfällen, die folglich auch aus den Quellen kommen und ebenfalls die Erde erreichen

© Springer-Verlag GmbH Deutschland 2018
C. Grupen, *Einstieg in die Astroteilchenphysik*,
https://doi.org/10.1007/978-3-662-55271-1_6

können. Zunächst soll jedoch die ursprünglich beschleunigte geladene Komponente der kosmischen Strahlung vorgestellt werden.

6.1 Geladene Komponente der primären kosmischen Strahlung

Das Universum ist eine Symphonie von Saiten, und der Geist Gottes, über den Einstein so wortgewaltig dreißig Jahre lang schrieb, ist wie kosmische Musik, die in einem elf-dimensionalen Hyperraum widerhallt.

Michio Kaku

Die Elementhäufigkeit in der primären kosmischen Strahlung ist in den Abb. 6.1 und 6.2 im Vergleich zur chemischen Zusammensetzung des solaren Systems dargestellt. Protonen sind die dominante Teilchensorte ($\approx 85\,\%$), gefolgt von α-Teilchen ($\approx 12\,\%$). Elemente mit $Z \geq 3$ stellen nur insgesamt 3 % der primären Teilchen dar. Die in den Abb. 6.1 und 6.2 zum Vergleich gezeigte Elementhäufigkeit im Sonnensystem zeigt viele Gemeinsamkeiten mit der der kosmischen Strahlung. Auffällige Abweichungen treten jedoch bei den Elementen Lithium, Beryllium und Bor ($Z = 3$–5) sowie bei den Elementen unterhalb von Eisen ($Z = 26$) auf. Die größere Häufigkeit von Li, Be und B in der kosmischen Strahlung

Abb. 6.1 Elementhäufigkeit der primären kosmischen Strahlung für $1 \leq Z \leq 28$

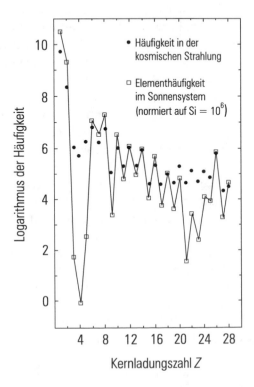

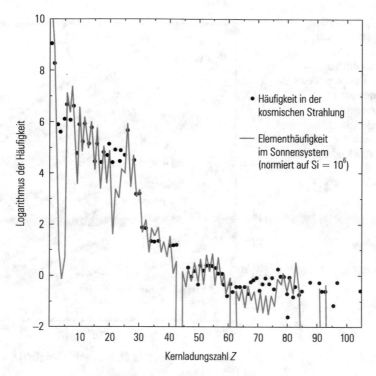

Abb. 6.2 Elementhäufigkeit der primären kosmischen Strahlung für $1 \leq Z \leq 100$

kann durch Fragmentation der schwereren Kerne Kohlenstoff ($Z = 6$) und insbesondere Sauerstoff ($Z = 8$) in der galaktischen Materie auf dem Weg zur Erde verstanden werden.

Auf dieselbe Weise reichert die Fragmentation oder Spallation des relativ häufigen Elements Eisen die unterhalb von Eisen liegenden Elemente an. Die generell beobachtete Abhängigkeit der Elementhäufigkeiten von der Ordnungszahl kann durch kernphysikalische Effekte verstanden werden. Im Rahmen des Schalenmodells wird verständlich, dass Kernkonfigurationen mit geraden Protonen- und Neutronenzahlen (gg-Kerne) häufiger sind als Kerne mit ungeraden Protonen- und Neutronenzahlen (uu-Kerne). Hinsichtlich der Stabilität liegen gu- und ug-Kerne zwischen den gg- und uu-Konfigurationen. Besonders stabile Kerne treten für abgeschlossene Schalen auf („magische Kerne'), wobei sich die magischen Zahlen (2, 8, 20, 50, 82, 126) getrennt auf Protonen und Neutronen beziehen. Dementsprechend sind doppelt magische Kerne (etwa Helium und Sauerstoff) besonders stabil und deshalb entsprechend häufig. Aber auch Kerne mit einer großen Bindungsenergie wie Eisen, das in Fusionsprozessen erreicht werden kann, kommen relativ häufig in der primären geladenen kosmischen Strahlung vor. Die Energiespektren der primären Kerne von Wasserstoff bis Eisen sind in Abb. 6.3 dargestellt.

Der niederenergetische Teil der ankommenden Kerne wird durch die Magnetfelder der Sonne und der Erde modifiziert. Wegen des 11-jährigen Sonnenfleckenzyklus schwankt die Intensität der niederenergetischen Primärteilchen ($< 1\,\text{GeV}/\text{Nukleon}$) mit

Abb. 6.3 Spektrum der
Hauptkomponenten der
primären kosmischen
Strahlung aus direkten
Messungen. Die verschiedenen
Daten stammen aus
Ballonmessungen, aus
Satelliten und von einem
Experiment auf der
Internationalen Raumstation
ISS [28]

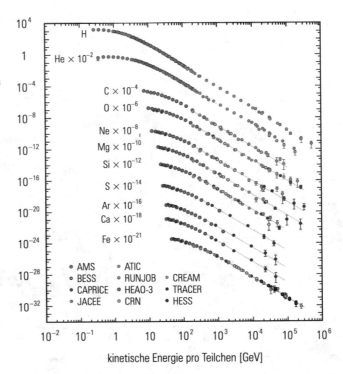

der 11-Jahres-Periode, wobei die Intensität bei aktiver Sonne reduziert ist, weil das dann stärkere Magnetfeld der Sonne die geladene Teilchenstrahlung partiell abschirmt. Die Spektren fallen ganz allgemein zu hohen Energien steil ab, sodass die direkte Messung der hochenergetischen Komponente am Rand der Atmosphäre mit Ballons oder in der Erdumlaufbahn mit Satelliten aus Intensitätsgründen außerordentlich schwer wird. Messungen der geladenen Komponente der primären kosmischen Strahlung bei Energien oberhalb einiger Hundert GeV müssen deshalb auf indirekte Methoden zurückgreifen. Durch die Luftschauer-Cherenkov-Technik (s. Abschn. 6.4: Gammaastronomie) oder die Messung ausgedehnter Luftschauer lässt sich zwar dieser Bereich des Energiespektrums abdecken, jedoch ist eine Bestimmung der chemischen Zusammensetzung der Strahlung durch diese indirekte Technik außerordentlich schwer. Außerdem sind die Teilchenflüsse bei hohen Energien extrem niedrig. Für Teilchen mit Energien oberhalb 10^{19} eV ist die Teilchenrate nur 1 Teilchen pro km^2 und Jahr.

Das Energiespektrum aller geladenen Teilchen der primären kosmischen Strahlung (Abb. 6.4) ist so steil, dass man praktisch keine Einzelheiten erkennen kann. Deshalb ist hier die Ordinate mit einem Faktor E^2 skaliert. Eine Vielzahl von Experimenten hat in verschiedenen Energiebereichen mit unterschiedlichen Techniken dieses Spektrum gemessen. Erkennbar ist auch, dass der Fluss von Elektronen, Positronen und Antiprotonen bei kleinen Energien recht gering ist. Erst die Multiplikation der Intensität mit E^3 lässt die Erkennung von Detailstrukturen zu (Abb. 6.5). Oberhalb von 10^{15} eV

Abb. 6.4 Spektrum aller geladener Teilchen der primären kosmischen Strahlung skaliert mit dem Quadrat der Primärenergie [29]; mit freundlicher Genehmigung von Karen Andeen, Marquette University

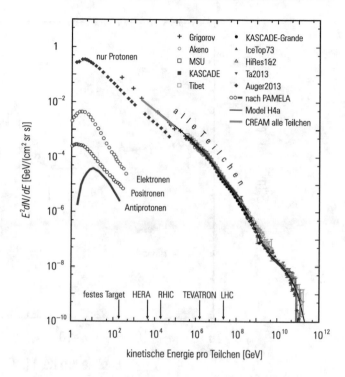

wird das Spektrum steiler (s. auch Abb. 6.4 und Abb. 6.7) und flacht ab 10^{19} eV wieder etwas ab, um dann bei $6 \cdot 10^{19}$ eV steil abzubrechen. Der Knick bei 10^{15} eV wird das ‚Knie‘ und die Struktur bei 10^{19} eV der ‚Knöchel‘ der primären kosmischen Strahlung genannt [27]. Um die Primärenergien mit Beschleunigerenergien zu vergleichen, muss die Schwerpunktsenergie bei Speicherringen entsprechend umgerechnet werden. Für den LHC mit einer Schwerpunktsenergie von 14 TeV ergibt sich die vergleichbare Energie im Laborsystem eines energiereichen Protons beim Stoß auf ein ruhendes Proton nach $s = 2mE_{\text{lab}}$ (m ist die Protonenmasse) zu etwa 10^{17} eV.

Die kosmische Teilchenstrahlung ist zum überwiegenden Teil galaktischen Ursprungs. Das Magnetfeld der Milchstraße kann aber nur Teilchen festhalten, deren Gyroradien kleiner oder vergleichbar mit der Größe der Milchstraße sind. Wegen des Gleichgewichts zwischen Zentrifugal- und Lorentz-Kraft ($v \perp B$ angenommen)

$$\frac{mv^2}{\varrho} = Z \cdot e \cdot v \cdot B \qquad (6.1.1)$$

folgt für den Impuls einfach geladener Teilchen

$$p = e \cdot \varrho \cdot B$$

(p – Impuls, B – Magnetfeld, v – Teilchengeschwindigkeit, m – Teilchenmasse, ϱ – Krümmungsradius). Bei einem angenommenen effektiven, weiträumigen galaktischen

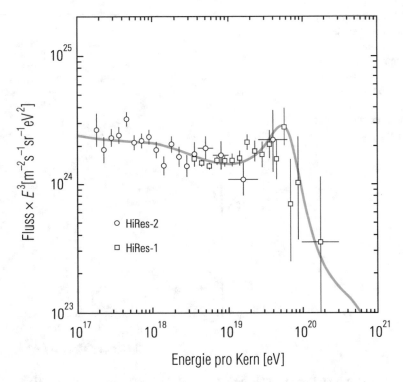

Abb. 6.5 Darstellung des Energiespektrums der primären kosmischen Strahlung mit einer um E^3 skalierten Intensität. Die Daten stammen aus dem Utah High Resolution Experiment [30]

Magnetfeld von $B = 10^{-10}$ Tesla in der Milchstraße (etwa 10^5-mal schwächer als das Magnetfeld an der Erdoberfläche) und einem Gyroradius von 5 pc, von dem ab Teilchen beginnen, aus der Milchstraße zu entweichen, folgt für den speicherbaren Impuls

$$p[\text{GeV}/c] = 0{,}3 \cdot B[\text{T}] \cdot \varrho[\text{m}],$$
$$p_{\max} = 4{,}6 \cdot 10^6 \,\text{GeV}/c = 4{,}6 \cdot 10^{15} \,\text{eV}/c. \qquad (6.1.2)$$

Dabei ist 1 parsec (pc) die in der Astronomie übliche Längeneinheit (1 pc = 3,26 Lichtjahre; 1 pc = 3,0857 · 10^{16} m). Oberhalb von etwa 10^{15} eV beginnen also die Teilchen (leichte Elemente, hauptsächlich Protonen), die Milchstraße zu verlassen. Damit wird das Spektrum zu höheren Energien steiler. Ein anderer Grund für das Knie der kosmischen Strahlung könnte darin begründet sein, dass mit 10^{15} eV etwa das Energiemaximum erreicht wird, das durch Supernovaexplosionen geliefert werden kann, und bei noch höheren Energien eventuell ein anderer Beschleunigungsmechanismus herangezogen werden muss, der zu einem steileren Energiespektrum führt. Die Andeutung einer Struktur bei 80 PeV, d. h., ein leicht steiler werdendes Spektrum deutet aber darauf hin, dass die Elemente der Eisengruppe die Milchstraße verlassen, wodurch die Idee des magnetischen Einschlusses („Confinement") gestützt würde.

Das leichte Abflachen oberhalb von 10^{19} eV („Knöchel") könnte als Beitrag einer extragalaktischen Komponente verstanden werden. Die Delle bei Energien um 10^{19} eV könnte die Folge der e^+e^--Paarbildung durch primäre Protonen an den Photonen der kosmischen Hintergrundstrahlung sein. Die primären Protonen würden bei diesem Prozess ein wenig Energie verlieren. Der genaue Verlauf des Spektrums an dieser Stelle wird durch den energieabhängigen Wirkungsquerschnitt für e^+e^--Paarerzeugung beeinflusst.

Es wird erwartet, dass das Spektrum der primären kosmischen Strahlung oberhalb von $6 \cdot 10^{19}$ eV abbricht. Primäre Protonen mit diesen Energien erzeugen an Schwarzkörperphotonen der 2,7-Kelvin-Strahlung Pionen gemäß

$$\gamma + p \rightarrow p + \pi^0,$$
$$\gamma + p \rightarrow n + \pi^+ \tag{6.1.3}$$

und verlieren dadurch Energie (Greisen-Zatsepin-Kuzmin-Cut-off).

Die Schwellwertenergie für die Fotoproduktion von Pionen errechnet sich aus der Viererimpulsbilanz

$$(q_\gamma + q_p)^2 = (m_p + m_\pi)^2 \tag{6.1.4}$$

(q_γ, q_p – Viererimpuls des Photons bzw. Protons; m_p, m_π – Massen von Proton und Pion) zu

$$E_p = \frac{m_\pi^2 + 2m_p m_\pi}{4E_\gamma}. \tag{6.1.5}$$

Da der wahrscheinlichste Wert der Planck-Verteilung, die der Schwarzkörperstrahlung der Temperatur von 2,7 Kelvin entspricht, bei 1,1 meV liegt, folgt für die Schwellwertenergie

$$E_p = 6 \cdot 10^{19} \, \text{eV} \tag{6.1.6}$$

(s. auch Abb. 6.6). Das Argument des Abbrechens des Primärspektrums durch den GZK-Effekt ist allerdings nicht zwingend, da es auch möglich ist, dass die kosmischen Quellen kaum Energien oberhalb einiger 10^{19} eV erzeugen können.

Die Beobachtung einiger weniger Ereignisse oberhalb von 10^{20} eV stellt daher ein gewisses Rätsel dar. Wegen des Greisen-Zatsepin-Kuzmin-Cut-offs ist die freie Weglänge der höchstenergetischen Protonen nur etwa 50 Mpc. Photonen als angenommene Primärteilchen hätten noch eine kürzere Reichweite, weil sie durch Gamma-Gamma-Wechselwirkungen mit der Schwarzkörperstrahlung, den Sternenlichtphotonen oder der kosmischen Radiostrahlung Elektronenpaare erzeugen ($\gamma\gamma \rightarrow e^+e^-$) und dadurch verlorengehen. Diese Vermutung wird gestützt durch die Tatsache, dass das Auger-Experiment im Bereich $> 10^{18}$ eV keine Photonen findet.

Die Hypothese, dass primäre Neutrinos für die hochenergetischen Ereignisse verantwortlich sind, ist unwahrscheinlich. Die Wechselwirkungswahrscheinlichkeit für

"Schau' 'mal, da kommt schon wieder eine Supernova!"

Protonenraketen neigen dazu, zu zerfallen

Neutrinos in der Atmosphäre ist extrem klein ($< 10^{-4}$). Außerdem ist die beobachtete Winkelverteilung der hochenergetischen Ereignisse und die Position der Primärvertices der Schauerentwicklung in der Atmosphäre mit der Annahme primärer Neutrinos nicht verträglich. Für Neutrinos würde man erwarten, dass die Primärvertices wegen der

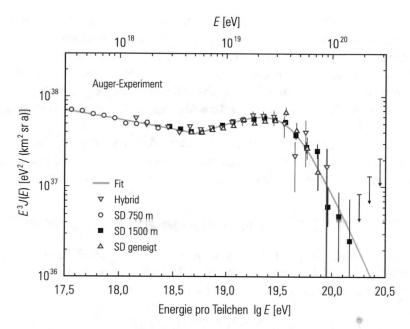

Abb. 6.6 Darstellung des Energiespektrums der primären kosmischen Strahlung mit einer um E^3 skalierten Intensität. Die Daten stammen aus dem Auger-Experiment und zeigen deutlich das Abknicken des Spektrums oberhalb $6 \cdot 10^{19}$ eV (SD steht für die Daten aus den Cherenkov-Oberflächendetektoren, und „Hybrid" umfasst sowohl die Oberflächendetektoren und die Fluoreszenzteleskope) [31]

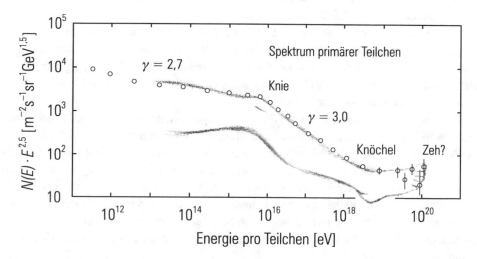

Abb. 6.7 Künstlerische Darstellung der verschiedenen Strukturen des Spektrums der primären kosmischen Strahlung

geringen Wechselwirkungswahrscheinlichkeit gleichmäßig über die Atmosphäre verteilt sind. Tatsächlich beobachtet man aber, dass die erste Wechselwirkung überwiegend in der 100 mbar-Schicht erfolgt, was für Hadronen oder Photonen charakteristisch ist. Damit bleibt als Ausweg nur die Vorstellung, dass es sich doch um Protonen handelt und die Quellen relativ nahe sind ($< 50\,\mathrm{Mpc}$). Eine extreme Alternative ist die Vermutung, dass neue, bisher unbekannte Elementarteilchen für die hochenergetischen Ereignisse verantwortlich sind.

Antiteilchen in der primären kosmischen Strahlung sind äußerst selten. Die gemessenen primären Antiprotonen sind vermutlich sämtlich in Wechselwirkungen der geladenen Teilchenstrahlung mit dem interstellaren Gas entstanden. Antiprotonen können am einfachsten nach der Reaktion

$$p + p \rightarrow p + p + p + \bar{p} \tag{6.1.7}$$

erzeugt werden (vgl. Beispiel 1, Kap. 3), während Positronen durch Paarerzeugung von energiereichen Photonen gebildet werden (vgl. Beispiel 5, Kap. 3). Die Flüsse primärer Antiprotonen für Energien $> 10\,\mathrm{GeV}$ werden zu

$$\left.\frac{N(\bar{p})}{N(p)}\right|_{>10\,\mathrm{GeV}} \approx 10^{-4} \tag{6.1.8}$$

gemessen. Der Anteil primärer Elektronen relativ zu den primären Protonen beträgt nur etwa 1 %. Die primären Positronenflüsse (10 % der Elektronen bei Energien um $10\,\mathrm{GeV}$) sind vermutlich ebenfalls konsistent mit sekundärer Produktion. Allerdings steigt der Positronenfluss im Bereich um $100\,\mathrm{GeV}$ an, was auf eine nichtsekundäre Erzeugung, z. B. auf eine besondere Quelle (Pulsar?) hinzuweisen scheint.

Um festzustellen, ob es im Weltall Sterne aus Antimaterie gibt, müssten primäre Antikerne (Antihelium, Antikohlenstoff) gemessen werden, denn die sekundäre Erzeugung von Antikernen mit $Z \geq 2$ durch kosmische Teilchenstrahlung ist praktisch ausgeschlossen. Die Nichtbeobachtung von primärer Antimaterie mit $Z \geq 2$ ist ein starker Hinweis darauf, dass unsere Welt materiedominiert ist.

Die chemische Zusammensetzung der hochenergetischen primären kosmischen Strahlung ($> 10^{15}\,\mathrm{eV}$) ist noch weitgehend ungeklärt. Extrapoliert man die gängigen Modelle der Nukleon-Nukleon-Wechselwirkungen in den Bereich jenseits $10^{15}\,\mathrm{eV}$ (das entspricht einer Schwerpunktsenergie von $\gtrsim 1{,}4\,\mathrm{TeV}$ in Proton-Proton-Stößen) und nimmt man den Myongehalt und die Lateralverteilung der Myonen in Luftschauern als Kriterium für die Kernladung des Primärteilchens, dann kommt man zu dem Schluss, dass die chemische Zusammensetzung der primären kosmischen Strahlung oberhalb des Knies ($< 10^{15}\,\mathrm{eV}$) einen relativ höheren Eisenanteil aufweist, der dann ab dem ‚Eisenknie' ab 80 PeV wieder abnimmt.

Eine immer noch ungelöste Frage ist der Ursprung der kosmischen Strahlung. Man glaubt zwar, in den Kernen aktiver Galaxien, Quasaren und Supernovaexplosionen gute Kandidaten für Quellen hochenergetischer Teilchen gefunden zu haben, aber der genaue

Nachweis steht noch aus. Im Bereich bis $100\,\text{TeV}$ sind schon einzelne Quellen über primäre Gammastrahlung identifiziert worden. Nun sind Gammaquanten mit diesen Energien vermutlich Zerfallsprodukte von Elementarteilchen, die in Wechselwirkungen der primär beschleunigten kosmischen Strahlung erzeugt wurden. Es wäre also interessant, die Quellen der kosmischen Strahlung im Licht der ursprünglich beschleunigten Teilchen zu sehen.

Darin liegt aber ein gravierendes Problem: Photonen und Neutrinos breiten sich im galaktischen und intergalaktischen Raum geradlinig aus und zeigen deshalb direkt zu den Quellen. Geladene Teilchen unterliegen aber dem Einfluss homogener und irregulärer Magnetfelder. Dabei bewegen sich die beschleunigten Teilchen auf chaotischen Bahnen und verlieren jede Richtungsinformation, bevor sie schließlich zufällig die Erde erreichen. Daher ist es nicht verwunderlich, dass der Himmel für geladene Teilchen mit Energien unterhalb von $10^{14}\,\text{eV}$ völlig isotrop erscheint. Die beobachteten Anisotropien liegen unterhalb von 0,5 %. Es besteht aber Hoffnung, bei Energien oberhalb von $10^{18}\,\text{eV}$ eine gewisse Direktionalität zu finden. Zwar muss man auch hier noch die galaktischen Magnetfelder berücksichtigen, aber die Ablenkradien sind schon recht groß, d. h., die Ablenkwinkel sind sehr klein. Allerdings ist die Topologie galaktischer Magnetfelder noch unsicher. Hinzu kommt, dass die Quellen ohne Weiteres in Entfernungen von $> 50\,\text{Mpc}$ stehen könnten ($\widehat{=}\,163$ Millionen Lichtjahre), und man deshalb die zeitliche Entwicklung der Magnetfelder in den letzten ≈ 200 Millionen Jahren wissen müsste. (Die Teilchen erreichen die Erde auf durch das Magnetfeld gekrümmten Bahnen, benötigen also mehr Zeit als das Licht.)

Da die magnetische Ablenkung proportional zur Ladung des Elementarteilchens ist, verspricht die Protonenastronomie noch am ehesten greifbare Ergebnisse. In Abb. 6.8 sind die Bahnen von Protonen und einem Eisenkern ($Z = 26$) bei einer Energie von $10^{18}\,\text{eV}$ für unsere Milchstraße skizziert. Aus dieser Abbildung wird klar, dass man – wenn experimentell möglich – nur Protonen zur Teilchenastronomie verwenden sollte. Tatsächlich gibt es Hinweise darauf, dass sich die Ursprünge der wenigen Ereignisse mit Energien

Abb. 6.8 Schematische Darstellung von Proton- und Eisenkerntrajektorien in unserer Milchstraße bei $10^{18}\,\text{eV}$

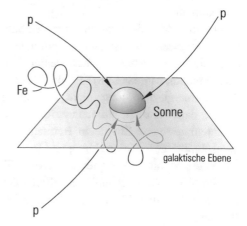

$> 10^{19}$ eV in der supergalaktischen Ebene, einer Ansammlung relativ naher Galaxien
einschließlich unserer Milchstraße (‚lokale Supergalaxie') häufen. Diese Hinweise sind
aber bisher noch nicht statistisch signifikant. Ebenso wird diskutiert, dass das galaktische
Zentrum unserer Milchstraße und die Cygnus-Region für eine gemessene Anisotropie bei
10^{18} eV verantwortlich sein könnte.

6.2   Natur und Ursprung der höchstenergetischen kosmischen Strahlung

*Worauf sollen wir nun unsere Hoffnungen begründen, die vielen Rätsel zu lösen, wie den
Ursprung und die Zusammensetzung der kosmischen Strahlen?*

Victor Franz Hess

Wie schon in den vorangegangenen Abschnitten argumentiert, scheinen die höchstenergetischen kosmischen Teilchen extragalaktischen Ursprungs zu sein. Die Unkenntnis
der Quellen betrifft auch die Identität der Teilchen. Man hat lange Zeit angenommen, dass
sich die Identität der Teilchen mit der Energie ändert. Tatsächlich belegen die meisten
Luftschauerexperimente eine Zunahme des Eisenanteils mit der Energie. Weiterhin nahm
man an, dass die extragalaktischen Teilchen bei hohen Energien wohl Protonen seien. Für
Teilchen jenseits des GZK-Cut-offs ist die Frage allerdings völlig offen. Das historische
erste höchstenergetische kosmische Teilchen war das ‚Oh-My-God'- Ereignis, das 1991
über dem Dugway Proving Ground von Utah's Fliegenauge (Fly's Eye Experiment) gesehen wurde. Seine Energie war $3 \cdot 10^{20}$ eV, und man glaubte Hinweise zu haben, dass es sich
um einen Eisenkern handelte. Seit dieser ersten Beobachtung sind mindestens 15 weitere
Ereignisse in diesem Energiebereich gemessen worden.

Im Folgenden werden mögliche Kandidaten und Quellen (sogenannte ‚Zevatrons' (1
ZeV = 10^{21} eV)) untersucht, die für diese hochenergetischen Ereignisse verantwortlich
sein könnten.

Da alle Ereignisse dieser Energien mit der Luftschauertechnik gemessen wurden,
ist der typische Messfehler – zumindest für die Bodendetektoren – etwa $\pm 30\,\%$.
Ein möglicher systematischer Fehler könnte dadurch entstehen, dass der Landau-
Pomeranchuk-Migdal(LPM)-Effekt bei der Schauersimulation und der damit verbundenen Energiezuordnung nicht hinreichend berücksichtigt wurde. Der LPM-Effekt
besagt, dass bei dicht aufeinanderfolgenden Wechselwirkungen in großen Luftschauern
Quanteninterferenz-Effekte in Betracht kommen, die dazu führen, dass die Wirkungsquerschnitte für Bremsstrahlung und Paarerzeugung reduziert sind. Dieses Phänomen tritt
besonders bei hohen Energien und großen Targetdichten auf.

Für die primär beschleunigten Elternteilchen dieser hochenergetischen Ereignisse müssen die Gyroradien kleiner als die Größe der Quelle sein. Deshalb kann man aus dieser
Bedingung

$$\frac{mv^2}{R} \leq evB$$

eine Maximalenergie für Teilchen, die in der Quelle beschleunigt werden, ableiten:

$$E_{\max} \approx p_{\max} \leq eBR \tag{6.2.1}$$

(v ist die Teilchengeschwindigkeit, B die Magnetfeldstärke der Quelle, R ihre Größe und m die relativistische Masse des Teilchens). In praktischen Einheiten der Astroteilchenphysik erhält man

$$E_{\max} = 10^5\,\text{TeV}\ \frac{B}{3 \cdot 10^{-6}\,\text{G}}\ \frac{R}{50\,\text{pc}}. \tag{6.2.2}$$

Mit einem typischen Wert von $B = 3\,\mu\text{G}$ für unsere Milchstraße und einem großzügig angenommenem Gyroradius von $R = 5\,\text{kpc}$ führt dies auf

$$E_{\max} = 10^7\,\text{TeV} = 10^{19}\,\text{eV}. \tag{6.2.3}$$

Diese Gleichung besagt, dass unsere Milchstraße kaum Teilchen dieser Energien beschleunigen oder speichern kann, sodass man annehmen muss, dass Teilchen mit Energien oberhalb $10^{20}\,\text{eV}$ extragalaktischen Ursprungs sein müssen.

Der GZK-Cut-off über die Fotoproduktion von Pionen an den Schwarzkörperphotonen durch die Δ-Resonanz beeinflusst die Propagation der primären Protonen,

$$\gamma + p \rightarrow p + \pi^0. \tag{6.2.4}$$

Die Energieschwelle für diesen Prozess ist $6 \cdot 10^{19}$ eV (s. Abschn. 6.1). Protonen, die diese Energie überschreiten, verlieren relativ schnell ihre Energie durch solche Fotoproduktions-prozesse. Die mittlere freie Weglänge für Fotoproduktion kann durch

$$\lambda_{\gamma p} = \frac{1}{N \sigma},$$ (6.2.5)

berechnet werden, wobei N die Anzahldichte der Schwarzkörperphotonen und $\sigma(\gamma p \to \pi^0 p) \approx 100\,\mu$b der Wirkungsquerschnitt oberhalb der Schwelle ist. Da der fotonukleare Wirkungsquerschnitt energieabhängig ist, führt dies auf eine Abschwächlänge von einigen 10 Mpc.

Die Markarian-Galaxien Mrk 421 und Mrk 501, von denen man weiß, dass sie Quellen von Photonen der höchsten Energien sind, wären auch Kandidaten zur Erzeugung hoch-energetischer Protonen. Da sie in einer Entfernung von ungefähr 100 Mpc stehen, ist ihre Ankunftswahrscheinlichkeit für Energien oberhalb 10^{20} eV allerdings nur

$$\approx e^{-x/\lambda} \approx 0{,}1,$$ (6.2.6)

wenn man $\lambda \approx 50$ Mpc annimmt. Deshalb ist es wahrscheinlich, dass für von Protonen jenseits der GZK-Energie ausgelöste hochenergetische Luftschauerereignisse nur relativ nahe Quellen in Betracht kommen können (d. h. aus einem lokalen GZK-Radius von we-niger als 100 Mpc, d. h. einigen freien Weglängen). Die große elliptische Galaxie M87 im Zentrum des Virgo-Clusters gelegen (Abstand $\approx$ 20 Mpc) ist ein besonders bemerkens-wertes Objekt am Himmel und erfüllt damit alle Bedingungen, ein möglicher Kandidat für energiereiche Primärteilchen zu sein.

Es ist allerdings möglich, die Wirkung des GKZ-Effektes zu höheren Energien zu ver-schieben, indem man annimmt, dass die Primärteilchen nicht Protonen, sondern schwere Kerne sind. Da die Schwerpunktsenergie zur Pionenproduktion pro Nukleon aufgebracht werden muss, wäre die Schwellwertenergie etwa für Eisenkerne ($Z = 26$ und $A = 56$) entsprechend höher,

$$E = E_{\text{Cut-off}}^{\text{Fe}}\, A = 3{,}4 \cdot 10^{21}\,\text{eV},$$ (6.2.7)

sodass die höchstenergetischen Ereignisse nicht im Widerspruch zum GZK-Effekt stün-den. Es ist allerdings schwer zu verstehen, wie schwere Kerne auf so hohe Energien beschleunigt werden können, und auch noch die Propagation über intergalaktische Entfer-nungen ohne Desintegration durch Photonenwechselwirkungen oder Fragmentations- oder Spallationsprozesse überstehen können. Die Daten des Auger-Experiments scheinen aber anzudeuten, dass mit zunehmender Energie der Eisenanteil ansteigt (s. Abb. 6.9). Dieser Befund wird allerdings nicht vom HiRes-Experiment aus Utah bestätigt. Dies ist auch ein Hinweis darauf, wie schwer es ist, Chemie bei Energien um 10^{20} zu betreiben.

Eine vielleicht etwas abseitige und auch drastische Annahme wäre es anzu-nehmen, dass die Trans-GZK-Ereignisse ein Zeichen der Verletzung der Lorentz-Invarianz sein könnten. Wenn die Lorentz-Transformationen nicht nur von der relativen

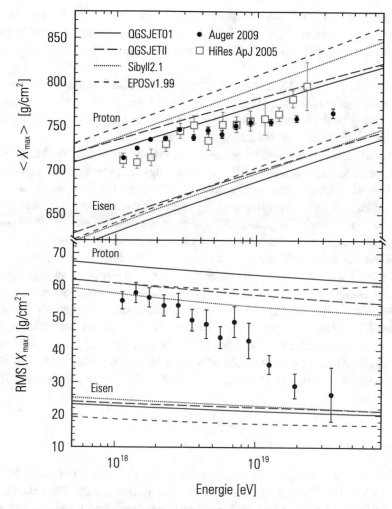

Abb. 6.9 Darstellung der Energieabhängigkeit des Maximums der Schauerentwicklung X_{max} und seiner Breite für die Experimente Auger und HiRes im Vergleich zu Ergebnissen verschiedener Hadronisierungsmodelle für primäre Protonen und Eisenkerne [32]

Geschwindigkeitsdifferenz der Bezugssysteme abhingen, sondern auch von den absoluten Geschwindigkeiten, dann würde die Schwellwertenergie für γp-Kollisionen für die Wechselwirkung mit den Photonen der kosmischen Hintergrundstrahlung ausgewaschen, und sie wäre dann verschieden vom Wert, den man erhalten würde, wenn die Photonen und Protonen vergleichbare Energien hätten. Auf diese Weise könnte man den GZK-Effekt umgehen.

Das steil abfallende Primärspektrum der primären kosmischen Strahlung, für das der GZK-Effekt verantwortlich gemacht wird, könnte natürlich auch eine ganz alltägliche Erklärung haben. Es ist vorstellbar, dass es einfach keine Quellen gibt, die so hochenergetische Teilchen beschleunigen können. Vielleicht sind $\approx 10^{20}$ eV die Grenze, bis zu der die kosmischen Quellen Teilchen gerade noch beschleunigen können. Es ist denkbar, dass jenseits des GZK-Cut-offs den kosmischen Beschleunigern die ‚Luft ausgeht'.

Photonen als mögliche Kandidaten für die beobachteten hochenergetischen Kaskaden sind noch problematischer. Wegen der Elektron-Positron-Paarerzeugung durch $\gamma\gamma$-Wechselwirkungen an der kosmischen Hintergrundstrahlung (s.Abschn. 4.6), haben Photonen nur eine relativ kurze freie Weglänge von einigen 10 kpc.

Die γ-Quellen müssten schon recht nahe sein, um die hochenergetischen Schauer zu erklären. Das hieße, sie müssten galaktischen Ursprungs sein, was ziemlich unwahrscheinlich ist, denn die Elternteilchen der Photonen müssten dann ja auch in der Milchstraße erzeugt und zu den sehr hohen Energien beschleunigt werden. Energiereiche Photonen würden aber auch bereits in großen Höhen über dem Erdboden ($\approx$ 3000 km) elektromagnetische Kaskaden durch Wechselwirkungen mit dem Erdmagnetfeld initiieren. Wenn das der Fall sein sollte, dann würde man erwarten, dass sie ihr Schauermaximum schon in großen Höhen von $\approx$ 1075 g/cm^2 (von der Meereshöhe aus gerechnet) erreichen. Die hochenergetischen Schauer haben aber typischerweise Schauermaxima um (820 ± 40) g/cm^2, was charakteristisch für hadroninduzierte Schauer ist. Photonen als Kandidaten für die Hochenergieereignisse kann man deshalb sicher ausschließen.

Neutrinos wurden auch als Kandidaten für die Hochenergieereignisse diskutiert. Neutrinos haben aber große Probleme, solche Schauer zu erklären. Das Verhältnis der Wirkungsquerschnitte für Neutrino-Luft- und Proton-Luft-Wechselwirkungen bei Energien von 10^{20} eV ist

$$\frac{\sigma(\nu\text{–Luft})}{\sigma(p\text{–Luft})}\bigg|_{E \approx 10^{20}\,\text{eV}} \approx 10^{-6}. \tag{6.2.8}$$

Man bräuchte schon riesige Neutrinoflüsse, um die Ereignisse oberhalb 10^{20} eV zu erklären. Es wurde zu bedenken gegeben, dass die Messungen der Protonstrukturfunktion bei HERA, der Hadron-Elektron-Ring-Anlage am Deutschen Elektronensynchrotron (DESY) in Hamburg, zeigten, dass Protonen eine reiche Gluonstruktur bei kleinem x ($x = E_{\text{parton}}/E_{\text{proton}}$) besitzen. Trotz dieser Evidenz für eine große Zahl von Gluonen im Proton glaubt man, dass der Neutrinowechselwirkungsquerschnitt kaum größer als 0,3 µb sein kann. Das macht die Wechselwirkungen extragalaktischer Neutrinos in der Atmosphäre doch sehr unwahrscheinlich:

$$\phi = \sigma(\nu\text{–Luft})\,\frac{N_A}{A}\,d$$
$$\leq 0{,}3\,\mu\text{b}\,\frac{6 \cdot 10^{23}}{14}\,\text{g}^{-1} \cdot 1000\,\text{g/cm}^2$$
$$\approx 1{,}3 \cdot 10^{-5} \tag{6.2.9}$$

(N_A ist die Avogadrozahl, d ist die Säulendicke der Atmosphäre).

Um eine vernünftige Wechselwirkungsrate mit Neutrinos zu erhalten, müsste man schon Einfallsrichtungen bei großen Zenitwinkeln in Betracht ziehen. Allerdings sollte die erwartete Vertexverteilung bei Neutrinowechselwirkungen unabhängig von der Tiefe in der Atmosphäre sein, im Gegensatz zur Beobachtung.

Aus kosmologischen Untersuchungen ist bekannt, dass ein großer Bruchteil der Materie in Form von Dunkler Materie vorliegt. Es könnte also sein, dass Teilchen der Dunklen Materie, etwa schwach wechselwirkende schwere Teilchen (WIMPs = weakly interacting massive particles) verantwortlich für die höchstenergetischen Ereignisse sein könnten. Man nimmt an, dass solche Teilchen nur schwache oder gar superschwache Wechselwirkungen haben. Deshalb sollte ihre Wechselwirkungsstärke denen der Neutrinos ähnlich sein. Damit sind WIMPs als Auslöser für diese Schauer ebenfalls unwahrscheinlich.

Die Ereignisse oberhalb 10^{20} eV stellen daher ein Physikdilemma dar. Man neigt dazu, Protonen zu favorisieren. Die müssten aber schon aus relativ geringen Entfernungen kommen (< 50 Mpc), weil sie sonst ihre Energie durch Fotoproduktion an Schwarzkörperphotonen verlieren und unter die vom GZK-Effekt gegebene Grenze fallen. Nun gibt es in diesem Raumbereich einige interessante Galaxien (z. B. M87). Leider zeigen die Ereignisse des Auger-Experiments nicht zu den nahen Quellen. Das könnte man dadurch zu erklären versuchen, dass die extragalaktischen Magnetfelder stärker als gedacht sind, und damit die Richtungsinformation verlorengeht. Tatsächlich gibt es Hinweise darauf, dass die Magnetfeldstärken eher im μGauß- als im nGauß-Bereich liegen könnten [33].

Aktive galaktische Kerne (AGNs) werden häufig als mögliche Quellen hochenergetischer kosmischer Teilchen angesehen. In dieser Galaxiengruppe spielen *Blazare* eine herausragende Rolle. Blazar ist ein Kurzwort für Quellen, die der Klasse der BL-Lacertae-Objekte und der Quasare angehören. BL-Lacertae-Objekte – genau wie Quasare – sind milchstraßenartige Quellen, deren Kerne ihre eigene Galaxie überstrahlen und deshalb wie Sterne aussehen. Während die optischen Spektren von Quasaren sowohl Emissions- als auch Absorptionslinien zeigen, haben die Spektren von BL-Lacertae-Objekten überhaupt keine Strukturen. Das wird so interpretiert, dass die galaktischen Kerne von Quasaren von einer dichten Gashülle umgeben sind, während die BL-Lacertae-Objekte in elliptischen Galaxien mit geringen Gasdichten zu finden sind.

Eine charakteristische Eigenschaft von Blazaren ist ihre hohe Variabilität. Man hat beträchtliche Kurzzeit-Helligkeitsschwankungen auf der Zeitskala von ein paar Tagen gefunden. Daher müsssen diese Quellen sehr kompakt sein, denn die Ausdehnung der Quelle kann kaum größer sein als das Licht braucht, den Durchmesser der Quelle zu durchlaufen. Man geht davon aus, dass Quasare von einem Schwarzen Loch in ihrem Zentrum gespeist werden. Die in das Schwarze Loch einfallende Materie setzt unvorstellbar große Energien frei. Während bei der Kernspaltung nur 0,1 % und bei der Kernfusion etwa 0,7 % der Masse in Energie umgesetzt werden, kann ein Objekt der Masse m praktisch seine gesamte Ruhmasse in Energie mc^2 umsetzen, wenn es von einem Schwarzen Loch verschluckt wird.

Viele hochenergetische γ-Quellen, die von γ-Satelliten, wie dem CGRO (Compton Gamma Ray Observatory) und dem Fermi Gamma-ray Space Telescope (FGST), gefunden wurden, konnten mit Blazaren korreliert werden. Das hat zu der Vermutung geführt, dass diese Blazare auch die Quellen zur Beschleunigung der hochenergetischen Teilchen sein könnten. Die Teilchenjets, die von Blazaren ausgehen (vgl. Abb. 6.10), zeigen Magnetfelder von zum Teil über 10 Gauß, und sie erstrecken sich über 10^{-2} pc und mehr. Gemäß Gl. (6.2.2) könnten in diesen Jets Teilchen auf Energien von über 10^{20} eV beschleunigt werden. Falls Protonen in diesen Quellen beschleunigt werden, könnten sie leicht aus diesen Galaxien entweichen, denn ihre Wechselwirkungslänge ist deutlich kleiner als die der Elektronen, die ja auch beschleunigt werden. Falls diese Argumentation stimmt, müssten diese Teilchenjets von Quasaren auch eine reiche Quellen von Neutrinos sein, die etwa von ICECUBE gesehen werden könnten.

Es wurde bereits erwähnt, dass die Quellen nicht zu weit von der Erde entfernt sein können, wenn sie Protonen emittieren. Die aussichtsreichsten Quellen-Kandidaten sollten deshalb vielleicht in der supergalaktischen Ebene liegen. Die lokale Supergalaxie ist eine Art Milchstraße von Galaxien, dessen Zentrum in Richtung des Virgohaufens liegt. Die lokale Gruppe von Galaxien, zu der auch unsere Milchstraße gehört, hat nur einen Abstand von 20 Mpc vom Zentrum dieser lokalen Supergalaxie, und die Mitglieder der Supergalaxie streuen nur etwa 20 Mpc um ihr Zentrum.

Obwohl der Ursprung der höchstenergetischen kosmischen Teilchen noch immer unbekannt ist, gibt es doch einige Hinweise, dass diese tatsächlich in der supergalaktischen Ebene liegen könnten (s. auch Abb. 7.33). Sicher werden mehr Ereignisse benötigt, um zu beweisen, dass eine solche Korrelation wirklich existiert. Das Auger-Experiment und auch ICECUBE sollten in der Lage sein, die Frage nach dem Ursprung der höchstenergetischen Teilchen zu klären. ICECUBE hat seit Ende 2013 immerhin schon Evidenz

Abb. 6.10 Künstlerische Darstellung eines Blazars, von dem aus Jets emittiert werden, in denen hochenergetische Teilchen beschleunigt werden könnten [34]

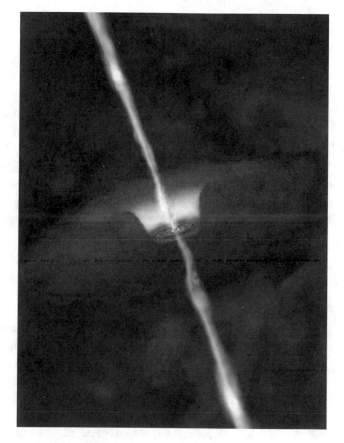

für extragalaktische Neutrinos im PeV-Bereich. Für genauere Aussagen braucht man aber bessere Statistik, viel Zeit und größere Detektoren.

Es sollte aber auch noch die Idee erwähnt werden, dass die hochenergetischen Teilchen nicht notwendigerweise auf die Beschleunigung von Protonen oder schweren Teilchen zurückgeführt werden müssen. Es könnte sich auch um Zerfälle instabiler primordialer Objekte handeln. Kandidaten für solche exotischen Objekte gibt es genug. Es könnte sich etwa um massive Teilchen handeln, die im Rahmen von Theorien der Großen Vereinigung aller Wechselwirkungen (GUT-Teilchen) postuliert werden. Solche GUT-Teilchen könnten im galaktischen Halo vorkommen. Auch werden in supersymmetrischen Theorien schwere Teilchen erwartet. Messungen am LHC in Genf haben allerdings schon einen großen Massenbereich für supersymmetrische Teilchen ausgeschlossen. Ebenso werden topologische Defekte oder auch Domänengrenzen, die im frühen Universum erzeugt wurden, als Kandidaten für den Ursprung hochenergetischer Teilchen diskutiert. Natürlich gibt es in diesem Kabinett der Möglichkeiten auch Ketten magnetischer Monopole (‚Necklaces‘), kosmische Strings, kosmische Loops supraleitender magnetischer Ströme oder andere massive metastabile Teilchen als Relikte der kosmischen Inflationsphase.

6.3   Neutrinoastronomie

Neutrino-Physik ist zum großen Teil die Kunst, eine Menge zu lernen, indem man nichts beobachtet.

Haim Harari

Der Nachteil der ‚klassischen Astronomien', wie der Beobachtung im Radio-, Infrarot-, optischen, Ultraviolett-, Röntgen- oder γ-Bereich, hängt damit zusammen, dass elektromagnetische Strahlung in Materie rasch absorbiert wird. Deshalb kann man über diese Spektralbereiche nur die Oberflächen astronomischer Objekte sehen. Hinzu kommt, dass energiereiche Gammaquanten von entfernten Objekten über $\gamma\gamma$-Wechselwirkungen mit den Photonen der Schwarzkörperstrahlung durch den Prozess

$$\gamma + \gamma \rightarrow e^+ + e^-$$

absorbiert werden. Energiereiche Photonen ($> 10^{15}$ eV) etwa von der Großen Magellan'schen Wolke (LMC, 55 kpc Entfernung) werden durch diesen Prozess schon empfindlich geschwächt (vgl. Abb. 4.16).

Geladene Primärteilchen könnten im Prinzip auch in der Astroteilchenphysik genutzt werden. Die Richtungsinformation bleibt aber nur für sehr energiereiche Protonen ($> 10^{19}$ eV) erhalten, weil sonst die irregulären und zum Teil nicht gut kartografierten galaktischen Magnetfelder die Ursprungsrichtung völlig verwischen. Für diese hohen Energien setzt aber der Greisen-Zatsepin-Kuzmin-Cut-off ein, durch den Protonen über Fotoproduktion an Schwarzkörperphotonen ihre Energie verlieren. Für Protonen oberhalb von $6 \cdot 10^{19}$ eV ist das Universum daher nicht mehr transparent (Abschwächlänge $\lambda \approx 50$ Mpc). Die Anforderungen an eine ‚gute' Astronomie sind also:

1. Die Teilchen (oder Strahlung) dürfen nicht durch homogene oder unregelmäßige Magnetfelder beeinflusst werden.
2. Die Teilchen dürfen auf dem Weg von der Quelle zur Erde nicht zerfallen. Dadurch werden Neutronen als Träger praktisch ausgeschlossen, es sei denn, sie haben extrem hohe Energien ($\tau_{\text{Neutron}}^0 = 887$ s; bei $E = 10^{19}$ eV ist $\gamma\tau_{\text{Neutron}}^0 c = 300\,000$ Lichtjahre).
3. Teilchen und Antiteilchen sollten unterscheidbar sein, damit man herausfinden kann, ob das Teilchen aus einer Materie- oder Antimateriequelle stammt. Dadurch sind Photonen ausgeschlossen, denn sie sind ihre eigenen Antiteilchen: $\gamma = \bar{\gamma}$.
4. Die Teilchen müssen hinreichend durchdringend sein, damit man in das Innere der Quellen hineinschauen kann.
5. Die Teilchen sollten nicht durch interstellaren oder intergalaktischen Staub oder durch Infrarot- oder Schwarzkörperphotonen absorbiert werden.

Diese fünf Punkte werden von Neutrinos ideal erfüllt! Man könnte sich fragen, warum die Neutrinoastronomie nicht schon lange ein wesentlicher Zweig der Astronomie ist. Die

Tatsache, dass Neutrinos aus dem Zentrum der Quellen entweichen können, liegt an ihrem winzigen Wirkungsquerschnitt. Damit verbunden ist aber selbstverständlich auch eine enorme Schwierigkeit, die Neutrinos auf der Erde nachzuweisen.

Für solare Neutrinos im Bereich einiger $100 \, \text{keV}$ ist der Wirkungsquerschnitt

$$\sigma(\nu_e N) \approx 10^{-45} \, \text{cm}^2/\text{Nukleon}. \tag{6.3.1}$$

Die Wechselwirkungswahrscheinlichkeit dieser Neutrinos mit der Erde bei einem zentralen Treffer ist

$$\phi = \sigma \cdot N_A \cdot d \cdot \varrho \approx 4 \cdot 10^{-12} \tag{6.3.2}$$

(N_A – Avogadro-Zahl; d – Durchmesser der Erde; ϱ – mittlere Dichte der Erde). Von den $7 \cdot 10^{10}$ Neutrinos pro cm^2 und s, die von der Sonne kommen, ,sieht' also höchstens ein Neutrino die Erde.

Neutrinoteleskope müssen also schon über eine enorme Targetmasse verfügen, und man muss sich auf lange Messzeiten einstellen. Für hohe Energien steigt der Wirkungsquerschnitt allerdings mit der Neutrinoenergie an. Neutrinos im Bereich von einigen $100 \, \text{keV}$ lassen sich mit radiochemischen Methoden nachweisen. Bei Energien oberhalb $5 \, \text{MeV}$ sind Wasser-Cherenkov-Zähler, die sich sehr groß herstellen lassen, eine attraktive Möglichkeit. Im Energiebereich $> 100 \, \text{GeV}$ bei entsprechend größeren Reaktionsquerschnitten finden großvolumige Wasser- oder Eis-Cherenkov-Zähler im Megatonnenbereich eine Anwendung.

Die Neutrinoastronomie ist noch ein sehr junger Zweig der Astroteilchenphysik. Man hat bisher vier Quellen von Neutrinos ausführlicher untersucht, die im Folgenden beschrieben werden sollen.

6.3.1 Atmosphärische Neutrinos

Für die reine Neutrinoastronomie sind Neutrinos aus atmosphärischen Quellen eigentlich ein störender Untergrund. Für den elementarteilchenphysikalischen Aspekt der Astroteilchenphysik haben sie sich jedoch als ein sehr interessanter Forschungsgegenstand erwiesen. Die primäre kosmische Strahlung tritt in Wechselwirkung mit den Atomkernen der Luft. In diesen Proton-Luft-Wechselwirkungen werden neben Kernbruchstücken überwiegend geladene und neutrale Pionen erzeugt. Der Zerfall geladener Pionen (Lebensdauer $26 \, \text{ns}$) erzeugt Myon-Neutrinos:

$$\begin{aligned} \pi^+ &\rightarrow \mu^+ + \nu_\mu, \\ \pi^- &\rightarrow \mu^- + \bar{\nu}_\mu. \end{aligned} \tag{6.3.3}$$

Myonen selbst sind aber ebenfalls instabil und zerfallen mit einer mittleren Lebensdauer von $2{,}2 \, \mu\text{s}$ gemäß

$$\mu^+ \rightarrow e^+ + \nu_e + \bar{\nu}_\mu,$$

$$\mu^- \rightarrow e^- + \bar{\nu}_e + \nu_\mu. \tag{6.3.4}$$

Im atmosphärischen Neutrinostrahl kommen also Elektron- und Myon-Neutrinos vor, und man erwartet ein Verhältnis

$$\frac{N(\nu_\mu, \bar{\nu}_\mu)}{N(\nu_e, \bar{\nu}_e)} \equiv \frac{N_\mu}{N_e} \approx 2, \tag{6.3.5}$$

wie sich durch Abzählen aus den Reaktionen (6.3.3) und (6.3.4) leicht feststellen lässt.

Der zurzeit größte Detektor, der atmosphärische Neutrinos misst, ist das Super-Kamiokande-Experiment (s. Abb. 6.11). In einem Tank mit ca. 50 000 Tonnen ultrareinem Wasser werden die Wechselwirkungen der Neutrinos registriert. Elektron-Neutrinos übertragen einen Teil ihrer Energie auf Elektronen,

$$\nu_e + e^- \rightarrow \nu_e + e^-, \tag{6.3.6}$$

oder erzeugen Elektronen in Neutrino-Nukleon-Wechselwirkungen

$$\nu_e + N \rightarrow e^- + N'. \tag{6.3.7}$$

Myon-Neutrinos werden in Neutrino-Nukleon-Wechselwirkungen gemäß

$$\nu_\mu + N \rightarrow \mu^- + N' \tag{6.3.8}$$

nachgewiesen. Elektron-Antineutrinos bzw. Myon-Antineutrinos erzeugen entsprechend Positronen bzw. positive Myonen. Die geladenen Leptonen (e^+, e^-, μ^+, μ^-) können nun über den Cherenkov-Effekt im Wasser nachgewiesen werden.

Abb. 6.11 Der Super-Kamiokande-Detektor in der Kamioka-Mine in Japan [35]

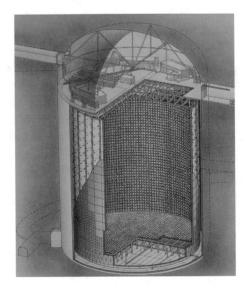

Das erzeugte Cherenkov-Licht wird über 11 200 Fotomultiplier mit einem Kathoden-
durchmesser von 50 cm nachgewiesen. Im GeV-Bereich initiieren Elektronen charakte-
ristische elektromagnetische Kaskaden kurzer Reichweite, während Myonen lange, gerade
Spuren erzeugen. Dadurch lassen sich Elektron- und Myon-Neutrinos unterscheiden. Mit
Myon-Neutrinos erzeugte Myonen können über ihren Zerfall im Detektor einen weiteren
Hinweis auf die Identität des auslösenden Neutrinos geben. Das Cherenkov-Muster von
Elektronen und Myonen ist in den Abb. 6.12 und 6.13 gezeigt. Myonen haben eine wohl-
definierte Reichweite und erzeugen ein klares elliptisches bzw. Kreismuster. Elektronen
dagegen initiieren elektromagnetische Kaskaden, die zu einem ausgefransten, unscharfen
Cherenkov-Muster führen.

Das Ergebnis des Super-Kamiokande-Experiments ist nun, dass zwar die Elektron-
Neutrinos in der erwarteten Zahl gemessen werden, bei den Myon-Neutrinos jedoch ein
deutliches Defizit zu verzeichnen ist.

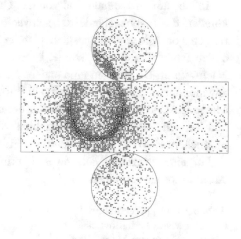

Abb. 6.12 Cherenkov-Muster
eines Elektrons im
Super-Kamiokande-Detektor.
Die Kontur des Elektrons ist
wegen der Schauerentwicklung
etwas ausgefranst [35]

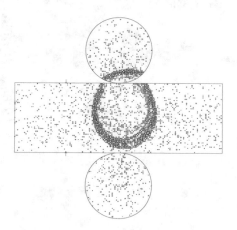

Abb. 6.13 Cherenkov-Muster
eines Myons im
Super-Kamioknade-Detektor.
Die Kontur des Myonmusters
ist schärfer begrenzt im
Vergleich zum Elektron [35]

Wegen der unterschiedlichen Akzeptanz für Elektronen und Myonen wird das Daten-verhältnis mit einer Monte-Carlo-Simulation verglichen. Für das Doppelverhältnis

$$R = \frac{(N_\mu/N_e)_{\text{Daten}}}{(N_\mu/N_e)_{\text{Monte Carlo}}} \qquad (6.3.9)$$

würde man – bei Übereinstimmung mit den gängigen Wechselwirkungsmodellen – den Wert $R = 1$ erwarten. Das Super-Kamiokande-Experiment findet jedoch

$$R = 0{,}69 \pm 0{,}06, \qquad (6.3.10)$$

also eine deutliche Abweichung von der Erwartung (s. Abb. 6.14).

Nachdem die experimentellen Ergebnisse sorgfältig überprüft und Fehlerquellen ausge-schlossen wurden, ist die vorherrschende Meinung, dass das Defizit der Myon-Neutrinos nur durch Neutrino-Oszillationen erklärt werden kann.

Teilchenmischzustände sind von den Quarks her bekannt (s. Kap. 2). Im Leptonsektor könnten die Eigenzustände der schwachen Wechselwirkung ν_e, ν_μ und ν_τ Überlage-rungen von Masseneigenzuständen ν_1, ν_2 und ν_3 sein. Ein Myon-Neutrino ν_μ, das in einem Pionzerfall erzeugt wurde, könnte sich auf dem Weg von der Erzeugung bis zum Nachweis im Detektor in eine andere Neutrinosorte verwandeln. Wenn – vereinfachend angenommen – das Myon-Neutrino in Wirklichkeit eine Mischung aus zwei verschiedenen Massenzuständen ν_1 und ν_2 wäre, würden sich diese beiden Zustände bei verschiede-nen Massen für ν_1 und ν_2 unterschiedlich schnell ausbreiten und also am Ankunftsort möglicherweise eine andere Neutrinosorte ergeben.

Für eine angenommene Zwei-Neutrino-Mischung aus ν_e und ν_μ lässt sich diese Aussage formal schreiben als

Abb. 6.14 Doppelverhältnis des Elektron-Myon-Verhältnisses zwischen Daten und Monte Carlo [35]

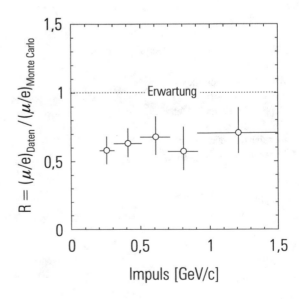

$$\nu_e = \nu_1 \cos\theta + \nu_2 \sin\theta,$$
$$\nu_\mu = -\nu_1 \sin\theta + \nu_2 \cos\theta. \tag{6.3.11}$$

Dabei ist θ der Mischungswinkel, der den Grad der Mischung angibt. Dieser Vorschlag setzt voraus, dass die Neutrinos von null verschiedene Massen haben und darüber hinaus $m_1 \neq m_2$ gilt.

Im Rahmen dieses Oszillationsmodells lässt sich die Wahrscheinlichkeit ausrechnen, dass etwa ein Elektron-Neutrino auch ein solches bleibt:

$$P_{\nu_e \to \nu_e}(x) = 1 - \sin^2 2\theta \, \sin^2 \left(\pi \cdot \frac{x}{L_\nu} \right), \tag{6.3.12}$$

wobei x der Abstand von der Quelle zum Detektor und L_ν die Oszillationslänge

$$L_\nu = \frac{2{,}48 \cdot E_\nu [\text{MeV}]}{(m_1^2 - m_2^2) \, [\text{eV}^2/c^4]} \, \text{m} \tag{6.3.13}$$

ist. Der Ausdruck $m_1^2 - m_2^2$ wird meist als δm^2 abgekürzt. Die Gl. (6.3.12) und (6.3.13) lassen sich zusammenfassen zu

$$P_{\nu_e \to \nu_e}(x) = 1 - \sin^2 2\theta \, \sin^2 \left(1{,}27 \, \delta m^2 \frac{x}{E_\nu} \right) \tag{6.3.14}$$

mit δm^2 in eV^2, x in km und E_ν in GeV. Das Prinzip der Zwei-Neutrino-Mischung ist in Abb. 6.15 grafisch erläutert.

Für eine Mischung zwischen allen drei Neutrinoflavours erhält man eine Verallgemeinerung von (6.3.11) gemäß

$$\begin{pmatrix} \nu_e \\ \nu_\mu \\ \nu_\tau \end{pmatrix} = N \begin{pmatrix} \nu_1 \\ \nu_2 \\ \nu_3 \end{pmatrix}, \tag{6.3.15}$$

wobei N die (3×3)-Neutrinomischungsmatrix darstellt.

Abb. 6.15 Oszillationsmodell für eine $(\nu_e \leftrightarrow \nu_\mu)$-Mischung für zwei verschiedene Mischungswinkel

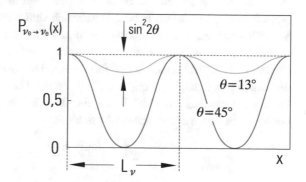

Diese Matrix ist analog wie die Cabibbo-Kobayashi-Maskawa-Mischungsmatrix im Quarksektor aufgebaut (s. Kap. 2). Nach den Ideengebern für Neutrino-Oszillationen (Pontecorvo, Maki, Nakagawa und Sakata) wird die Neutrinomischungsmatrix PMNS-Matrix genannt ([36] und [37]).

Das Defizit der Myon-Neutrinos lässt sich nun durch die Annahme erklären, dass sich einige Myon-Neutrinos auf dem Wege von der Produktion zum Detektor in eine andere Neutrinosorte verwandelt haben, z. B. in Tau-Neutrinos. Am Beispiel der Abb. 6.15 konnte man sehen, dass für einen angenommenen Mischungswinkel von 45° nach der halben Oszillationslänge alle Neutrinos eines bestimmten Typs sich in eine andere Neutrinosorte verwandelt haben. Wenn die Myon-Neutrinos aber in Tau-Neutrinos oszilliert sind, wird man ein Defizit von Myonereignissen im Detektor feststellen, denn Tau-Neutrinos würden im Wasser-Cherenkov-Zähler höchstens Taus, aber keine Myonen erzeugen. Da die Masse des Taus mit 1,77 GeV aber sehr hoch ist, würden die Tau-Neutrinos nur sehr selten in der Lage sein, die zur Tau-Erzeugung notwendige Schwerpunktsenergie aufzubringen. Sie würden deshalb den Detektor meist ohne Wechselwirkung verlassen. Interpretiert man das Defizit der Myon-Neutrinos durch $(\nu_\mu \leftrightarrow \nu_\tau)$-Oszillationen, so lassen sich der Mischungswinkel und die Differenz der Massenquadrate δm^2 aus den Daten bestimmen. Der gemessene Wert von $R = 0{,}69$ ergibt ein

$$\delta m^2 \approx 3 \cdot 10^{-3} \, \text{eV}^2 \qquad (6.3.16)$$

bei maximaler Mischung ($\sin^2 2\theta = 1$, entsprechend $\theta = 45°$). Nimmt man an, dass im Neutrinosektor eine ähnliche Massenhierarchie wie im Sektor der geladenen Leptonen existiert ($m_e \ll m_\mu \ll m_\tau$), dann folgt für die Masse des schwersten Neutrinos aus Gl. (6.3.16)

$$m_{\nu_\tau} \approx \sqrt{\delta m^2} \approx 0{,}05 \, \text{eV}. \qquad (6.3.17)$$

Die Oszillationshypothese wird in eindrucksvoller Weise durch das Verhältnis der Myon-Neutrinos, die von oben bzw. von unten in den Detektor eindringen und dort nachgewiesen werden, gestützt. Die von unten kommenden Neutrinos sind durch die ganze Erde gelaufen ($\approx 12\,800$ km) und hätten eine viel größere Wahrscheinlichkeit, in Tau-Neutrinos zu oszillieren als die von oben kommenden, die einen Laufweg von typischerweise nur 20 km haben. Tatsächlich sind nach dem experimentellen Befund der Super-Kamiokande-Kollaboration die durch die Erde gelaufenen Myon-Neutrinos um einen Faktor 2 gegenüber den von oben kommenden unterdrückt, was als ein starker Hinweis für Oszillationen angesehen wird. Die beobachtete Zenitwinkelabhängigkeit der atmosphärischen ν_e- und ν_μ-Flüsse stellt also eine besonders starke Stütze des Oszillationsmodells dar (Abb. 6.16). Für das Verhältnis der von unten zu den von oben kommenden Myon-Neutrinos ergibt sich mit

$$S = \frac{\nu_\mu(\text{aufwärts})}{\nu_\mu(\text{abwärts})} = 0{,}54 \pm 0{,}06 \qquad (6.3.18)$$

ein deutlicher Effekt.

Abb. 6.16 Verhältnis der in
Super-Kamiokande
gemessenen ν_μ-Flüsse als
Funktion des Zenitwinkels [35]

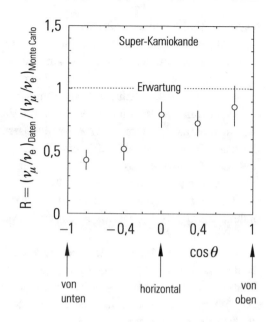

Abb. 6.17 Verhältnis der
vollständig gemessenen
Ereignisse im
Super-Kamiokande-Detektor
als Funktion von $\frac{L}{E_\nu}$, wobei L
die rekonstruierte
Produktionshöhe der Neutrinos
für Elektron- und
Myonereignisse ist. Das *untere
Histogramm* für myonartige
Ereignisse entspricht der
Erwartung für ν_μ-Oszillationen
in ν_τ mit den Parametern
$\delta m^2 = 2{,}2 \cdot 10^{-3}\,\text{eV}^2$ und
$\sin 2\theta = 1$ [35]

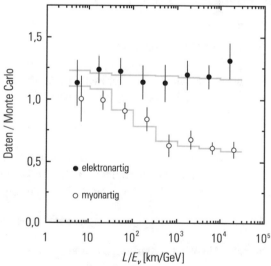

Die Details der beobachteten Zenitwinkelabhängigkeit der atmosphärischen ν_e- und
ν_μ-Flüsse untermauern besonders eindrucksvoll das Oszillationsszenario.

Weil die Erzeugungshöhe der atmosphärischen Neutrinos bekannt ist (zenitwinkelab-
hängig, mit $L = 20\,\text{km}$ für vertikal nach unten gehende Neutrinos) und die Neutrinoenergie
E_ν im Detektor gemessen wurde, kann die beobachtete Zenitwinkelabhängigkeit von
Elektron- und Myon-Neutrinos auch als eine Abhängigkeit der Ereignisrate von L/E_ν
dargestellt werden. In der Abb. 6.17 ist das Verhältnis der Daten bezüglich der Monte-
Carlo-Erwartung für vollständig gemessene Ereignisse im Detektor dargestellt. Die Daten
zeigen ein klares winkelabhängiges Defizit (d. h. Abstandsdefizit) für Myon-Neutrinos,

während die Elektronen mit der Erwartung für keine Oszillation übereinstimmen. D. h., ein Teil der Myon-Neutrinos hat sich durch Oszillation in einen anderen Neutrinoflavour-typ verwandelt. Zu den Daten passt am besten die Annahme von ν_μ-Oszillationen in ν_τ. Der gezeigte Fit in Abb. 6.17 mit den Parametern $\delta m^2 = 2{,}2 \cdot 10^{-3}\,\text{eV}^2$ und $\sin(2\theta) = 1$ beschreibt die Myon-Neutrino-Daten sehr gut.

Wenn man alle Ergebnisse des Super-Kamiokande-Experiments zusammennimmt, er-hält man für die Annahme von $(\nu_\mu \leftrightarrow \nu_\tau)$-Oszillationen der atmosphärischen Neutrinos die Parameter $\delta m^2 = 2{,}4 \cdot 10^{-3}\,\text{eV}^2$ und $\sin^2(2\theta) > 0{,}95$. Natürlich wäre es auch denkbar, dass die Myon-Neutrinos in Elektron-Neutrinos oszillieren. Die Oszillationsparameter für diese Möglichkeit wären $\delta m^2 = 7{,}5 \cdot 10^{-5}\,\text{eV}^2$ bzw. $\sin^2(2\theta) = 0{,}85$.

Bei einer Massenhierarchie wie im Sektor der geladenen Leptonen folgt für die An-nahme von $(\nu_\mu \leftrightarrow \nu_\tau)$-Oszillationen für die Masse des schwersten Neutrinos (ν_τ) $m_{\nu_\tau} \approx \sqrt{\delta m^2} \approx 50\,\text{meV}$.

Da im Standardmodell der Elementarteilchen die Neutrinos keine Massen haben, stellen die Myon-Neutrino-Oszillationen – und die damit verbundene Entdeckung von Neutrinomassen – eine wesentliche Bereicherung der Physik der Elementarteilchen dar. An diesem Beispiel wird auch besonders deutlich, wie Astrophysik und Teilchenphysik im Neutrinosektor zusammenwirken.

6.3.2   Solare Neutrinos

Die Sonne ist ein Fusionskernreaktor. In ihrem Inneren wird Wasserstoff zu Helium verbrannt. Der Tatsache, dass die Zünderreaktion

$$p + p \rightarrow d + e^+ + \nu_e \qquad (6.3.19)$$

eine schwache Wechselwirkung ist, verdankt die Sonne ihre Langlebigkeit. Aus der Re-aktion (6.3.19) stammen zugleich 86 % der solaren Neutrinos. Das in (6.3.19) erzeugte Deuterium verschmilzt mit einem weiteren Proton zu Helium-3,

$$d + p \rightarrow {}^3\text{He} + \gamma. \qquad (6.3.20)$$

Mit ${}^3\text{He}$-${}^3\text{He}$-Wechselwirkungen kann nun über

$$^3\text{He} + {}^3\text{He} \rightarrow {}^4\text{He} + 2p \qquad (6.3.21)$$

das Isotop Helium-4 gebildet werden. ${}^3\text{He}$ und ${}^4\text{He}$ können aber zum Element Beryllium verschmelzen,

$$^3\text{He} + {}^4\text{He} \rightarrow {}^7\text{Be} + \gamma. \qquad (6.3.22)$$

${}^7\text{Be}$ ist aus vier Protonen und drei Neutronen aufgebaut. Leichte Elemente bevorzugen aber eine Symmetrie zwischen der Zahl der Protonen und Neutronen. ${}^7\text{Be}$ kann durch Elektroneneinfang in ${}^7\text{Li}$ übergehen,

$$^{7}\text{Be} + e^{-} \rightarrow \, ^{7}\text{Li} + \nu_{e}, \tag{6.3.23}$$

wobei sich ein Proton in ein Neutron umgewandelt hat. ^{7}Be kann aber auch mit einem der zahlreich vorhandenen Protonen reagieren und ^{8}B bilden,

$$^{7}\text{Be} + p \rightarrow \, ^{8}\text{B} + \gamma. \tag{6.3.24}$$

Das gemäß Reaktion (6.3.23) entstandene ^{7}Li wird in der Regel weiter mit Protonen unter Heliumbildung wechselwirken,

$$^{7}\text{Li} + p \rightarrow \, ^{4}\text{He} + \, ^{4}\text{He}, \tag{6.3.25}$$

während das ^{8}B seinen Protonenüberschuss durch einen β^{+}-Zerfall abzubauen sucht,

$$^{8}\text{B} \rightarrow \, ^{8}\text{Be} + e^{+} + \nu_{e}, \tag{6.3.26}$$

und das dabei entstandene ^{8}Be in zwei Heliumkerne zerplatzt. Neben den dominanten *pp*-Neutrinos (Reaktion (6.3.19)) stammen weitere 14 % aus der Elektroneneinfangreaktion (6.3.23), während der ^{8}B-Zerfall mit 0,02 % nur wenige, dafür aber hochenergetische Neutrinos beisteuert. Insgesamt beträgt der solare Neutrinofluss an der Erde etwa $7 \cdot 10^{10}$ Teilchen pro cm^{2} und Sekunde.

Die Energiespektren aus den verschiedenen Reaktionen, die im Sonneninneren bei 15 Millionen Grad Kelvin ablaufen, sind in Abb. 6.18 dargestellt. Die Sonne ist eine reine Elektron-Neutrino-Quelle. Sie erzeugt keine Elektron-Antineutrinos und insbesondere keine anderen Neutrinoflavours (ν_{μ}, ν_{τ}).

Drei radiochemische Experimente und zwei Wasser-Cherenkov-Experimente versuchten zunächst, den solaren Neutrinofluss zu messen.

Das historisch erste Experiment zur Suche nach solaren Neutrinos basiert auf der Reaktion

$$\nu_{e} + \, ^{37}\text{Cl} \rightarrow \, ^{37}\text{Ar} + e^{-}, \tag{6.3.27}$$

wobei das erzeugte ^{37}Ar aus einem großen Tank, der mit 380 000 Litern Perchlorethylen ($C_{2}Cl_{4}$) gefüllt ist, extrahiert werden muss. Wegen der geringen Einfangrate von weniger als einem Neutrino pro Tag wird das Experiment zur Abschirmung gegen kosmische Strahlung in einer Goldmine in 1480 Metern Tiefe unter der Erdoberfläche durchgeführt (s. Abb. 6.19). Nach einer Messperiode von typisch einem Monat werden die wenigen erzeugten ^{37}Ar-Atome mit einem Edelgas herausgespült und gezählt. Die Zählung erfolgt über den Elektroneneinfang des ^{37}Ar-Atoms, wobei sich wieder ^{37}Cl bildet. Im ^{37}Cl fehlt aber nun ein Elektron in der innersten Schale (der *K*-Schale). Durch Umstrukturierung der Elektronenhülle geht das ^{37}Cl-Atom in einen günstigeren Energiezustand unter Emission charakteristischer Röntgenstrahlung oder Auger-Elektronen über. Diese Auger-Elektronen

Abb. 6.18 Neutrinospektren aus solaren Fusionsprozessen. Die Reaktionsschwellen der Gallium-, Chlor- und Wasser-Cherenkov-Experimente sind angedeutet. Die Schwellwertenergie für das SNO-Experiment liegt bei etwa 5 MeV. Die Linienflüsse der Beryllium-Isotope sind in $cm^{-2} s^{-1}$ angegeben

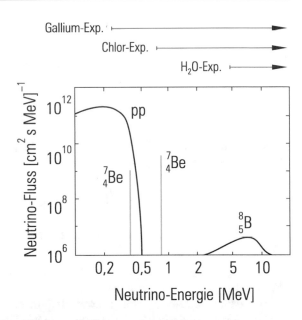

Abb. 6.19 Der Detektor des Chlorexperiments von R. Davis zum Nachweis solarer Neutrinos. Der Detektor ist in 1480 m Tiefe in der Homestake-Mine in South Dakota installiert. Er ist mit 380 000 Litern Perchlorethylen gefüllt. Mit freundlicher Genehmigung des Brookhaven National Laboratory

und die charakteristische Röntgenstrahlung sind die Basis für die Zählung der durch Neutrinos erzeugten ^{37}Ar-Atome.

Im Laufe von 25 Jahren hat sich ein Defizit solarer Neutrinos immer mehr verfestigt. Das von Davis geleitete Experiment findet nur 27 % der erwarteten solaren Neutrinos. Um dieses solare Neutrinoproblem zu klären, wurden zwei weitere Neutrinoexperimente gestartet. Das Galliumexperiment GALLEX im Gran Sasso in Italien und das Soviet-American Gallium Experiment (SAGE) im Kaukasus messen den Fluss solarer Neutrinos ebenfalls in einem radiochemischen Experiment. Im Gallium rufen solare Neutrinos die Reaktion

$$\nu_e + {}^{71}\text{Ga} \rightarrow {}^{71}\text{Ge} + e^- \tag{6.3.28}$$

hervor. Dabei wird ^{71}Ge gebildet, das wie im Davis-Experiment chemisch extrahiert und gezählt wird. Die Galliumexperimente haben mit einer Energieschwelle von 233 keV den großen Vorteil, dass sie auf Neutrinos aus der *pp*-Verschmelzung empfindlich sind, während das Davis-Experiment mit einer Schwelle von 810 keV im Wesentlichen nur Neutrinos aus dem ^{8}B-Zerfall misst. Auch GALLEX und SAGE stellen ein Defizit solarer Neutrinos fest. Mit 52 % der erwarteten Rate ist die Diskrepanz zur Vorhersage auf der Basis des Standard-Sonnenmodells zwar deutlich, aber nicht so stark wie beim Davis-Experiment. Eine Stärke des GALLEX-Experimentes besteht darin, dass die Neutrinoeinfangrate des Galliums mit Neutrinos aus einer $6 \cdot 10^{16}$ Bq starken ^{51}Cr-Quelle überprüft wurde. Es konnte überzeugend gezeigt werden, dass die erzeugten ^{71}Ge-Atome erfolgreich extrahiert werden können.

Im Kamiokande- bzw. im Nachfolgeexperiment Super-Kamiokande werden solare Neutrinos über die Reaktion

$$\nu_e + e^- \rightarrow \nu_e + e^- \tag{6.3.29}$$

bei einer Schwelle von 5 MeV in einem Wasser-Cherenkov-Zähler nachgewiesen. Da die Richtung des angestoßenen Elektrons nach Reaktion (6.3.29) im Wesentlichen der Richtung der einfallenden Neutrinos entspricht, kann der Detektor die Sonne wirklich ‚sehen'. Mit dieser Direktionalität ist der Wasser-Cherenkov-Zähler den radiochemischen Experimenten in diesem Aspekt überlegen. Abb. 6.20 zeigt die Neutrinozählrate des Super-Kamiokande-Experiments als Funktion des Winkels zur Sonne. Allerdings beträgt die Zahl der von der Sonne kommenden Neutrinos auch hier nur 40 % der Erwartung. Abb. 6.21 gibt einen Eindruck von der Sonne im Neutrinolicht.

Zur Lösung des solaren Neutrinoproblems wurden viele Vorschläge gemacht. Zunächst könnte man am Standardmodell der Sonne zweifeln. Der Fluss von ^{8}B-Neutrinos variiert mit der Zentraltemperatur der Sonne wie $\sim T^{18}$. Eine 5 %ige Erniedrigung der Temperatur im Sonneninneren würde das Kamiokande-Experiment schon in Übereinstimmung mit der nun etwas reduzierten Erwartung bringen. Sonnenastrophysiker hielten aber selbst eine geringfügig niedrigere Zentraltemperatur der Sonne für unwahrscheinlich.

In die Berechnung des solaren Neutrinoflusses gehen die Wirkungsquerschnitte für die Reaktionen (6.3.19) bis (6.3.26) ein. Eine Überschätzung dieser Reaktionsquerschnitte

Abb. 6.20 Ankunftsrichtungsverteilung
der im Super-Kamiokande-
Experiment gemessenen
Neutrinos [35]

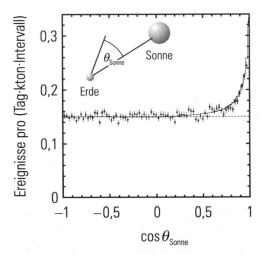

Abb. 6.21 Rekonstruiertes
Bild der Sonne im Licht solarer
Neutrinos. Wegen der
beschränkten Orts- und
Winkelauflösung des Super-
Kamiokande-Experiments
erscheint das Bild der Sonne
größer, als es wirklich ist.
Fotonachweis: Kamioka
Observatory, ICRR (Institute
for Cosmic Ray Research), The
University of Tokyo [35]

würde ebenfalls einen zu hohen Neutrinofluss erwarten lassen. Eine Variation der
Wirkungsquerschnitte in einem Rahmen, der von Kernphysikern für realistisch gehalten
wird, bringt aber auch hier kaum eine Annäherung zwischen den experimentellen Daten
und der Erwartung.

Falls Neutrinos eine Masse haben, könnten sie auch ein magnetisches Moment besitzen.
Falls ihr Eigendrehimpuls auf dem Wege vom Sonneninneren zum Detektor auf der Erde
um 180° gedreht würde, würde man diese Neutrinos nicht sehen, weil die Detektoren für
Neutrinos mit falscher Helizität unempfindlich sind.

Schließlich könnten die solaren Neutrinos auf dem Weg von der Sonne zur Erde in Teilchen zerfallen, die von den Neutrinodetektoren nicht registriert werden können.

Eine drastische Vermutung wäre gewesen, anzunehmen, dass das Sonnenfeuer erloschen ist. Im Lichte von Neutrinos würde man das praktisch sofort wahrnehmen (genauer: in 8 Minuten). Der Energietransport vom Sonneninneren bis zur Oberfläche nimmt aber einen Zeitraum von mehreren 100 000 Jahren in Anspruch, sodass die Sonne immer noch so lange scheinen würde, auch wenn die Kernfusion im Sonnenzentrum schon zum Stillstand gekommen ist.

Das Sudbury Neutrino-Observatorium (SNO) hat schließlich die Richtigkeit des Standardmodells der Sonne endgültig bewiesen. Der SNO-Detektor ist in 2000 m Tiefe in einer Nickelmine in Ontario in Kanada installiert. Der Detektor besteht aus einem 1000 Tonnen schweren Wasser-Target (D_2O), das in einem Akrylgefäß mit 12 m Durchmesser untergebracht ist (s. Abb. 6.22).

Das Wechselwirkungstarget wird von 9600 Fotomultipliern beobachtet. Der zentrale Detektor ist in eine fassförmige Kavität, die 7000 Tonnen normales Leichtwasser enthält,

Abb. 6.22 Der große SNO-Detektor in einer Nickelmine in Ontario, Kanada [38]

cingebaut. Dieser Leichtwassermantel soll den Strahlungsuntergrund durch kosmische Strahlung und die Untergrundstrahlung aus dem Fels und dem Staub in der Mine unterdrücken. Die Nachweisschwelle für Neutrinos in diesem Experiment ist mit etwa 5 MeV relativ hoch. Allein schon zum Aufbrechen der Deuteronen muss man die Bindungsenergie des Deuterons von 2,2 MeV aufbringen.

Das SNO-Experiment kann zwischen geladenen und neutralen Strömen unterscheiden. Die Reaktion

(a) $\nu_e + d \rightarrow p + p + e^-$

kann nur über geladene Ströme mit Elektron-Neutrinos erfolgen, während neutrale Ströme, wie

(b) $\nu_x + d \rightarrow p + n + \nu'_x$ $(x = e, \mu, \tau)$

für alle Neutrinoflavours möglich sind. Die Neutronen, die in dieser Wechselwirkung freigesetzt werden, werden von Deuteronen eingefangen und erzeugen eine Gammastrahlung von 6,25 MeV, die den Prozess des neutralen Stromes signalisieren. Der gemessene geladene Strom durch Elektron-Neutrinos misst nur ein Drittel des vorhergesagten solaren Neutrinoflusses, aber der Gesamtfluss – unter Einschluss der neutralen Ströme – findet eine Übereinstimmung mit dem vorhergesagten solaren Neutrinofluss. Das SNO-Experiment zeigt damit, dass die Gesamtzahl der von der Sonne emittierten Neutrinos mit der Messung übereinstimmt, aber zugleich, dass etwa zwei Drittel der solaren Elektron-Neutrinos sich in andere Neutrinoflavours verwandelt haben.

Mit dieser Messung wurde ein lang andauerndes Problem der solaren Neutrinos gelöst. Es löst aber nicht die Frage, ob die Elektron-Neutrinos in Neutrinos vom Tau-Typ oder Myon-Typ übergehen. Außerdem muss noch verstanden werden, ob neben den Vakuumoszillationen auch die Materieoszillationen (MSW-Effekt, Mikheyev, Smirnov und Wolfenstein) eine Rolle spielen.

Neben den in Gl. (6.3.15) beschriebenen ‚Vakuumoszillationen‘ treten für die solaren Neutrinos noch die sogenannten ‚Materieoszillationen‘ als Möglichkeit hinzu (s. Abb. 6.23). Da in der Sonne viele Elektronen vorkommen, können der ν_e-Fluss und das Oszillationsverhalten durch Neutrino-Elektron-Streuung modifiziert werden. Die Flavouroszillationen können durch Materieeffekte sogar noch resonanzartig verstärkt werden, sodass bestimmte Energiebereiche des solaren ν_e-Spektrums für die Messung auf der Erde ausfallen. Dieser nach seinen Entdeckern Mikheyev, Smirnov und Wolfenstein benannte MSW-Effekt hat ein anderes Oszillationsverhalten als die Vakuumoszillationen.

Der Mikheyev-Smirnov-Wolfenstein-Prozess ist ein Effekt der Teilchenphysik, der Neutrino-Oszillationen in Materie verstärken kann. Die Anwesenheit von Elektronen in Materie verändert die Energiezustände der Neutrinos durch geladene Ströme (Abb. 6.23), allerdings nur bei Elektron-Neutrinos. Für hohe Elektronendichten gewinnt dieser Effekt

Abb. 6.23 Feynman-Diagramm für die Materieoszillation durch den MSW-Effekt. Da in der Sonne nur Elektronen als Target vorkommen, kann dieser Prozess für Myon- und Tau-Neutrinos nicht auftreten

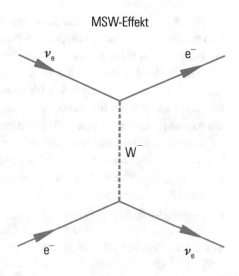

MSW-Effekt

an Bedeutung. Das trifft insbesondere für die Sonne zu, wenn Neutrinos in einem Bereich hoher Elektronendichten erzeugt werden. Der Effekt ist für hochenergetische solare Neutrions, z. B. aus dem ^{8}B-Zerfall, besonders wichtig, wo die Oszillationswahrscheinlichkeit durch $P_{\nu_e \to \nu_e} \sim \sin^2 \theta$ beschrieben wird, wenn θ der Mischungswinkel ist. Das trifft für das Davis-Experiment und das SNO-Experiment, die im Wesentlichen auf die Neutrinos aus dem Borzerfall empfindlich sind, in besonderem Maße zu.

Für die zahlreichen niederenergetischen solaren Neutrinos, wie sie im Homestake- und den Galliumexperimenten wichtig sind, ist dagegen der MSW-Effekt vernachlässigbar, und der Formalismus der Vakuumoszillationen ist anwendbar. Das liegt daran, dass der Kern der Sonne, in dem die Wasserstofffusion abläuft, viel größer als die Oszillationslänge ist. Damit muss über den Oszillationsfaktor gemittelt werden, was zu dem üblichen Vakuumsoszillationsverhalten führt.

„Illustration von Neutrino-Oszillationen"

Mit diesen beiden Oszillationsszenarien können die verschiedenen Experimente (Homestake-, Gallium- und Borexino-Experimente), die leicht unterschiedliche Werte für die gemessenen Neutrinoflüsse zeigen, konsistent erklärt werden.

Würden die drei Neutrinoflavours ν_e, ν_μ, ν_τ komplett mischen, so würden an der Erde nur noch 1/3 der ursprünglichen Elektron-Neutrinos als solche ankommen. Da die Neutrinodetektoren aber für MeV-Neutrinos vom ν_μ- und ν_τ-Typ blind sind, lassen sich die experimentellen Befunde im Rahmen dieser Oszillationen verstehen. Die Daten der Experimente, die solare Neutrinos messen, favorisieren gegenwärtig für die Annahme von $(\nu_e \leftrightarrow \nu_\mu)$-Oszillationen einen Mischungswinkel von $\sin^2 2\theta \approx 0{,}85$ und ein δm^2 von ungefähr $7{,}5 \cdot 10^{-5}\,\mathrm{eV}^2$. Bei einer Massenhierarchie bei den Neutrinos wie im Sektor der geladenen Leptonen würde das für die Annahme von $(\nu_e \leftrightarrow \nu_\mu)$-Oszillationen auf eine ν_μ-Masse von $\approx 8\,\mathrm{meV}$ führen.

Es ist natürlich auch möglich, dass die solaren Neutrinos in Tau-Neutrinos oszillieren. Für diese Annahme erhielte man aus der Messung solarer Neutrinos die Oszillationsparameter $\sin^2 2\theta \approx 0{,}09$ und $\delta m^2 = 2{,}4 \cdot 10^{-3}\,\mathrm{eV}^2$. Es ist natürlich das Ziel der Neutrinomessungen, alle Parameter der Neutrinomischungsmatrix zu bestimmen. Gegenwärtig wird die Annahme favorisiert, dass Elektron-Neutrinos vorzugsweise in Myon-Neutrinos oszillieren und Myon-Neutrinos in Tau-Neutrinos übergehen. Das wird auch durch die Größe der entsprechenden Mischungswinkel gestützt ($\nu_e \to \nu_\mu$: $\sin^2 2\theta \approx 0{,}85$; bzw. $\nu_\mu \to \nu_\tau$: $\sin^2 2\theta > 0{,}95$).

Der Oszillationsmechanismus, der für die solaren Neutrinos favorisiert wird ($\nu_e \to \nu_\mu$), wurde 2002 durch das Kamland-Experiment (Kamioka Liquid-scintillator Anti-Neutrino Detector) mit Reaktorneutrinos bestätigt und hat alle Zweifel an dem Oszillationsmodell beseitigt. Im Jahr 2015 wurde deshalb auch der Nobelpreis für die Entdeckung der Neutrinomasse an Kajita und McDonald vergeben.

Ein sehr spezielles Ziel verfolgt das Neutrinoexperiment Borexino, das sich zum Ziel gesetzt hat, die aus der Sonne kommenden Neutrinos niedriger Energie zu erforschen. Das Experiment befindet sich im Gran-Sasso-Labor in Italien. Der Borexino-Detektor ist ein Flüssigszintillator (sensitives Volumen $315\,\mathrm{m}^3$), dessen Hauptziel es ist, die monoenergetischen Neutrinos, die beim ^{7}Be-Einfang entstehen, zu messen. Die Energieschwelle ist mit $250\,\mathrm{keV}$ sehr niedrig, sodass der niederenergetische Untergrund der Umgebungsstrahlung sehr sorgfältig abgeschirmt werden muss. Neben den solaren Neutrinos ist der Detektor auch für Geoneutrinos, etwa aus den Uran-Thorium-Zerfallsreihen und Reaktorneutrinos, empfindlich.

6.3.3 Supernovaneutrinos

Die hellste Supernova seit der Kepler-Supernova von 1604 wurde am 23.2.1987 von Ian Shelton am Las-Campanas-Observatorium in Chile entdeckt (s. Abb. 6.24). Die Himmelsregion im Tarantelnebel in der Großen Magellan'schen Wolke (Entfernung 170 000 Lichtjahre), in der die Supernova explodierte, wurde bereits 20 Stunden vorher

„Tierische Oszillationen"

Abb. 6.24 Supernova im
Tarantelnebel; ©: Australian
Astronomical Observatory,
Foto von David Malin,
basierend auf
CCD-Aufnahmen des Anglo
Australian Telescope [39]

von Robert McNaught in Australien routinemäßig fotografiert, aber die Aufnahme, die die Supernova schon enthielt, wurde von McNaught zu spät ausgewertet. Ian Shelton war die Helligkeit der Supernova schon mit dem bloßen Auge aufgefallen. Zum ersten Mal konnte anhand älterer Aufnahmen ein heller Blauer Überriese, Sanduleak, als Vorläufer der Supernovaexplosion ermittelt werden. Sanduleak war ursprünglich ein unauffälliger Stern mit einer 10-fachen Sonnenmasse und einer Oberflächentemperatur von 15 000 K. Während des Wasserstoffbrennens steigerte er seine Leuchtkraft auf das 70 000-Fache der Sonnenluminosität. Nachdem der Wasserstoffvorrat verbraucht war, blähte sich der Stern zum Roten Überriesen auf, bis Temperatur und Druck im Zentrum das He-Brennen ermöglichten. In relativ kurzer Zeit (600 000 Jahre) wurde auch das Helium verbraucht, und bei einer anschließenden Gravitationskontraktion zündete im Kern bei einer Temperatur von 740 Millionen Kelvin und einer Dichte von 240 kg/cm^3 der Kohlenstoff. Die nun rascher abfolgenden Kontraktions- und Fusionsphasen führten über das Sauerstoff-, Neon-, Silizium- und Schwefelbrennen schließlich zum Eisen, dem Element mit der höchsten Bindungsenergie pro Nukleon.

Nachdem Eisen durch Fusion erzeugt war, konnte der Stern aus weiteren Fusionsprozessen keine Energie mehr gewinnen. Deshalb konnte die Stabilität von Sanduleak nicht weiter aufrechterhalten werden: Er kollabierte unter seiner eigenen Schwerkraft.

Abb. 6.25 zeigt das Ergebnis des Supernovaausbruchs nach einiger Zeit. Infolge der verschiedenen Brenn- und Kollapsphasen wurde eine Reihe von Stoßwellen emittiert, die Materie mit sich führten und verschiedene Ringe bildeten. Der detaillierte Hergang der Supernovaexplosion und die Einzelheiten der Ringbildung konnten von Monte-Carlo-Simulationen noch nicht genau ermittelt werden.

Bei der Explosion und der folgenden Kontraktion wurden die Elektronen des Sterns in die Protonen hineingequetscht, und es entstand ein Neutronenstern von etwa 20 km

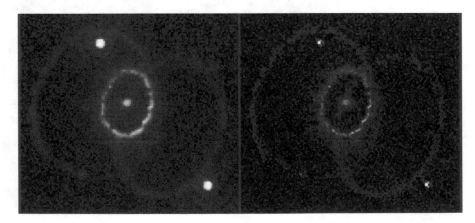

Abb. 6.25 Foto der SN-1987A-Explosion. Das *linke Bild* wurde mit der Wide Field Planetary Camera 2 (WFPC2) des Hubble-Teleskops aufgenommen. Das *rechte Bild* wurde ‚geschärft‘, wobei mit einer Entfaltungsmethode die Kamerafehler herausgerechnet wurden [40]

Durchmesser. Durch den Prozess der Deleptonisation entstand ein Neutrinoburst ungeheurer Intensität,

$$e^- + p \rightarrow n + \nu_e. \tag{6.3.30}$$

In der heißen Phase des Kollaps, entsprechend einer Temperatur von $10\,\mathrm{MeV}$ ($\approx 10^{11}\,\mathrm{K}$), bildeten die thermischen Photonen Elektron-Positron-Paare, die aber aufgrund der hohen Dichte sofort wieder absorbiert wurden. Nur über den schwachen Wechselwirkungsprozess mit einem virtuellen Z^0,

$$e^+ + e^- \rightarrow Z^0 \rightarrow \nu_\alpha + \bar{\nu}_\alpha, \tag{6.3.31}$$

konnte Energie in Form von Neutrinos aus dem heißen Kern heraustransportiert werden. Bei dieser Reaktion wurden alle drei Neutrinoflavours ν_e, ν_μ und ν_τ ‚demokratisch‘ in gleicher Zahl erzeugt. Der gesamte Neutrinoburst umfasste 10^{58} Neutrinos, und selbst auf der Erde war für einen kurzen Zeitraum der Neutrinofluss von der Supernova mit dem solarer Neutrinos vergleichbar.

Tatsächlich war der Neutrinoimpuls das erste Signal, das von der Supernova auf der Erde registriert wurde. Die großen Wasser-Cherenkov-Zähler von Kamiokande und IMB (Irvine-Michigan-Brookhaven) registrierten insgesamt 20 der 10^{58} emittierten Neutrinos. Während die Energieschwelle des Kamiokande-Experiments etwa $5\,\mathrm{MeV}$ betrug, konnte die IMB-Kollaboration nur Neutrinos mit Energien oberhalb von $19\,\mathrm{MeV}$ nachweisen. Die Szintillationsdetektoren im Baksan-Experiment im Kaukasus mit einer Targetmasse von nur 200 Tonnen hatten Glück und konnten fünf Ereignisse mit Energien zwischen 10 MeV und 25 MeV messen.

Da die Neutrinoenergien nicht ausreichten, um Myonen oder Tau-Leptonen zu erzeugen, wurden hauptsächlich elektronartige Neutrinos über die Reaktionen

$$\bar{\nu}_e + p \;\rightarrow\; e^+ + n,$$
$$\bar{\nu}_e + e^- \rightarrow \bar{\nu}_e + e^-, \qquad\qquad (6.3.32)$$
$$\nu_e + e^- \rightarrow \nu_e + e^-$$

nachgewiesen.

Aus den wenigen auf der Erde registrierten Neutrinos lassen sich aber einige interessante astroteilchenphysikalische Schlussfolgerungen ziehen. Wenn E_ν^i die im Ereignis individuell gemessene Neutrinoenergie dargestellt, ε_1 die Wahrscheinlichkeit für die Wechselwirkung eines Neutrinos im Detektor und ε_2 die Wahrscheinlichkeit, diese Reaktion auch zu sehen, ist, dann lässt sich über die Entfernung r von der Supernova zur Erde und einem Korrekturfaktor f, der berücksichtigt, dass man nicht alle Neutrinoflavours sehen kann, die gesamte in Form von Neutrinos emittierte Energie abschätzen:

$$E_{\text{total}} = \sum_{i=1}^{20} \frac{E_\nu^i}{\varepsilon_1(E_\nu^i) \cdot \varepsilon_2(E_\nu^i)} \cdot 4\pi r^2 \cdot f(\nu_\alpha, \bar{\nu}_\alpha). \qquad (6.3.33)$$

Ausgehend von den 20 registrierten Neutrinoereignissen ergibt sich eine Gesamtenergie von

$$E_{\text{total}} = (6 \pm 2) \cdot 10^{46} \text{ Joule.} \qquad (6.3.34)$$

Es ist schwer, diese enorme Energie fassbar zu machen. (Der Weltenergieverbrauch ist 10^{21} Joule pro Jahr.) Sanduleak strahlte während des etwa 10 Sekunden andauernden Neutrinobursts mehr Energie ab als das gesamte restliche Universum zusammen, und 100-mal mehr als die Sonne in ihrer gesamten Lebensdauer von etwa 10 Milliarden Jahren.

Im Labor hat man in den letzten 40 Jahren die Grenzen für die Neutrinomassen immer stärker eingeengt. So war die Massengrenze für das Elektron-Antineutrino aus Messungen des Tritiumzerfalls (^{3}H $\rightarrow$ ^{3}He $+ e^- + \bar{\nu}_e$) zur Zeit der Supernovaexplosion etwa 10 eV (der gegenwärtige Wert für die Massengrenze aus dem Tritium-Betazerfall liegt bei < 2 eV). Wenn man davon ausgeht, dass die Supernovaneutrinos praktisch alle gleichzeitig emittiert wurden, dann würde man erwarten, dass ihre Ankunftszeiten auf der Erde einer gewissen Streuung unterliegen, wenn die Neutrinos eine Masse haben. Bei von null verschiedener Masse hätten die Neutrinos je nach ihrer Energie eine unterschiedliche Geschwindigkeit. Die erwartete Ankunftszeitdifferenz Δt zweier gleichzeitig von der Supernova emittierter Neutrinos mit Geschwindigkeiten v_1 und v_2 ist

$$\Delta t = \frac{r}{v_1} - \frac{r}{v_2} = \frac{r}{c}\left(\frac{1}{\beta_1} - \frac{1}{\beta_2}\right) = \frac{r}{c}\frac{\beta_2 - \beta_1}{\beta_1 \cdot \beta_2}. \qquad (6.3.35)$$

Wenn die registrierten Elektron-Neutrinos eine Ruhmasse m_0 haben, gilt

$$E = mc^2 = \gamma m_0 c^2 = \frac{m_0 c^2}{\sqrt{1 - \beta^2}} \qquad (6.3.36)$$

oder für die Geschwindigkeit

$$\beta = \left(1 - \frac{m_0^2 c^4}{E^2} \right)^{1/2} \approx 1 - \frac{1}{2} \frac{m_0^2 c^4}{E^2}, \qquad (6.3.37)$$

da man sicher $m_0 c^2 \ll E$ annehmen kann. Die Geschwindigkeiten sind damit nahe der Lichtgeschwindigkeit ($\beta \approx 1$), aber in Gl. (6.3.35) geht die Geschwindigkeitsdifferenz ein. Mit den Gl. (6.3.35) und (6.3.37) folgt

$$\Delta t \approx \frac{r}{c} \frac{\frac{1}{2} \frac{m_0^2 c^4}{E_1^2} - \frac{1}{2} \frac{m_0^2 c^4}{E_2^2}}{\beta_1 \beta_2} \approx \frac{1}{2} m_0^2 c^4 \cdot \frac{r}{c} \cdot \frac{E_2^2 - E_1^2}{E_1^2 \cdot E_2^2}. \qquad (6.3.38)$$

Damit erhält man aus den im Experiment gemessenen Ankunftszeitdifferenzen und Energien die Neutrinoruhmasse zu

$$m_0 = \left\{ \frac{2 \Delta t}{r \cdot c^3} \frac{E_1^2 \cdot E_2^2}{E_2^2 - E_1^2} \right\}^{1/2}. \qquad (6.3.39)$$

Da die Neutrinos nicht wirklich alle gleichzeitig emittiert wurden, kann man aus Gl. (6.3.39) unter Verwendung von Teilchenpaaren mit bekannter Energie und Zeitdifferenz nur eine obere Schranke für die Neutrinomasse ableiten. Aufgrund der Daten des Kamiokande- und IMB-Experiments ergab sich eine Massengrenze für das Elektron-Neutrino von

$$m_{\nu_e} \leq 10\,\text{eV}. \qquad (6.3.40)$$

Dieser Wert wurde in einer ‚Messzeit' von etwa 10 Sekunden erhalten und zeigt die potentielle Überlegenheit astroteilchenphysikalischer Untersuchungen gegenüber Laborexperimenten. Ebenso wurde eine mögliche Erklärung für das Defizit solarer Neutrinos durch einen Neutrinozerfall durch die bloße Beobachtung von Elektron-Neutrinos aus einer Entfernung von 170 000 Lichtjahren falsifiziert. Für eine angenommene Neutrinomasse von $m_0 = 1\,\text{eV}$ wäre der Lorentz-Faktor

$$\gamma = \frac{E}{m_0 c^2} \approx 10^7 \qquad (6.3.41)$$

für 10 MeV-Neutrinos. Daraus ließe sich eine untere Schranke für die Neutrinolebensdauer aus $\tau_\nu^0 = \tau_\nu / \gamma$ zu

$$\tau_\nu^0 = 170\,000\,\text{a} \cdot \frac{1}{\gamma} \approx 500\,000\,\text{s} \qquad (6.3.42)$$

ableiten.

Die Supernova 1987A hat sich als ein ergiebiges astroteilchenphysikalisches Labor herausgestellt. Sie hat gezeigt, dass die vorhandenen Supernovamodelle im Großen und Ganzen den spektakulären Tod massereicher Sterne korrekt beschreiben. Aufgrund der Übereinstimmung des gemessenen Neutrinoflusses mit approximativen Modellrechnungen lassen sich aus den Supernovaneutrinos keine Aussagen über Neutrino-Oszillationen machen. Die Präzision der Simulationen und die statistischen Fehler der Messungen sind nicht ausreichend, um eine Entscheidung über solche subtilen Effekte treffen zu können. Solche und noch andere offene Fragen lassen sich durch Messung von solaren, reaktorgenerierten oder atmosphärischen Neutrinos lösen. Die Ergebnisse atmosphärischer Myon-Neutrinos, solarer Elektron-Neutrinos, Reaktorneutrinos und Neutrinos vom Beschleuniger haben übereinstimmend nachgewiesen, dass Oszillationen im Neutrinosektor eine Tatsache sind.

Die Wahrscheinlichkeit, dass sich ein solches Supenovaschauspiel mit einer ähnlich hellen Supernova in der nahen Zukunft in unserer Nähe wiederholt, ist außerordentlich gering.

6.3.4   Hochenergetische galaktische und extragalaktische Neutrinos

Die Messung hochenergetischer Neutrinos ($\geq$ TeV-Bereich) stellt eine große experimentelle Herausforderung dar. Der Nachweis solcher Neutrinos würde aber direkt zu den Quellen der kosmischen Strahlung zeigen. Deshalb wurde eine Reihe von großvolumigen Wasser-Cherenkov- und Eis-Cherenkov-Detektoren konzipiert und in Betrieb genommen. Pionierarbeit wurde von dem Wasser-Cherenkov-Teleskop im Baikal-See geleistet. AMANDA (Antarctic Muon And Neutrino Detector Array) wurde im Eis der Antarktis gebaut, nachdem Versuche im Ozean bei Hawaii, einen riesigen Unterwasser-Cherenkov-Detektor zu bauen, gescheitert waren (DUMAND – Deep Underwater Muon And Neutrino Detector). AMANDA hatte schon große Erfolge, war aber für den Nachweis galaktischer und extragalaktischer Neutrinos zu klein, und wurde deshalb auf ein Volumen von $1\,\mathrm{km}^3$ vergrößert (ICECUBE). Es gibt sogar schon Pläne, auch ICECUBE noch einmal auf das zehnfache Volumen zu erweitern. Im Mittelmeer wurden im Vergleich dazu kleinere Wasser-Cherenkov-Teleskope (NESTOR, ANTARES, NEMO) aufgebaut und ein gemeinsamer großer Detektor (KM3NET) mit einem Volumen von $1\,\mathrm{km}^3$ konzipiert.

Der Grund, sich auf Neutrinos hoher Energien zu beschränken, geht aus Abb. 6.26 hervor. Das Neutrinoecho des Urknalls ist bei Energien unterhalb von meV-Energien angesiedelt. Ungefähr eine Sekunde nach dem Urknall haben sich Protonen und Neutronen durch schwache Wechselwirkungen noch ineinander umgewandelt und dabei Neutrinos erzeugt ($p+e^- \rightarrow n+\nu_e$; $n \rightarrow p+e^-+\bar{\nu}_e$), deren Temperatur zum gegenwärtigen Zeitpunkt bei $1{,}9\,\mathrm{K}$ liegt.

Die Schwarzkörperphotonen haben eine etwas höhere Temperatur ($2{,}7\,\mathrm{K}$), weil zusätzlich Elektronen und Positronen ihre Energie durch Annihilation in Photonenenergie umgewandelt haben. Die Urknallneutrinos entstammen sogar noch einer früheren

Abb. 6.26 Vergleich der
Flüsse kosmischer Neutrinos in
verschiedenen
Energiebereichen

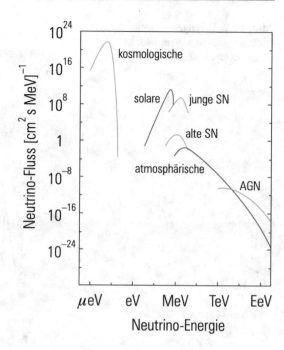

kosmologischen Epoche als die Schwarzkörperstrahlung, da das Universum viel früher für Neutrinos transparent war. Insofern sind diese kosmologischen Neutrinos für Details der Weltentstehung besonders interessant. Es ist gegenwärtig aber schwer vorstellbar, dass man Neutrinos mit Energien im meV-Bereich überhaupt messen kann.

Die Messung solarer ($\approx$ MeV-Bereich) und Supernovaneutrinos ($\approx$ 10 MeV) ist experimentell schon gelungen. Die atmosphärischen Neutrinos stellen den eigentlichen Untergrund für Neutrinos aus astrophysikalischen Quellen dar. Atmosphärische Neutrinos stammen im Wesentlichen aus Pion- und Myonzerfällen. Ihre Erzeugungsspektren können aus den gemessenen atmosphärischen Myonenspektren bestimmt werden, sie sind aber auch zum Teil direkt gemessen. Ihre Intensität ist allerdings noch mit einer Unsicherheit von etwa 30 % behaftet. Der in Abb. 6.26 gezeigte Verlauf von Neutrinos aus extragalaktischen Quellen (AGN – Active Galactic Nuclei) stellt nur eine grobe Abschätzung dar.

Man geht davon aus, dass Doppelsternsysteme gute Kandidaten für energiereiche Neutrinos sind. Ein Doppelsternsystem aus einem Pulsar und einem normalen Stern könnte eine starke Neutrinoquelle darstellen (Abb. 6.27).

Der Pulsar und der Stern rotieren um ihren gemeinsamen Massenmittelpunkt. Falls die Sternmasse groß gegenüber der Pulsarmasse ist, kann zur Illustration des Erzeugungsmechanismus von Neutrinos eine Kreisbahn des Pulsars um den Begleitstern angenommen werden. Man nimmt an, dass der Pulsar in der Lage ist, Protonen auf hohe Energien zu beschleunigen. Die vom Pulsar beschleunigten Protonen treffen auf das Gas der Atmosphäre des Begleitsterns und erzeugen dort in Wechselwirkungen überwiegend sekundäre Pionen. Die neutralen Pionen zerfallen schnell (τ_{π^0} = 8,5 · 10^{-17} s) in zwei

Abb. 6.27 Erzeugungsmechanismus
hochenergetischer Neutrinos in
einem Doppelsternsystem

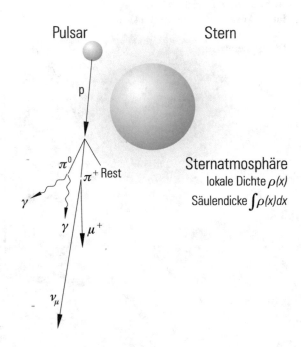

energiereiche γ-Quanten, die es ermöglichen, das Objekt im Lichte der γ-Strahlung zu sehen. Die geladenen Pionen erzeugen energiereiche Neutrinos durch ihren $(\pi \rightarrow \mu\nu)$-Zerfall. Ob eine solche Quelle heller im Lichte von γ-Quanten oder Neutrinos strahlt, hängt ganz entscheidend von subtilen Parametern der Sternatmosphäre ab. Setzt man als Produktionsreaktion eine Protonenwechselwirkung von

$$p + \text{Kern} \rightarrow \pi^+ + \pi^- + \pi^0 + \text{Rest} \tag{6.3.43}$$

an, so werden zunächst durch Zerfälle $(\pi^+ \rightarrow \mu^+ + \nu_\mu; \pi^- \rightarrow \mu^- + \bar{\nu}_\mu; \pi^0 \rightarrow \gamma + \gamma)$ gleiche Anzahlen von Neutrinos und Photonen erzeugt. Mit zunehmender Dicke der Sternatmosphäre werden die Photonen jedoch wieder absorbiert, und bei Sternatmosphärendichten von $\varrho \leq 10^{-8}\,\text{g/cm}^3$ und Säulendicken von über $250\,\text{g/cm}^2$ könnte man die Quelle nur im Lichte der Neutrinos sehen (Abb. 6.28).

Die von der Quelle kommenden Neutrinos sind überwiegend Myon-Neutrinos (ν_μ oder $\bar{\nu}_\mu$). Sie werden in einem Detektor über einen schwachen geladenen Strom, in dem sie Myonen erzeugen, nachgewiesen (Abb. 6.29).

Das dabei erzeugte Myon übernimmt im Wesentlichen die Richtung des einfallenden Neutrinos. Die Energie des Myons wird über seinen Energieverlust im Detektor bestimmt. Bei Energien oberhalb des TeV-Bereichs dominieren die Bremsstrahlung und direkte Elektronenpaarerzeugung durch Myonen. Der Energieverlust durch beide Prozesse ist proportional zur Myonenenergie und ermöglicht deshalb eine kalorimetrische Bestimmung der Myonenenergie (vgl. Abschn. 7.3, Abb. 7.15).

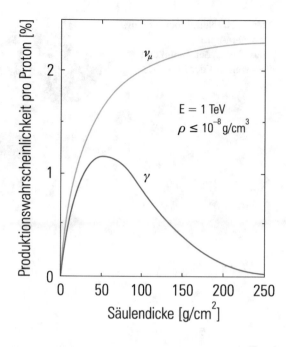

Abb. 6.28 Wechselspiel von Produktion und Absorption von Photonen und Neutrinos in einem Doppelsternsystem

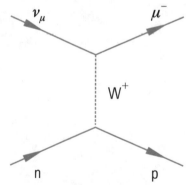

Abb. 6.29 Nachweisreaktion für Myon-Neutrinos

Wegen der geringen Wechselwirkungswahrscheinlichkeit von Neutrinos und wegen der kleinen Neutrinoflüsse müssen die Detektoren sehr massiv und groß sein. Da man das ganze Detektorvolumen instrumentieren muss, um alle Wechselwirkungen der Neutrinos und den Energieverlust der Myonen zu detektieren, ist es erforderlich, einen einfachen, kostengünstigen Detektor zu entwerfen. Die einzigen brauchbaren Kandidaten, die diese Bedingung erfüllen, sind riesige Wasser- oder Eis-Cherenkov-Zähler. Wegen der extrem hohen Transparenz von Eis in großen Tiefen in der Antarktis und der relativ einfachen Instrumentierung des Eises sind Eis-Cherenkov-Zähler im Moment die beste Wahl für ein Neutrinoteleskop. Um sich gegen den hohen Fluss in der Atmosphäre erzeugter Teilchen zu schützen, wird man die Erde als Absorber benutzen und sich nur auf Neutrinos konzentrieren, die ‚von unten' in den Detektor gelangen. Das Prinzip eines solchen Aufbaus geht aus Abb. 6.30 hervor. Protonen aus kosmischen Quellen erzeugen an einem Target (z. B. Sternatmosphäre, galaktisches Medium) Pionen, die über ihren Zerfall Neutrinos

Abb. 6.30 Neutrinoerzeugung,
Propagation im
intergalaktischen Raum und
Nachweis auf der Erde

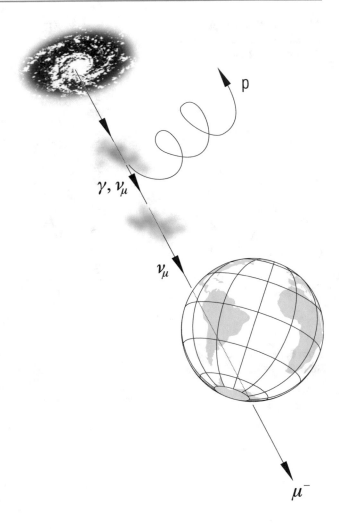

und γ-Quanten liefern. Die γ-Quanten werden häufig im galaktischen Raum absorbiert oder verschwinden in $\gamma\gamma$-Wechselwirkungen mit der Schwarzkörperstrahlung, Infrarotstrahlung oder Sternenlichtphotonen. Die verbleibenden Neutrinos laufen durch die Erde und werden in einem Detektor unterhalb der Erdoberfläche nachgewiesen. Der Neutrinodetektor selbst besteht aus einer raumfüllenden Anordnung von Fotomultipliern, die das im Eis (oder Wasser) erzeugte Cherenkov-Licht der Myonen registrieren. Abb. 6.31 zeigt den ICECUBE-Detektor am Südpol.

In der Praxis wird man Fotomultiplier in einem geeigneten Abstand an Ketten montieren und viele solcher Ketten im Eis (oder Wasser) verankern. Der Abstand der Fotomultiplier an den Ketten und der Ketten untereinander hängt von der Absorptions- und Streulänge des Cherenkov-Lichts im Detektormedium ab. Die Einfallsrichtung des

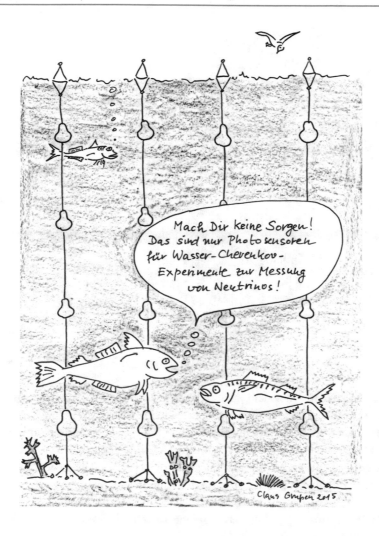

Neutrinos wird aus der Ankunftszeit des Cherenkov-Lichts an den Fotomultipliern bestimmt. In einem Wasser-Cherenkov-Zähler im Ozean stellt die Biolumineszenz und die Kalium-40-Radioaktivität einen störenden Untergrund dar, der im Eis nicht vorhanden ist. Außerdem hat sich in der Praxis herausgestellt, dass die Installation von Fotomultiplierketten im antarktischen Eis viel weniger problematisch ist als im Ozean.

Den Aufbau von ICECUBE im arktischen Eis zeigt Abb. 6.31. Bei einer Installation von Fotomultiplierketten in Tiefen von 810 bis 1000 Metern für den AMANDA-Detektor hatte sich herausgestellt, dass das Eis noch nicht hinreichend blasenfrei war. Erst in Tiefen unterhalb von 1500 m ist der Druck so groß ($\geq$ 150 bar), dass die Blasen verschwinden und sich eine hervorragende Transparenz mit Absorptionslängen von 300 m ergab. Der ICECUBE-Detektor ist gegenwärtig das größte Neutrinoteleskop. Der Detektor hat ein instrumentiertes Volumen von einem Kubikkilometer. ICECUBE erstreckt sich bis in

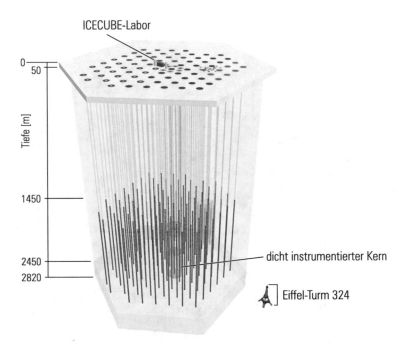

Abb. 6.31 Aufbau des ICECUBE-Experiments am Südpol [41]

eine Tiefe von 2820 m unter dem antarktischen Eisschild. Das Experiment verfügt über einen Oberflächendetektor Ice Top, und einen dichter instrumentierten Kern DeepCore. ICECUBE besteht aus 86 Strings, an denen insgesamt 5160 Fotomultiplier montiert sind. Abb. 6.32 zeigt ein energiereiches Myon im ICECUBE-Detektor.

Um die geringen Flüsse extragalaktischer Neutrinos nachzuweisen, benötigt man ein instrumentiertes Volumen von mindestens 1 km^3. Eine Beispielrechnung soll diese Aussage belegen.

Es wird für realistisch gehalten, dass eine Punktquelle in unserer Galaxis ein Neutrinospektrum gemäß

$$\frac{dN}{dE_\nu} = 2 \cdot 10^{-11} \frac{100}{E_\nu^2 \, [\text{TeV}^2]} \, \text{cm}^{-2} \, \text{s}^{-1} \, \text{TeV}^{-1} \tag{6.3.44}$$

erzeugt. Daraus leitet sich ein integraler Fluss von

$$\phi_\nu(E_\nu > 100 \, \text{TeV}) = 2 \cdot 10^{-11} \, \text{cm}^{-2} \, \text{s}^{-1} \tag{6.3.45}$$

ab (vgl. auch Abb. 6.26 für extragalaktische Quellen).

Der Wirkungsquerschnitt hochenergetischer Neutrinos wurde aus Beschleunigermessungen zu

Abb. 6.32 Spur eines Myons, das im ICECUBE-Detektor von einem hochenergetischen kosmischen Myon-Neutrino im Detektor erzeugt wurde [41]

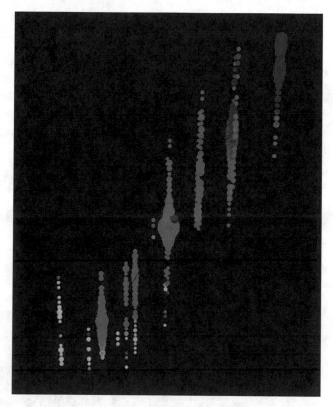

$$\sigma(\nu_\mu N) = 6{,}7 \cdot 10^{-39} \cdot E_\nu \, [\text{GeV}] \, \text{cm}^2/\text{Nukleon} \qquad (6.3.46)$$

ermittelt. Für 100 TeV-Neutrinos ergibt sich also ein Wert von $6{,}7 \cdot 10^{-34}$ cm²/Nukleon. Für eine Targetdicke von einem Kilometer erhält man so eine Wechselwirkungswahrscheinlichkeit W pro Neutrino von

$$W = N_A \cdot \sigma \cdot d \cdot \varrho = 4 \cdot 10^{-5} \qquad (6.3.47)$$

(N_A – Avogadro-Zahl; $d = 1\,\text{km} = 10^5$ cm; $\varrho(\text{Eis}) \approx 1\,\text{g/cm}^3$).

Die gesamte Wechselwirkungsrate R erhält man aus dem integralen Neutrinofluss ϕ_ν, der Wechselwirkungswahrscheinlichkeit W, der effektiven Sammelfläche $A_{\text{eff}} = 1\,\text{km}^2$ und einer Messzeit t von einem Jahr zu

$$R = \phi_\nu \cdot W \cdot A_{\text{eff}} \cdot t = 250 \, \text{Ereignisse pro Jahr.} \qquad (6.3.48)$$

Bei großen Abschwächlängen für das erzeugte Cherenkov-Licht ist die effektive Sammelfläche sogar noch größer als der Querschnitt des instrumentierten Volumens. Bei einem halben Dutzend angenommener Quellen in unserer Milchstraße käme man aufgrund dieser

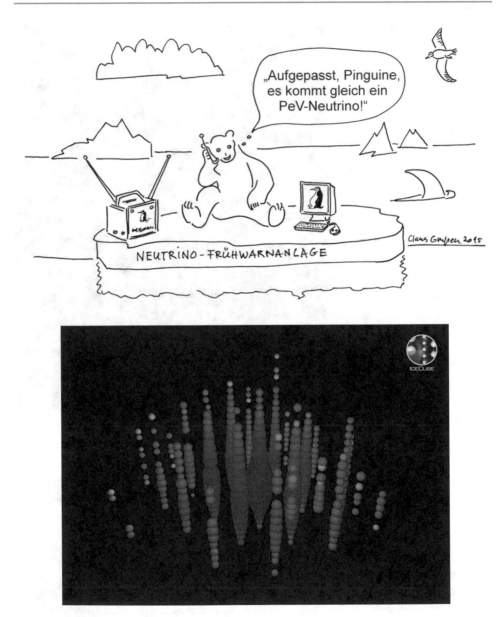

Abb. 6.33 Hochenergetisches Ereignis im ICECUBE-Detektor, das vermutlich von einem Elektron-Neutrino ausgelöst wurde. Die Energie dieses Ereignisses ist 1,14 PeV [41]

groben Abschätzung auf eine Rate von etwa vier Ereignissen pro Tag. Hinzu kämen noch Ereignisse aus dem diffusen Neutrinohintergrund, die allerdings wenig astrophysikalische Informationen tragen.

ICECUBE hat seit 2012 einige astrophysikalisch interessante Neutrinos im PeV-Bereich gemessen. Abb. 6.33 zeigt ein hochenergetisches Ereignis, das vermutlich von

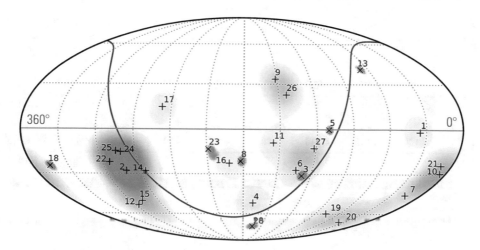

Abb. 6.34 Himmelskarte der Neutrinoereignisse im ICECUBE-Detektor in äquatorialen Koordinaten. Die galaktische Ebene ist die *blaue Linie*. Das galaktische Zentrum liegt in der Nähe des Ereignisses mit der Nummer 14. ν_μ-artige Ereignisse (mit einem nachgewiesenen Myon) sind mit ‚×' und ν_e-artige (mit einem Elektronenschauer) mit ‚+' dargestellt [41]

einem Elektron-Neutrino ausgelöst wurde. Abb. 6.34 zeigt eine Himmelskarte im Licht der Neutrinos. Zwar gibt es an keiner Stelle eine klare Häufung von Ereignissen, aber man findet fünf Ereignisse in der Nähe des galaktischen Zentrums. Allerdings ist die Winkelauflösung gerade für Schauer, die von Elektron-Neutrinos ausgelöst werden – und das trifft für diese fünf Ereignisse zu – nicht besonders gut.

Damit ist bereits demonstriert, dass das Experiment in der Lage ist, wertvolle Beiträge zur Neutrinoastrophysik zu leisten. Um eine bessere Statistik zu erhalten, ist schon an eine Erweiterung von ICECUBE mit einem Volumen von $10\,\text{km}^3$ gedacht (ICECUBE-Gen2).

Gute Kandidaten für Neutrinoquellen innerhalb unserer Milchstraße sind die Supernovaüberreste vom Krebsnebel und Vela, das galaktische Zentrum und Cygnus X3. Extragalaktische Kandidaten könnten durch die Markarian-Galaxien Mk 421 und Mk 501 oder durch Quasare (z. B. 3C273) gegeben sein.

6.4 Gammaastronomie

Es werde Licht.

Bibel, Genesis

6.4.1 Einleitung

Die Beobachtung von Sternen im optischen Spektralbereich fällt in das Gebiet der klassischen Astronomie. Schon die Chinesen, Ägypter und Griechen haben hier zahlreiche

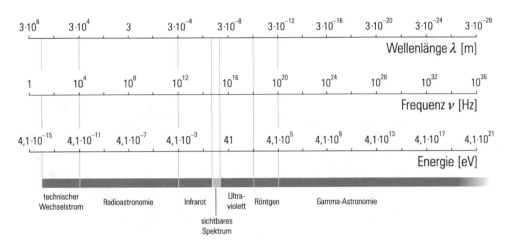

Abb. 6.35 Darstellung der Spektralbereiche elektromagnetischer Strahlen

systematische Beobachtungen angestellt und dabei sehr viel über die Bewegung der Himmelskörper herausgefunden. Der optische Bereich überdeckt aber nur einen winzigen Bereich des gesamten Spektrums elektromagnetischer Strahlen (Abb. 6.35). Alle Bereiche dieses Spektrums wurden für astronomische Beobachtungen ausgenutzt. Über die großen Wellenlängen (Radioastronomie), den sub-optischen Bereich (Infrarotastronomie), die klassische optische Astronomie, die Ultraviolettastronomie und Röntgenastronomie kommt man zur Gammaastronomie.

Gammaastronomen sind es gewohnt, die Gammaquanten nicht durch ihre Wellenlänge λ oder Frequenz ν, sondern durch ihre Energie

$$E = h \cdot \nu \qquad (6.4.1)$$

zu charakterisieren. Dabei ist das Planck'sche Wirkungsquantum in nützlichen Einheiten

$$h = 4{,}136 \cdot 10^{-21}\,\text{MeV s}\,; \qquad (6.4.2)$$

die Frequenz ν wird in Hz = 1/s gemessen. Die Wellenlänge λ ergibt sich zu

$$\lambda = c/\nu, \qquad (6.4.3)$$

wobei c die Vakuumlichtgeschwindigkeit ist ($c = 299\,792\,458$ m/s).

In der Atom- und Kernphysik unterscheidet man die Gammastrahlung von der Röntgenstrahlung durch den Erzeugungsmechanismus: Röntgenstrahlen werden bei Übergängen in der Elektronenhülle von Atomen emittiert, während γ-Strahlen bei der Umwandlung des Atomkerns ausgesandt werden. Damit geht auch eine natürliche Energieeinteilung einher. Röntgenstrahlen haben typischerweise Energien unterhalb von 100 keV. Elektromagnetische Strahlen mit Energien > 100 keV nennt man γ-Strahlen. γ-Strahlen selbst sind in ihrer Energie nach oben nicht begrenzt. Man hat schon kosmische Gammaquanten mit Energien von 10^{15} eV = 1 PeV beobachtet.

Ein wichtiges, bisher ungeklärtes Problem der Astroteilchenphysik ist der Ursprung der kosmischen Strahlung (s. auch Abschn. 6.1 und 6.2). Untersuchungen der geladenen Komponente der kosmischen Strahlung können diese Frage aber kaum beantworten, denn die geladenen Teilchen müssen auf ihrem Weg von der Quelle bis zu uns ausgedehnte, irreguläre Magnetfelder passieren. Dadurch werden sie in unkontrollierbarer Weise abgelenkt und ‚vergessen‘ damit ihren Ursprung. Teilchenastronomie mit geladenen Partikeln ist also erst bei extrem hohen Energien möglich, wenn die Teilchen durch die kosmischen Magnetfelder nicht mehr signifikant beeinflusst werden. Dazu muss man aber bis zu Energien oberhalb von 10^{18} eV gehen, und da wiederum ist der Fluss der Primärteilchen extrem gering. Was immer die Quellen der kosmischen Strahlung auch sein mögen, sie werden sicher auch energiereiche, durchdringende γ-Strahlen erzeugen, die durch intergalaktische, galaktische und stellare Magnetfelder nicht abgelenkt werden und damit zu den Quellen zurückzeigen.

6.4.2 Erzeugungsmechanismen für γ-Strahlung

Als Quellen für kosmische Strahlung und damit auch γ-Strahlen kommen Supernovae und ihre Überreste, schnell rotierende Objekte wie Pulsare und Neutronensterne, aktive galaktische Kerne und materieansammelnde Schwarze Löcher infrage. Dabei können γ-Strahlen auf verschiedene Weise erzeugt werden.

a) **Synchrotronstrahlung:**

   Die Ablenkung geladener Teilchen in einem Magnetfeld stellt eine beschleunigte Bewegung dar. Eine beschleunigte elektrische Ladung strahlt aber elektromagnetische Wellen ab (Abb. 6.36). Diese ‚Bremsstrahlung‘ geladener Teilchen in magnetischen Feldern heißt Synchrotronstrahlung. Bei kreisförmigen erdgebundenen Beschleunigern stellt die Erzeugung von Synchrotronstrahlung einen unerwünschten Energieverlustmechanismus dar. Andererseits wird die so erzeugte Synchrotronstrahlung mit großem Vorteil für Strukturuntersuchungen in der Atom- und Festkörperphysik sowie in der Biologie und Medizin verwendet.

   Die in kosmischen Magnetfeldern erzeugte Synchrotronstrahlung wird ganz überwiegend von den leichten Elektronen emittiert. Das Spektrum der

Abb. 6.36 Erzeugung von Synchrotronstrahlung durch Ablenkung geladener Teilchen im Magnetfeld

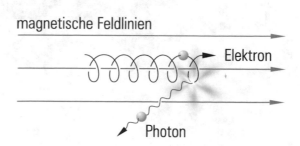

Synchrotronphotonen ist kontinuierlich. Für die von einem Elektron der Energie E abgestrahlte Leistung P in einem Magnetfeld der Stärke B gilt

$$P \sim E^2 \cdot B^2. \tag{6.4.4}$$

b) **Bremsstrahlung:**

Ein geladenes Teilchen, das im Coulomb-Feld einer Ladung (Atomkern oder Elektron) abgelenkt wird, emittiert Bremsstrahlungsphotonen (Abb. 6.37). Dieser Mechanismus ist der Synchrotronstrahlung sehr verwandt, nur dass die Abbremsung hier im Coulomb-Feld einer Ladung und nicht im Magnetfeld erfolgt.

Die Bremsstrahlungswahrscheinlichkeit ϕ variiert sowohl mit dem Quadrat der Projektilladung z als auch mit dem der Targetladung Z. ϕ nimmt mit der Teilchenenergie E linear zu und ist umgekehrt proportional zum Massenquadrat des erzeugenden Teilchens:

$$\phi \sim \frac{z^2 Z^2 E}{m^2}. \tag{6.4.5}$$

Wegen der Kleinheit der Elektronenmasse wird Bremsstrahlung überwiegend von Elektronen erzeugt. Das Bremsstrahlungsspektrum ist kontinuierlich und fällt zu hohen Energien etwa wie $1/E_\gamma$ ab.

c) **Inverser Compton-Effekt:**

In den 1920er Jahren entdeckte Compton, dass energiereiche Photonen beim Stoß mit freien Elektronen auf diese einen Teil ihrer Energie übertragen können und dabei selbst Energie verlieren. In der Astrophysik spielt der hierzu inverse Effekt eine Rolle: Die in der Quelle auf hohe Energien beschleunigten Elektronen stoßen mit den zahlreich vorhandenen Photonen der Schwarzkörperstrahlung ($E_\gamma \approx 250\,\mu\text{eV}$;

Abb. 6.37 Erzeugung von Bremsstrahlung durch Ablenkung geladener Teilchen im Coulomb-Feld eines Atomkerns

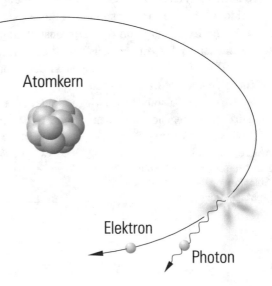

Atomkern

Elektron

Photon

Abb. 6.38 Billiardartige Kollision eines energiereichen Elektrons mit einem energiearmen Photon. Das Elektron überträgt einen Teil seiner Energie auf das Photon und wird dabei abgebremst

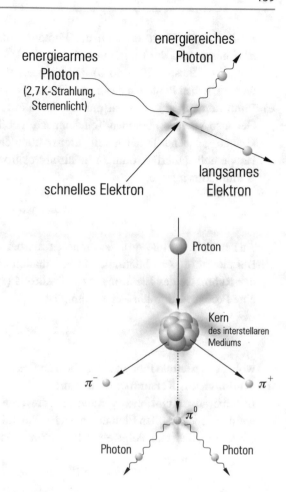

Abb. 6.39 π^0-Erzeugung in Protonwechselwirkungen und Zerfall des π^0 in zwei Photonen

Photonendichte $N_\gamma \approx 400/\text{cm}^3$) oder Sternenlichtphotonen ($E_\gamma \approx 1\,\text{eV}$, $N_\gamma \approx 1/\text{cm}^3$) zusammen und übertragen dabei einen Teil ihrer Energie auf die Photonen, die dadurch ‚blauverschoben' werden (Abb. 6.38).

d) **π^0-Zerfall:**

Protonen, die in den Quellen erzeugt werden, können in Proton-Proton- oder Proton-Kern-Wechselwirkungen geladene und neutrale Pionen erzeugen (Abb. 6.39). Eine mögliche Reaktion ist

$$p + \text{Kern} \rightarrow p' + \text{Kern}' + \pi^+ + \pi^- + \pi^0. \qquad (6.4.6)$$

Geladene Pionen zerfallen mit einer Lebensdauer von 26 ns in Myonen und Neutrinos, während neutrale Pionen schnell ($\tau = 8{,}5 \cdot 10^{-17}$ s) in zwei γ-Quanten zerfallen,

$$\pi^0 \rightarrow \gamma + \gamma. \qquad (6.4.7)$$

Wenn das neutrale Pion in Ruhe zerfällt, werden die beiden Photonen antikollinear emittiert. Sie erhalten dabei je die Hälfte der π^0-Ruhmasse ($m_{\pi^0} = 135\,\text{MeV}$). Beim

π^0-Zerfall im Fluge erhalten die Photonen unterschiedliche Energien, je nach der π^0-Energie und der Emissionsrichtung der Photonen in Bezug auf die Flugrichtung des π^0 (s. Beispiel 10, Kap. 3). Da die meisten Pionen mit kleinen Energien erzeugt werden, haben Photonen aus dieser Quelle Energien um typisch 70 MeV.

e) **Photonen aus Materie-Antimaterie-Vernichtung:**
Genauso wie aus Photonen Teilchenpaare gebildet werden können (Paarerzeugung), können geladene Teilchen mit ihren Antiteilchen in reine Energie zerstrahlen. Als Hauptquellen hierfür kommen Elektron-Positron-Vernichtung und Proton-Antiproton-Annihilation infrage,

$$e^+ + e^- \rightarrow \gamma + \gamma. \qquad (6.4.8)$$

Aus Impulserhaltungsgründen müssen hierbei mindestens zwei Photonen entstehen. Bei einer e^+e^--Annihilation in Ruhe erhalten die Photonen je 511 keV, entsprechend der Ruhmasse des Elektrons, bzw. Positrons (Abb. 6.40). Eine Beispiel-Reaktion für eine Proton-Antiproton-Zerstrahlung ist

$$p + \bar{p} \rightarrow \pi^+ + \pi^- + \pi^0, \qquad (6.4.9)$$

wobei das neutrale Pion in zwei Photonen zerfällt.

f) **Photonen aus Kernumwandlungen:**
In Supernovaexplosionen werden die schweren Elemente ‚zusammengekocht'. Dabei werden neben stabilen Elementen auch radioaktive Isotope erzeugt. Diese Radioisotope emittieren, meist als Folge eines Betazerfalls, Photonen im MeV-Bereich, wie etwa

$$^{60}\text{Co} \rightarrow {}^{60}\text{Ni}^{**} + e^- + \bar{\nu}_e$$
$$\quad\quad\quad\; \hookrightarrow {}^{60}\text{Ni}^* + \gamma(1{,}17\,\text{MeV}) \qquad (6.4.10)$$
$$\quad\quad\quad\quad\quad \hookrightarrow {}^{60}\text{Ni} + \gamma(1{,}33\,\text{MeV}).$$

g) **Cherenkov-Strahlung:**
Ein weiterer, schon in Abschn. 4.3 beschriebener Mechanismus, ist die Cherenkov-Strahlung.

Abb. 6.40 e^+e^--
Paarvernichtung in zwei
Photonen

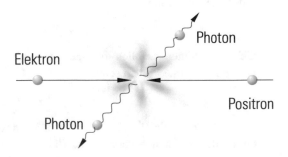

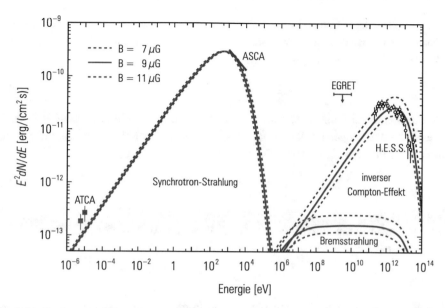

Abb. 6.41 Typische Beiträge von γ-Quellen in verschiedenen Spektralbereichen (auch im Bereich der Schwarzkörperstrahlung (ATCA)) zum γ-Spektrum. Experimentelle Werte von ATCA (Australia Telescope Compact Array), ASCA (Advanced Satellite for Cosmology and Astrophysics), H.E.S.S. (High Energy Stereoscopic System) und eine obere Grenze von EGRET (Energetic Gamma Ray Experiment Telescope) sind eingezeichnet [42]

In Abb. 6.41 ist dargestellt, wie die verschiedenen Produktionsmechanismen zum γ-Spektrum einer Quelle beitragen. Bei niedrigen Energien bis 100 keV dominiert der Synchrotronstrahlungsmechanismus. Bei Energien bis über den TeV-Bereich tragen sowohl der inverse Compton-Effekt als auch Bremsstrahlung bei. In diesem Energiebereich sollten auch Photonen aus π^0-Zerfällen beitragen, aber es wurde bisher noch kein überzeugender Kandidat für einen hadronischen Beschleuniger gefunden, den man benötigen würde, um neutrale Pionen zu erhalten. Die Elektron-Positron-Paarvernichtung würde eine Linie bei 511 keV erzeugen, die gelegentlich auch in Quellen gefunden wird. Natürlich hängen Details der γ-Spektren von den Eigenschaften der Quelle, wie etwa dem Magnetfeld und der Gas- und Staubdichte, ab.

6.4.3 Nachweis von γ-Strahlung

Im Prinzip können die inversen Produktionsmechanismen von Gammastrahlung zum Nachweis von γ-Quanten herangezogen werden (s. auch Abschn. 4.4). Für γ-Quanten im Energiebereich unterhalb von einigen Hundert keV dominiert der Fotoeffekt

$$\gamma + \text{Atom} \rightarrow \text{Atom}^+ + e^-. \tag{6.4.11}$$

Das Fotoelektron kann dann – etwa in einem Szintillationszähler – nachgewiesen werden. Für Energien im MeV-Bereich, wie sie für Kernzerfälle typisch sind, hat der Compton-Effekt den größten Wirkungsquerschnitt,

$$\gamma + e^-_{\text{ruhend}} \rightarrow \gamma' + e^-_{\text{schnell}}. \tag{6.4.12}$$

Als Elektronentarget kann wiederum die Substanz eines Szintillationszählers dienen, in dem auch das angestoßene Elektron nachgewiesen wird. Für höhere Energien ($\gg 1$ MeV) dominiert der Prozess der Elektron-Positron-Paarerzeugung

$$\gamma + \text{Kern} \rightarrow e^+ + e^- + \text{Kern}'. \tag{6.4.13}$$

Abb. 6.42 zeigt den Verlauf des Massenabschwächungskoeffizienten μ für die genannten drei Prozesse in einem NaI-Szintillationszähler. Dabei ist dieser Koeffizient über die Photonintensitätsabschwächung in Materie gemäß

$$I(x) = I_0 \cdot e^{-\mu x} \tag{6.4.14}$$

definiert (I_0 – ursprüngliche Intensität, $I(x)$ – Photonenintensität nach Abschwächung durch eine Materieschicht der Dicke x).

Da bei hohen Energien der Paarerzeugungsprozess vorherrscht, wird er zur Grundlage des Photonennachweises im GeV-Bereich gemacht. Abb. 6.43 zeigt eine typische Anordnung eines Satellitenexperiments zur Messung von γ-Strahlung im GeV-Bereich.

Abb. 6.42 Massenabschwächungskoeffizient für Photonen in einem Natriumiodid-Szintillationszähler

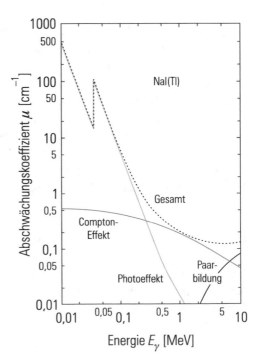

Abb. 6.43 Schematischer experimenteller Aufbau zur Messung von γ-Quanten im GeV-Bereich

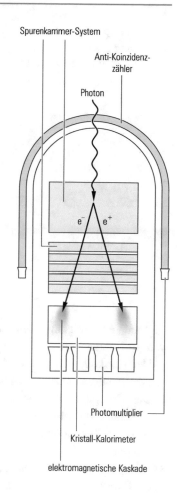

Die γ-Quanten werden in einem modularen Spurenkammersystem (z. B. in einer Vielplattenproportionalkammer oder einem Stapel aus Siliziumhalbleiterdetektoren) in e^+e^--Paare konvertiert. Die Energien E_{e^+} und E_{e^-} werden in einem elektromagnetischen Kalorimeter (meist ein Kristall-Szintillator-Kalorimeter, NaI(Tl) oder CsI(Tl)) bestimmt, sodass die Energie des ursprünglichen Photons zu

$$E_\gamma = E_{e^+} + E_{e^-} \tag{6.4.15}$$

erhalten wird. Die Einfallsrichtung des Photons ergibt sich aus den Elektron- und Positronimpulsen, wobei man den γ-Impuls zu $\boldsymbol{p}_\gamma = \boldsymbol{p}_{e^+} + \boldsymbol{p}_{e^-}$ erhält und bei hohen Energien $(E \gg m_e c^2)$ die Näherungen $|\boldsymbol{p}_{e^+}| = E_{e^+}/c$ und $|\boldsymbol{p}_{e^-}| = E_{e^-}/c$ sehr gut erfüllt sind.

Der e^+, e^--Nachweis im Kristallkalorimeter erfolgt über elektromagnetische Kaskaden, bei denen die erzeugten Elektronen zunächst über Bremsstrahlung mit nachfolgender Paarerzeugung und weiteren Bremsstrahlungs- und Paarerzeugungsprozessen ihre Energie so weit verringern, bis absorptive Prozesse wie Fotoeffekt und Compton-Streuung für

Abb. 6.44 Schematische
Ausbildung einer
elektromagnetischen Kaskade

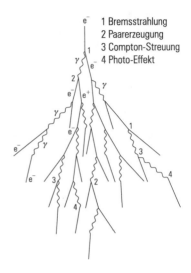

Photonen einerseits und Ionisationsverlust für Elektronen und Positronen andererseits die
weitere Teilchenvermehrung stoppen (Abb. 6.44).

Der Antikoinzidenzzähler dient dazu, einfallende geladene Teilchen zu erkennen und
von der Analyse auszuschließen.

Das Compton Gamma-Ray Observatorium (CGRO) war ein Beispiel für diese Art
von Technik zur Messung von γ-Quellen und γ-Spektren. Der CGRO-Satellit ist von
1991 bis 2000 geflogen und hat wertvolle Beiträge zum Verständnis der γ-Emission von
verschiedenen astrophysikalischen Objekten geliefert. An Bord waren die Experimente
BATSE (Burst and Transient Source Experiment), OSSE (Oriented Scintillation Spectrometer Experiment), COMPTEL (Imaging Compton Telescope) und EGRET (Energetic
Gamma Ray Experiment Telescope). BATSE hat im Energiebereich von 20 bis 600 keV
nach γ-Blitzen gesucht. OSSE hat veränderliche Quellen im MeV-Bereich vermessen.
COMPTEL nutzte den Compton-Effekt aus, um mit relativ guter Winkelauflösung Quellen im MeV-Bereich zu orten. Schließlich hat EGRET im Energiebereich von 20 MeV bis
30 GeV eine Durchmusterung des γ-Himmels durchgeführt, zahlreiche Quellen gefunden
und deren Spektren bestimmt.

In neuerer Zeit liefert das Fermi Gamma-Ray Space Telescope (FGST, in der Vorberei-
tungsphase hieß dieser Satellit noch Gamma-Ray Large Area Space Telescope, GLAST)
wichtige γ-Daten im Energiebereich bis 300 GeV. FGST wurde 2008 gestartet und ist im
Monemt noch im Orbit und liefert sehr präzise Messungen zur γ-Astronomie. FGST hat
bei der Vermessung des Himmels im Gammalicht herausgefunden, dass sich über und
unter der galaktischen Ebene große Blasen befinden, von denen Röntgenstrahlung und
γ-Emissionen ausgehen. Die Bereiche der Röntgen- und γ-Emissionen haben mit fast
10 kpc oberhalb und unterhalb der galaktischen Ebene riesige Ausmaße. Die Entstehung
der Blasen ist noch nicht wirklich verstanden. Als möglicher Verursacher kommt natürlich

Abb. 6.45 Darstellung der vom Fermi-Satelliten gefundenen γ-Blasen nahe des galaktischen Zentrums. Schon das ROSAT-Experiment hatte Hinweise auf diese Gammablasen gefunden. Die Blasen erstrecken sich über einen Raumbereich von etwa 50 000 Lichtjahren (Durchmesser einer Blase etwa 25 000 Lichtjahre) und gehen vom galaktischen Zentrum der Milchstraße aus. Bei den Gammablasen könnte es sich um Ausbrüche eines supermassiven Schwarzen Loches im Zentrum der Milchstraße handeln [43]

das Schwarze Loch im Zentrum der Milchstraße infrage. In Abb. 6.45 sind diese γ-Blasen dargestellt.

Bei Energien oberhalb von etwa 100 GeV werden die Photonenflüsse jedoch so gering, dass man zu anderen Nachweistechniken übergehen muss, da hinreichend große Apparaturen nicht mehr in Satelliten untergebracht werden können. Hier spielt vor allem der Nachweis über die atmosphärische Cherenkov-Technik eine besondere Rolle.

Hier tragen die abbildenden Cherenkov-Teleskope wie H.E.S.S. (High Energy Stereoscopic System) in Namibia, MAGIC (Major Atmospheric Gamma-Ray Imaging Cherenkov Telescopes, s. Abb. 6.49) auf La Palma und VERITAS (Very Energetic Radiation Imaging Telescope Array System) auf dem Mount Hopkins in Arizona im TeV-Bereich wertvolle Ergebnisse bei. Diese Teleskope haben sowohl den Nord- und Südhimmel durchmustert und zahlreiche γ-Quellen im TeV-Bereich gefunden. Dabei hat H.E.S.S., das den Südhimmel beobachtet und das galaktische Zentrum im Blick hat, verständlicherweise die meisten Quellen entdeckt.

Das HAWC-Experiment (High-Altitude Water Cherenkov Observatory) in der Sierra Negra in der Nähe von Puebla in Mexico in einer Höhe von 4100 Metern ist ein neues bodenbasiertes Experiment in der Gammastrahlung im Messbereich von 100 GeV bis 100 TeV, das seit 2016 interessante Ergebniss liefert.

Gegenwärtig wird ein riesiges Teleskop CTA (Cherenkov Telescope Array) vorbereitet, das den gesamten Himmel mit einer Teleskopanordnung auf der Südhalbkugel (in Chile) als auch einer auf der Nordhalbkugel (auf La Palma) auf γ-Quellen im TeV-Bereich und darüber absuchen soll.

Auch das Auger-Experiment in Argentinien ist im Prinzip in der Lage, γ-Quanten mit Energien $> 10^{18}$ eV zu messen, allerdings wurden bisher noch keine γ-induzierten Ereignisse bei diesen hohen Energien gefunden.

Wenn γ-Strahlen in die Atmosphäre eintreten, erzeugen sie – wie schon im Kristallkalorimeter beschrieben – eine Kaskade von Elektronen, Positronen und γ-Quanten niedriger Energie. Dieser Schauer breitet sich überwiegend longitudinal und auch ein wenig lateral in der Atmosphäre aus (Abb. 6.46). Die Schauerteilchen erreichen jedoch bei Energien unterhalb 10^{13} eV (= 10 TeV) nicht die Erdoberfläche. Die relativistischen Elektronen und Positronen des Schauers, die alle etwa in der gleichen Richtung fliegen (der Richtung des ursprünglichen, einfallenden Photons) emittieren in der Atmosphäre neben dem isotropen Fluoreszenzlicht ein meist bläuliches Licht, das als Cherenkov-Strahlung bekannt ist. Geladene Teilchen, deren Geschwindigkeit die des Lichtes übersteigt, emittieren diese charakteristische elektromagnetische Strahlung (s. Abschn. 4.3). Da die Lichtgeschwindigkeit in der atmosphärischen Luft

$$c = c_0/n \tag{6.4.16}$$

(n – Brechungsindex der Luft; $n = 1{,}000\,273$ bei 20 °C und 1 atm) ist, emittieren Elektronen mit

$$v \geq c_0/n \tag{6.4.17}$$

Cherenkov-Licht. Dieser Grenzgeschwindigkeit von

$$v = 299\,710\,637\,\text{m/s} \tag{6.4.18}$$

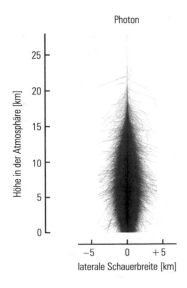

Abb. 6.46 Monte-Carlo-Simulation eines elektromagnetischen Schauers in der Atmosphäre, ausgelöst von einem Photon der Energie 10^{14} eV [44]

entspricht eine kinetische Elektronenenergie von

$$E_{\text{kin}} = E_{\text{gesamt}} - m_0 c_0^2 = \gamma m_0 c_0^2 - m_0 c_0^2$$

$$= (\gamma - 1)m_0 c_0^2 = \left(\frac{1}{\sqrt{1 - v^2/c_0^2}} - 1 \right) m_0 c_0^2$$

$$= \left(\frac{1}{\sqrt{1 - 1/n^2}} - 1 \right) m_0 c_0^2 \qquad (6.4.19)$$

$$= \left(\frac{n}{\sqrt{n^2 - 1}} - 1 \right) m_0 c_0^2 = 21{,}36\,\text{MeV}.$$

Die Erzeugung von Cherenkov-Strahlung in einer optischen Schockwelle (Abb. 6.47) ist das optische Analogon zu den bei Überschallgeschwindigkeiten auftretenden Schallschockwellen.

Auf diese Weise können die primären, energiereichen γ-Quanten – obwohl sie über ihren elektromagnetischen Schauer nicht die Erdoberfläche erreichen – über das von ihnen erzeugte Cherenkov-Licht am Erdboden registriert werden. Das Cherenkov-Licht wird unter einem charakteristischen Winkel entsprechend

$$\cos \theta_{\text{c}} = \frac{1}{n\beta} \qquad (6.4.20)$$

emittiert. Für Elektronen im Multi-GeV-Bereich ist der Öffnungswinkel des Cherenkov-Kegels mit etwa 1,4° sehr klein. Tatsächlich ist der Cherenkov-Winkel etwas kleiner

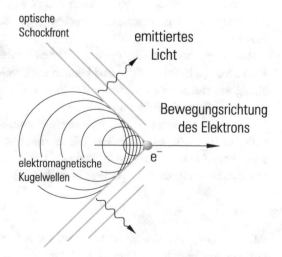

Abb. 6.47 Emission von Cherenkov-Strahlung in einer Schockwelle bei Teilchen, die sich in einem Medium mit Brechungsindex n mit Überlichtgeschwindigkeit ($v > c_0/n$) bewegen

optische Schockfront

emittiertes Licht

Bewegungsrichtung des Elektrons

e^-

elektromagnetische Kugelwellen

Abb. 6.48 Messung des
Cherenkov-Lichts von
photoneninduzierten
elektromagnetichen Kaskaden
in der Atmosphäre

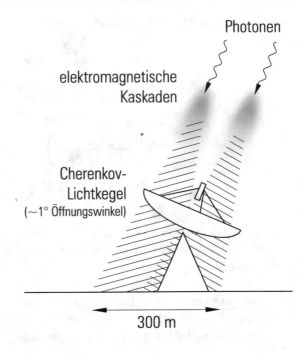

Photonen

elektromagnetische
Kaskaden

Cherenkov-
Lichtkegel
(~1° Öffnungswinkel)

300 m

($\approx 1°$), weil die Schauerteilchen in großen Höhen erzeugt werden, dort aber die Luftdichte und damit auch der Brechungsindex kleiner ist.

Ein einfacher Cherenkov-Detektor besteht also aus einem parabolischen Spiegel, der das Cherenkov-Licht auffängt, und einem Fotomultiplier, der das im Brennpunkt gesammelte Licht registriert. Abb. 6.48 zeigt das Prinzip der Photonenmessung über die atmosphärische Cherenkov-Technik. Große Cherenkov-Teleskope mit $\geq$ 10 m Spiegeldurchmesser erlauben es sogar, auch relativ niederenergetische γ-Quanten (<100 GeV) mit entsprechend geringer Schauergröße gegen den Untergrund des Nachthimmelleuchtens zu messen (s. Abb. 6.49).

Bei noch höheren Energien ($>10^{15}$ eV) erreichen die von Photonen ausgelösten Kaskaden die Erdoberfläche und können mit den Messtechniken, wie sie bei der Untersuchung ausgedehnter Luftschauer üblich sind (Teilchen-Sampling, Luft-Szintillation; vgl. Abschn. 7.4), nachgewiesen werden.

Bei diesen Energien ist es ohnehin unmöglich, größere Bereiche des Universums im γ-Licht zu erkunden. Die energiereichen primären Photonen werden durch $\gamma\gamma$-Wechselwirkungen – hauptsächlich mit den zahlreichen Photonen der 2,7-Kelvin-Schwarzkörperstrahlung – in ihrer Intensität geschwächt. Im Prozess

$$\gamma + \gamma \rightarrow e^+ + e^- \tag{6.4.21}$$

muss die doppelte Elektronenmasse im $\gamma\gamma$-Schwerpunktsystem aufgebracht werden. Für ein primäres Photon der Energie E, das mit einem Targetphoton der Energie ε unter einem Winkel θ kollidiert, ist die Schwellwertenergie

Abb. 6.49 MAGIC-Cherenkov-Teleskope auf La Palma, Spanien; Spiegeldurchmesser des größeren Teleskops: 17 m (MAGIC = Major Atmospheric Gamma-ray Imaging Cherenkov Telescope); mit freundlicher Genehmigung von Razmik Mirzoyan, MAGIC [45]

$$E_{\text{Schwelle}} = \frac{2m_e^2}{\varepsilon(1 - \cos\theta)}. \tag{6.4.22}$$

Für einen zentralen Stoß ($\theta = 180°$) und eine typische Schwarzkörperphotonenenergie von $\varepsilon \approx 250\,\mu\text{eV}$ wird

$$E_{\text{Schwelle}} \approx 10^{15}\,\text{eV}. \tag{6.4.23}$$

Der Wirkungsquerschnitt wächst oberhalb der Schwelle schnell an, erreicht ein Maximum von 200 mb bei der doppelten Schwellwertenergie und fällt dann wieder. Für andere Energien treten weitere absorptive Prozesse mit Infrarot- und Sternenlichtphotonen, aber auch durch Wechselwirkungen mit der Radiostrahlung auf. Bei höheren Energien können die Photonen durch photonukleare Prozesse oder durch Myonpaarbildung ($\gamma\gamma \rightarrow \mu^+\mu^-$) Energie verlieren, sodass entfernte Bereiche des Universums ($> 100\,\text{kpc}$) für hochenergetische Photonen ($> 100\,\text{TeV}$) verschlossen bleiben. Photon-Photon-Wechselwirkungen bewirken also einen Horizont für γ-Astronomie, der es uns zwar noch erlaubt, die nächsten Nachbarn der lokalen Gruppe von Galaxien im hochenergetischen γ-Licht zu erkunden, für größere Entfernungen die γ-Intensität aber so stark abschwächt, dass eine sinnvolle Beobachtung unmöglich wird (vgl. Abschn. 4.6, Abb. 4.16).

Entfernte γ-Quellen, deren hochenergetische Photonen durch Schwarzkörper-, Infrarot- oder Sternenlichtphotonen absorbiert werden, können aber dennoch im Bereich $< 1\,\text{TeV}$ beobachtet werden.

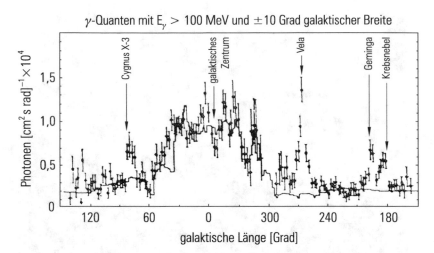

Abb. 6.50   Eine der ersten Messungen der Intensität der galaktischen γ-Strahlung für Photonenenergien > 100 MeV (Daten von SAS-2, 1972–1973) [46]

6.4.4   Beobachtung von γ-Punktquellen

Die Messung galaktischer γ-Strahlung gelang in den 1970er-Jahren mit Satellitenexperimenten. Die Ergebnisse dieser Untersuchungen (s. Abb. 6.50) zeigen klar das galaktische Zentrum, den Krebsnebel, den Vela X1 Pulsar, Cygnus X3 und Geminga als γ-Punktquellen. Spätere Satellitenmessungen mit dem Compton Gamma-Ray Observatorium (CGRO) zeigen eine Vielzahl weiterer γ-Quellen. Die vier sich an Bord dieses Satelliten befindlichen Experimente (BATSE, OSSE, EGRET, COMPTEL) decken dabei einen Energiebereich von 30 keV bis 30 GeV ab. Neben den γ-Bursts (s. Abschn. 6.4.5) wurden zudem zahlreiche galaktische Pulsare und eine Vielzahl extragalaktischer Quellen (AGN = Active Galactic Nuclei) entdeckt. Dabei fand man heraus, dass alte Pulsare ihre Rotationsenergie effizienter in Gammastrahlung umsetzen können als junge. Man vermutet, dass die beobachtete γ-Strahlung durch Synchrotronstrahlung energiereicher Elektronen in den starken Magnetfeldern der Pulsare entsteht.

Unter den entdeckten aktiven Galaxien fand man auch hochvariable Blazare (kurzzeitig extrem veränderliche Objekte mit starker Radioemission), die ihr Emissionsmaximum im Gammabereich haben, sowie Gammaquasare bei großen Rotverschiebungen ($z > 2$). Die γ-Strahlung könnte hier durch inverse Compton-Streuung energiereicher Elektronen an Photonen entstehen.

Abb. 6.51 zeigt eine vollständige Durchmusterung des γ-Himmels in galaktischen Koordinaten. Klar erkennbar ist die galaktische Scheibe mit dem galaktischen Zentrum und einigen weiteren Punktquellen. Als Punktquellen für galaktische γ-Strahlung kommen Pulsare, Doppelpulsarsysteme und Supernovae infrage. Gute Kandidaten für extragalaktische Quellen sind kompakte aktive galaktische Kerne (AGN), quasistellare Radioquellen (Quasare), Blazare und materieansammelnde Schwarze Löcher. Nach gängiger Meinung

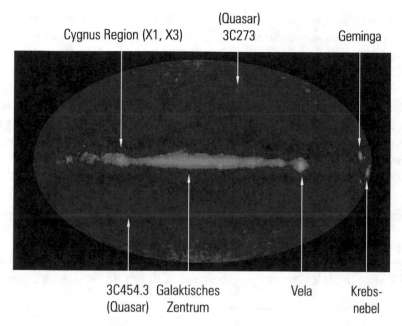

Cygnus Region (X1, X3)   (Quasar) 3C273   Geminga

3C454.3   Galaktisches   Vela   Krebs-
(Quasar) Zentrum   nebel

Abb. 6.51 Vollständige Durchmusterung des Himmels („All Sky Survey') im Lichte der γ-Strahlung mit Energien oberhalb 100 MeV (Daten des EGRET-Detektors an Bord des CGRO). Man erkennt deutlich – wenn man die Daten mit der Abb. 6.50 vergleicht – die verschiedenen Quellen, wie Cygnus X3, Vela, Geminga und den Krebsnebel sowie das galaktische Zentrum. Außerdem sind einige extragalaktische Quellen außerhalb der galaktischen Ebene zu sehen [47]

könnten Schwarze Löcher die ‚Kraftwerke' der Quasare sein. Schwarze Löcher findet man im Zentrum von Galaxien, wo sich die meiste Materie und damit genügend Nahrung für die Sättigung der alles verschlingenden Schwarzen Löcher befindet. Zwar kann aus dem Schwarzen Loch selbst keine Strahlung entkommen, aber die einstürzende Materie erhitzt sich schon vor dem Ereignishorizont so stark, dass sie intensive, energiereiche γ-Strahlung emittieren kann. Wir sehen an dieser Stelle von der Hawking-Strahlung einmal ab, die aber für die γ-Astronomie ohnehin keine Bedeutung hat, da Schwarze Löcher eine sehr niedrige ‚Temperatur' haben.

Im TeV-Bereich sind mit der Luft-Cherenkov-Technik ebenfalls Punktquellen entdeckt worden. Neben galaktischen Quellen (Krebsnebel) sind eindeutig extragalaktische Objekte, die TeV-Photonen emittieren (Markarian 421 und Markarian 501), einwandfrei identifiziert worden. Bei Markarian 421 handelt es sich um eine elliptische Galaxie mit einem hoch variablen galaktischen Kern. Die Leuchtkraft von Markarian 421 im Lichte von TeV-Photonen ist 10^{10}-mal stärker als die des Krebsnebels, wenn man isotrope Emission voraussetzt. Man nimmt an, dass diese Galaxie von einem massiven Schwarzen Loch gespeist wird, das von seinen Polen Jets relativistischer Teilchen aussendet. Es könnte sein, dass diese etwa 400 Millionen Lichtjahre entfernte Galaxie die hochenergetischen Teilchenstrahlen – und damit auch den Photonenstrahl – genau in Richtung Erde emittiert.

Die höchsten γ-Energien aus kosmischen Quellen werden von erdgebundenen Luft-schauerexperimenten, aber auch von Luft-Cherenkov-Teleskopen gemessen. Dabei hat es sich eingebürgert, den Krebsnebel, der bis 100 TeV emittiert, als Standardkerze anzu-sehen. Die in diesem Energiebereich gefundenen Quellen zeichnen sich durch extreme Variabilität aus. Dabei scheint die Röntgenquelle Cygnus X3 eine besondere Rolle zu spielen. Mitte der 1980er-Jahre wurde γ-Strahlung von dieser Quelle mit Energien bis 10^{16} eV (10 000 TeV) entdeckt. Diese höchstenergetischen γ-Quanten zeigten die gleiche Veränderlichkeit (Periode 4,8 Stunden) wie die Röntgenstrahlung des Objekts. Aller-dings ist der Ausbruch dieser Quelle bisher einmalig geblieben. Dieser spektakuläre γ-Strahlenausbruch wurde aber nie durch andere Experimente eindeutig bestätigt.

Neben der Untersuchung kosmischer Quellen im Lichte hochenergetischer γ-Strahlung wird auch der Himmel nach γ-Quanten bestimmter fester Energie durchmustert. Diese Linien-γ-Strahlung deutet auf radioaktive Isotope, die bei der Nukleosynthese in Super-novaexplosionen synthetisiert werden, hin. So ließ sich zweifelsfrei nachweisen, dass in der Supernova 1987A in der Großen Magellan'schen Wolke der Positronenstrahler ^{56}Ni erzeugt wurde, der mit einer Halbwertszeit von 6,1 Tagen in ^{56}Co zerfiel. Der auf das

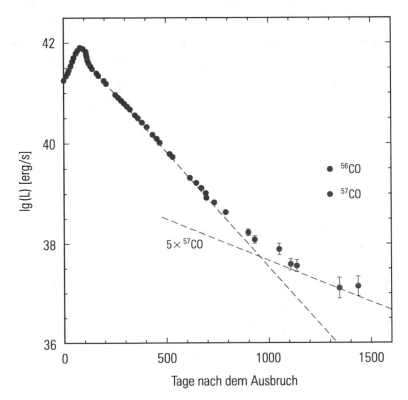

Abb. 6.52 Die bolometrisch gemessene Lichtkurve der SN 1987A. Die gestrichelten Geraden ent-sprechen einer Konversion von ^{56}Co und – mit geringerer Intensität – von ^{57}Co in den optischen, infraroten und ultravioletten Spektralbereich [48]

Helligkeitsmaximum folgende exponentielle Helligkeitsabfall ist auf den radioaktiven Zerfall des Folgeprodukts ^{56}Co zum stabilen ^{56}Fe mit einer Halbwertszeit von 77,1 Tagen zurückzuführen (s. Abb. 6.52).

Interessante Ergebnisse werden auch von der Durchmusterung des Himmels mit der 511 keV-Linie der e^+e^--Annihilationsstrahlung erwartet. Diese γ-Strahlung könnte ein Indiz für Antimaterie in unserer Galaxie sein. Die Beobachtung der Verteilung kosmischer Antimaterie könnte zum Verständnis beitragen, warum unsere Welt von Materie dominiert zu sein scheint.

6.4.5 γ-Burster

Kosmische Objekte, die plötzliche, einmalige kurze Ausbrüche von γ-Strahlung zeigen, wurden in den frühen 1970er-Jahren von amerikanischen Vela-Aufklärungssatelliten entdeckt, die die Einhaltung eines Abkommens über den Stopp von Kernwaffentests in der Atmosphäre überwachen sollten. Die registrierte γ-Strahlung kam aber nicht von der Erde oder aus der Atmosphäre, sondern von Quellen außerhalb der Erde und hatte deshalb mit Kernwaffenexplosionen, die ebenfalls eine Quelle von γ-Strahlung sind, nichts zu tun.

Bursts treten plötzlich und unvorhersagbar mit einer Rate von etwa einem pro Tag auf. Die Dauer des Aufblitzens ist mit Bruchteilen von Sekunden bis zu 1000 Sekunden sehr kurz. Abb. 6.53 zeigt die γ-Lichtkurve eines typischen Bursts. Innerhalb nur einer Sekunde steigt die γ-Intensität um einen Faktor von fast 10 an. Die Burster scheinen

Abb. 6.53 Lichtkurve eines
typischen γ-Bursts,
aufgenommen am 21. April
1991 [49]

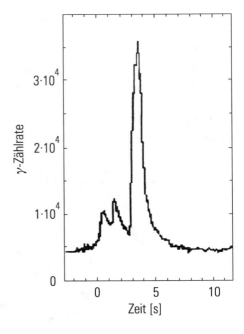

über den ganzen Himmel gleichmäßig verteilt zu sein. Wegen der kurzen Aufleuchtdauer
ist es sehr schwer, die γ-Burster mit einem bekannten Objekt zu identifizieren. Anfang 1997 ist es jedoch zum ersten Mal gelungen, einen γ-Burst mit einem schnell
schwächer werdenden Objekt im Optischen zu assoziieren. Aus der Spektralanalyse des
optischen Partners konnte geschlossen werden, dass der γ-Burster in einer Entfernung
von einigen Milliarden Lichtjahren von der Erde steht. Inzwischen gibt es zahlreiche Beobachtungen von Nachleuchtungen im Optischen. Die spektroskopische Analyse
dieser Nachleuchter lässt eine Bestimmung der Rotverschiebung und damit auch eine
Abstandsbestimmung zu.

Die Winkelverteilung der bis zum Ende der BATSE-Messzeit registrierten 2704
γ-Bursts in galaktischen Koordinaten ist in Abb. 6.54 gezeigt. Da es in dieser Darstellung keine Häufung der γ-Bursts entlang der galaktischen Ebene gibt, ist es am
einfachsten anzunehmen, dass diese exotischen Objekte in kosmologischer Entfernung stehen, d. h. extragalaktisch sind. Messungen der Intensitätsverteilungen von Bursts zeigen,
dass schwache Bursts relativ selten sind. Das legt wiederum nahe, dass die schwachen (weit entfernten) Bursts eine geringere Raumdichte haben als die starken (nahen)
Bursts.

Es ist zurzeit nicht klar, welche astrophysikalischen Objekte für diese rätselhaften
Erscheinungen verantwortlich sind. Vieles spricht dafür, dass diese Burster in extragalaktischen Entfernungen stehen. Das Defizit der schwachen Bursts in der Intensitätsverteilung
ließe sich in diesem Zusammenhang dann durch die Expansion des Universums und die

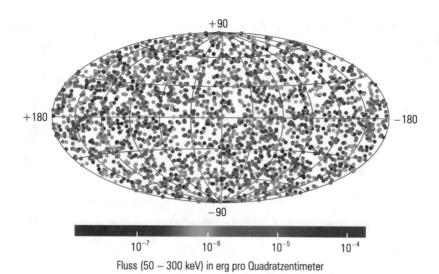

Abb. 6.54 Verteilung von 2704 γ-Bursts in galaktischen Koordinaten, registriert mit dem BATSE-Detektor an Bord des CGRO-Satelliten [50]

damit verbundene Rotverschiebung verstehen. Das würde auch erklären, dass schwächere Bursts weichere Energiespektren aufweisen.

Die Lichtkurven von γ-Bursts sind sehr unterschiedlich. Es gibt mindestens zwei Klassen von Bursts, die sich in ihrer Dauer unterscheiden. Die Population kurzer Bursts mit einer mittleren Dauer von 0,3 Sekunden ist von der der langen Bursts ($\approx$ 30 Sekunden) deutlich verschieden (s. Abb. 6.55). Man nimmt an, dass die kurzen γ-Bursts durch das

Abb. 6.55 Häufigkeitsverteilung der kurzen und langen γ-Bursts [51]

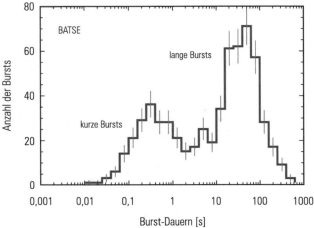

Verschmelzen zweier Neutronensterne oder einem Neutronenstern mit einem Schwarzen Loch zustande kommen. Die kurze Burstdauer weist auch darauf hin, dass die Quellen recht kompakte Objekte sein müssen. Die langen γ-Bursts könnten ihre Ursache im Kernkollaps bei Supernovaexplosionen haben und mit dem Tod von massiven Sternen zusammenhängen. Die seltenen superlangen γ-Bursts mit Burstdauern von mehr als 10 000 Sekunden könnten eventuell einer dritten Population angehören.

Im Jahr 1986 wurde eine Variante der γ-Burster gefunden. Dabei handelt es sich um Objekte, die sporadisch von derselben Quelle γ-Bursts aussenden. Die wenigen bisher bekannten quasiperiodischen γ-Burster liegen alle in unserer Galaxie oder in den nahegelegenen Magellan'schen Wolken. Die meisten dieser Objekte sind mit jungen Supernovaüberresten identifiziert worden. Die SGR-Quellen („Soft-Gamma-Ray-Repeater') scheinen über enorme Magnetfelder zu verfügen. Wenn ein solcher Magnetar sein starkes Magnetfeld rearrangiert, um einen günstigeren Energiezustand zu erreichen, kommt es gelegentlich zu einem Sternbeben, in dessen Folge γ-Blitze emittiert werden. Der am 27. August 1998 beobachtete γ-Ausbruch des Magnetars SGR-1900+14 wurde von sieben Forschungssatelliten registriert. Aus der gemessenen Verlangsamung der Rotationsperiode dieses Magnetars schließt man auf ein superstarkes Magnetfeld von 10^{11} Tesla, das die Felder normaler Neutronensterne um den Faktor 1000 übersteigt.

Mit diesen Eigenschaften werden γ-Burster gute Kandidaten für Quellen der kosmischen Strahlung. Wenn bei der Geburt oder beim Kollaps von Neutronensternen aber – wie häufig diskutiert wird – eng kollimierte Teilchenjets emittiert würden, sollten wir nur einen kleinen Bruchteil der γ-Burster sehen. Die Gesamtzahl der γ-Burster wäre dann aber hinreichend groß, um die Teilchenflüsse der kosmischen Strahlung zu erklären. Die gewaltigen, zeitabhängigen Magnetfelder wären auch in der Lage, starke elektrische Felder zu erzeugen, die kosmische Teilchen auf höchste Energien beschleunigen könnten.

6.5   Röntgenastronomie

Das Universum blinkt überall auf.

Riccardo Giacconi

6.5.1   Einleitung

Röntgenstrahlen unterscheiden sich von γ-Strahlen durch den Erzeugungsmechanismus und ihre Energie. Sie werden bei der Abbremsung von Elektronen im Coulomb-Feld von Atomkernen oder bei atomaren Übergängen in der Elektronenhülle erzeugt. Ihre Energie liegt in einem Bereich von etwa 1–100 keV. Im Gegensatz dazu werden γ-Strahlen in der Regel in der Folge von Kernumwandlungen oder bei Elementarteilchenprozessen emittiert.

Nach der Entdeckung der Röntgenstrahlung 1895 durch Wilhelm Conrad Röntgen wurden sie wegen ihrer Durchdringungskraft hauptsächlich im medizinischen Bereich eingesetzt. Röntgenstrahlen mit Energien oberhalb von 50 keV können ohne Weiteres 30 cm Gewebe durchdringen (Absorptionswahrscheinlichkeit $\approx$ 50 %). Die Atmosphäre der Erde ist jedoch zu dick, als dass die extraterrestrische Röntgenstrahlung eine Chance hätte, die Erdoberfläche zu erreichen. Im keV-Bereich, wo die meisten Röntgenquellen die höchste Leuchtkraft besitzen, beträgt die Reichweite der Röntgenstrahlen in Luft nur etwa 10 cm. Um Röntgenstrahlen von Himmelsobjekten beobachten zu können, muss man deshalb Detektoren am Rande der Atmosphäre oder im Weltraum betreiben. Dazu kommen Ballonexperimente, Raketenflüge oder Satellitenmissionen in Betracht.

Ballonexperimente können eine Flughöhe von 35 bis 40 km erreichen. Ihre Flugdauer beträgt typischerweise 20 bis 40 Stunden. In zirkumpolaren Missionen, wo die Ballons auf Kreisbahnen fliegen (z. B. am Südpol), können auch Flugzeiten von mehreren Wochen erreicht werden. In diesen Flughöhen wird aber immer noch ein beträchtlicher Teil der Röntgenstrahlung absorbiert. Ballone können daher nur Röntgenquellen mit Energien oberhalb von ca. 50 keV ohne nennenswerte Absorptionseffekte beobachten. Raketen erreichen dagegen große Flughöhen und können Röntgenquellen unbeeinflusst von Absorptionseffekten sehen. Allerdings ist deren Flugzeit mit höchstens einigen Minuten, bevor sie zur Erde zurückfallen, sehr kurz. Satelliten haben den großen Vorteil, dass sie ständig außerhalb der Atmosphäre fliegen und Beobachtungszeiten von mehreren Jahren ermöglichen.

Röntgenquellen wurden 1962 zufällig entdeckt, als eine amerikanische Rakete nach Röntgenstrahlung vom Mond suchte. Man fand keine lunare Röntgenstrahlung, dafür wurden aber extrasolare Röntgenquellen in den Sternbildern Scorpio und Sagittarius gefunden. Das war äußerst überraschend, denn es war zwar bekannt, dass unsere Sonne einen kleinen Bruchteil ihrer Energie im Röntgenbereich emittiert, man hatte aber keine Röntgenstrahlung von anderen Himmelsobjekten erwartet. Immerhin waren die nächsten Sterne einige 100 000-mal weiter entfernt als unsere Sonne, und sie hätten im Vergleich zur Sonne eine enorme Leuchtkraft im Röntgenbereich haben müssen, um mit den Detektoren

der 1960er-Jahre entdeckt werden zu können. Welcher Mechanismus die Quellen im
Scorpio und Sagittarius im Röntgenlicht so hell scheinen ließ, war also eine interessante
astrophysikalische Frage.

6.5.2 Erzeugungsmechanismen für Röntgenstrahlung

Die Quellen für Röntgenstrahlung ähneln denen der Gammastrahlungsquellen. Da das
Energiespektrum elektromagnetischer Strahlung in der Regel zu höheren Energien steil
abnimmt, gibt es zahlenmäßig mehr Röntgenquellen als Gammaquellen. Neben den
in Abschn. 6.4 über Gammaastronomie schon erwähnten Prozessen der Synchrotronstrahlung, Bremsstrahlung und inversem Compton-Effekt kommt als weiterer für Röntgenquellen spezifischer Erzeugungsmechanismus die thermische Strahlung von heißen
kosmischen Objekten in Betracht. Die Sonne mit ihrer effektiven Oberflächentemperatur
von knapp 6000 Kelvin emittiert im eV-Bereich. Quellen mit Temperaturen von einigen
Millionen Kelvin würden also Röntgenstrahlung als Schwarzkörperstrahlung aussenden.

Die beobachteten Spektren vieler Röntgenquellen zeigen meist eine steile Intensitäts-
abnahme zu sehr kleinen Energien hin, die auf Absorption durch kaltes Material in der
Sichtlinie zurückgeführt wird. Zu höheren Energien schließt sich ein Kontinuum an, das
mit einer Potenz der Energie ($\sim E^{-\gamma}$) oder exponentiell abfällt, je nachdem, welches
der dominierende Produktionsmechanismus für Röntgenstrahlung ist. Quellen, in denen relativistische Elektronen Röntgenstrahlen durch Synchrotronstrahlung oder inversen
Compton-Effekt erzeugen, weisen ein Potenzspektrum wie $E^{-\gamma}$ auf. Einen exponentiellen
Abfall zu hohen Energien erhält man, wenn der thermische Prozess dominiert. Ein Bremsstrahlungsspektrum ist gewöhnlich recht flach bei kleinen Energien. In der Regel wirken
aber die verschiedenen Prozesse zusammen. Allerdings scheint nach dem gegenwärtigen
Verständnis der meisten Röntgenquellen die thermische Produktion zu dominieren. Bei
der thermischen Strahlung hat man jedoch zwei Anteile zu unterscheiden.

1. In einem heißen Gas ($\approx 10^7$ K) sind die Atome ionisiert. Elektronen des thermischen
   Gases erzeugen in einem optisch dünnen Medium (praktisch keine Selbstabsorption)
   Röntgenstrahlung durch Bremsstrahlung und durch Übergänge in atomaren Systemen.
   Der zweite Mechanismus erfordert die Existenz von Atomen, die noch mindestens
   ein gebundenes Elektron haben. Bei Temperaturen $> 10^7$ K sind jedoch die am häufigsten vorkommenden Atome, wie Wasserstoff und Helium, vollständig ionisiert,
   sodass hier die Bremsstrahlung die Hauptquelle ist. Unter Bremsstrahlung ist in diesem Zusammenhang die Emission von Röntgenstrahlung zu verstehen, die durch
   Wechselwirkung von Elektronen im Coulomb-Feld positiver Ionen des Plasmas durch
   Kontinuumsübergänge zustande kommt (‚thermische Bremsstrahlung‘). Für Energien
   $h\nu > kT$ fällt das Spektrum exponentiell wie $\mathrm{e}^{-h\nu/kT}$, ist aber fast konstant, falls
   $h\nu \ll kT$ (k: Boltzmann-Konstante). Die Annahme geringer optischer Dicke der Quelle
   führt dazu, dass Emissionsspektrum und Produktionsspektrum identisch sind.

2. Ein heißer, optisch dichter Körper erzeugt ein Schwarzkörperspektrum unabhängig vom zugrunde liegenden Produktionsprozess, weil sowohl Emissions- und Absorptionsvorgänge beteiligt sind. Deshalb würde eine optisch dichte Bremsstrahlungsquelle, die ihre eigene Strahlung auch wieder absorbiert, ein Schwarzkörperspektrum emittieren. Nach dem Planck'schen Strahlungsgesetz ist die Abstrahlung P eines schwarzen Körpers gegeben durch

$$P \sim \frac{\nu^3}{e^{h\nu/kT} - 1}. \tag{6.5.1}$$

Für hohe Energien ($h\nu \gg kT$) verhält sich P wie

$$P \sim e^{-h\nu/kT}, \tag{6.5.2}$$

während bei kleinen Energien ($h\nu \ll kT$) wegen

$$e^{h\nu/kT} = 1 + \frac{h\nu}{kT} + \cdots \tag{6.5.3}$$

das Spektrum zu niedrigen Frequenzen wie

$$P \sim \nu^2 \tag{6.5.4}$$

abfällt. Die Gesamtabstrahlung S eines heißen Körpers ist durch das Stefan-Boltzmann'sche Strahlungsgesetz gegeben,

$$S = \sigma \cdot T^4, \tag{6.5.5}$$

wobei σ die Stefan-Boltzmann-Konstante ist.

Typische Energiespektren der verschiedenen Produktionsmechanismen sind in Abb. 6.56 skizziert.

6.5.3 Nachweis von Röntgenstrahlung

Die Beobachtung von Röntgenquellen gestaltet sich schwieriger als optische Astronomie. Röntgenstrahlen lassen sich mit Linsen nicht abbilden, weil der Brechungsindex im keV-Bereich nahezu eins ist. Fallen die Röntgenstrahlen auf einen Spiegel, so werden sie absorbiert und nicht reflektiert. Für die Richtungsmessung von Röntgenstrahlen muss man deshalb zu anderen Techniken greifen. Die einfachste Methode der Richtungsbeobachtung ist die Verwendung von Spalt- oder Drahtkollimatoren, die vor einem Detektor für Röntgenstrahlung montiert werden. Dabei ist die Beobachtungsrichtung durch die Ausrichtung der Raumsonde gegeben. Durch ein solches geometrisches System werden Auflösungen von 0,5° erreicht. Durch Kopplung verschiedener Kollimatortypen erreicht man Winkelauflösungen von einer Bogenminute.

Abb. 6.56 Standard-
Röntgenspektren durch
verschiedene
Erzeugungsprozesse

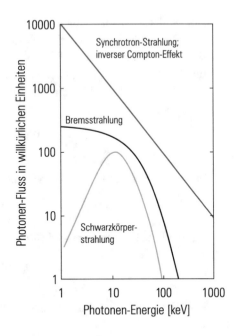

Abb. 6.57 Querschnitt durch
ein Röntgenteleskop mit
Paraboloid- und
Hyperboloidspiegeln

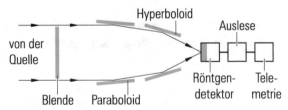

Wolter hat schon 1952 Vorschläge gemacht, wie man unter Ausnutzung der Totalreflexion Röntgenteleskope bauen könnte. Um bei streifendem Einfall Reflexion zu erhalten und Absorption und Streuung zu vermeiden, müssen die abbildenden Flächen auf 10^{-3} der optischen Wellenlänge poliert werden. Als Spiegel verwendet man ineinander geschachtelte Paraboloide oder Kombinationen von Paraboloiden und Hyperboloiden (s. Abb. 6.57).

Um durch diese Technik Abbildungen für Röntgenstrahlen im Bereich zwischen 0,5 nm und 10 nm zu erreichen, müssen die Einfallswinkel kleiner als 1,5° sein (Abb. 6.58).

Man erhält die Wellenlänge λ[nm] aus der Beziehung

$$\lambda = \frac{c}{\nu} = \frac{hc}{h\nu} = \frac{1240}{E[\text{eV}]}.\tag{6.5.6}$$

Das Spiegelsystem bildet die einfallenden Röntgenstrahlen auf einen gemeinsamen Punkt ab. Bei Röntgensatelliten verwendet man häufig mehrere auf einem fernsteuerbaren Kranz montierte Röntgendetektoren, die wahlweise in den Fokus eingeführt werden können. Mit Mehrfachspiegelsystemen erreicht man Winkelauflösungen von einer Bogensekunde.

Abb. 6.58 Winkelabhängiges
Reflexionsvermögen von
Metallspiegeln

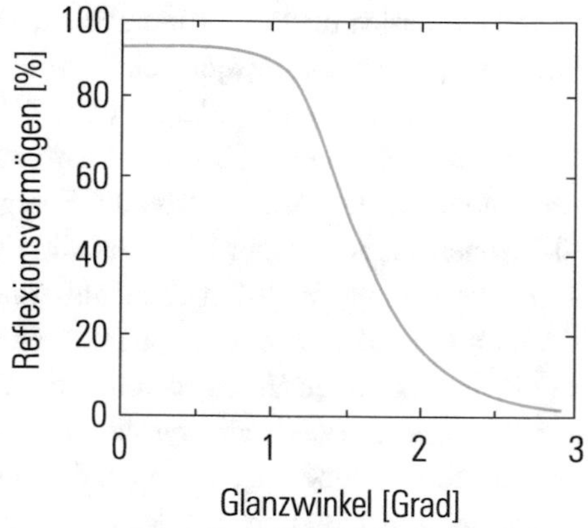

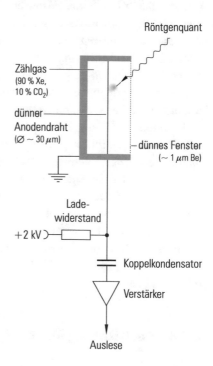

Abb. 6.59 Wirkungsweise
eines Proportionalzählers zur
Messung von
Röntgenstrahlung

Durch die Forderung des streifenden Einfalls ist die Akzeptanz von Röntgenteleskopen
allerdings stark eingeschränkt.

Als Empfänger für Röntgenstrahlen kommen Kristallspektrometer (Bragg-Reflexion),
Proportionalzähler, Fotomultiplier, Ein-Kanal-Elektronen-Vervielfacher ('Channeltrons'),
Halbleiterdetektoren oder Röntgen-CCDs (Charge-Coupled Devices) infrage.

Bei Proportionalzählern wird durch das einfallende Photon zunächst über den Fotoeffekt ein Elektron erzeugt, das in einem starken elektrischen Feld gasverstärkt wird
(Abb. 6.59).

Dabei werden im Proportionalbereich Verstärkungen von 10^3 bis 10^5 erreicht. Da der Fotoabsorptionswirkungsquerschnitt proportional zu Z^5 variiert, wählt man als Zählgas am besten ein schweres Edelgas (Xe, $Z = 54$) mit einem Löschgaszusatz. Als Eintrittsfenster werden dünne Folien ($\approx 1\,\mu$m) aus Beryllium ($Z = 4$) oder Kohlenstoff ($Z = 6$) verwendet. Da das Fotoelektron die Energie des einfallenden Photons übernimmt und die Elektronenenergie proportional verstärkt wird, misst man auf diese Weise nicht nur die Ankunftsrichtung des Röntgenquants, sondern auch dessen Energie.

Beim Fotomultiplier oder Channeltron wird das einfallende Photon zunächst auch über den Fotoeffekt in ein Elektron konvertiert. Das Elektron wird dann über ein diskretes oder kontinuierliches Elektrodensystem über Stoßionisation verstärkt. Das verstärkte Signal wird an einer Anode abgegriffen und weiterverarbeitet.

Die Energiemessung bei Röntgendetektoren basiert auf der Zahl der Ladungsträger, die durch das Fotoelektron erzeugt werden. In Gasproportionalkammern benötigt man ca. 30 eV pro Elektron-Ion-Paar. Halbleiterzähler haben die attraktive Eigenschaft, dass man nur ungefähr 3 eV zur Bildung eines Elektron-Loch-Paares benötigt. Damit wird das Energieauflösungsvermögen etwa um den Faktor $\sqrt{10}$ besser. Als Halbleitermaterialien kommen Silizium, Germanium und Galliumarsenid infrage. Aus Gründen der leichten Verfügbarkeit und wegen der günstigen Rauscheigenschaften werden meist Siliziumhalbleiterdetektoren verwendet.

Unterteilt man ein Siliziumbauteil matrixförmig in viele quadratische Elemente ('Pixel'), die elektronisch durch Potentialwälle gegeneinander abgeschirmt sind, so kann man die erzeugten Energiepositionen zeilenweise auslesen. Wegen der Ladungskopplung der Pixel ('Eimerkettenschaltung') nennt man diesen Silizium-Bild-Sensor auch Charge-Coupled Device. Kommerzielle CCDs haben bei äußeren Abmessungen von 1 cm $\times$ 1 cm und einer Dicke von 300 μm etwa 10^5 Pixel. Durch die Ladungsverschiebung im CCD können relativ hohe Zählraten verarbeitet werden. Man hat bisher Auflösungszeiten von 1 ms bis zu 100 μs erreicht. Damit werden Zählratenmessungen im kHz-Bereich möglich, was für Röntgenquellen mit einer hohen Veränderlichkeit äußerst interessant ist.

6.5.4 Beobachtung von Röntgenquellen

Die Sonne war der erste Stern, von dem Röntgenstrahlen registriert wurden. Im Bereich der Röntgenstrahlung ist die Sonne ein stark veränderlicher Stern, dessen Intensität bei starken Flares 10 000-mal größer als bei ruhiger Sonne sein kann.

Eine Vielzahl von Röntgensatelliten hat im Laufe der Zeit immer genauere Informationen über den Röntgenhimmel geliefert. Einer der ersten Satelliten mit der bis 1999 höchsten Auflösung war ein deutsch-britisch-amerikanisches Gemeinschaftsprojekt: der ROentgen SATellit ROSAT (s. Abb. 6.60). ROSAT hat Röntgenstrahlung im Bereich von 0,1 bis 2,5 keV mit einem Wolter-Teleskop mit 83 cm Durchmesser gemessen. Als Röntgendetektoren standen Vieldrahtproportionalkammern (PSPC – Position-Sensitive

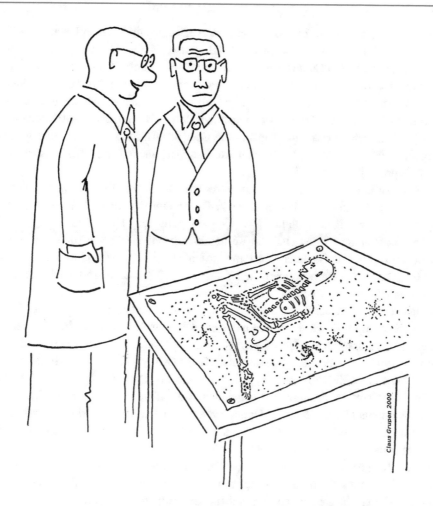

„Unsere erste Röntgenaufnahme vom Sternbild Jungfrau!"

Abb. 6.60 Bild des Röntgensatelliten ROSAT; Start 1990 mit einer Messzeit bis 1999, danach Abschaltung; Wiedereintritt in die Atmosphäre 2011 [52]

Proportional Counter) mit 25 Bogensekunden Auflösung und Kanalplattenvervielfacher (HRI – High Resolution Instrument) mit 5 Bogensekunden Auflösung zur Verfügung. Nachdem eines der PSPCs aus Versehen in die Sonne geblickt hatte und damit dauerhaft geblendet wurde und bei der zweiten PSPC nach ca. 4 Jahren Messzeit der Gasvorrat verbraucht war, stand für den Rest der Messzeit nur noch der Kanalplattenverstärker als Detektor zur Verfügung. ROSAT hatte gegenüber den früheren Röntgensatelliten eine viel höhere geometrische Akzeptanz, Winkel- und Energieauflösung und ein enorm gesteigertes Signal-Rausch-Verhältnis: Pro Winkel-Auflösungselement war die Hintergrundrate nur 1 Ereignis pro Tag.

ROSAT hat in einer Himmelsdurchmusterung etwa 130 000 Röntgenquellen entdeckt. Zum Vergleich: Das davor geflogene Einstein-Observatorium HEAO (High Energy Astronomy Observatory) hatte lediglich 840 Quellen gefunden. Die zahlenmäßig stärksten Klassen von Röntgenquellen sind die Kerne aktiver Galaxien ($\approx$ 65 000) und normale Sterne ($\approx$ 50 000). Von Galaxien-Clustern wurden ca. 13 000 und von normalen Galaxien etwa 500 gefunden. Supernovaüberreste bilden mit ca. 300 identifizierten Röntgenquellen die kleinste Klasse von Objekten.

Im Jahr 1999 wurde der Röntgensatellit AXAF (Advanced X-ray Astrophysics Facility) erfolgreich gestartet. Er wurde zu Ehren des indisch-amerikanischen Astrophysikers Subrahmanyan Chandrasekhar in Chandra umbenannt. Mit Chandra (s. Abb. 6.61) und dem im Dezember 1999 gestarteten Röntgensatelliten XMM (X-ray Multi-Mirror Mission; im Jahr 2000 umbenannt in XMM-Newton bzw. Newton-Observatorium; s. Abb. 6.62) erhält man zum Teil Auflösungsverbesserungen gegenüber ROSAT und erzielt weitere Erkenntnisse über die Komponenten der nicht im Optischen leuchtenden Materie. Mit verbesserten Detektoren an Bord haben die Satelliten Chandra und XMM-Newton eine Reihe von neuen und spektakulären Ergebnissen geliefert.

Der am 10. Februar 2000 nach sechsjähriger Vorbereitungszeit gestartete Röntgensatellit ASTRO-E musste allerdings aufgegeben werden, nachdem ihn die erste Stufe der Trägerrakete nicht in die für die vorgesehene Umlaufbahn erforderliche Höhe gebracht hatte. Der Satellit ist vermutlich beim Wiedereintritt in die Atmosphäre verglüht.

Abb. 6.61 Der Röntgensatellit Chandra; Start 1999, Winkelauflösung 0,5 Bogensekunden [53]

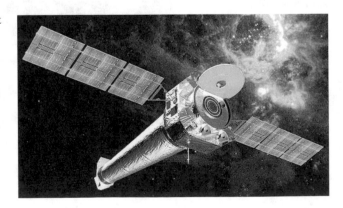

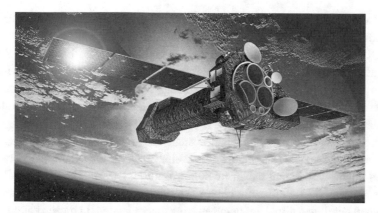

Abb. 6.62 Der Röntgensatellit XMM, umbenannt in das Newton-Observatorium; Start 1999, Winkelauflösung 6 Bogensekunden [54]

Abb. 6.63 Röntgenbild der Typ Ia Supernova SN 1572 (Tycho), aufgenommen mit dem Chandra-Teleskop [53]

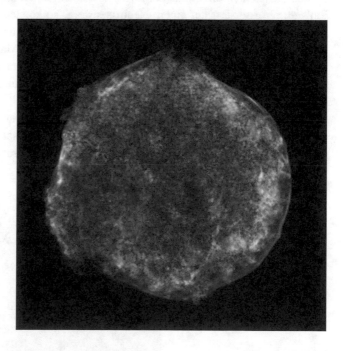

Die Supernovaüberreste (SNR – Supernova Remnants) bilden die schönsten Röntgenquellen am Himmel. Mit ROSAT konnte der Vela-Pulsar mit seiner Periode von 89 ms auch im Röntgenlicht gefunden werden. Es scheint, dass die Röntgenemission von Vela X1 zum Teil thermischen Ursprungs ist. Der Supernovaüberrest SNR 1572 der von dem dänischen Astronomen Tycho Brahe beobachteten Supernova zeigt im Röntgenlicht eine nahezu sphärisch expandierende Hülle (Abb. 6.63). Sie breitet sich mit etwa 50 km/s ins interstellare Medium aus und heizt es dabei auf einige Millionen Grad auf.

Beim Crab-Pulsar konnte man aus der Topologie der Röntgenemission verschiedene Komponenten auflösen: Der Pulsar selbst erscheint im Röntgenlicht sehr hell gegenüber einer sonst mehr diffusen Emission. Dessen Hauptkomponente besteht in einer toroidalen Konfiguration, die durch die Synchrotronstrahlung energetischer Elektronen und Positronen im Magnetfeld des Pulsars verursacht wird. Daneben treten Elektronen und Positronen entlang der Magnetfeldlinien an den Polen aus, die in einem ,helikalen Wind' Röntgenstrahlung erzeugen (s. Abb. 6.64).

Eine große Zahl von Röntgenquellen besteht aus Doppelsternen. In diesen Objekten erhält meist ein kompaktes Gebilde – ein Weißer Zwerg, ein Neutronenstern oder ein Schwarzes Loch – von einem nahen Begleiter Materie. Die zum kompakten Objekt hinüberfließende Materie bildet häufig eine Akkretionsscheibe, kann aber auch entlang von magnetischen Feldlinien direkt auf dem Neutronenstern landen. In diesen kataklysmischen Veränderlichen kann der Massentransfer vom Begleiter etwa zu einem Weißen Zwerg gerade ausreichen, um ein ständiges Wasserstoffbrennen aufrechtzuerhalten. Landet der ionisierte Wasserstoff auf einem Neutronenstern, so können auch thermonukleare Röntgenblitze auftreten. Der Wasserstoff verbrennt in einer dünnen Schicht auf der Oberfläche des Neutronensterns zunächst zu Helium. Wenn genügend Masse eingeströmt ist, kann das durch Fusion erzeugte Helium so hohe Dichten und Temperaturen erreichen, dass es zu einer weiteren explosionsartigen thermonuklearen Umwandlung des Heliums in Kohlenstoff kommt.

Die Beobachtung von thermischer Röntgenstrahlung aus Galaxien-Clustern erlaubt eine Massenbestimmung des heißen Plasmas und der gesamten gravitativen Masse des Clusters. Dabei nutzt man die Tatsache aus, dass die Temperatur ein Maß für die gravitative

Abb. 6.64 Röntgenbild des Krebsnebels, aufgenommen mit dem Chandra-Teleskop [53]

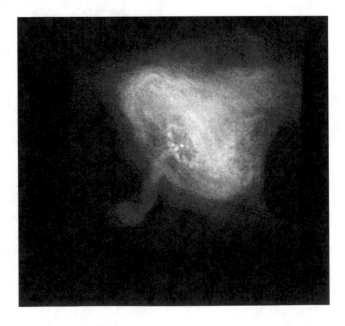

Anziehungskraft des Haufens ist. Eine hohe Gastemperatur – gekennzeichnet durch die Energie der emittierten Röntgenstrahlung – stellt über den Gasdruck eine Gegenkraft zur Schwerkraft dar und verhindert, dass das Gas in das Zentrum des Haufens stürzt. Aufgrund der Röntgenmessungen hat sich herausgestellt, dass das heiße Plasma zwischen den Galaxien des Clusters fünfmal massereicher ist als die Galaxien selbst. Die Entdeckung des Röntgenstrahlung emittierenden, massereichen, heißen Plasmas zwischen den Galaxien ist für die Kosmologie ein wichtiger Beitrag, wenn es darum geht, die Dynamik des Universums zu verstehen.

Nach dem heutigen Verständnis der Entwicklung des Universums bilden sich alle Strukturen hierarchisch aus den Objekten der jeweils darunter liegenden Stufe: Sternhaufen schließen sich zu Milchstraßen zusammen, Galaxien bilden Galaxiengruppen, die sich zu Galaxienhaufen vereinen, die wiederum Superhaufen bilden. Entferntere, d. h. jüngere, Galaxienhaufen, werden noch massereicher, während nahe Galaxienhaufen heute kaum noch wachsen. Daraus kann man schließen, dass die nahen Galaxienhaufen bereits alle Materie gravitativ eingesammelt haben. Da die Masse dieser Haufen von riesigen Gaswolken dominiert zu sein scheint, in denen die Sternsysteme wie Rosinen in einem Kuchen eingebettet sind, lässt sich aus der Röntgenstrahlen emittierenden Gasmasse eine Abschätzung der Materiedichte im Universum ableiten. Die Röntgenbeobachtungen von ROSAT legen einen Wert von nur etwa 30 % der kritischen Materiedichte des Universums nahe; d. h., danach würde das Universum ewig expandieren (s. Kap. 8).

Von den jetzt im Orbit befindlichen Satelliten hat Chandra unter anderem den Krebsnebel genau untersucht (Abb. 6.64) und dabei einen niemals zuvor gesehenen Ring um den zentralen Pulsar entdeckt. Auch konnte Röntgenstrahlung von dem supermassiven Schwarzen Loch Sagittarius A* im Zentrum der Milchstraße beobachtet werden. Die frühesten Bilder der Schockwellen von SN 1987A im Licht der Röntgenstrahlung wurden von Chandra registriert. Chandra hat auch Evidenz dafür gefunden, dass Quellen, die man für Pulsare hielt (z. B. 3C 58, ein vermuteter Supernovaüberrest in der Milchstraße) vielleicht sogar noch dichtere Objekte, wie Quarksterne sein könnten. Weiterhin deuten Chandra-Daten darauf hin, dass die Röntgenmessungen über die Kollision von Super-Clustern die Evidenz für Dunkle Materie stützen.

XMM-Newton hat durch detaillierte Röntgenspektroskopie viele Erkenntnisse über die Korona von Sternen erhalten. Durch eine sehr genaue Himmelsaufnahme im Röntgenlicht konnte die Entwicklung aktiver galaktischer Kerne im frühen Universum erforscht werden. Außerdem konnte XMM-Newton die Rotationsgeschwindigkeiten Schwarzer Löcher bestimmen. XMM-Netwon hat – genau wie Chandra – viele Supernovaexplosionen vermessen.

Abb. 6.65 zeigt eine sehr detaillierte Aufnahme der von XMM-Newton aufgenommenen Galaxie NGC 7314. NGC 7314 ist eine Spiralgalaxie im Sternbild Südlicher Fisch (Abstand 50 Millionen Lichtjahre von der Erde). Diese Galaxie wurde schon 1834 von Herschel entdeckt. Durch glückliche Umstände konnte XMM-Newton im Röntgenbild dieser Galaxie ein viel weiter entferntes Cluster finden, das nur durch die Projektion als Teil der Vordergrundgalaxie in Erscheinung trat.

Abb. 6.65 Aufnahme der
Galaxie NGC 7314 durch den
Röntgensatelliten
XMM-Newton. Durch einen
glücklichen Zufall konnte in
dieser Aufnahme das
9000 Millionen parsec
entfernte Cluster XMMU
J2235.3-2557 (in der *weißen
Box rechts oben*) identifiziert
werden [55]

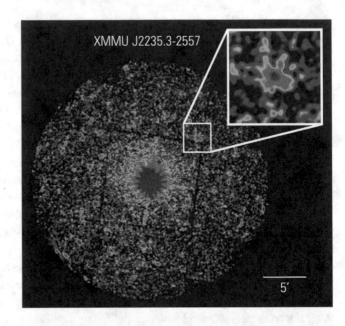

Abb. 6.66 ROSAT
Röntgenaufnahme vom Mond
[52]

Insgesamt haben schon bisher die beiden Röntgensatelliten Chandra und XMM-Newton eine Vielzahl von neuen Erkenntnissen geliefert. Das Messzeitende von XMM-Newton ist für die nähere Zukunft vorgesehen. Für Chandra wird es ähnlich sein. Bis dahin werden also noch viele weitere Daten hinzukommen.

Die schon frühzeitig entdeckte diffuse Hintergrundröntgenstrahlung besteht zum größten Teil (75 %) aus inzwischen aufgelösten extragalaktischen Quellen. Es handelt sich dabei meist um aktive galaktische Kerne und Quasare. Es könnte auch sein, dass der noch bestehende diffuse Anteil die Summe aller noch nicht aufgelösten Röntgenquellen ist.

In den Spektren vieler Röntgenquellen wird die Eisenlinie (5,9 keV) beobachtet. Das ist ein Hinweis darauf, dass entweder Eisen in Supernovaexplosionen direkt synthetisiert wird oder die Röntgenstrahlung aus älteren Quellen entstammt, deren Material schon mehrere Sterngenerationen durchlaufen hat.

Ein überraschendes Ergebnis der jüngsten Untersuchungen war, dass praktisch alle Sterne Röntgenstrahlung emittieren. Spektakulär war auch der frühe Nachweis von Röntgenstrahlung vom Mond. Der Mond emittiert diese Röntgenstrahlung aber nicht selbst. Es handelt sich hierbei um reflektierte Koronastrahlung von unserer Sonne, genauso wie der Mond auch im Optischen nicht leuchtet, sondern nur das Licht der Sonne reflektiert (Abb. 6.66).

6.6   Gravitationswellenastronomie

Vorstellungskraft ist wichtiger als Wissen, denn Wissen ist begrenzt.

Albert Einstein

Mit der Entdeckung der von Einstein vorhergesagten Gravitationswellen im Jahr 2015 hat das LIGO-Teleskop die Tür zur Gravitationswellenastronomie weit aufgestoßen. LIGO hat das Gravitationswellensignal beim Verschmelzen zweier Schwarzer Löcher mit zwei unabhängigen Michelson-Interferometern erstmals gemessen. LIGO (Advanced Laser Interferometer Gravitational Wave Observatory) mit einer Armlänge von 4 km hat schon im Zeitraum von 2002 bis 2010 nach Gravitationswellen gesucht, allerdings zunächst ohne Erfolg. Mit einer deutlichen Verbesserung des Detektorsystems wurde dann gleich in der ersten Messperiode nach der Aufrüstung der Interferometer im September 2015 ganz überraschend ein überzeugendes Signal von der Verschmelzung zweier massiver Schwarzer Löcher registriert (s. Abb. 6.67 und 6.68 [56]). Dieses Gravitationswellensignal erzeugte eine relative Längenänderung der Interferometerarme von 10^{-21}. In der gegenwärtigen Ausbaustufe ist LIGO in der Lage, Längenveränderungen der Interferometerarme von 10^{-19} Metern zu registrieren, das entspricht einem Tausendstel des Durchmessers eines Protons.

LIGO verfügt über zwei Stationen (Hanford, Washington und Livingston, Louisiana) in einem Abstand von etwa 3000 km. Mit einer Zeitverzögerung von 6,9 Millisekunden haben beide Stationen ein lehrbuchartiges Gravitationswellensignal gemessen (s. Abb. 6.68). Nach der Analyse des Messbefundes rührt das Signal von einem Binärobjekt bestehend aus zwei Schwarzen Löchern der Massen $36\,M_\odot$ und $29\,M_\odot$ her, die umeinander kreisen und sich aufgrund des Energieverlustes näherkommen und schließlich verschmelzen. Wegen

Abb. 6.67 Das Verschmelzen zweier Schwarzer Löcher, gemessen von dem Laser-Interferometer Gravitationswellen-Observatorium LIGO, gezeigt in einer Computersimulation. Fotonachweis: Caltech/MIT/LIGO Laboratory [56]

der Drehimpulserhaltung nimmt die Umlauffrequenz der beiden Schwarzen Löcher um ihren gemeinsamen Massenmittelpunkt zu, was sich auch in dem registrierten Gravitationswellensignal klar zeigt. Das Binärobjekt liegt am Südhimmel in einem Abstand von etwa 400 Mpc. Die in Gravitationswellen emittierte Energie wird zu etwa $3\, M_\odot \cdot c^2$ abgeschätzt.

Die Lokalisierung der Quelle dieses Gravitationswellensignals ist eine schwierige Angelegenheit. Aus der Zeitverzögerung von 6,9 Millisekunden in den beiden Detektorstationen lässt sich ein bestimmter Ring am Himmel lokalisieren, von dem aus das Signal erhalten wurde. Aus der Variabilität des Signals in den beiden Detektoren kann man den Entstehungsort noch weiter eingrenzen. Damit kann man den Abstand der Quelle zu 1,3 Milliarden Lichtjahren abschätzen. Das entspricht einer Entfernung noch weit außerhalb der supergalaktischen Ebene, die bei ca. 200 Millionen Lichtjahren liegt.

Es ist der Plan, LIGO um weitere Stationen in Italien (Virgo-Experiment in Pisa, seit 2017 mit höherer Empfindlichkeit messbereit) und Indien zu erweitern. Mit mehreren Stationen könnte man eine genauere Positionsbestimmung von Gravitationswellenquellen erzielen.

Das Weltraumteleskop FGST hat 0,4 Sekunden nach dem Gravitationswellensignal von LIGO klare Hinweise für eine schwache Quelle aus derselben Himmelsregion mit Gammastrahlung von oberhalb 50 keV gefunden [57]. Die Zufallswahrscheinlichkeit für diese Beobachtung ist mit 0,2 % recht klein.

Nur wenig später – noch Ende 2015 – wurde ein weiteres Gravitationswellensignal von LIGO registriert. Auch in diesem Falle handelte es sich ebenfalls um ein recht robustes Signal von zwei koaleszierenden Schwarzen Löchern, die nach einigen gemeinsamen

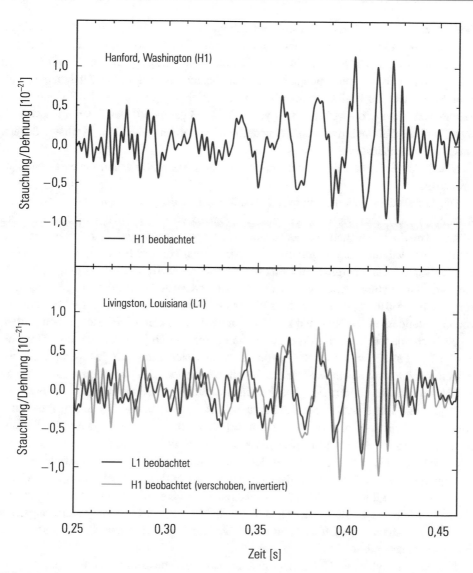

Abb. 6.68 Signale, die von den Gravitationswellendetektoren in den beiden Messstationen Hanford und Livingstone gemessen wurden. Gezeigt sind die Lichtsignale der Fotodiode im Interferenzpunkt der beiden Interferometerarme, die die Stauchungen und Dehnung der Raumzeit widerspiegeln (*oben, in Rot*: Hanford (beobachtet); *unten, in Blau*: Livingston (beobachtet) verglichen mit dem Hanford-Signal, *in Rot* (beobachtet, verschoben und invertiert)). Fotonachweis: Caltech/MIT/LIGO Laboratory [56]

Drehungen umeinander in ein Schwarzes Loch verschmolzen. Die Massen der verschmelzenden Schwarzen Löcher betrugen in diesem Fall 14 und 8 Sonnenmassen. Inzwischen gibt es seit Januar 2017 noch ein drittes Gravitationswellensignal von LIGO (31 und 19 Sonnenmassen) und noch einige weitere Kandidaten. Im August 2017 haben die Satelliten FGST und Integral Gammablitze aus der Richtung eines von LIGO und Virgo gefundenen Gravitationswellensignals von NGC 4993 gefunden. Das Gravitationswellensignal und die Gammablitze wurden anscheinend von einer gewaltigen Kollision äußerst massiver Neutronensterne ausgelöst.

Mit diesen Befunden öffnet die Gravitationswellenastronomie ein neues Fenster ins Universum.

Die Gravitationswellenastronomie ist natürlich trotzdem noch ein junger Zweig der Astronomie, der aber vielversprechende Ergebnisse über das frühe Universum liefern könnte. Gravitationswellen wurden schon 1916 von Einstein im Rahmen seiner Allgemeinen Relativitätstheorie vorhergesagt. Abgesehen von der Beobachtung von Taylor und Hulse, die den Energieverlust eines Binärsystems (PSR 1913 + 16) durch Abstrahlung von Gravitationswellen untersucht haben, und späteren ähnlichen Messungen in vergleichbaren Binärsystemen, gab es bis dahin keine direkte Evidenz für die Existenz von Gravitationswellen. Niemand zweifelte an der Richtigkeit der Einstein'schen Vorhersagen, insbesondere weil die Ergebnisse von Taylor und Hulse über den Energieverlust des binären Pulsarsystems durch Gravitationswellenabstrahlung mit den Vorhersagen der Allgemeinen Relativitätstheorie eindrucksvoll, besser als 0,1 %, übereinstimmen. Taylor und Hulse erhielten für ihre langjährigen Untersuchungen 1993 den Physiknobelpreis.

Taylor und Hulse hatten das Binärsystem PSR 1913 + 16, das aus einem Pulsar und einem Neutronenstern besteht, über einen Zeitraum von mehr als 25 Jahren beobachtet. In diesem System drehen sich zwei massive Objekte um ihren gemeinsamen Massenschwerpunkt auf elliptischen Bahnen. Die Radioemission des Pulsars wird als genaues Zeitsignal verwendet. Wenn der Pulsar und der Neutronenstern sich am stärksten annähern (Periastron), sind ihre Orbitalgeschwindigkeiten am größten und das Gravitationsfeld am stärksten. Unter diesen Bedingungen läuft die Zeit im starken Gravitationsfeld langsamer ab. Dieser relativistische Effekt kann beobachtet werden, wenn man die Ankunftszeiten der Pulsarsignale misst.

In dem von Taylor und Hulse beobachteten massiven und kompakten Pulsarsystem ändert sich die Periastronzeit an einem einzigen Tag genauso stark wie beim Planeten Merkur in einem Jahrhundert. Die Raumzeit in der Nähe dieses Systems ist also wirklich sehr stark gekrümmt.

Die Einstein'sche Theorie sagt vorher, dass das Binärsystem im Laufe der Zeit Energie verliert, indem die orbitale Rotationsenergie zum Teil in Gravitationswellenabstrahlung umgewandelt wird. Abb. 6.69 zeigt Einsteins Vorhersage der Veränderung der Periastronzeit im Vergleich zu den experimentellen Daten. Die exzellente Übereinstimmung zwischen Theorie und Experiment stellte eine gute – wenn auch indirekte – Evidenz für die Existenz von Gravitationswellen dar.

Mit der Technik der Signal-Ankunftszeit-Messung (PTA = Pulsar Timing Array) kann man zu Aussagen über einen möglichen Gravitationswellenhintergrund kommen. Dazu ist

Abb. 6.69 Beobachtete Veränderung in der Periastronzeit im binären System PSR B1913+16 während eines Zeitraumes von 30 Jahren im Vergleich zur Erwartung auf der Grundlage der Einstein'schen Allgemeinen Relativitätstheorie. Die Übereinstimmung zwischen Theorie und Experiment ist besser als 0,1 % [58]

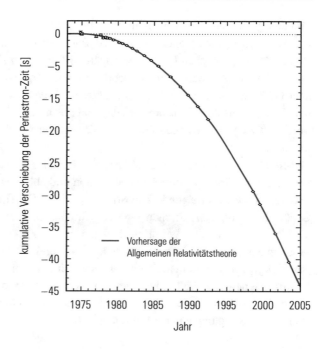

eine detaillierte Untersuchung der Ankunftszeit der vom Pulsar emittierten Signale erforderlich. Wenn eine Gravitationswelle gerade den Weg eines Photons vom Pulsar kreuzen würde, würde durch die Krümmung der Raumzeit das Timing des Pulsarsignals verändert. Mit einem solchen PTA wurden über einen Zeitraum von 11 Jahren die Signale von 24 verschiedenen Pulsaren mit dem Parkes Pulsar Timing Array beobachtet. Es wurde nichts gefunden. Wenn es einen Gravitationswellenhintergrund gäbe, hätte das Parkes Pulsar Timing Array eigentlich etwas sehen müssen.

Der direkte Nachweis von Gravitationswellen hat nun ein neues Fenster der Astronomie eröffnet, um die heftigsten und turbulentesten astrophysikalischen Vorgänge im Universum zu untersuchen. Er könnte auch zum Beispiel Aufschluss über die Prozesse liefern, in denen Dunkle Materie und Dunkle Energie involviert sind und einen Blick auf das frühe Universum werfen.

Was die direkte Messung von Gravitationswellen anlangt, war die Situation jedoch lange Zeit in gewisser Weise der Lage der Neutrinophysik in den 1950er-Jahren ähnlich. Damals zweifelte niemand an der Existenz des Neutrinos, aber es gab keine hinreichend starke Neutrinoquelle, um die Vorhersage zu testen. Nur die gerade aufkommenden Kernreaktoren waren leistungsfähig genug, um einen genügend starken Neutrinofluss (genauer Elektron-Antineutrino-Fluss) bereitzustellen. Neben der Neutrinointensität war natürlich auch der geringe Wechselwirkungsquerschnitt ein Problem.

Verglichen mit Gravitationswellen kann man die Neutrinowechselwirkung noch als ‚starke Wechselwirkung' bezeichnen. Die außerordentlich geringe Wechselwirkung von Gravitationswellen garantiert einmal, dass Gravitationswellenastronomie einen Zugang zu kataklysmischen astrophysikalischen Prozessen im Universum bietet, andererseits ihr Nachweis aber ganz besonders schwer ist. Für Neutrinos sind – energieabhängig – die meisten astrophysikalischen Quellen transparent. Bei hohen Energien werden sie aber schon wegen des mit der Energie anwachsenden Reaktionsquerschnitts zum Teil absorbiert. Weil aber Gravitationswellen eine extrem schwache Wechselwirkung mit Materie haben, können sie auch aus dem Zentrum der stärksten kosmologischen Quellen entkommen und im Vergleich zu Neutrinos auch über diese Zentren turbulenter, massiver Prozesse Aussagen machen.

Mit elektromagnetischer Strahlung kann man astrophysikalische Objekte in vielen verschiedenen Spektralbereichen beobachten und abbilden. Das liegt daran, dass die Wellenlänge der elektromagnetischen Strahlung in der Regel recht klein ist im Vergleich zur Größe der astrophysikalischen Objekte. Gravitationswellen sind Transversalwellen und kommen in zwei Polarisationszuständen vor, die sich um 45 Grad unterscheiden. Ihre Frequenzen liegen im Bereich zwischen 10^{-4} und 10^4 Hz. Damit sind ihre Wellenlängen viel größer, sodass man damit nur schwer irgendwelche Abbildungen erreichen kann. Elektromagnetische Wellen kommen dadurch zustande, dass sich zeitabhängige elektromagnetische Felder in der Raumzeit ausbreiten. Bei Gravitationswellen handelt es sich aber um Schwingungen der Raumzeit selbst.

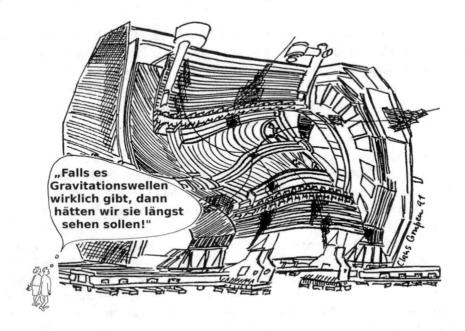

Elektromagnetische Wellen werden emittiert, wenn elektrische Ladungen beschleunigt oder abgebremst werden. Gravitationswellen werden in ähnlicher Weise erzeugt, wenn nichtsphärische Beschleunigungen einer Massen-Energie-Verteilung vorkommen. Es gibt jedoch einen fundamentalen Unterschied: Elektromagnetische Strahlung ist

Dipolstrahlung, während Gravitationswellen Quadrupolstrahlung darstellen. Entsprechend hat das Quant einer Gravitationswelle, das Graviton, den Spin $2\hbar$.

Elektromagnetische Wellen werden durch zeitabhängige Dipolmomente erzeugt, wobei ein Dipol aus einer positiven und negativen Ladung besteht. Unterschiedliche Ladungen kommen bei der Gravitation aber nicht vor, oder, die Ladung der Gravitation ist nur die positive Masse. Negative Masse gibt es nicht. Selbst Antimaterie hat dieselbe positive Masse wie gewöhnliche Materie. Das Antiproton hat exakt dieselbe Masse wie das Proton (experimentelle Grenze $|m_p - m_{\bar{p}}| < 0{,}66\,\mathrm{eV}$). Man kann also keinen oszillierenden Massendipol bilden. In einem Zweikörpersystem erzeugt eine Masse, die nach links beschleunigt wird, wegen der Impulserhaltung eine gleiche und entgegengesetzte Wirkung, die die andere Masse nach rechts beschleunigt. Für die beiden Massen mag sich der Abstand ändern, aber der Massenschwerpunkt bleibt unverändert. Deshalb gibt es kein Monopol- oder Dipolmoment, und die niedrigste Schwingungsmode der Gravitationswellen ist eine Folge eines zeitlich veränderlichen Quadrupolmomentes. Die einfachste nichtsphärische Bewegung ist die, in der eine horizontale Masse sich nach innen und eine vertikale Masse sich vertikal voneinander wegbewegen. In der gleichen Art und Weise, wie eine Verformung von Testmassen Gravitationswellen erzeugt, wird eine solche Gravitationswelle auf analoge Art eine Antenne durch eine Kompression in einer Richtung und eine Elongation in der anderen Richtung verformen (s. Abb. 6.70).

Der *Quadrupol-Charakter der Gravitationswellen* führt also zu einem Effekt wie eine Gezeitenkraft: er staucht die Antenne entlang einer Achse, während er sie entlang der anderen dehnt. Wegen der geringen Stärke der Gravitationskraft – sie ist immerhin um den Faktor 10^{-40} kleiner als die starke Wechselwirkung – wird die relative Verlängerung einer Antenne höchstens von der Größenordnung $h = 10^{-21}$ sein. Das entspricht der

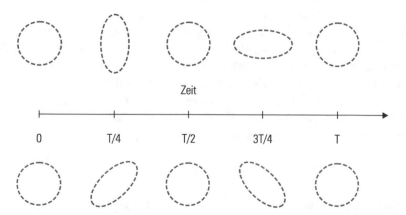

Abb. 6.70 Oszillationsmoden einer sphärischen Gravitationsantenne beim Einfall einer Gravitationswelle, die die Antenne zu Quadrupolmoden anregt. Je nach Polarisation der Gravitationswelle erfolgt die Verformung der Antenne entlang einer vertikalen Achse (*oben*, die sogenannte +-Polarisation) oder entlang einer um 45 Grad gedrehten Achse (*unten*, die sogenannte ×-Polarisation) [59]

Messung einer Raumverzerrung, die den Abstand Sonne–Erde um den Durchmesser eines Wasserstoffatoms vergrößert oder verkleinert.

"Ich konnte noch nicht einmal ein Photo machen, weil der Wagen schneller als das Licht war!"

Claus Grupen 2014

Es gibt allerdings einen Vorteil von Gravitationswellen gegenüber elektromagnetischer Strahlung: Elektromagnetische Observablen wie etwa der Energiefluss von astrophysikalischen Quellen fallen aus Raumwinkelgründen mit dem Abstand wie $1/r^2$ ab. Gravitationswellen breiten sich im Prinzip ähnlich aus wie elektromagnetische Wellen. Allerdings zeigt die Feldstärke der Gravitationswelle in der Fernzone als Abstandsverhalten nur eine $1/r$-Abhängigkeit (der Energiefluss dagegen, verhält sich genauso wie bei der elektromagnetischen Welle, nämlich wie $1/r^2$), und die Observable h für Gravitationswellen hängt aber von der Feldstärke ab. Sie variiert also nur invers linear mit dem Abstand. h wird darüber hinaus durch das zeitlich veränderliche Quadrupolmoment der Anordnung bestimmt. Bei genauer Betrachtung findet man, dass h von der zweiten zeitlichen Ableitung des Quadrupolmomentes Q der astrophysikalischen Quelle abhängt und umgekehrt proportional zum Abstand ist:

$$h \sim \frac{G}{c^4}\frac{\ddot{Q}}{r} \quad (G\text{: Newton'sche Gravitationskonstante}).$$

Eine Verbesserung der Empfindlichkeit eines Gravitationswellendetektors um einen Faktor 2 vergrößert daher das messbare Volumen, in dem Quellen für Gravitationsquellen sein könnten, um einen Faktor 8. Einerseits hat man den Nachteil, dass man mit Gravitationswellen keine genaue Abbildung astrophysikalischer Objekte erreichen kann, aber andererseits schaut man sich gleichzeitig den ganzen Himmel an; d. h., man hat einen 4π-Detektor.

Neben verschmelzenden Schwarzen Löchern stellen Supernovaexplosionen, kompakte Objekte in Mehrfachsystemen, wie etwa dem von Taylor und Hulse beobachteten Binärsystem, entstehende kompakte Objekte, Kollision von Neutronensternen und Masse ansammelnde Schwarze Löcher vielversprechende Kandidaten für die Emission von Gravitationswellen dar. Ein guter Kandidat wäre zum Beispiel die elliptische Radiogalaxie 3C 66B im Sternbild Andromeda im Abstand von 300 Millionen Lichtjahren. Die orbitale Bewegung von 3C 66B könnte darauf hindeuten, dass es sich auch hierbei um eine Binärsystem aus zwei supermassiven Schwarzen Löchern handelt.

Die Unterdrückung von Rauschen in Gravitationswellendetektoren ist das schwierigste Problem. Antennendetektoren aus großen, massiven Metallzylindern müsste man schon in großer Zahl verteilt über sehr große Abstände aufstellen, um über Koinzidenzmessungen ein Gravitationswellensignal glaubhaft nachzuweisen. Die meisten geplanten oder im Testbetrieb befindlichen Detektoren sind optische Michelson-Interferometer mit möglichst langen Messarmen, wobei man die Verlängerung oder Kompression der Arme interferometrisch misst. Solche Detektoren können auf der Erde oder im All installiert werden. Aber nur eine Koinzidenz unabhängiger Detektoren würde ein überzeugendes Signal darstellen.

Pionierarbeit auf diesem Gebiet hat J. Weber 1969 geleistet. Weber setzte als Antenne einen eineinhalb Tonnen schweren Aluminiumzylinder als Resonator für Gravitationswellen ein. Der Detektor war mit Piezosensoren bestückt, die die Verzerrungen des Zylinders messen sollten. Wegen der verschiedenen Störeffekte muss man auf jeden Fall Signale in Koinzidenz mit einem anderen Detektor in großer Entfernung suchen. Weber behauptete, solche Koinzidenzsignale über einen Abstand von 1000 km gefunden zu haben, aber seine Ergebnisse konnten nie reproduziert werden.

Die laufenden, im Bau oder in Planung befindlichen Detektoren basieren alle auf dem Prinzip der Michelson-Interferometrie. Das Interferometer GEO 600 mit einer Armlänge von 600 Metern bei Hannover ist messbereit und nimmt zurzeit Daten. Die Empfindlichkeit reicht aus, um die Brandung der Nordseewellen bei Cuxhaven zu messen; d. h., diese Wellen stören die eigentliche Messung schon sehr. Es wird nicht erwartet, dass GEO 600 wirklich Gravitationswellen messen wird. Es ist vielmehr ein Testaufbau, um die technische Machbarkeit solcher Detektoren zu untersuchen und zu verbessern.

Virgos Armlänge von 3 km wird durch Mehrfachreflexionen auf 120 km gesteigert. Das Interferometer, das in der Nähe von Pisa aufgebaut ist, hat eine gute Empfindlichkeit für Gravitationswellenfrequenzen im Bereich 10 bis 1000 Hertz und ist seit 2017 messbereit.

LISA (Laser Interferometer Space Antenna) ist ein ehrgeiziges Projekt, ein Michelson-Interferometer im Weltraum zu installieren. LISA soll eine Armlänge von 5 Millionen Kilometern haben. LISA ist ein europäisch-amerikanisches Vorhaben. Es soll aus drei Satelliten bestehen, die im Raum ein gleichseitiges Dreieck bilden. LISA sollte in der Lage sein, Gravitationswellen aller Frequenzen nachzuweisen. Eine Raumverzerrung von $h = 10^{-21}$ würde in LISA eine Verlängerung bzw. Verkürzung der Arme um etwa 5 Pikometer bewirken, das entspricht etwa dem zehnfachen Durchmesser eines Eisen*kerns*. Drei Satelliten im All in Entfernungen von einigen Millionen Kilometern auf besser als 5 pm zu installieren und stabil zu halten, ist eine große technische Herausforderung.

Wegen Haushaltskürzungen in den USA wurde diese Mission allerdings 2011 aufgegeben und durch das europäische Projekt eLISA (Evolved Laser Interferometer Space Antenna) ersetzt. Der Start von eLISA ist für 2034 vorgesehen.

Neben den genannten Anordnungen sind auch Interferometer in Japan und Australien geplant. Bei allen im Bau befindlichen Detektoren wird ständig an einer Verbesserung der Empfindlickeit gearbeitet.

Die Beobachtung von Gravitationswellen hat der Astronomie ein weiteres interessantes Fenster eröffnet. Gravitationswellen können direkt zum Urknall blicken, weil das Universum für diese Wellen transparent ist, im Gegensatz zu elektromagnetischen Wellen, für die die Frühphase des Universums verschlossen bleibt. Mit der Gravitationswellen-astronomie würde zusammen mit den schon bekannten Astronomien eine interessante Multi-Messenger-Astronomie zur Erforschung des Universums bereitgestellt werden.

Zusammenfassung

Bei den Teilchen, die aus dem Weltraum auf die Erde einfallen, handelt es sich um geladene Teilchen (Kerne und Elektronen), neutrale Teilchen (Neutrinos) und elektromagnetische Strahlung in verschiedenen Spektralbereichen (Gamma- und Rönt-genstrahlung). Alle diese Boten aus der Milchstraße und anderen Galaxien liefern unterschiedliche Informationen. Mit geladenen Teilchen kann man etwas über die che-mische Zusammensetzung der primären kosmischen Strahlung lernen. Gamma- und Röntgenstrahlung erlauben eine Identifizierung der Quellen im Hochenergiebereich, wobei man aber wegen der Absorptionseffekte im Wesentlichen nur die Oberflächen der kosmischen Quellen erforschen kann. Mit Neutrinos kann man aber in das Innere der Quellen hineinsehen, allerdings auf Kosten des schwierigen Nachweises der Neu-trinos, wofür man deshalb sehr große Detektoren benötigt. Für die fernere Zukunft wäre es auch interessant, mit Gravitationswellen Astronomie zu betreiben. Aber das ist noch ein langer Weg, auch wenn man Gravitationswellen erstmals seit 2015 aus einigen Quellen bestehend aus Binärsystemen von Schwarzen Löchern nachgewiesen hat.

Sekundäre kosmische Strahlung

Es gibt mehr Dinge zwischen Himmel und
Erde, als Ihr Euch in Eurer Schulweisheit
träumen lasst, Horatio.
Shakespeare, Hamlet

Für die Zwecke der Astroteilchenphysik ist der Einfluss der Sonne und des Erdmagnetfeldes eine Störung, die das Auffinden von Quellen der kosmischen Strahlung komplizierter macht. Die solare Aktivität führt dazu, dass ein zusätzliches solares Magnetfeld einen Teil der primären kosmischen Strahlung daran hindert, die Erde zu erreichen. Abb. 7.1 zeigt aber, dass der Einfluss der Sonne sich im Wesentlichen auf Primärteilchen mit Energien unterhalb von 10 GeV beschränkt. Der Fluss primärer kosmischer Teilchen ist also antikorreliert zur Sonnenaktivität.

Andererseits ist der Sonnenwind, dessen Magnetfeld die primäre kosmische Strahlung moduliert, selbst ein Teilchenstrom, der in Erdnähe gemessen werden kann. Die Teilchen des Sonnenwindes (überwiegend Protonen und Elektronen) sind aber niederenergetisch. Sie werden zum großen Teil vom Erdmagnetfeld in den Van-Allen-Gürteln eingefangen oder in den obersten Schichten der Erdatmosphäre absorbiert (s. Abb. 1.10). Abb. 7.2 zeigt die Flussdichten von Protonen und Elektronen in den Van-Allen-Gürteln. Der Protonengürtel erstreckt sich über Höhen von 2000 bis 13 000 km. Er enthält Teilchen mit Intensitäten bis zu $10^8/(\text{cm}^2 \text{ s})$ und Energien bis zu 1 GeV. Der Elektronengürtel besteht aus zwei Bereichen. Der innere Elektronengürtel mit Flussdichten von bis zu 10^9 Teilchen pro cm^2 und s befindet sich in einer Höhe von etwa 3000 km, während sich der äußere von etwa 15 000 km bis 25 000 km erstreckt. Der innere Bereich der Strahlungsgürtel ist symmetrisch um die Erde verteilt, während der äußere durch den Einfluss des Sonnenwindes deformiert ist.

© Springer-Verlag GmbH Deutschland 2018
C. Grupen, *Einstieg in die Astroteilchenphysik*,
https://doi.org/10.1007/978-3-662-55271-1_7

Abb. 7.1 Modulation des Primärspektrums durch den 11-Jahres-Zyklus der Sonne

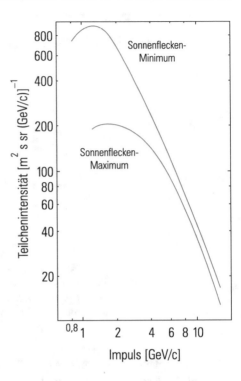

7.1   Propagation in der Atmosphäre

Wir wissen nun, dass die Welt kein deterministischer Mechanismus ist.

Nick Herbert

Die primäre kosmische Strahlung wird durch Wechselwirkungen mit den Atomkernen der atmosphärischen Luft stark modifiziert. Die Massenbelegung der Atmosphäre ist etwa $1000\,\mathrm{g/cm^2}$, entsprechend dem atmosphärischen Druck von etwa $1000\,\mathrm{hPa}$. In der Astronomie wird diese Art von Massenbelegung auch *Säulendicke* genannt. Für geneigte Richtungen steigt die Dicke der Atmosphäre allerdings stark an. Für einen Zenitwinkel von 85° ist die Massenbelegung bereits etwa $10\,000\,\mathrm{g/cm^2}$.

In Flughöhen wissenschaftlicher Ballone ($\approx$ 35–40 km) entspricht die darüberliegende Restatmosphäre nur noch einigen $\mathrm{g/cm^2}$ an Massenbelegung.

Für das Wechselwirkungsverhalten der primären kosmischen Strahlung ist die Dicke der Atmosphäre in Einheiten der charakteristischen Wechselwirkungslängen für die jeweilige Teilchensorte interessant. Die Strahlungslänge für Photonen und Elektronen in Luft ist $X_0 = 36{,}66\,\mathrm{g/cm^2}$. Die Atmosphäre ist also 27 Strahlungslängen tief. Die für Hadronen relevante Wechselwirkungslänge in Luft ist $\lambda = 90{,}0\,\mathrm{g/cm^2}$, entsprechend 11 Wechselwirkungslängen pro Atmosphäre. Das bedeutet, dass von der ursprünglichen, primären kosmischen Strahlung praktisch nichts auf Meereshöhe ankommt. Schon in Höhen von 15 bis 20 km treten die primären Teilchen in Wechselwirkungen mit der Luft und starten – je nach Energie- und Teilchensorte – elektromagnetische und/oder hadronische Kaskaden.

Abb. 7.2 Flussdichten von
Protonen und Elektronen in
den Strahlungsgürteln der Erde

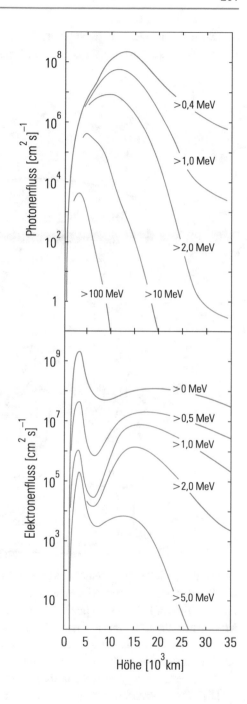

Das mit einem Ballon gemessene Impulsspektrum der einfach geladenen Komponenten der primären kosmischen Strahlung am Rande der Atmosphäre zeigt Abb. 7.3. Aufgetra-

gen ist die Teilchengeschwindigkeit $\beta = v/c$ gegenüber dem Impuls. Man erkennt deutlich die Bänder der Wasserstoffisotope und den viel geringeren Fluss primärer Antiprotonen. Auch in diesen Höhen sind über Pionenzerfälle schon einige Myonen erzeugt worden. Da Myon- und Pionmassen sehr ähnlich sind, lassen sie sich in diesem Streudiagramm nicht trennen. Man geht davon aus, dass die Antiprotonen nicht primordialen Ursprungs sind, sondern durch Wechselwirkungen im interstellaren oder interplanetaren Raum bzw. in der über dem Ballon liegenden Restatmosphäre erzeugt wurden.

Die Transformation der primären kosmischen Strahlung in der Atmosphäre zeigt Abb. 7.4. Bei nicht zu hohen Energien stellen Protonen mit ca. 85 % den größten Anteil an Primärteilchen dar. Da die Wechselwirkungslänge $90 \, \text{g/cm}^2$ beträgt, starten die primären Protonen mit der ersten Wechselwirkung etwa in der 100 mbar-Schicht

Abb. 7.3 Identifizierung der einfach geladenen Teilchen in der primären kosmischen Strahlung (gemessen in der Flughöhe eines Ballons in der Restatmosphäre von $5\,\mathrm{g/cm^2}$) [60]

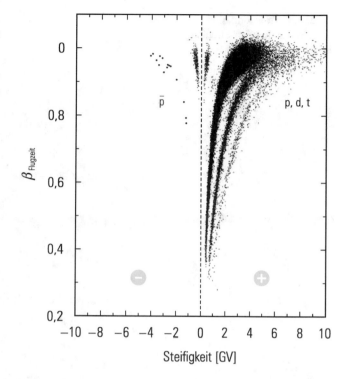

eine Hadronenkaskade. Die am häufigsten erzeugten Sekundärteilchen sind Pionen. Kaonen werden nur etwa mit einer Wahrscheinlichkeit von 10 % bis 15 % gegenüber Pionen gebildet. Die Abb. 7.5 zeigt das K/π-Verhältnis, wie es in starken Wechselwirkungen gemessen wird. Bei Schwerpunktsenergien $\sqrt{s}$ im Bereich 20 GeV bis 300 GeV ist das K/π-Verhältnis etwa konstant. Dabei entspricht eine Schwerpunktsenergie von 300 GeV einer äquivalenten Laborenergie von etwa 45 TeV bei Proton-Proton-Wechselwirkungen.

Die neutralen Pionen initiieren über ihren Zerfall ($\pi^0 \to \gamma + \gamma$) eine elektromagnetische Kaskade, deren Entwicklung durch die kürzere Strahlungslänge gegeben ist ($X_0 \approx \frac{1}{3}\lambda$). Diese Schauerkomponente wird relativ leicht absorbiert und heißt deshalb auch weiche Komponente. Geladene Pionen und Kaonen treten entweder in weitere Wechselwirkungen ein oder zerfallen.

Das Wechselspiel zwischen Zerfall und Wechselwirkungswahrscheinlichkeit ist eine Funktion der Energie. Bei gleicher Energie haben geladene Pionen (Lebensdauer 26 ns) eine kleinere Zerfallswahrscheinlichkeit als geladene Kaonen (Lebensdauer 12,4 ns). Die leptonischen Zerfälle von Pionen und Kaonen erzeugen die durchdringenden Myonen- und Neutrinokomponenten ($\pi^+ \to \mu^+ + \nu_\mu$, $\pi^- \to \mu^- + \bar{\nu}_\mu$; $K^+ \to \mu^+ + \nu_\mu$, $K^- \to \mu^- + \bar{\nu}_\mu$). Myonen können selbst zerfallen und tragen über die Zerfallselektronen zur weichen und über die Zerfallsneutrinos zur Neutrinokomponente bei ($\mu^+ \to e^+ + \nu_e + \bar{\nu}_\mu$, $\mu^- \to e^- + \bar{\nu}_e + \nu_\mu$).

Abb. 7.4 Transformation
primärer kosmischer Strahlung
in der Atmosphäre

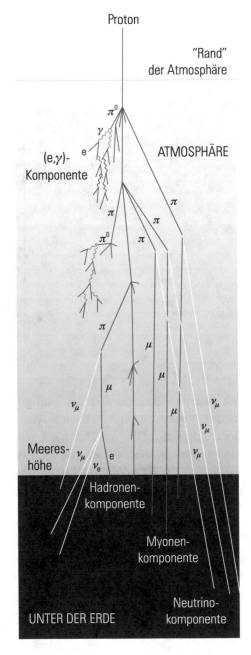

Der Energieverlust nicht zerfallender Myonen in der Atmosphäre ist gering ($\approx$ 1,8 GeV). Sie stellen mit 80 % aller geladenen Teilchen den größten Anteil auf Meereshöhe dar.

Einige, wenn auch wenige sekundäre Mesonen und Baryonen können ebenfalls bis auf Meereshöhe vordringen. Ihr Anteil ist aber gering.

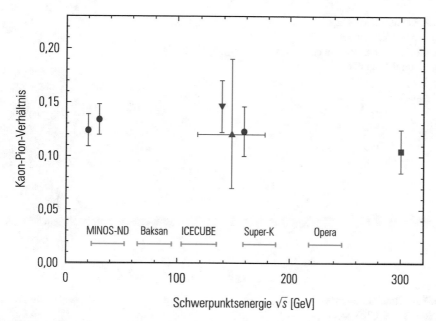

Abb. 7.5 Kaon-Pion-Verhältnis in starken Wechselwirkungen. Zusammenstellung der Ergebnisse verschiedener Experimente zur Messung des K/π-Verhältnisses. Die Daten stammen aus Proton-Proton-Wechselwirkungen und aus den Wechselwirkungen schwerer Ionen. Die typischen Schwerpunktsenergien verschiedener Experimente zur Messung von kosmischer Strahlung sind über der Abszisse angedeutet [61]

Abb. 7.6 Simulation eines
Photons von 1 TeV in der
Atmosphäre. Skala: vertikal ca.
30 km, lateral 10 km [44]

Neben der longitudinalen Entwicklung in der Atmosphäre breiten sich die Kaskaden auch lateral aus. Dabei wird die Breite der Schauer bei elektromagnetischen Kaskaden von der Vielfachstreuung bestimmt, während bei hadronischen Kaskaden die Transversalimpulse bei der Erzeugung von Sekundärteilchen die laterale Breite hauptsächlich hervorrufen. Die Abb. 7.6–7.8 zeigen den Vergleich der Schauerentwicklung

Abb. 7.7 Simulation eines
Protons von 1 TeV in der
Atmosphäre. Skala: vertikal ca.
30 km, lateral 10 km [44]

Abb. 7.8 Simulation eines
Eisenkerns von 1 TeV in der
Atmosphäre. Skala: vertikal ca.
30 km, lateral 10 km [44]

von 1 TeV-Photonen, 1 TeV-Protonen und 1 TeV-Eisenkernen in der Atmosphäre. Man erkennt deutlich das Auffächern der Hadronenkaskaden durch die Transversalimpulse von Sekundärteilchen.

Der Fluss von Protonen, Elektronen und Myonen aller Energien als Funktion der Tiefe in der Atmosphäre ist in Abb. 7.9 dargestellt. Die Absorption der Protonen kann näherungsweise durch eine Exponentialfunktion beschrieben werden.

Die über π^0-Zerfälle und nachfolgende Paarproduktion erzeugten Elektronen und Positronen erreichen in ca. 15 km Höhe ihre maximale Intensität und werden dann relativ schnell absorbiert, während der Fluss der Myonen nur relativ wenig geschwächt wird.

Abb. 7.9 Teilchenzusammensetzung
in der Atmosphäre als Funktion
der atmosphärischen Tiefe [62]

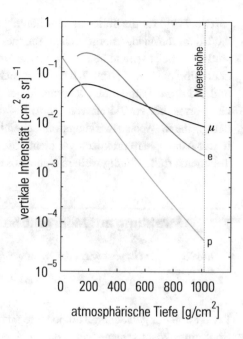

Abb. 7.10 Teilchenzusammensetzung
in der Atmosphäre als Funktion
der atmosphärischen Tiefe für
Teilchen mit Energien
> 1 GeV [62]

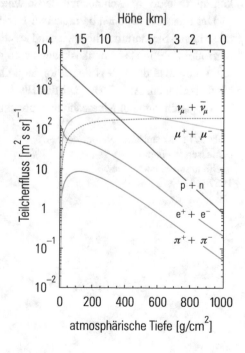

Die Werte für die Teilchenintensitäten werden wegen der Steilheit der Energiespektren natürlich von niederenergetischen Teilchen dominiert. Die niederenergetischen Teilchen sind aber meist sekundären und tertiären Ursprungs. Zählt man nur Teilchen mit Energien oberhalb von 1 GeV (Abb. 7.10), ändert sich das Bild. Die primären Nukleonen (Protonen und Neutronen) mit ihren anfangs hohen Energien dominieren über die anderen Teilchensorten bis zu Tiefen von 9 km, bis die Myonen die Oberhand gewinnen. Wegen der geringen Wechselwirkungswahrscheinlichkeit von Neutrinos werden diese Teilchen in der Atmosphäre praktisch gar nicht absorbiert. Ihr Fluss steigt monoton an, weil durch Teilchenzerfälle ständig weitere Neutrinos erzeugt werden.

7.2   Strahlung auf Meereshöhe

Ein Experiment ist eine Frage der Wissenschaft an die Natur, und eine Messung ist die Antwort der Natur.

Max Planck

Etwa 80 % der geladenen Komponente auf Meereshöhe sind Myonen. Abb. 7.11 zeigt die Spur eines kosmischen Myons, das in einem mittlerweile historischen Vielplattenfunkenkammerdetektor optisch nachgewiesen wurde.

Der Fluss der Myonen beträgt etwa 1 Teilchen pro cm^2 und Minute durch eine horizontale Fläche. Sie stammen überwiegend aus Pionzerfällen, da das Pion als leichtestes Meson in großer Zahl in Hadronenkaskaden erzeugt wird. Das Myonenspektrum auf Meereshöhe leitet sich also direkt aus dem Pionenquellspektrum her. Allerdings ergeben sich einige Modifikationen. Abb. 7.12 zeigt das Elternspektrum der Pionen am Ort ihrer Produktion im Vergleich zum auf Meereshöhe beobachteten Myonenspektrum. Das Myonenspektrum

Abb. 7.11 Kosmisches Myon, gemessen in einer Vielplattenfunkenkammer, 1957 [63]

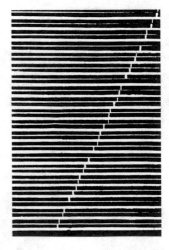

Abb. 7.12 Myonenspektrum auf Meereshöhe im Vergleich zum Elternspektrum der Pionen bei der Produktion

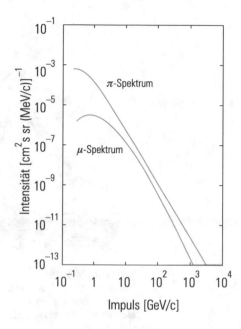

stimmt im Verlauf mit dem Pionenspektrum für Impulse zwischen 10 und 100 GeV/c gut überein. Für Energien < 10 GeV und > 100 GeV ist die Myonenintensität allerdings im Verhältnis reduziert. Bei kleinen Energien ist die Myonenzerfallswahrscheinlichkeit erhöht. Ein Myon von 1 GeV mit einem Lorentz-Faktor von $\gamma = E/m_\mu c^2 = 9{,}4$ hat eine mittlere Zerfallslänge von

$$s_\mu \approx \gamma \tau_\mu c = 6{,}2 \text{ km}. \tag{7.2.1}$$

Da die Pionen typischerweise in Höhen von 15 km erzeugt werden und vergleichsweise schnell zerfallen (für $\gamma = 10$ ist ihre Zerfallslänge nur $s_\pi \approx \gamma \tau_\pi c = 78$ m), erreichen die Zerfallsmyonen nicht die Meereshöhe, sondern zerfallen selbst in der Atmosphäre. Bei hohen Energien ändert sich der Sachverhalt. Bei Pionen von 100 GeV ($s_\pi = 5{,}6$ km entsprechend einer Säulendicke von $\kappa = 160$ g/cm^2 von der Produktionshöhe gemessen) überwiegt die Wechselwirkungswahrscheinlichkeit ($\kappa > \lambda$). Pionen dieser Energie werden also in Wechselwirkungen weitere, tertiäre Pionen erzeugen, die zwar in Myonen zerfallen, aber Myonen kleinerer Energie liefern. Daher wird das Myonenspektrum bei hohen Energien steiler als das Elternpionenspektrum.

Betrachtet man Myonen aus fast horizontalen Richtungen, so kommt noch ein weiterer Aspekt hinzu. Für große Zenitwinkel laufen die Elternteilchen der Myonen relativ lange Strecken in dünnen Schichten der Atmosphäre. Wegen der geringen Massenbelegung in großen Höhen bei geneigten Einfallsrichtungen ist aber die Zerfallswahrscheinlichkeit gegenüber der Wechselwirkungswahrscheinlichkeit erhöht, und die Pionen erzeugen im Zerfall hochenergetische Myonen.

"Sie nennen es
kosmetische Strahlung.
Es soll aber frei von
Nebenwirkungen sein."

Das Ergebnis dieser Überlegungen stimmt mit dem Messbefund überein (Abb. 7.13). Gezeigt ist das Myonenspektrum für vertikale Myonen und Myonen aus Zenitwinkeln um 75° für eine Vielzahl von Messungen. Wegen der besseren Sichtbarkeit sind die relativ steilen Spektren mit einer Potenz des Impulses ($p^{2.7}$) skaliert. Bei etwa $100\,\text{GeV}/c$ überholt das Spektrum bei 75° Zenitwinkel das vertikale Myonenspektrum. Die Intensität der Myonen aus nahezu horizontalen Richtungen bei kleinen Energien ist natürlich wegen der Zerfälle und der Absorptionseffekte in der dickeren Atmosphäre bei großen Zenitwinkeln reduziert.

Das Meereshöhenspektrum der Myonen für geneigte Richtungen wurde meist mit Festeisenimpulsspektrometern bis zu Impulsen von etwa $20\,\text{TeV}/c$ vermessen.

Die Gesamtintensität der Myonen wird jedoch von den niederenergetischen Teilchen bestimmt. Wegen der erhöhten Zerfallswahrscheinlichkeit und der stärkeren Absorption der Myonen aus geneigten Richtungen variiert die Myonenintensität auf Meereshöhe wie

$$I_\mu(\theta) = I_\mu(\theta = 0) \cdot \cos^n \theta \qquad (7.2.2)$$

für nicht zu große Zenitwinkel θ. Der Exponent der Zenitwinkelverteilung ergibt sich zu $n = 2$. Er variiert auch kaum, wenn man nur Myonen oberhalb einer festen Energie zählt.

Eine interessante Größe ist das Ladungsverhältnis der Myonen auf Meereshöhe. Da die primäre kosmische Strahlung positiv geladen ist, muss sich dieser positive Ladungsüberschuss auch auf die Myonen übertragen. Geht man davon aus, dass die primär dominanten Protonen mit den Protonen und Neutronen der Atomkerne der Luft in Wechselwirkung treten und die Multiplizität der erzeugten Pionen in der Regel nicht sehr

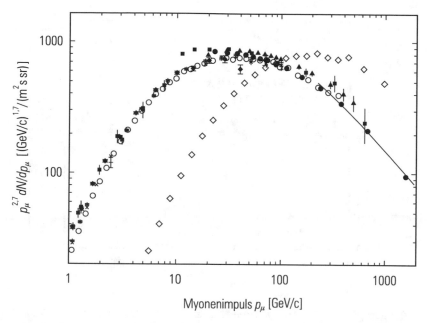

Abb. 7.13 Meereshöhenimpulsspektrum von Myonen. Die *dunklen Punkte*, die *offenen Kreise* und *Kreuze* gelten für Messungen vertikaler Myonen; die *offenen Rauten* stellen Daten für Myonen aus geneigten Richtungen (75°) dar, und die *Kurve rechts* stellt eine theoretische Beschreibung des vertikalen Myonensprektrums für Energien oberhalb $100\,\text{GeV}/(\cos\theta)$ (θ ist der Zenitwinkel) dar [62]

groß ist, lässt sich das Ladungsverhältnis N_{μ^+}/N_{μ^-} abschätzen, indem man die möglichen Ladungsaustauschreaktionen berücksichtigt:

$$p + N \rightarrow p' + N' + k\pi^+ + k\pi^- + r\pi^0,$$
$$p + N \rightarrow n + N' + (k+1)\pi^+ + k\pi^- + r\pi^0. \tag{7.2.3}$$

Dabei sind k und r die Multiplizitäten der jeweils erzeugten Teilchensorten und N ein Targetnukleon. Wenn man für diese Reaktionen gleiche Wirkungsquerschnitte annimmt, ergibt sich als Ladungsverhältnis der Pionen

$$R = \frac{N(\pi^+)}{N(\pi^-)} = \frac{2k+1}{2k} = 1 + \frac{1}{2k}. \tag{7.2.4}$$

Für kleine Energien ist $k = 2$ und damit $R = 1{,}25$. Da sich dieses Verhältnis durch den Zerfall der Pionen auf die Myonen überträgt, erwartet man für die Myonen einen ähnlichen Wert. Experimentell stellt man fest, dass das Ladungsverhältnis der Myonen über einen weiten Impulsbereich mit

$$N(\mu^+)/N(\mu^-) = 1{,}28 \tag{7.2.5}$$

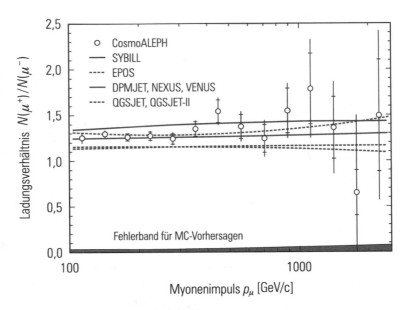

Abb. 7.14 Ladungsverhältnis von Myonen auf Meereshöhe. Die Datenpunkte vom CosmoALEPH-Experiment werden mit den Vorhersagen von verschiedenen Hadronisierungsmodellen verglichen [64]

konstant ist. Abb. 7.14 zeigt das Ladungsverhältnis der Myonen auf Meereshöhe für Energien bis 2,5 TeV. Monte-Carlo-Simulationen der meisten zurzeit gängigen Hadronisierungsmodelle beschreiben das Ladungsverhältnis relativ gut. Die Modelle SYBILL und QGSJET zeigen aber kleine Abweichungen vom experimentellen Wert des Ladungsverhältnisses. Allerdings werden die Modelle – wenn neue Daten von Beschleunigern für die Vorwärtsproduktion in Hadronenwechselwirkungen zur Verfügung stehen – ständig verbessert.

Neben den klassischen Produktionsmechanismen für Myonen durch Pion- und Kaonzerfälle können Myonen auch in semileptonischen Zerfällen charmanter Mesonen erzeugt werden (etwa $D^0 \rightarrow K^-\mu^+\nu_\mu$ und $D^+ \rightarrow \bar{K}^0\mu^+\nu_\mu$, $D^- \rightarrow K^0\mu^-\bar{\nu}_\mu$). Da diese Mesonen sehr kurzlebig sind ($\tau_{D^0} = 0,4\,\mathrm{ps}$, $\tau_{D^\pm} = 1,1\,\mathrm{ps}$), zerfallen sie nach ihrer Produktion praktisch sofort, ohne vorher selbst Wechselwirkungen einzugehen. Damit sind sie eine Quelle hochenergetischer Myonen. Da die Produktionsquerschnitte charmanter Mesonen in Proton-Nukleon-Wechselwirkungen aber klein sind, liefern D-Zerfälle nur bei sehr hohen Energien einen signifikanten Beitrag. Entsprechendes gilt für die semileptonischen Zerfälle der schwereren B-Mesonen.

Die Abb. 7.9 und 7.10 zeigten schon, dass neben Myonen auch einige Nukleonen auf Meereshöhe angetroffen werden. Diese Nukleonen sind Überbleibsel der primären kosmischen Strahlung, die allerdings durch vielfache Wechselwirkungen in ihrer Intensität und Energie reduziert sind. Etwa ein Drittel der Nukleonen auf Meereshöhe sind Neutronen. Das Proton-Myon-Verhältnis variiert mit dem Impuls der Teilchen. Bei kleinen Impulsen

($\approx 500 \, \text{MeV}/c$) misst man ein p/μ-Verhältnis von etwa 10 %, das zu höheren Impulsen abnimmt ($p/\mu \approx 2\%$ bei $1 \, \text{GeV}/c$; $p/\mu \approx 0,5\%$ bei $10 \, \text{GeV}/c$). Der Pionenfluss ist gegenüber den Protonen noch einmal, impulsabhängig, um einen Faktor von 20 bis 50 kleiner.

Neben Myonen und Protonen findet man auf Meereshöhe Elektronen, Positronen und Gammaquanten als Folge der elektromagnetischen Kaskaden in der Atmosphäre. Ein Teil der Elektronen und Positronen stammt aus Myonzerfällen. Außerdem können Elektronen durch sekundäre Wechselwirkungen von Myonen freigesetzt werden (,Knock-on-Elektronen').

Die wenigen Pionen und Kaonen, die auf Meereshöhe nachzuweisen sind, werden überwiegend in lokalen Wechselwirkungen erzeugt.

Neben den geladenen Teilchen werden bei Pion-, Kaon- und Myonzerfällen Elektron- und Myon-Neutrinos gebildet. Sie stellen insbesondere für die Neutrinoastronomie einen störenden Untergrund dar. Ein Vergleich der vertikal und horizontal erzeugten Neutrinospektren zeigt eine ähnliche Tendenz wie die der Myonenspektren. Da die Elternteilchen der Neutrinos zum Teil Pionen und Kaonen sind und deren Zerfallswahrscheinlichkeit gegenüber der Wechselwirkungswahrscheinlichkeit bei geneigten Richtungen erhöht ist, sind auch die horizontalen Neutrinospektren flacher im Vergleich zu den Spektren aus vertikalen Richtungen. Insgesamt dominieren Myon-Neutrinos, weil die ($\pi \rightarrow e\nu$)- und ($K \rightarrow e\nu$)-Zerfälle aus Helizitätsgründen stark unterdrückt sind und Pionen und Kaonen deshalb fast nur Myon-Neutrinos liefern. Nur durch den Myonzerfall werden Elektron- und Myon-Neutrinos mit gleicher Häufigkeit erzeugt. Bei hohen Energien stellen auch semileptonische Zerfälle von D- und B-Mesonen eine Quelle für Neutrinos dar.

Aufgrund dieser ,klassischen' Überlegungen liefern die integralen Neutrinospektren ein Neutrino-Flavour-Verhältnis von

$$\frac{N(\nu_\mu + \bar{\nu}_\mu)}{N(\nu_e + \bar{\nu}_e)} \approx 2. \tag{7.2.6}$$

Allerdings werden die Teilchenzahlverhältnisse der in schwachen Wechselwirkungen ,geborenen' Neutrinos durch Oszillationseffekte in der Atmosphäre modifiziert (s. Abschn. 6.3: ,Neutrinoastronomie').

7.3   Strahlung unter der Erde

Ausgestattet mit seinen fünf Sinnen erkundet der Mensch das Universum um ihn herum und nennt das Abenteuer Forschung.

Edwin Powell Hubble

Die Teilchenzusammensetzung und Energieverteilung der sekundären kosmischen Strahlung unter der Erde ist für die Neutrinoastronomie von besonderer Bedeutung. Experimente zur Neutrinoastrophysik werden normalerweise in großen Tiefen durchgeführt, um eine hinreichende Abschirmung gegen die anderen Teilchen der kosmischen Strahlung zu gewährleisten. Wegen der Seltenheit der Neutrinoereignisse stellen aber selbst niedrige Flüsse der kosmischen Reststrahlung einen störenden Untergrund dar. Auf jeden Fall ist es erforderlich, die Identität und den Fluss sekundärer kosmischer Strahlung unter der Erde genau zu kennen, um ein Signal von kosmischen Quellen von statistischen Fluktuationen oder systematischen Unsicherheiten des atmosphärischen Untergrundes zu unterscheiden.

Langreichweitige atmosphärische Myonen, durch lokal von Myonen erzeugte Sekundärteilchen und durch von atmosphärischen Neutrinos induzierte Wechselwirkungsprodukte stellen die wesentlichen Untergrundquellen dar.

Myonen erleiden einen Energieverlust durch Ionisation, direkte Elektron-Positron-Paarerzeugung, Bremsstrahlung und nukleare Wechselwirkungen. Diese Prozesse wurden in Abschn. 4.1 im Detail dargestellt. Während der Ionisationsverlust bei hohen Energien im Wesentlichen konstant ist, variieren die anderen Energieverlustprozesse linear mit der Energie des Myons,

$$-\frac{dE}{dx} = a + b \cdot E. \tag{7.3.1}$$

Der Energieverlust von Myonen als Funktion der Energie ist in Abb. 7.15 für Eisen als Targetmaterial dargestellt (vgl. auch Abb. 4.6).

Aus Gl. (7.3.1) lässt sich die Reichweite R der Myonen durch Integration berechnen:

$$R = \int_E^0 \frac{dE}{-dE/dx} = \frac{1}{b} \ln \left(1 + \frac{b}{a} E \right). \tag{7.3.2}$$

Abb. 7.15 Beiträge zum Energieverlust von Myonen in Eisen

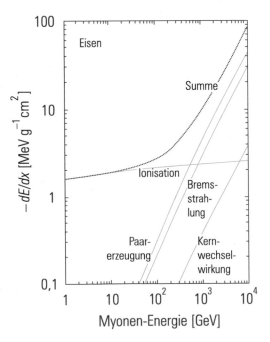

Für nicht zu große Energien ($E < 100\,\text{GeV}$) dominiert der Ionisationsverlust. Für diesen Fall ist $bE \ll a$ und damit

$$R = \frac{E}{a}. \tag{7.3.3}$$

Der Energieverlust eines minimalionisierenden Myons in der Atmosphäre ist wegen

$$\frac{\mathrm{d}E}{\mathrm{d}x} = 1{,}82\,\text{MeV}/(\text{g}/\text{cm})^2 \tag{7.3.4}$$

etwa 1,8 GeV. Im Gestein hat ein Myon der Energie 100 GeV eine Reichweite von etwa 40 000 g/cm² entsprechend 160 Metern (oder 400 Metern Wasseräquivalent). Eine Energie-Reichweiten-Beziehung für Standardfels ist in Abb. 7.16 dargestellt. Wegen des stochastischen Charakters der Myonwechselwirkungsprozesse mit großen Energieüberträgen (z. B. Bremsstrahlung) unterliegen die Myonen jedoch einer großen Reichweitenstreuung.

Aus der Kenntnis des Meereshöhenspektrums und der Energieverlustprozesse der Myonen lässt sich die Tiefen-Intensität-Beziehung bestimmen. Beschreibt man das integrale Meereshöhenspektrum durch ein Potenzgesetz

$$N(> E) = A \cdot E^{-\gamma}, \tag{7.3.5}$$

so erhält man mithilfe der Energie-Reichweiten-Beziehung (7.3.2) die Tiefen-Intensität-Beziehung

Abb. 7.16 Reichweite von Myonen im Gestein

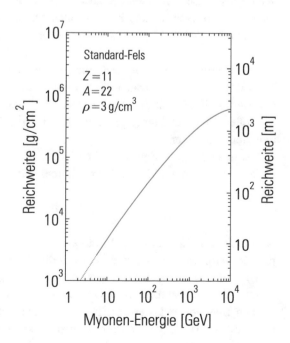

$$N(> E, R) = A \left[\frac{a}{b}(e^{bR} - 1) \right]^{-\gamma}. \tag{7.3.6}$$

Für hohe Energien ($E_\mu > 1\,\mathrm{TeV}$, $bE \gg a$) dominiert die Exponentialfunktion, und man erhält

$$N(> E, R) = A \cdot \left(\frac{a}{b} \right)^{-\gamma} e^{-\gamma bR}. \tag{7.3.7}$$

Für geneigte Richtungen nimmt die Erdschicht um $1/\cos\theta = \sec\theta$ zu (θ – Zenitwinkel), sodass man für schräg einfallende Myonen eine Tiefen-Intensität-Beziehung von

$$N(> E, R, \theta) = A \left(\frac{a}{b} \right)^{-\gamma} e^{-\gamma bR \sec\theta} \tag{7.3.8}$$

erhält. Für geringe Tiefen ergibt sich aus (7.3.6) (oder aus (7.3.3)) allerdings ein Potenzgesetz

$$N(> E, R) = A \cdot (aR)^{-\gamma}. \tag{7.3.9}$$

Die gemessene Tiefen-Intensität-Beziehung für vertikale Richtungen ist in Abb. 7.17 dargestellt. Ab Tiefen von $10\,\mathrm{km}$ Wasseräquivalent ($\approx 4000\,\mathrm{m}$ Gestein) dominieren die von atmosphärischen Neutrinos induzierten Myonen die Myonrate. Wegen der geringen Wechselwirkungswahrscheinlichkeit der Neutrinos hängt die durch diese Quelle verursachte Myonrate nicht mehr von der Tiefe ab. In großen Tiefen ($> 10\,\mathrm{km}$ W.Ä.) würde man in einem Neutrinoteleskop mit einer Sammelfläche von $100 \times 100\,\mathrm{m}^2$ und einem Raumwinkel von π immer noch eine Untergrundrate von etwa 10 Ereignissen pro Tag messen.

Die Zenitwinkelverteilungen atmosphärischer Myonen in Tiefen von 1500 und 7000 Metern Wasseräquivalent sind in Abb. 7.18 dargestellt. Für große Zenitwinkel nimmt der Fluss steil ab, weil die Dicke der darüberliegenden Erdschicht mit $1/\cos\theta$ zunimmt. In großen Tiefen und unter geneigten Richtungen dominieren deshalb die von Neutrinos induzierten Myonen.

Für nicht zu große Zenitwinkel und nicht zu große Tiefen kann die Zenitwinkelabhängigkeit des integralen Myonenflusses immer noch durch

$$I(\theta) = I(\theta = 0) \cos^n \theta \tag{7.3.10}$$

beschrieben werden (Abb. 7.19). Für große Tiefen wird der Exponent n dieser Verteilung jedoch sehr groß, sodass man dort besser die Beziehung (7.3.8) verwendet.

Die mittlere Energie der Myonen auf Meereshöhe liegt im Bereich einiger GeV. Durch Absorptionsprozesse in Gestein wird natürlich vorzugsweise die Intensität bei kleinen Energien reduziert. Deshalb steigt die mittlere Myonenenergie des Spektrums mit größerer Tiefe. Myonen hoher Energie können aber in lokalen Wechselwirkungen

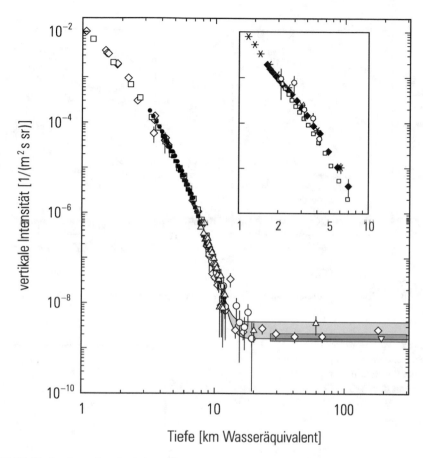

Abb. 7.17 Tiefen-Intensität-Beziehung für Myonen aus vertikalen Richtungen. Das *graue Band* bei großen Tiefen stellt den Fluss ν-induzierter Myonen mit Energien oberhalb 2 GeV dar. Die *obere Linie* gilt für horizontale ν-induzierte Myonen, die *untere* für vertikal aufwärts ν-induzierte Myonen. Die *stärkere Schattierung* bei großen Tiefen stellt Messungen vom Super-Kamiokande-Experiment dar. Der *Einsatz* zeigt die vertikale Intensitätsbeziehung für Wasser und Eis [62]

im Gestein andere Sekundärteilchen erzeugen. Da niederenergetische Myonen über ihren $(\mu \rightarrow e\nu\nu)$-Zerfall mit einer charakteristischen Zerfallszeit im Mikrosekundenbereich experimentell leicht zu identifizieren sind, gibt die Messung von stoppenden Myonen unter der Erde eine Information über lokale Produktionsprozesse. Man normiert den Fluss stoppender Myonen auf eine Detektordicke von $100\,\text{g/cm}^2$ und stellt meist das Verhältnis P von stoppenden zu durchdringenden Myonen dar (Abb. 7.20).

Ein Teil der stoppenden Myonen entsteht aus lokal erzeugten niederenergetischen Pionen, die relativ schnell in Myonen zerfallen. Da der Fluss durchdringender Myonen mit zunehmender Tiefe stark abnimmt, wird von Tiefen ab 5000 m W.Ä. das Verhältnis P von stoppenden Myonen aus Neutrinowechselwirkungen dominiert.

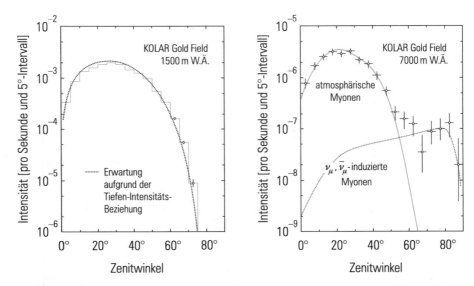

Abb. 7.18 Zenitwinkelverteilung atmosphärischer Myonen in Tiefen von 1500 und 7000 m W.Ä. [65]

Abb. 7.19 Variation des Exponenten *n* der Zenitwinkelverteilung für Myonen mit der Tiefe [66]

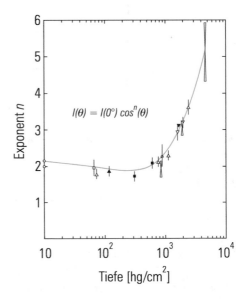

Die Kenntnis der Teilchenzusammensetzung in großen Tiefen unter der Erde stellt für die Neutrinoastrophysik eine wertvolle Information dar.

Unter der Erde werden auch die Reste ausgedehnter Luftschauer, die sich in der Atmosphäre entwickelt haben, gemessen. Da Elektronen, Positronen, γ-Quanten und Hadronen bereits in relativ dünnen Gesteinsschichten vollständig absorbiert werden, dringen nur Myonen und Neutrinos aus großen Luftschauern in große Tiefen vor. Weil der primäre Vertex des Teilchens, das den Luftschauer ausgelöst hat, in einer atmosphärischen Höhe von typisch 15 km liegt und die Sekundärteilchen bei hadronischen Kaskaden

Abb. 7.20 Verhältnis von stoppenden zu durchdringenden Myonen als Funktion der Tiefe im Vergleich zu einigen experimentellen Ergebnissen. (1) stoppende atmosphärische Myonen, (2) stoppende Myonen aus Kernwechselwirkungen, (3) fotoinduzierte stoppende Myonen, (4) neutrinoinduzierte stoppende Myonen, (5) Summe aus allen Beiträgen, [67]

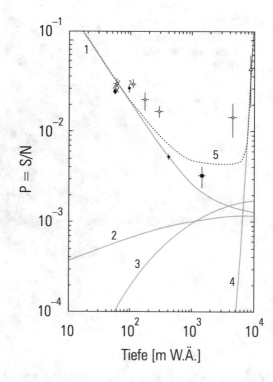

Transversalimpulse von etwa $300\,\mathrm{MeV}/c$ erhalten, entfernen sich die hochenergetischen Myonen nur wenig von der Schauerachse. Für Primärteilchen der Energie um $10^{14}\,\mathrm{eV}$ erhält man in geringen Tiefen unter der Erde laterale Versetzungen von weniger als einem Meter, aufgrund der übertragenen Transversalimpulse.

Da die Multiplizität der erzeugten Sekundärteilchen mit der Energie des auslösenden Teilchens steigt (für ein 1 TeV-Proton ist die Multiplizität geladener Teilchen für Proton-Proton-Wechselwirkungen etwa 15), kann man unter der Erde ganze Bündel von fast parallelen Myonen finden. Abb. 7.21 zeigt einen solchen Schauer mit mehr als 50 parallelen Myonen im CosmoALEPH-Experiment in einer Tiefe von 320 m W.Ä. Neben den vielen Myonen ist auch ein Knock-on-Elektron erkennbar, das von einem Myon in der zentralen Driftkammer, einer Zeitprojektionskammer, erzeugt wird und in dem transversalen Magnetfeld auf eine Kreisbahn gezwungen wird. Dagegen werden die Spuren der energiereichen Myonen trotz des 1,5 Tesla starken Magnetfeldes fast gar nicht gekrümmt.

Abb. 7.22 stellt eine relativ seltene Myonpaarerzeugung durch ein kosmisches Myon im CosmoALEPEH-Experiment dar: ein sogenannter Myon-Trident-Prozess ($\mu + N \rightarrow \mu + \mu^{+} + \mu^{-} + N$). In präzisen Monte-Carlo-Simulationen von ausgedehnten Luftschauern sollte auch diese Reaktion mit kleinem Wirkungsquerschnitt berücksichtigt werden.

Da die hochenergetischen Myonen von hochenergetischen Primärteilchen stammen und insbesondere Myonenschauer mit noch höheren Primärenergien korrelieren, könnte man versuchen, über die Ankunftsrichtungen einzelner oder multipler Myonen extraterrestrische Quellen hochenergetischer kosmischer Strahlung zu orten. Da von Cygnus X3 in einigen Experimenten [70] Photonen im Bereich bis $10^{16}\,\mathrm{eV}$ gemessen wurden, könnte

Abb. 7.21 Myonenschauer im
CosmoALEPH-Experiment
(Detektordurchmesser ca.
10 m) [68]

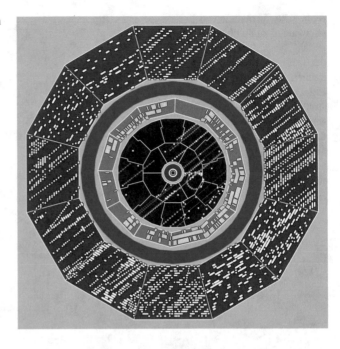

Abb. 7.22 Myonpaarerzeugung
durch ein kosmisches Myon im
CosmoALEPH-Experiment
[69]

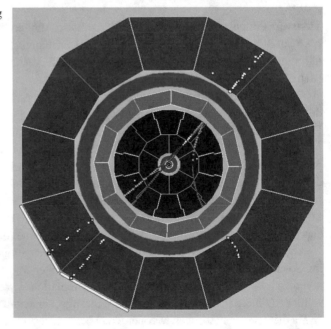

dieses Objekt auch ein Kandidat für die Beschleunigung hochenergetischer geladener primärer kosmischer Strahlung sein. Cygnus X3 ist ein ca. 33 000 Lichtjahre entferntes Röntgendoppelsternsystem aus einem superdichten Pulsar und einem Begleitstern. Die vom Begleitstern auf den Pulsar abfließende Materie sammelt sich in einer Akkretionsscheibe. Wenn offenbar Photonen hoher Energie erzeugt werden können, würde man als auslösenden Prozess den $(\pi^0 \rightarrow \gamma\gamma)$-Zerfall vermuten. Neutrale Pionen entstehen gewöhnlich in Protonenwechselwirkungen. Deshalb müsste die Quelle auch in der Lage sein, geladene Pionen zu erzeugen und über deren Zerfall Neutrinos zu emittieren. Die im Frejus-Experiment nachgewiesenen Myonen und Multimyonen geben aber keinen Hinweis darauf, dass Cygnus X3 eine starke Quelle hochenergetischer Teilchen ist. Allerdings könnten auch die Ankunftsrichtungen von primären geladenen Teilchen durch das irreguläre galaktische Magnetfeld vollkommen randomisiert worden sein.

Abb. 7.23 stellt dagegen eine *Antiquelle* von kosmischer Strahlung dar; und zwar den Schatten des Mondes im Licht von TeV-Myonen gemessen im ICECUBE-Experiment.

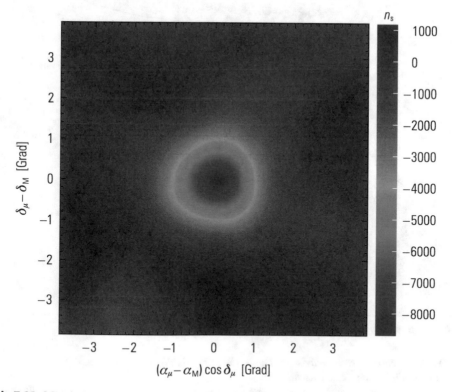

Abb. 7.23 Mondschatten, dargestellt als Defizit von kosmischer Strahlung aus der Richtung des Mondes. Da ICECUBE nur Myonen misst, ist dies ein Bild des Mondes durch fehlende TeV-Myonen. Der Mond wirkt hier als Absorber von kosmischer Strahlung. Das Defizit ist mit mehr als 6σ signifikant. Um das Bild des Mondschattens zu erhalten, benötigte ICECUBE eine Messzeit von mehr als einem Jahr [71]

Hochenergetische Myonen werden durch Wechselwirkungen primärer kosmischer Strahlung in der Erdatmosphäre erzeugt. Wegen der hohen Energie behalten die Myonen praktisch die ursprüngliche Richtung der sie auslösenden primären kosmischen Teilchen bei. Sie stellen für ICECUBE einen störenden Untergrund für die Neutrinoastronomie dar. Durch den Mond wird aber ein Teil der kosmischen Strahlung absorbiert, deshalb erwartet man ein Defizit von kosmischen Teilchen aus dieser Richtung und damit auch ein Defizit von den sonst in der Atmosphäre erzeugten Myonen.

Die Beobachtung des Mondschattens durch TeV-Myonen zeigt, dass das ICECUBE-Experiment in der Lage ist, nach kosmischen Punktquellen zu suchen. Die aus der Messung des Mondschattens abgeleitete Winkelauflösung ist etwa 0,2 Grad.

7.4   Ausgedehnte Luftschauer

Das Universum ist voller magischer Dinge, die nur geduldig darauf warten, dass sich unsere Sinne schärfen, um sie zu entschlüsseln.

Eden Phillpotts

Ausgedehnte Luftschauer sind Kaskaden, die von einem energetischen Primärteilchen eingeleitet werden und sich in der Atmosphäre entwickeln. Ein ausgedehnter Luftschauer (EAS – Extensive Air Shower) hat eine elektromagnetische, eine myonische,

Kosmischer Schauer

eine hadronische und eine Neutrinokomponente (s. Abb. 7.4). Im Luftschauer bildet sich
ein Schauerkern aus energiereichen Hadronen aus, der ständig über Wechselwirkungen
und Zerfälle Energie in die elektromagnetische und in die anderen Schauerkomponenten
injiziert. Hauptlieferant der Elektronen, Positronen und γ-Quanten ist der Zerfall neutraler Pionen, die in Kernwechselwirkungen gebildet werden und deren Zerfallsphotonen
über Paarerzeugung Elektronen und Positronen bilden. Photonen, Elektronen und Positronen leiten elektromagnetische Kaskaden über alternierende Prozesse der Paarerzeugung
und Bremsstrahlung ein. Die Myonen- und Neutrinokomponente wird durch den Zerfall
geladener Pionen und Kaonen gebildet (s. auch Abb. 7.4).

   Die Inelastizität der Hadronenwechselwirkungen liegt bei etwa 50 %, d. h., 50 % der
Primärenergie gehen in die Produktion von Sekundärteilchen. Da überwiegend Pionen erzeugt werden ($\pi : K \approx 9 : 1$) und alle Ladungszustände der Pionen (π^+, π^-, π^0) etwa
gleich häufig gebildet werden, geht ein Drittel der Inelastizität in die Bildung der elektromagnetischen Komponente. Weil aber die meisten geladenen Hadronen und auch die
in Wechselwirkungen erzeugten Hadronen mehrfach wechselwirken, wird der größte Teil
der Primärenergie schließlich in den elektromagnetischen Schauer übertragen. An der Teilchenzahl gemessen stellen also Elektronen und Positronen die Hauptkomponente dar. Die
Teilchenzahl wächst zunächst mit der Schauertiefe t parabolisch an, bis absorptive Prozesse wie Ionisation für geladene Teilchen und Compton-Streuung und Fotoeffekt für
Photonen überwiegen und den Schauer aussterben lassen.

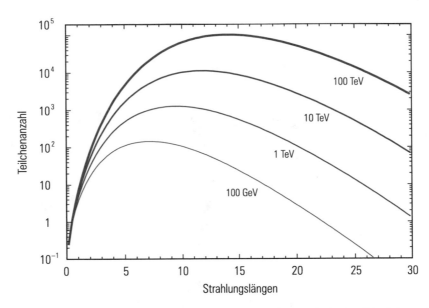

Abb. 7.24 Longitudinale Schauerentwicklung elektromagnetischer Kaskaden. Die Schauertiefe ist in Einheiten der Strahlungslänge dargestellt. Die volle Atmosphäre umfasst 27 Strahlungslängen [72]

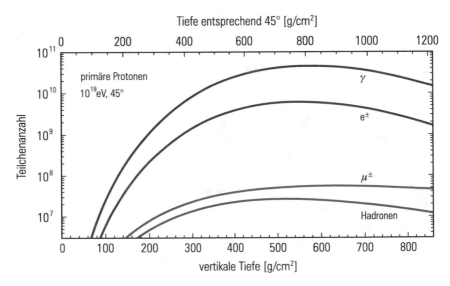

Abb. 7.25 Longitudinale Verteilung der verschiedenen Teilchensorten in einem Luftschauer der Energie 10 EeV bei einem Zenitwinkel von 45° [73]

Die Entwicklung elektromagnetischer Kaskaden ist in Abb. 7.24 für verschiedene Primärenergien dargestellt. Abb. 7.25 zeigt detailliert, wie sich für einen 10 EeV hadroninduzierten Luftschauer die verschiedenen Teilchenkomponenten in der

Atmosphäre entwickeln. Die Teilchenintensität steigt sowohl für elektromagnetische wie auch hadroninduzierte Schauer zunächst stark an, um dann nach dem Schauermaximum exponentiell abzufallen. Das longitudinale Teilchenzahlprofil für elektromagnetische Kaskaden kann durch

$$N(t) \sim t^{\alpha} e^{-\beta t} \tag{7.4.1}$$

beschrieben werden, wobei $t = x/X_0$ die Schauertiefe in Einheiten der Strahlungslänge und α und β freie Fitparameter sind. Die Position des Schauermaximums variiert nur logarithmisch mit der Primärenergie, während die Gesamtteilchenzahl linear mit der Energie wächst und deshalb zur Energiebestimmung des Primärteilchens verwendet werden kann. Man kann die Erdatmosphäre als elektromagnetisches Kalorimeter auffassen, in dem sich der ausgedehnte Luftschauer entwickelt. Die Atmosphäre ist etwa 27 Strahlungslängen tief. Damit ein Schauer auf Meereshöhe über die von ihm erzeugten Teilchen gerade noch vernünftig gemessen werden kann, muss das auslösende Teilchen mindestens eine Energie von 10^{14} eV = 100 TeV besitzen. Als sehr groben Zusammenhang zwischen der Teilchenzahl N auf Meereshöhe und der Primärenergie E_0 kann man die Abschätzung

$$E_0 = 10^{10} N, \quad E_0 \text{ in eV}, \tag{7.4.2}$$

verwenden. Nur etwa 10 % der geladenen Teilchen in einem ausgedehnten Luftschauer sind Myonen. Die Zahl der Myonen erreicht schon in 500 g/cm^2 atmosphärischer Tiefe ein relativ flaches Plateau. Ihre Anzahl wird bis Meereshöhe kaum reduziert, weil wegen ihrer relativ großen Masse (im Vergleich zu Elektronen) die Bremsstrahlungswahrscheinlichkeit gering ist und sie nur einen Teil ihrer Energie durch Ionisation verlieren. Wegen der relativistischen Zeitdilatation ist der Zerfall hochenergetischer Myonen ($E_\mu > 3$ GeV) stark unterdrückt.

Abb. 7.26 zeigt den lateralen Verlauf und die longitudinale Entwicklung der verschiedenen Komponenten eines ausgedehnten Luftschauers in der Atmosphäre für eine Primärenergie von 10^{19} eV. Die laterale Ausdehnung eines Luftschauers wird im Wesentlichen durch die übertragenen Transversalimpulse in den hadronischen Wechselwirkungen und die Vielfachstreuung niederenergetischer Schauerteilchen bestimmt. Die Myonen- und Hadronenkomponente ist dabei viel flacher als die Lateralverteilung der Elektronenkomponente (s. Abb. 7.26). Die Neutrinokomponente folgt dabei im Wesentlichen der Myonenkomponente.

Auch wenn die von Primärteilchen mit Energien unterhalb 100 TeV ausgelösten ausgedehnten Luftschauer Meereshöhe nicht erreichen, kann man sie trotzdem über das von den Schauerteilchen erzeugte Cherenkov-Licht registrieren (s. Abschn. 6.4: ‚Gammaastronomie‘). Bei höheren Energien bieten sich verschiedene Messtechniken an.

Die klassische Messtechnik für ausgedehnte Luftschauer ist die stichprobenartige Messung der Schauerteilchen auf Meereshöhe mit typisch 1 m^2 großen Szintillations- oder Wasser-Cherenkov-Zählern. Diese Technik ist in Abb. 7.27 skizziert. Im Auger-Projekt werden 1600 Sampling-Detektoren für die Messung der

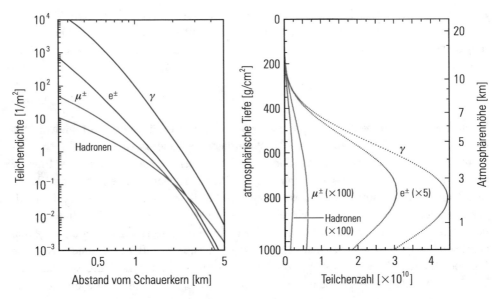

Abb. 7.26 Laterale und longitudinale Schauerprofile für vertikale protoninduzierte Schauer von 10^{19} eV, simuliert mit dem Programm CORSIKA-SIBYLL2.1. Die Lateralverteilung der Teilchen ist für eine Schauertiefe von $870\,\mathrm{g/cm^2}$, der atmosphärischen Tiefe des Auger-Experiments, für senkrechten Einfall gerechnet. Die Energieschwellen für sekundäre Schauerteilchen sind 0,25 MeV für Photonen, Elektronen und Positronen und 0,1 GeV für Myonen und Hadronen [74]

Meereshöhenkomponente ausgedehnter Luftschauer eingesetzt. Trotzdem ist die Energiebestimmung des Primärteilchens über diese Technik nicht sehr genau, weil man nur einen äußerst kleinen Teil (weniger als ein Promille) der Schauerteilchen in nur *einer* Tiefe des atmosphärischen Kalorimeters erfasst. Die Einfallsrichtung des Primärteilchens erhält man aus den Ankunftszeiten der Schauerteilchen in den Sampling-Zählern.

Viel besser wäre es, die gesamte longitudinale Entwicklung der Kaskade in der Atmosphäre zu vermessen. Das gelingt mit der Technik des ‚Fliegenauges' (Abb. 7.28). Neben der gerichteten Cherenkov-Strahlung emittieren die Schauerteilchen auch isotropes Szintillationslicht in der Atmosphäre.

Das Auger-Experiment in der argentinischen Pampa verwendet sowohl Wasser-Cherenkov-Zähler, die auf der Oberfläche aufgebaut wurden, als auch Fluoreszenzteleskope, um die longitudinale Entwicklung der Schauer zu verfolgen. Die Abb. 7.29 und 7.30 zeigen die Entwicklungen von zwei hochenergetischen Schauern, die entsprechend ihrer Energie in unterschiedlichen Tiefen in der Atmosphäre ihre Schauermaxima erreichen.

Für Teilchenenergien oberhalb 10^{17} eV ist das Fluoreszenzlicht des Stickstoffs hinreichend intensiv, um es auf Meereshöhe vor dem diffusen Hintergrund des Sternenlichts zu beobachten. Der eigentliche Detektor besteht aus einem System von Spiegeln und Fotomultipliern, die den ganzen Himmel ansehen. Ein Luftschauer, der in der Nähe eines solchen ‚Fliegenauges' die Atmosphäre durchläuft, aktiviert nur diejenigen Fotomultiplier,

„Wir fangen die kosmischen Teilchen ein und
verwenden sie zur Energieversorgung!"

durch deren Gesichtsfeld er geht. Aus den angesprochenen Fotomultipliern kann das
longitudinale Profil des Luftschauers rekonstruiert werden. Aus der insgesamt gemessenen Lichtmenge wird die Schauerenergie bestimmt. Ein solcher Detektortyp erzielt viel
genauere Energiebestimmungen, hat aber gegenüber den klassischen Luftschauerexperimenten den Nachteil, dass er nur in klaren, mondlosen Nächten betrieben werden kann.

Abb. 7.31 zeigt eine Anordnung aus einem Spiegel und einer Fotomultiplierbatterie, wie
sie für ein Fluoreszenzteleskop im Auger-Experiment eingesetzt wird. Man würde noch
eine viel größere Akzeptanz erzielen, wenn ein solcher Detektor aus einem Spiegel mit
einer Fotomultipliermatrix im Fokus des Spiegels (‚Fliegenauge') in einer Erdumlaufbahn
installiert würde (‚Air-Watch', Abb. 7.32).

Neben diesen Nachweistechniken ist auch versucht worden, Luftschauer über die
von ihnen ausgehende Radiostrahlung zu messen. Wegen des starken Untergrundes auf
vielen Wellenlängenbereichen ist eine solche Messung aber schwierig. Allerdings sind

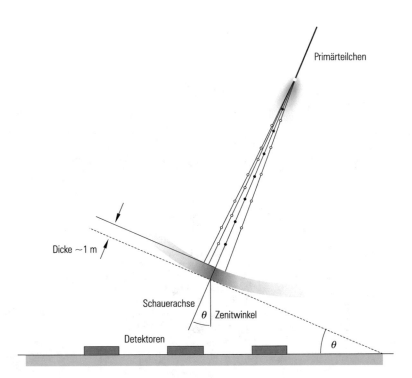

Abb. 7.27 Luftschauermessung mit Sampling-Detektoren

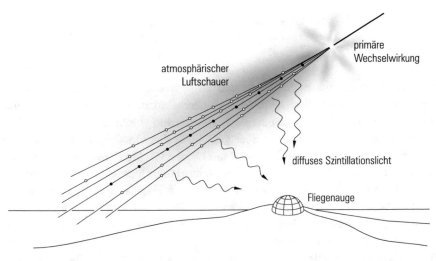

Abb. 7.28 Prinzip der Messung des Szintillationslichtes von ausgedehnten Luftschauern

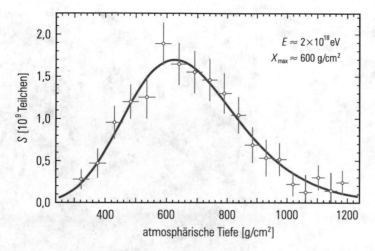

Abb. 7.29 Gemessene longitudinale Entwicklung eines Luftschauers der Energie $2 \cdot 10^{18}$ eV im Auger-Experiment. Die Tiefe des Schauermaximums liegt bei 600 g/cm² [75]

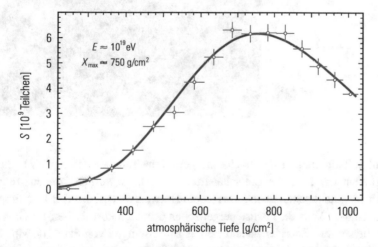

Abb. 7.30 Gemessene longitudinale Entwicklung eines Luftschauers der Energie 10^{19} eV im Auger-Experiment. Die Tiefe des Schauermaximums liegt bei 750 g/cm² [75]

einige Pionierexperimente im Frequenzbereich von 40 bis 80 MHz recht erfolgreich (s. Abschn. 7.5). Große Luftschauer in unterirdischen Experimenten über ihren Myonengehalt zu erfassen – eventuell mit einer zusätzlichen Detektoranordnung an der Oberfläche – ist eine weitere Möglichkeit.

Der Zweck der Messung ausgedehnter Luftschauer liegt neben elementarteilchenphysikalischen Aspekten in der Bestimmung der chemischen Zusammensetzung der primären kosmischen Strahlung und der Suche nach den kosmischen Beschleunigern.

Abb. 7.31 Foto des Spiegels
mit der Kamera eines Detektors
für Fluoreszenzstrahlung im
Auger-Experiment [76]

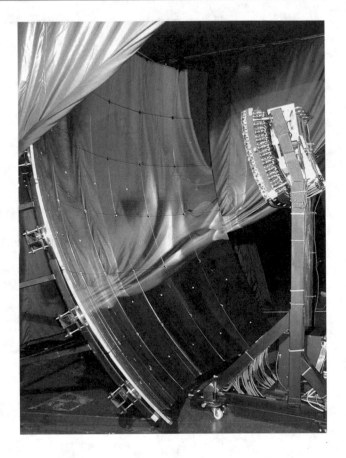

Die Ankunftsrichtungen der höchstenergetischen Teilchen ($> 10^{19}$ eV), die aus Intensitätsgründen nur über die Luftschauertechnik erfasst werden können, zeigen keine Korrelation zur galaktischen Ebene. Das ist ein Hinweis darauf, dass ihr Ursprung extragalaktisch sein muss. Wenn die höchstenergetischen primären kosmischen Teilchen Protonen sind, dann liegen ihre Energien, wenn sie aus Entfernungen von über 100 Mpc kommen, unterhalb von $6 \cdot 10^{19}$ eV. Selbst wenn ihre Ursprungsenergie viel höher wäre, würden sie durch die Fotoproduktion von Pionen an der Schwarzkörperstrahlung so lange Energie verlieren, bis sie unterhalb der Schwelle für den Greisen-Zatsepin-Kuzmin-Cut-off liegen ($\approx$ $6 \cdot 10^{19}$ eV). Protonen dieser Energie würden aber noch zu den Quellen zurückzeigen, denn galaktische und intergalaktische Magnetfelder bewirken bei diesen Energien nur Winkelverschmierungen in der Größenordnung von einem Grad. Die Unregelmäßigkeiten der Magnetfelder führen aber dazu, dass etwa Neutrinos und Photonen einerseits und Protonen andererseits aus einer entfernten Quelle nicht zur gleichen Zeit an der Erde ankommen, da die Protonentrajektorien wegen der, wenn auch kleinen magnetischen Ablenkung, länger sind. Je nach Abstand der Quelle können die Ankunftszeitverzögerungen Monate und Jahre betragen. Diese Tatsache ist von großer Bedeutung, falls γ-Burster auch in der

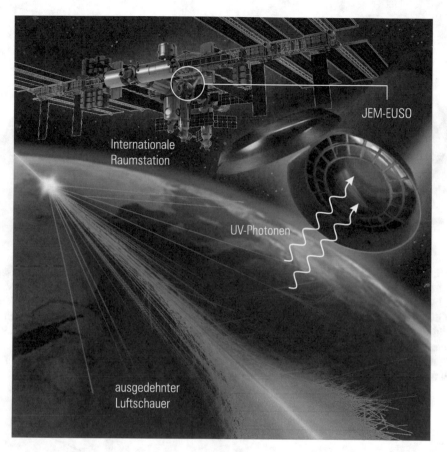

Abb. 7.32 Vorschlag für ein Experiment der Beobachtung von Luftschauern aus einer Umlaufbahn um die Erde (JEM-EUSO; Extreme Universe Space Observatory am japanischen Modul der
International Space Station), hier von der Internationalen Raumstation ISS [77]

Lage sind, höchstenergetische Teilchen zu beschleunigen und man die Ankunftszeiten der
Photonen aus γ-Bursts mit denen ausgedehnter Luftschauer korrelieren will.

Von den 27 bisher gemessenen höchstenergetischen Schauern ($>57\,$EeV) im Auger-
Experiment deutet sich eine zaghafte Häufung entlang der supergalaktischen Ebene an
(s. Abb. 7.33). Diese supergalaktische Ebene wird von dem Lokalen Supercluster, dem
Coma- und dem Virgogalaxienhaufen, dem Großen Attraktor und dem Pisces-Perseus-
Supercluster sowie der Shapley-Häufung von Galaxien gebildet. Die Tatsache, dass die
Abschwächlänge für Protonen mit Energien $> 6 \cdot 10^{19}\,$eV im intergalaktischen Raum
$\approx 50\,$Mpc ist, würde einen Ursprung im lokalen Superhaufen (maximale Ausdehnung
30 Mpc) plausibel machen. Zwei der 27 Ereignisse kommen aus der Richtung der po-
tentiellen Quelle Centaurus A. Eine Korrelation mit den in der γ-Strahlung beobachteten
Aktiven Galaktischen Kernen ist nicht erkennbar. Um gesicherte Schlussfolgerungen über

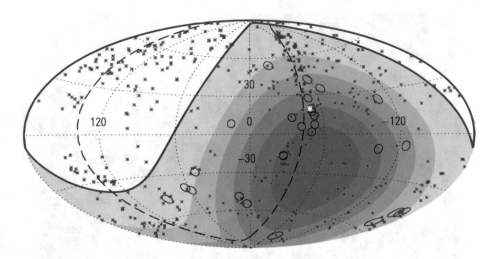

Abb. 7.33 Ankunftsrichtungen der 27 höchstenergetischen vom Auger-Experiment gemessenen Luftschauer in galaktischen Koordinaten. Die Energien der Schauer sind größer als 57 EeV. Sie sind als Kreise dargestellt. Gleichzeitig sind die Positionen von 471 Aktiven Galaktischen Kernen (AGNs) innerhalb von 75 Mpc als *rote Sterne* ∗ angegeben. Die *blaue Region* definiert – je nach Expositionszeit – das Gesichtsfeld des Auger-Experiments. Die *durchgezogene Kurve* kennzeichnet die Grenze des Akzeptanzbereichs von Auger. Centaurus A ist als *weißer Stern* (∗) markiert. Zwei der 27 Ereignisse kommen innerhalb der Winkelauflösung aus dieser Richtung. Die *gestrichelte Linie* gibt die Position der supergalaktischen Ebene an [78]

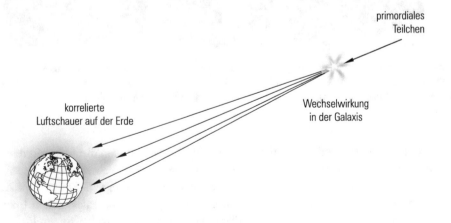

Abb. 7.34 Erklärungsmodell für die Entstehung von Korrelationen von entfernten ausgedehnten Luftschauern

mögliche Quellen der höchstenergetischen kosmischen Strahlung aus den Auger-Daten zu ziehen, benötigt man eine deutlich bessere Statistik. Nach den neuesten Informationen hat sich dieser anfangs vom Auger-Experiment gefundene leichte Exzess bisher aber nicht erhärtet.

Normale ausgedehnte Luftschauer haben laterale Ausdehnungen von höchstens 10 km, selbst bei den größten Energien. Es gibt aber Hinweise darauf, dass Korrelationen zwischen Ankunftszeiten von Luftschauern über Entfernungen von mehr als 100 km gemessen wurden [79]. Solche Koinzidenzen könnten dadurch verstanden werden, dass energiereiche primäre kosmische Teilchen in großen Entfernungen von der Erde in Wechselwirkungen (etwa am Mond) oder Fragmentationen Sekundärteilchen erzeugt haben, die in der Erdatmosphäre separate Luftschauer auslösen (Abb. 7.34). Schon moderate Entfernungen von nur einem parsec ($3 \cdot 10^{16}$ m) reichen aus, um Abstände von Luftschauern auf der Erde von der Größenordnung 100 km zu erzielen (Primärenergie 10^{20} eV, Transversalimpulse $\approx 0{,}3$ GeV/c). Durch geringfügig unterschiedliche Energien der Fragmente könnten auch Ankunftszeitdifferenzen der Schauer erklärt werden.

7.5 Radiomessung von Luftschauern

Um weitere Fortschritte zu erzielen, insbesondere auf dem Gebiet der kosmischen Strahlung, wird es notwendig sein, alle unsere Ressourcen und Detektoren gleichzeitig einzusetzen.

Victor Franz Hess

Hochenergetische kosmische Primärteilchen erzeugen eine Vielzahl von geladenen Teilchen bei der Schauerentwicklung in der Atmosphäre. Ein primäres Proton einer Energie von 10^{18} eV erzeugt am Erdboden eine Anzahl von etwa 10^8 sekundären geladenen Teilchen. Bei diesen hohen Primärenergien werden meist Elektronen und Positronen erzeugt, neben einer viel geringeren Anzahl von Hadronen und Myonen. Die Elektronen und Positronen der elektromagnetischen Komponente erzeugen in der Atmosphäre unter anderem auch eine Emission von Radiostrahlung. Diese Radiostrahlung hat den Vorteil, dass sie in der Atmosphäre praktisch nicht absorbiert wird, und auch 24 Stunden am Tag gemessen werden kann, im Gegensatz zur Fluoreszenzstrahlung und Cherenkov-Strahlung, die nur nachts bei klaren, mondlosen Nächten registriert werden kann.

Für die Erzeugung von Radiostrahlung durch Elektronen und Positronen kommen im Wesentlichen drei Wechselwirkungsmechanismen infrage. Der dominante Mechanismus ist die Synchrotronstrahlung der Elektronen und Positronen im schwachen Magnetfeld der Erde. Diese Geosynchrotronstrahlung ist am besten unterhalb des UKW-Fensters zu messen, also im Bereich 40 bis 80 MHz. Bei höheren Frequenzen muss man mit einem starken Untergrund anthropogen erzeugter Radiowellen rechnen. Unterhalb von 30 MHz ist das Radiorauschen der Milchstraße, das durch Synchrotronstrahlung spiralender Elektronen in der galaktischen Scheibe verursacht wird, ein starke Störquelle.

Im Laufe der Schauerentwicklung kommt es zu einem negativen Ladungsüberschuss von 10 bis 20 %, der darauf zurückgeführt wird, dass die Luft durch die Luftschauerteilchen ionisiert wird, und die Ionisationselektronen mit der Kaskade mitlaufen, während die viel schwereren Ionen zurückbleiben. Im Laufe der Entwicklung des Schauers nimmt der negative Ladungsexzess bis zum Schauermaximum zu, um dann wieder abzunehmen.

Dieser zeitabhängige negative Ladungsüberschuss führt ebenfalls zur Abstrahlung von Radiostrahlung (Askaryan-Effekt).

Natürlich ist der Brechungsindex von Luft mit $n = 1,000\,292$ relativ nahe bei 1, aber durch die hohen Geschwindigkeiten der Schauerteilchen kommt es auch zur Cherenkov-Strahlung im Radiobereich, wobei durch den Cherenkov-Mechanismus geradezu Cherenkov-Ringe mit typischen Radien von etwa 150 Metern am Erdboden bei vertikalen Schauern entstehen. Andere Mechanismen, wie etwa Bremsstrahlung der Elektronen und Positronen, spielen bei der Radioerzeugung quantitativ keine Rolle.

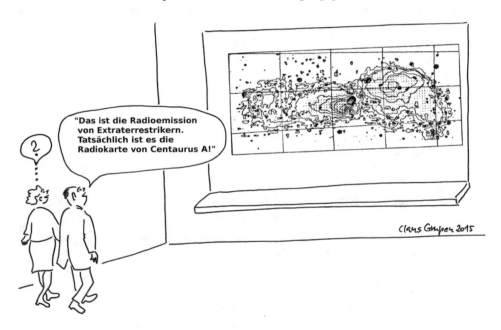

In einigen Messungen wurde auch versucht, Luftschauer in einem anderen Frequenzbereich zu untersuchen. Dabei waren Messungen im GHz-Bereich durchaus erfolgreich, erreichten aber nicht die Qualität und Aussagekraft der experimentellen Ergebnisse im Bereich von 40 bis 80 MHz.

Der große Vorteil der Radiomessung ist, dass das Radiosignal proportional zur Energie des Primärteilchens ist. Außerdem wird die gesamte longitudinale Entwicklung des Schauers in der Atmosphäre erfasst. Sie liefert damit auch Informationen über die Position des Schauermaximums, das empfindlich auf die Masse des Primärteilchens ist. Eine Messung der chemischen Zusammensetzung der primären kosmischen Strahlung mit klassischen Bodendetektoren (Szintillationszählern) ist außerordentlich schwierig.

Erste Messungen zur Radioemission von Luftschauern gab es schon in den 60er- und 70er-Jahren des vorigen Jahrhunderts. Dabei handelte es sich meist um analoge Messungen mit einfachen Antennen. Die Verfügbarkeit schneller digitaler Elektronik zu erschwinglichen Preisen gab der Radiomessung um das Jahr 2000 einen deutlichen Auftrieb und führte zu einer Renaissance [80].

Ein typischer Detektor für die Radiostrahlung ausgedehnter Luftschauer besteht aus einer Vielzahl von Antennen, die das Radiosignal aufnehmen. Die Antennen sollten möglichst alle Polarisationsrichtungen des elektrischen Radiofeldes messen können. Da die laterale Breite eines Radioschauers am Erdboden nicht sehr groß ist – die Radiophotonen werden vorzugsweise unter kleinen Winkeln zur Schauerachse emittiert –, werden Abstände der Radioantennen von der Größenordnung einiger 100 Meter favorisiert. Die Radiodetektoren können vergleichsweise einfach sein, müssen aber über eine sehr gute Zeitauflösung verfügen, damit die Schauerachse gut rekonstruiert werden kann (s. Abb. 7.35). Diese Rekonstruktion basiert auf einer Korrelationsmethode der Radiosignale der einzelnen Radioantennen, die dazu führt, dass das Rauschen der Radioantennen durch Störquellen in der Nähe des Radioexperiments effektiv unterdrückt werden

Abb. 7.35 Invertierter Dipol des LOPES-Experiments im KASCADE-Grande-Luftschauerdetektor. Im Hintergrund kann man einige Messhütten sehen, die Szintillationszähler zur Triggerung der Radioauslese enthalten [81]

kann. Es ist von großem Vorteil, wenn die Radioanordnung in einer rauscharmen und radioleisen Umgebung betrieben werden kann.

Es ist eminent wichtig, die Radioantennen exakt zu eichen. Dazu kommen kommerzielle Radiosender infrage, die das komplette Frequenzspektrum des Radioexperiments abdecken. Mit einer solchen Eichung erfasst man das frequenzabhängige Verhalten der gesamten elektronischen Auslesekette. Ein andere Möglichkeit der Eichung besteht in der Messung des galaktischen Rauschens, das aus Messungen in der Radioastronomie recht genau bekannt ist.

Üblicherweise werden solche Radiodetektoren gemeinsam mit klassischen Luftschauerexperimenten betrieben, die auch einen Trigger zum Auslesen der Radio-antennen liefern. Eine selbsttriggernde Antennenanordnung hat sich bisher wegen des allgemein hohen Rauschuntergrunds als schwierig erwiesen. In radioleisen Umgebungen sollte eine Selbsttriggerung aber möglich sein.

In Abb. 7.36 ist das Radiosignal eines Luftschauers dargestellt, wie es sich aus einer optimierten Richtungskorrelation aus 10 Antennen im LOPES-Experiment am Karlsruher Institut für Technologie ergibt [82].

Abb 7.37 zeigt die Variation des Radiosignals mit der Primärenergie. Diese lineare Beziehung lässt eine sichere Bestimmung der Energie des auslösenden Primärteilchens zu.

Ein großer Vorteil der Radiomessung besteht auch darin, dass sich die Radioemission gut modellieren lässt. Die Prozesse, die zur Radioemission führen, lassen sich auf mikroskopischer Basis aufgrund der bekannten klassischen Erzeugungsmechanismen sehr sicher beschreiben. Die Möglichkeit der Modellierung vereinfacht auch die Planung und

Abb. 7.36 Summe der durch
Korrelation synchronisierten
Signale des elektrischen Feldes
von zehn LOPES-Antennen im
KASCADE-Grande-
Experiment
[81, 82]

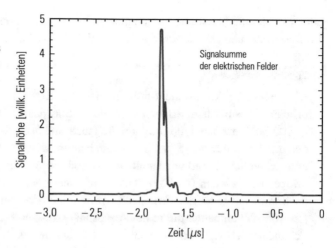

Abb. 7.37 Variation des
Radiosignals mit der
Primärenergie, basierend auf
Messungen des KASCADE-
Grande-Experiments. Die
Energie wurde nach der
klassischen Methode mit
Szintillationsdetektoren
bestimmt. Das Radiosignal
wurde auf den Winkel der
Schauerachse zum
geomagnetischen Feld und auf
den Abstand zur Schauerachse
korrigiert [81]

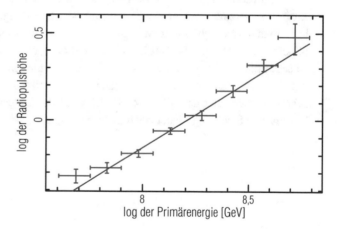

Optimierung neuer Radioexperimente. So plant das Auger-Experiment in Argentinien die
Hinzufügung einer Radioanordnung auch zur Eichung der Energiemessung auf der Basis
der Oberflächendetektoren.

Der große Vorteil der Radiomessung von Luftschauern ist das sehr gute theoretische
Verständnis der Simulationen, das zu einer Vergleichbarkeit der verschiedenen Radioexperimente führt und Unsicherheiten in der Energiekalibration weitgehend ausschließt.
Die ganztägige Verfügbarkeit der Messungen – im Gegensatz zur Fluoreszenz- und
Cherenkov-Messung – ist ein weiterer Pluspunkt für die Radioobservation von Luftschauern. Die gute Energieauflösung und die Möglichkeit, die Identität der Primärteilchen über
die Bestimmung des Schauermaximums zu bestimmen, ist ebenso ein Vorteil gegenüber der Messung mit Szintillationsdetektoren am Erdboden. Von Nachteil ist allerdings
bisher die Schwierigkeit, selbsttriggernde Radioanlagen zu betreiben. Man benötigt zurzeit

immer noch eine klassische erdgebundene Teilchenmessung, um nach einer Triggerung der Radioantennen eine rauschfreie Korrelation der Radiosignale durchführen zu können.

Zusammenfassung

Die sekundäre kosmische Strahlung ist das Ergebnis der Wechselwirkungen der primären kosmischen Strahlung in der Atmosphäre. Im Bereich hoher Energien ($>100\,\text{GeV}$) erzeugen die primären Teilchen und auch die γ-Quanten Teilchenkaskaden in der Atmosphäre. Je nach Teilchentyp werden die erzeugten Komponenten unterschiedlich schnell wieder absorbiert, sodass am Erdboden überwiegend die durchdringenden Myonen ($\approx 80\,\%$ Anteil auf Meereshöhe) dominieren. Myonen können auch noch tief unter der Erde nachgewiesen werden. Bei den allerhöchsten Energien ($\gg 10^{15}$ eV) enthalten die in der Atmosphäre ausgelösten Luftschauer Millionen von Sekundärteilchen. Dabei können diese Teilchen mit verschiedenen Detektortechniken nachgewiesen werden (Detektoren am Erdboden, Fluoreszenzdetektoren, Nachweis über Radiostrahlung, ...). Ein Problem ist immer noch die Bestimmung der chemischen Zusammensetzung der primären kosmischen Strahlung. In Weltraumexperimenten kann man dazu durch direkte Messungen Aussagen bis zu höchstens 1 TeV machen. Bei höheren Energien ist man auf indirekte Methoden über Luftschauer angewiesen. Dort ist aber praktisch bisher nur eine grobe Unterscheidung zwischen primären Eisenkernen und Wasserstoffkernen möglich. Wegen der irregulären galaktischen und intergalaktischen Magnetfelder ist auch eine Bestimmung des Urspsrungs der hochenergetischen kosmischen Strahlung bisher noch nicht gelungen.

Kosmologie

8

Soweit sich die Gesetze der Mathematik auf die Wirklichkeit
beziehen, sind sie nicht sicher; soweit sie sicher sind, beziehen sie
sich nicht auf die Wirklichkeit.
Albert Einstein 1921

In den folgenden Kapiteln werden wir unsere Kenntnisse aus der Elementarteilchenphysik auf das frühe Universum im Rahmen des Urknallbildes anwenden. In der klassischen Urknallvorstellung entwickelte sich das Universum aus einer extrem heißen, dichten primordialen Phase vor etwa 13,8 Milliarden Jahren. Die früheste Zeit, über die man sinnvoll spekulieren kann, ist etwa 10^{-43} Sekunden nach dem Urknall, das ist die Planck-Zeit. Wollte man noch frühere Zeiten erkunden, dann benötigt man eine Quantentheorie der Gravitation, die es aber noch nicht gibt und zu der höchstens Ansätze vorliegen.

In den frühen Zeiten des Universums waren die Teilchendichten und Energien extrem hoch, und Teilchen und Antiteilchen aller Art wurden ständig erzeugt und vernichtet. Es hat den Anschein, dass größenordnungsmäßig in den ersten 10^{-38} Sekunden alle unterschiedlichen Wechselwirkungen, wie wir sie jetzt kennen, in einer allgemeinen Theorie mit nur einer Wechselwirkungsstärke vereinigt waren. Die Epoche der Großen Vereinigung (GUT – Grand Unified Theory) begann, als sich die Gravitation von den anderen Eichkräften etwa bei der Planck-Skala (10^{19} GeV) trennte. Erst als die Temperaturen oder die typischen Teilchenenergien unter ungefähr 10^{16} GeV sanken, zerbrach die Symmetrie der vereinigten Wechselwirkung und spaltete sich in die starke und elektroschwache Wechselwirkung auf.

In diesem Zeitraum, so etwa zwischen 10^{-38} bis 10^{-36} Sekunden nach dem Urknall, machte das Universum eine Periode der exponentiellen Expansion ('Inflation') durch. In dieser Phase wuchsen die Entfernungen zwischen zwei beliebigen Punkten des primordialen Plasmas um den unglaublichen Faktor e^{100}. Als die Temperatur bzw. die

© Springer-Verlag GmbH Deutschland 2018
C. Grupen, *Einstieg in die Astroteilchenphysik*,
https://doi.org/10.1007/978-3-662-55271-1_8

Energie des Universums unter 100 GeV fiel, spaltete sich die elektroschwache Theorie in die getrennten Wechselwirkungen auf, die die elektromagnetischen und schwachen Kräfte beschreiben.

Bis etwa eine Mikrosekunde nach dem Urknall konnte man Quarks und Gluonen wie effektiv freie Teilchen beschreiben. Von diesem Zeitpunkt an, als die Energie der Teilchen unter etwa 1 GeV fiel, verbanden sich die Partonen, also Quarks und Gluonen zu Hadronen, nämlich den Protonen und Neutronen und ihren Antiteilchen. Wenn es zu diesem Zeitpunkt gleiche Anzahlen von Materie- und Antimaterieteilchen gegeben hätte, dann hätten sich alle Teilchen zerstrahlt, und es wären nur Photonen, Neutrinos und wenig mehr

Inflation

übrig geblieben, und das Universum wäre öd und leer und nicht entwicklungsfähig. Aus welchem Grunde auch immer hat die Natur von einer Materiesorte, die wir jetzt Materie nennen, etwas mehr erzeugt oder etwas mehr Antimaterie zerfallen lassen, sodass insgesamt etwas Materie übrig blieb. Diese asymmetrische Annihilationsphase war also der Ausgangspunkt für das Universum, wie wir es heute beobachten. Den genauen Grund für die Annihilationsasymmetrie kennen wir (noch) nicht. In den ersten Sekunden nach dem Urknall haben sich auch fast alle Positronen und Elektronen zerstrahlt.

Ungefähr drei Minuten nach dem Urknall war die Temperatur so weit gefallen, dass sich Protonen und Neutronen zu Deuteronen verbinden konnten, ohne gleich wieder auseinandergerissen zu werden. In den nächsten Minuten bildete sich dann aus den Deuteronen auch Helium, das einen Massenanteil der Materie von etwa 25 % im Universum ausmacht. Weiterhin wurden geringe Mengen einiger leichter Elemente wie Lithium und Beryllium und dem instabilen Tritium gebildet. Damit war die primordiale Elementsynthese im Wesentlichen abgeschlossen. Die Theorie der primordialen Urknallelementsynthese kann die beobachteten Häufigkeiten der leichten Elemente sehr genau beschreiben und stellt damit einen wesentlichen Eckpfeiler und Grundstein des Modells vom heißen Urknall dar. Schwerere Elemente, wie wir sie heute kennen, wurden erst später in Supernovaexplosionen synthetisiert.

In den nächsten ein paar Hundert bis Hunderttausend Jahren fiel die Temperatur so weit, dass sich schließlich Protonen und Elektronen zu neutralen Wasserstoffatomen verbinden konnten. Danach wurde das Universum im Wesentlichen durchsichtig für Photonen, und die Photonen aus dieser Periode haben sich seitdem unablässig und fast ohne weitere Wechselwirkungen im Universum ausgebreitet. Sie stellen die sogenannte kosmische Mikrowellenhintergrundstrahlung dar, die 1965 von Penzias und Wilson entdeckt wurde und zu einem wesentlichen ‚Beweisstück' für die Korrektheit des expansiven Universums wurde. Diese Strahlung war bis auf sehr geringe Abweichungen homogen und isotrop. Wenn man in einem alten Fernsehapparat der 50er- bis 80er-Jahre des letzten Jahrhunderts eine Empfangsfrequenz auswählte, auf der kein Sender ausstrahlte, man also ein ‚Schneebild' sah, stellten diese primordialen Photonen etwa 1 % der Bildpunkte in dem beobachteten ‚Schneebild' dar. Der Urknall war also überall.

Im Spektrum der Urknallphotonen fand man allerdings sehr geringe Temperatur-schwankungen auf dem Niveau von 10^{-5}. Man glaubt, dass diese Temperaturschwankun-gen auf kleine Dichtevariationen aus einer früheren Entwicklungsepoche des Universums zurückzuführen sind. Sie könnten eventuell sogar aus der inflationären Epoche aus der Zeit von nur 10^{-36} Sekunden nach dem Urknall stammen. Die primordialen Photonen und ihre spektrale Verteilung wurden um die Jahrhundertwende von den Satelliten COBE, WMAP und Planck [83] exakt vermessen.

Eine genaue Vermessung der primodialen Mikrowellenstrahlung lässt auch Schlüsse auf die Gesamtdichte des Universums zu. Man findet eine Dichte, die der kritischen Dichte des Universums entspricht. Für höhere Dichten sollte das Universum rekollabieren (‚End-knall', Big Crunch) und für kleinere Dichten ins Unendliche expandieren. Die Daten der Mikrowellenstrahlung zusammen mit Beobachtungen entfernter Supernovae legen nahe, dass das Universum zu etwa 70 % nicht aus Materie, sondern aus einer bestimmten, aber bisher unbekannten Art von Energie besteht. Diese ‚Dunkle Energie' hängt wohl mit der Energie des leeren Raumes, also der Vakuumenergie zusammen. Gemäß der Bezie-hung $E = m \cdot c^2$ entspricht diese Dunkle Energie auch einer Masse und trägt damit zur Masse/Energiedichte des Universums bei.

Die restlichen 30 % stellen gravitative Materie dar, also Materie, die sich durch Gravitationswirkung gegenseitig anzieht. Aufgrund der Vorstellungen der Urknallnukleo-synthese trägt die ‚normale' Materie aus den uns bekannten Teilchen daran nur einen kleinen Bruchteil bei (ca. 5 % der Gesamtmateriedichte). Den unbekannten Rest von ca. 25 % der Gesamtdichte schreibt man der sogenannten ‚Dunklen Materie' zu. Sie könnte aus einer Vielzahl leichter, neutraler Elementarteilchen (‚Neutralinos') oder aus hypothetischen schweren Teilchen, die im Rahmen einer Theorie der Supersymmetrie vor-hergesagt werden, bestehen. Beide Vermutungen werden aber durch den gegenwärtigen Erkenntnisstand der experimentellen Teilchenphysik nicht favorisiert.

Im Folgenden wird die Entwicklung des frühen Universums im Rahmen des ‚Standard-modells der Kosmologie', d. h. des klassischen heißen Urknallmodells, beschrieben. Als Grundvoraussetzungen für diese Darstellung dient die Allgemeine Relativitätstheorie Ein-steins und die Hypothese, dass das Universum isotrop und homogen ist, wenn man nur über

Big Crunch

hinreichend große Entfernungen mittelt. In diesem Zusammenhang wird versucht, die Gesetze der Elementarteilchenphysik auf die Entwicklung des Universums anzuwenden mit
dem Ziel, die Evolution des Universums zu sehr frühen Zeiten zu verstehen. In diesem
Kapitel wird also angestrebt, die wichtigen Aspekte der Kosmologie und Kosmogonie auf
der Basis bekannter Gesetze darzustellen.

8.1   Das Hubble-Gesetz

Die Geschichte der Astronomie ist die Geschichte von den sich weitenden Horizonten.
Edwin Powell Hubble

Die erste wichtige Beobachtung, die zur Formulierung des Standardmodells der
Kosmologie führte, war Hubbles Entdeckung, dass alle näheren Galaxien sich von uns,
d. h. von der Milchstraße, entfernten, und zwar mit einer Geschwindigkeit proportional zu
ihrem Abstand. Die Fluchtgeschwindigkeiten wurden aufgrund der Dopplerverschiebung
ihrer Spektrallinien bestimmt. Nehmen wir einmal an, dass eine Galaxie, die sich von
uns, also von der Milchstraße, mit einer Geschwindigkeit $v = \beta c$ entfernt, ein Photon
der Wellenlänge λ_{em} emittiert. Wenn das Photon bei uns beobachtet wird, wird sich
seine Wellenlänge zu λ_{obs} verschoben haben. Üblicherweise charakterisiert man diese
Rotverschiebung durch die Größe

$$z = \frac{\lambda_{\text{obs}} - \lambda_{\text{em}}}{\lambda_{\text{em}}}. \tag{8.1.1}$$

Aus der speziellen Relativitätstheorie erhält man eine Beziehung zwischen der Rotverschiebung und der Geschwindigkeit,

$$z = \sqrt{\frac{1 + \beta}{1 - \beta}} - 1, \tag{8.1.2}$$

wobei $\beta = v/c$. Diese Beziehung vereinfacht sich zu

$$z \approx \beta, \tag{8.1.3}$$

falls $\beta \ll 1$.

Um den Abstand zu einer Galaxie zu messen, braucht man in dieser Galaxie eine Lichtquelle mit bekannter, geeichter Helligkeit, eine sogenannte ‚Standardkerze‘. Die Lichtstärke eines Sterns fällt invers proportional zu ihrem Abstand r. Falls die absolute Luminosität der Quelle L bekannt ist, und sie isotrop emittiert, dann ist die auf der Erde gemessene Luminosität $F = L/4\pi r^2$. Den Luminositätsabstand erhält man also aus der Beziehung

$$r = \sqrt{\frac{L}{4\pi F}}. \tag{8.1.4}$$

Es können verschiedene Standardkerzen verwendet werden, wie etwa die δ-Cepheiden, die von Hubble benutzt wurden. δ-Cepheiden sind variable Sterne, deren Helligkeitsschwankung mit der absoluten Leuchtkraft korreliert ist. Eine grafische Darstellung der Beziehung zwischen der Fluchtgeschwindigkeit und dem Abstand, abgeleitet aus Typ-Ia-Supernovae, zeigt Abb. 8.1 [84, 85].

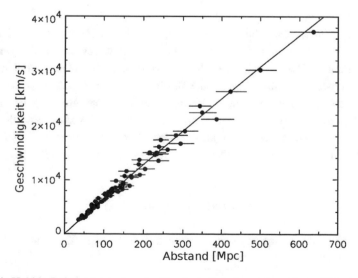

Abb. 8.1 Die Hubble-Relation zwischen der Geschwindigkeit und dem Abstand für eine Stichprobe von Typ-Ia-Supernovae [85, 84]

Die Spektren von SN Ia sind wasserstoffarm. Die Tatsache, dass SN Ia keine planetaren Nebel gebildet haben, erlaubt es, ihre Entstehung zu rekonstruieren. Man geht davon aus, dass der Vorgänger dieses Supernovatyps ein binäres System aus einem Weißen Zwerg und einem Roten Riesen war, die beide gravitativ aneinander gebunden waren. Weiße Zwerge werden stabilisiert, indem der Druck des entarteten Elektronengases die nach innen gerichtete Gravitationskraft kompensiert. Dabei dominiert das Gravitationspotential des Weißen Zwerges die viel schwächere Gravitationskraft des Roten Riesen. Das führt dazu, dass Gas aus der äußeren Hülle des Roten Riesen vom Weißen Zwerg angezogen und auf seiner Oberfläche akkreditiert wird. Für Weiße Zwerge ist aber das Produkt aus Masse mal Volumen konstant. Eine zunehmende Masse führt also zu einer Verkleinerung des Weißen Zwerges. Wenn der Weiße Zwerg die Chandrasekhar-Grenze erreicht ($1{,}44\,M_\odot$), kann der Elektronenentartungsdruck nicht mehr länger den Gravitationsdruck ausgleichen. Daher wird der Weiße Zwerg unter seinem eigenen Gewicht kollabieren. Dabei steigt die Temperatur des Weißen Zwerges deutlich an, worauf eine Wasserstofffusion zu Helium und schwereren Elementen einsetzt. Die dadurch plötzlich freigesetzte Energie führt zu einer thermonuklearen Explosion, die den Stern zerstört. Da die Chandrasekhar-Grenze eine universelle Größe ist, explodieren alle Typ-Ia-Supernovae in der gleichen Weise. Deskalb kann man sie als ‚Standardkerzen' ansehen. Aus ihrer bekannten absoluten Luminosität und der auf der Erde beobachteten Helligkeit kann man also ihren Abstand bestimmen.

Für die in Abb. 8.1 aufgeführten Abstände bis zu 600 Mpc sind die Messungen mit einer linearen Beziehung zwischen Fluchtgeschwindigkeit und Abstand vereinbar. Die Relation in Abb. 8.1 wird durch das Hubble-Gesetz beschrieben:

$$v = H_0\, r. \tag{8.1.5}$$

Der Parameter H_0 ist die Hubble-Konstante, die man aus den Daten aus Abb. 8.1 zu 64 (km/s)/Mpc bestimmt. Der Index 0 kennzeichnet den gegenwärtigen Wert der Hubble-Konstanten. Wegen der beobachteten Expansion des Universums ist der Wert der Hubble-Konstanten zeitabhängig. Eine Bestimmung der Hubble-Konstanten aus verschiedenen Beobachtungen hat leicht abweichende Werte geliefert. So liefert etwa das Hubble-Teleskop einen Wert von 74,2 (km/s)/Mpc und der WMAP-Satellit (Wilkinson Microwave Anisotropy Probe) 70,5 (km/s)/Mpc. Nach dem gegenwärtigen Stand der neuesten Messungen basierend auf Daten des Planck-Satelliten (Stand 2015, [86, 87, 88]) wird der Wert

$$H_0 = (67{,}51 \pm 0{,}64)\,(\text{km/s})/\text{Mpc} \tag{8.1.6}$$

bei einer systematischen Unsicherheit von etwa 5 % favorisiert. Zusätzlich wird üblicherweise ein Parameter h definiert, und zwar

$$H_0 = h \times 100\,(\text{km/s})/\text{Mpc}. \tag{8.1.7}$$

Größen, die sich auf H_0 beziehen, werden dann mit ihrer Abhängigkeit von h dargestellt. Um dann einen numerischen Wert mithilfe von h zu bekommen, ersetzt man in dieser Beziehung den aktuellsten Wert von h. Gegenwärtig wird für h ein Wert von $h = 0{,}678 \pm 0{,}008$ (2013) angegeben. Für die Zwecke dieses Buches reicht es, einen konservativen Wert von $h \approx 0{,}70 \pm 0{,}05$ anzunehmen.

8.2   Das isotrope und homogene Universum

Das Weltall ist ein Kreis, dessen Mittelpunkt überall, dessen Umfang nirgends ist.

Blaise Pascal

Das kosmologische Prinzip besagt, dass das Universum auf großen Skalen isotrop und homogen ist. Dieses Prinzip wurde ursprünglich von Einstein formuliert, auch weil sich dadurch die Mathematik zur Beschreibung der Allgemeinen Relativitätstheorie relativ einfach darstellen lässt. Gegenwärtig wird diese Hypothese durch zahlreiche Beobachtungen gestützt: man findet etwa, dass die primordiale Mikrowellenstrahlung des Urknalls auf dem Niveau von 10^{-5} isotrop ist.

Auf jeden Fall findet man die Isotropie bei hinreichend großen Skalen, etwa ab Abständen der Größenordnung 100 Mpc. Bei kleineren Abständen wird das Universum ‚klumpig‘, und es werden auch leere Bereiche gefunden. Ein typischer intergalaktischer Abstand ist etwa 1 Mpc. Damit enthält ein Würfel mit einer Kantenlänge von 100 Mpc etwa eine Million Galaxien. Man kann sich die Galaxien wie Moleküle in einem dünnen, isotropen und homogenen Gas, vorstellen, wenn man nur hinreichend große Volumina betrachtet.

Wenn man annimmt, dass das Universum isotrop und homogen ist, dann gibt es nur zwei Arten von Bewegungen: eine allgemeine Expansion oder eine Kontraktion. Betrachten wir zu dem Zweck zwei zufällig ausgewählte Galaxien in den Abständen $r(t)$ und $R(t)$ etwa von unserer Milchstraße (s. Abb. 8.2).

Abb. 8.2 Zwei beliebige Galaxien in den Abständen $r(t)$ and $R(t)$ von der Milchstraße

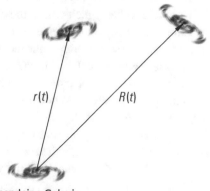

irgendeine Galaxie
(z.B. die Milchstraße)

Eine isotrope und homogene Expansion (oder Kontraktion) bedeutet, dass das Verhältnis

$$\chi = r(t)/R(t) \qquad (8.2.1)$$

in der Zeit konstant ist. Deshalb gilt $r(t) = \chi R(t)$ und

$$\dot{r} = \chi \dot{R} = \frac{\dot{R}}{R} r \equiv H(t)r, \qquad (8.2.2)$$

wobei die Punkte die zeitliche Ableitung der Größen bedeuten. Das Verhältnis

$$H(t) = \dot{R}/R \qquad (8.2.3)$$

heißt Hubble-Parameter. Es ist die relative Veränderung im Abstand zwischen zwei beliebigen Galaxien pro Zeit. H wird oft die Expansionsrate des Universums genannt.

Gl. (8.2.2) ist genau das Hubble-Gesetz, wobei $H(t)$ zur gegenwärtigen Zeit die Hubble-Konstante H_0 ist. D. h., die Hypothese einer isotropen und homogenen Expansion des Universums erklärt, warum die Fluchtgeschwindigkeit von Galaxien $\dot{R}$ proportional zu ihrem Abstand R ist.

8.3   Die Friedmann-Gleichung

Keine Theorie ist heilig.

Edwin Powell Hubble

Die Entwicklung eines isotropen und homogenen Universums ist durch die Zeitabhängigkeit des Abstandes irgend zweier Galaxien vollständig bestimmt. Wir nennen den Abstand eines beliebigen Paares von Galaxien $R(t)$ und nennen ihn den Skalenfaktor. Der tatsächliche Abstand für R ist unerheblich. Wir können R gleich 1 für eine beliebige Zeit setzen. Es ist die Zeitabhängigkeit von R, die die Entwicklung des Universums bestimmt.

Eine strenge Herleitung der Friedmann-Gleichung müsste nun von einer isotropen und homogenen Massenverteilung ausgehen und die Gleichungen der Allgemeinen Relativitätstheorie darauf anwenden, um $R(t)$ zu bestimmen. Durch glücklichen Zufall erlaubt aber schon die klassische Behandlung aufgrund der Newton'schen Mechanik, die Friedmann-Gleichung zu erhalten. Wegen der Einfachheit soll diese Herleitung hier vorgestellt werden.

Wir betrachten ein sphärisches Volumen des Universums vom Radius R, das groß genug ist, um als homogen angesehen zu werden (vgl. Abb. 8.3). Für das gegenwärtige Universum sollte R mindestens 100 Mpc sein. Wir nehmen weiter an, dass das Universum elektrisch neutral ist, also die einzige Kraft, die bei diesen Abständen wirkt, die Gravitation ist. Als Testmasse dient die Galaxie der Masse m am Rand des Volumens. m

Abb. 8.3 Eine Kugel mit
Radius R, die viele Galaxien
enthät, zusammen mit einer
Testgalaxie der Masse m am
Rande der Kugel

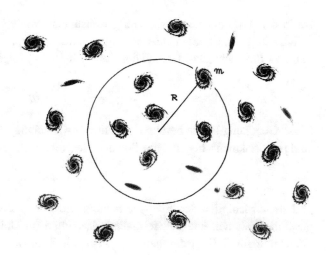

spürt die Gravitationswirkung aller Galaxien im ausgewählten Volumen. Wegen der $1/r^2$-
Abhängigkeit der Gravitationskraft kann man diese Kraftwirkung durch die Kraft einer
Masse im Zentrum des Volumens ersetzen, die die Massen aller Galaxien im Testvolumen
enthält. Eine weitere Konsequenz der $1/r^2$-Abhängigkeit ist, dass die Galaxien außerhalb
des Volumens keine Rolle spielen. Ihre Gesamtwirkung auf m verschwindet. In der klassischen Newton'schen Mechanik folgen diese Eigenschaften aus dem Gauß'schen Satz
für ein $1/r^2$-Feld, wenn man annimmt, dass die Galaxien innerhalb und außerhalb des
Volumens isotrop verteilt sind. Das entsprechende Gesetz gilt auch in der Allgemeinen
Relativitätstheorie, wo es das Birkhoff'sche Theorem heißt.

Wenn man annimmt, dass die Galaxien im Weltall mit einer mittleren Dichte ϱ verteilt
sind, dann ist die Masse innerhalb des sphärischen Volumens

$$M = \frac{4}{3}\pi R^3 \varrho. \tag{8.3.1}$$

Das Gravitationspotential V der Testgalaxie ist dann

$$V = -\frac{GmM}{R} = -\frac{4\pi}{3}GmR^2\varrho. \tag{8.3.2}$$

Die Summe aus kinetischer Energie T und potentieller Energie V der Testgalaxie ergibt
dann die gesamte Energie E,

$$E = \frac{1}{2}m\dot{R}^2 - \frac{4\pi}{3}GmR^2\varrho = \frac{1}{2}mR^2\left(\frac{\dot{R}^2}{R^2} - \frac{8\pi}{3}G\varrho\right). \tag{8.3.3}$$

Der *Krümmungsparameter* k wird nun folgendermaßen definiert:

$$k = \frac{-2E}{m} = R^2\left(\frac{8\pi}{3}G\varrho - \frac{\dot{R}^2}{R^2}\right). \tag{8.3.4}$$

Da in der Astroteilchenphysik häufig Konstanten, wie etwa die Lichtgeschwindigkeit c, gleich eins gesetzt werden, müsste k eigentlich als $-2E/mc^2$ geschrieben werden; auf jeden Fall ist k dimensionslos. Damit können wir Gl. (8.3.4) folgendermaßen schreiben

$$\frac{\dot{R}^2}{R^2} + \frac{k}{R^2} = \frac{8\pi}{3} G\varrho. \qquad (8.3.5)$$

Diese Gleichung ist die berühmte Friedmann-Gleichung. Die Terme in dieser Gleichung sind mit der kinetischen, potenzellen und Gesamtenergie zu identifizieren,

$$T - E = -V, \qquad (8.3.6)$$

und stellen lediglich den Energieerhaltungssatz für unsere Testgalaxie dar. Da das ausgewählte Volumen und die Testgalaxie irgendwo im Universum sein können, trifft die Gleichung für R für jedes beliebige Paar von Galaxien zu, wenn sie nur hinreichend weit entfernt sind und die dazwischenliegende Materie als homogen verteilt angenommen werden kann.

Die Friedmann-Gleichung kann auch auf das frühe Universum angewendet werden, auch bevor überhaupt Galaxien entstanden sind. Sie gilt sogar auch für ein ionisiertes Plasma, solange es elektrisch neutral ist und man über hinreichend große Abstände mittelt. Der Skalenfaktor R stellt dann dabei den Abstand irgend zweier Elemente der Materie dar, wenn sie nur hinreichend weit entfernt sind, sodass die Gravitation die einzige wirkende Kraft ist.

Die Allgemeine Relativitätstheorie Einsteins liefert im Wesentlichen das gleiche Ergebnis, wenn auch mit einigen Verfeinerungen. In der allgemeinen Formulierung der Friedmann-Gleichung ist ϱ nun nicht mehr die Materiedichte, sondern, wegen der Äquivalenz von Masse und Energie, die Energiedichte. ϱ umfasst jetzt alle Formen der Energie, also z. B. auch Photonen. Der Krümmungsparameter k beschreibt die Krümmung des Raumes, daher sein Name. In der Newton'schen Herleitung war k lediglich ein Maß für die Gesamtenergie. Eine ganz wesentliche Änderung ist die Hinzufügung der kosmologischen Konstanten Λ, die Einstein per Hand in die Feldgleichungen der Allgemeinen Relativitätstheorie eingefügt hat. Zur Zeit der Formulierung der Allgemeinen Relativitätstheorie war man davon ausgegangen, dass das Universum statisch und im Wesentlichen unveränderlich sei. Um einen gravitativen Kollaps des Universums zu verhindern, musste eine abstoßende Kraft eingeführt werden, die dann ein statisches Universum ermöglichte. Später, als eine Expansion des Universums von Hubble gefunden wurde, hat Einstein die Einführung seiner kosmologischen Konstante als ‚größte Eselei' bezeichnet. In der jetzigen Form der Kosmologie hat die kosmologische Konstante aber wieder ihre Berechtigung.

Mit diesen Änderungen und Erweiterungen lautet also die Friedmann-Gleichung, d. h. die Differentialgleichung für den Skalenfaktor R, nun

$$\frac{\dot{R}^2}{R^2} + \frac{k}{R^2} = \frac{8\pi}{3} G\varrho + \frac{\Lambda}{3}. \qquad (8.3.7)$$

Die kosmologische Konstante Λ kann auch durch die *Vakuumenergiedichte* ϱ_v folgendermaßen ausgedrückt werden:

$$\varrho_v = \frac{\Lambda}{8\pi G}. \tag{8.3.8}$$

Die gesamte Energiedichte würde dann auch ϱ_v umfassen. ϱ_v heißt Vakuumenergie, weil ein solcher Ausdruck auch durch die Quantenmechanik vorhergesagt wird. In der Quantenmechanik rührt die Vakuumenergie von virtuellen Teilchenpaaren her, die im Vakuum pausenlos entstehen und wieder zerfallen (Abb. 8.4).

Bei der quantenmechanischen Behandlung des harmonischen Oszillators ergeben sich die Energiezustände zu $E = (n + 1/2) \cdot \hbar \cdot \omega$; d. h., selbst im energetisch niedrigsten Zustand, dem Grundzustand mit $n = 0$, existiert eine von null verschiedene Energie: die Nullpunktsenergie. Auch in Quantenfeldtheorien ist das Vakuum nicht leer. Nach der Heisenberg'schen Unschärferelation ist das Vakuum voll von unendlich vielen Teilchen-Antiteilchen-Paaren. Eine klare Evidenz für die Korrektheit dieser Annahme liefert der Casimir-Effekt. Betrachtet man zwei in sehr kleinem Abstand platzierte parallele metallische Platten im Vakuum, so ist klar, dass zwischen den Platten nicht alle möglichen Wellenlängen existieren können, ganz im Gegensatz zu dem umgebenden Vakuum. Dieses Defizit an Quantenzuständen zwischen den Platten führt zu einer anziehenden Kraft auf die Platten. Der dadurch entstehende Druck des umgebenden Vakuums wurde experimentell nachgewiesen. Der Casimir-Effekt kann als eine Art Van-der-Waals-Kraft zwischen den leitenden parallelen Platten aufgefasst werden.

Abb. 8.4 Reine
Vakuumenergie?

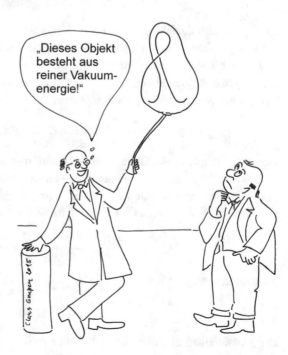

Naive Abschätzungen der Größenordnung dieser Vakuumenergie Λ aus der Quanten-feldtheorie führen allerdings zu Werten, die um etwa 120 Größenordnungen gegenüber der Vakuumenergie in der Kosmologie zu groß sind.

Zur kosmologischen Konstante gibt es noch viel Klärungsbedarf. Einstein, der sie ‚er-fand‘, um ein statisches Universum zu beschreiben, hat später nach der Entdeckung der Expansion des Weltalls bedauert, sie per Hand in seine Feldgleichungen eingeführt zu haben. Ab 1998 hat die kosmologische Konstante allerdings eine Renaissance erlebt. Auf-grund der Helligkeit entfernter Supernovae vom Typ Ia, die eine schwächere beobachtete Leuchtkraft zeigten, als nach der linearen Hubble-Beziehung zu erwarten war, hat man geschlossen, dass das Universum sich beschleunigt ausdehnt. Diese Beschleunigung lässt sich sehr gut mit einer Art abstoßenden Gravitationskraft verstehen, die man durch eine kosmologische Konstante beschreiben kann. Tatsächlich ist diese kosmologische Kon-stante zu einem wesentlichen Element der modernen Kosmologie, dem Standardmodell der Kosmologie, geworden. Nach dem heutigen Kenntnisstand liefert die Energie des Vakuums sogar den größten Teil der Gesamtenergiedichte des Universums.

8.4   Die Strömungsgleichung

Das Universum ist wie ein Safe, zu dem es eine Kombination gibt – aber die Kombination ist in dem Safe verschlossen.

Peter de Vries

Die Friedmann-Gleichung kann noch nicht gelöst werden, weil man nicht weiß, wie sich die Energiedichte ϱ zeitlich entwickelt. Stattdessen soll jetzt eine Beziehung zwischen ϱ und seiner Zeitableitung $\dot{\varrho}$ und dem Druck P hergeleitet werden. Diese *Strömungsglei-chung* genannte Beziehung folgt aus dem *ersten Hauptsatz der Thermodynamik* für ein System mit der Energie U, der Temperatur T, der Entropie S und des Volumens V,

$$\mathrm{d}U = T\,\mathrm{d}S - P\,\mathrm{d}V. \tag{8.4.1}$$

Der erste Hauptsatz der Thermodynamik wird nun auf ein Volumen R^3 in unserem expan-dierenden Universum angewendet. Da es aus Symmetriegründen keinen Nettowärmefluss über die Grenze des Volumens geben kann, folgt $\mathrm{d}Q = T\,\mathrm{d}S = 0$, d. h., die Expansion ist adiabatisch. Wenn man (8.4.1) durch das Zeitintervall $\mathrm{d}t$ teilt, erhält man

$$\frac{\mathrm{d}U}{\mathrm{d}t} + P\frac{\mathrm{d}V}{\mathrm{d}t} = 0. \tag{8.4.2}$$

Die Gesamtenergie U ist

$$U = R^3\varrho. \tag{8.4.3}$$

Die Zeitableitung $\mathrm{d}U/\mathrm{d}t$ ergibt sich dann zu

$$\frac{\mathrm{d}U}{\mathrm{d}t} = \frac{\partial U}{\partial R}\dot{R} + \frac{\partial U}{\partial \varrho}\dot{\varrho} = 3R^2\varrho\dot{R} + R^3\dot{\varrho}. \tag{8.4.4}$$

Für den zweiten Term in (8.4.2) erhält man

$$\frac{\mathrm{d}V}{\mathrm{d}t} = \frac{\mathrm{d}}{\mathrm{d}t}R^3 = 3R^2\dot{R}. \tag{8.4.5}$$

Setzt man (8.4.4) und (8.4.5) in (8.4.2) ein, ergibt sich nach Umsortierung

$$\dot{\varrho} + \frac{3\dot{R}}{R}(\varrho + P) = 0, \tag{8.4.6}$$

die *Strömungsgleichung*. Bedauerlicherweise reicht das aber nicht, das Problem zu lösen, weil man noch eine Zustandsgleichung benötigt, die ϱ und P verbindet. Diese kann man aus den Gesetzen der statistischen Mechanik erhalten, wie später gezeigt wird (Abschn. 9.3). Mit diesen Zutaten kann dann aber die Friedmann-Gleichung gelöst und damit $R(t)$ gefunden werden.

8.5 Die Beschleunigungsgleichung

Das Universum ist viel komplizierter, als es von außen den Anschein hat.

Terry Pratchet

Häufig ist es ganz nützlich, die Friedmann-Gleichung und die Strömungsgleichung zu kombinieren, um dann eine Beziehung über die zweite Ableitung $\ddot{R}$ zu erhalten. Hier werden nur die wesentlichen Schritte erwähnt und das Ergebnis angegeben. Die Herleitung wird im Folgenden skizziert. Die Friedmann-Gleichung ohne kosmologische Konstante lautet

$$\frac{\dot{R}^2}{R^2} + \frac{k}{R^2} = \frac{8\pi}{3}G\varrho \tag{8.5.1}$$

oder umgeschrieben

$$\dot{R}^2 + k = \frac{8\pi}{3}G\varrho R^2 . \tag{8.5.2}$$

Wenn man diesen Ausdruck nach der Zeit ableitet, erhält man

$$2\dot{R}\ddot{R} = \frac{8\pi}{3}G(\dot{\varrho}R^2 + 2R\dot{R}\varrho); \tag{8.5.3}$$

wenn man jetzt $\dot{\varrho}$ von der Strömungsgleichung verwendet, folgt

$$2\dot{R}\ddot{R} = \frac{8\pi}{3}G\left(2R\dot{R}\varrho - \frac{3\dot{R}}{R}(\varrho + P)R^2\right) . \tag{8.5.4}$$

Diese Gleichung ist aber äquivalent zu

$$\ddot{R} = \frac{4\pi}{3}G(2R\varrho - 3R\varrho - 3RP) \quad \text{oder} \quad \frac{\ddot{R}}{R} = -\frac{4\pi}{3}G(\varrho + 3P), \tag{8.5.5}$$

und das ist die *Beschleunigungsgleichung*. Wir haben damit zwar zusätzlich zu der Friedmann-Gleichung und der Strömungsgleichung keine neuen Erkenntnisse gewonnen, aber in einer Reihe von Anwendungen und in der Lösung von Problemen ist diese Beschleunigungsgleichung recht nützlich.

8.6   Lösungen der Friedmann-Gleichung

Ich behaupte aber, dass in jeder besonderen Naturlehre nur so viel eigentliche Wissenschaft angetroffen werden könne, als darin Mathematik anzutreffen ist.

Immanuel Kant

Bereits ohne die Friedmann-Gleichung explizit zu lösen, kann man doch schon einige allgemeine Aussagen über die Natur der Lösungen machen. Die Friedmann-Gleichung kann durch Gl. (8.3.5) beschrieben werden als

$$H^2 = \frac{8\pi G}{3}\varrho - \frac{k}{R^2}, \tag{8.6.1}$$

dabei ist $H = \dot{R}/R$. Aufgrund der beobachteten Rotverschiebung der Galaxien weiß man, dass H positiv ist. Naiverweise sollte man erwarten, dass die Galaxien durch die gravitative Anziehung im Laufe der Zeit abgebremst werden. Eine Frage ist, ob diese Abbremsung so stark sein könnte, um die Expansion zu stoppen oder gar H zu null werden könnte.

Falls der Krümmungsparameter k negativ wäre, könnte das nicht passieren, weil alles auf der rechten Seite von (8.6.1) positiv ist. Wir erinnern uns, dass $k = -2E/m$ im Wesentlichen die Gesamtenergie der Testgalaxie der Masse m am Rande des sphärischen Testvolumens angibt. $k < 0$ heißt also, dass die Gesamtenergie von m positiv ist, d. h., m ist nicht gravitativ gebunden. In diesem Fall spricht man von einem *offenen Universum*, und es wird dauerhaft expandieren.

Falls die Energiedichte des Universums von nichtrelativistischer Materie dominiert wird, wird ϱ durch die Expansion wie $1/R^3$ abnehmen. Deshalb reduziert sich die Friedmann-Gleichung in diesem Fall verschwindender Energiedichte auf

$$\frac{\dot{R}^2}{R^2} = -\frac{k}{R^2}, \tag{8.6.2}$$

und das bedeutet, dass $\dot{R}$ konstant ist, bzw. $R \sim t$.

Falls andererseits $k > 0$ und ϱ bei der Expansion abnimmt, werden sich die Terme auf der rechten Seite von (8.6.1) aufheben, d. h. gegen null gehen, $H = 0$. Die Expansion wird also zum Halt kommen. Zu diesem Zeitpunkt wird die kinetische Energie aller Galaxien in potentielle umgewandelt sein, genauso wie wenn ein Stein auf der Erde in die Höhe geworfen wird und seinen höchsten Punkt erreicht. Und genau wie bei dem Stein wird sich die Bewegung umkehren, und das Universum wird kontrahieren. In diesem Fall spricht man von einem *geschlossenen Universum*.

Man kann sich auch fragen, was passiert, wenn der Krümmungsparameter k null wird, und also auch die Energie der Testgalaxie verschwindet. In dem Fall befindet sich das Universum an der Grenze zwischen offen oder geschlossen zu sein. Die Expansion wird sich im Laufe der Zeit abschwächen und asymptotisch gegen null streben. Ein solches Verhalten führt zu einem *flachen Universum*. Das entspricht der Tatsache, wie wenn man einen Stein von der Erde mit exakt der Fluchtgeschwindigkeit abwirft.

Welches der verschiedenen Szenarien eintrifft – offen, geschlossen oder flach –, hängt von der Materie- oder Energiedichte im Universum ab.

Wenn wir die Friedmann-Gleichung nach dem Krümmungsparameter k auflösen, erhalten wir

$$k = R^2 \left(\frac{8\pi}{3} G\varrho - H^2 \right). \tag{8.6.3}$$

Jetzt können wir die *kritische Dichte* ϱ_c definieren,

$$\varrho_c = \frac{3H^2}{8\pi G}, \tag{8.6.4}$$

und die Energiedichte ϱ durch den Ω-Parameter ausdrücken,

$$\Omega = \frac{\varrho}{\varrho_c}. \tag{8.6.5}$$

Wenn wir jetzt den Hubble-Parameter $H = \dot{R}/R$ verwenden, erhalten wir aus (8.6.3)

$$k = R^2 (\Omega - 1)H^2. \tag{8.6.6}$$

Wenn $\Omega < 1$, also die Dichte kleiner als die kritische Dichte wird, dann ist $k < 0$, und das Universum ist offen, d. h., die Expansion wird dauerhaft anhalten. Entsprechend ist für $\Omega > 1$ das Universum geschlossen: H wird kontinuierlich abnehmen und schließlich negativ werden. Falls die Dichte exakt mit der kritischen Dichte ϱ_c übereinstimmt, also $k = 0$, entsprechend $\Omega = 1$, dann nennt man das Universum flach.

In Abb. 8.5 sind die verschiedenen Szenarien für den zeitabhängigen Skalenfaktor R illustriert. Diese Abbildung gilt nur unter der Voraussetzung, dass die kosmologische Konstante null ist. Die Bezeichnungen offen, geschlossen und flach beziehen sich auf die geometrischen Eigenschaften der Raumzeit, wie man sie auch in den entsprechenden Lösungen der Allgemeinen Relativitätstheorie findet (Abb. 8.6).

Abb. 8.5 Darstellung des
Skalenfaktors R als Funktion
der Zeit für $\Omega < 1, \Omega > 1$ und
$\Omega = 1$

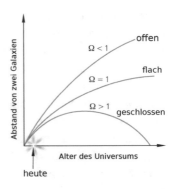

Abb. 8.6 Schwierige Frage

Man findet komplett andere Lösungen, falls die Energiedichte durch die Vakuum-energie dominiert wird. In dem Fall nimmt die Expansionsrate exponentiell zu. Dieses Verhalten wird in dem nächsten Abschnitt und im Kapitel über Inflation näher diskutiert.

8.7   Experimentelle Evidenz für die Vakuumenergie

Die Theoretiker sind eifrig dabei, verschiedene Modelle des Universums zu basteln mit Annahmen, die ihnen gerade passen. Wahrscheinlich sind diese Modelle alle falsch.
Paul Adrian Maurice Dirac

Die Friedmann-Gleichung macht Vorhersagen über die Zeitabhängigkeit des Skalenfaktors R für einen vorgegebenen Satz von Beiträgen zur Energiedichte des Universums. Vom Beobachtungsstandpunkt kann man diese Schlussweise auch umdrehen: Man möchte aus Messungen von $R(t)$ Rückschlüsse über den Inhalt des Universums ziehen. Naiverweise würde man erwarten, dass die gravitative Anziehungskraft die Hubble-Expansion bremsen, also zu einer Verlangsamung entspechend $\ddot{R} < 0$ führen würde. Eines der überraschendsten Ergebnisse der Kosmologie in den letzten Jahren war die Entdeckung einer beschleunigten Expansion, die schon seit einigen Milliarden Jahren andauert. Das kann man aus der Friedmann-Gleichung ableiten, wenn man nur annimmt, dass es einen Beitrag zur Energiedichte mit *negativem Druck* gibt, etwa realisiert durch die schon erwähnte Vakuumenergie. Solch ein Beitrag zu ϱ wird als *Dunkle Energie* bezeichnet.

Einen negativen Druck und seinen kosmologischen Effekt kann man sich wie folgt veranschaulichen: Einstein hat gezeigt, dass alle Formen der Energie äquivalent sind, und dass alle gravitativ wirken. Aber nicht nur Materie, sondern auch Kräfte erzeugen Gravitation. Selbst die Kräfte, die sich der Anziehungskraft widersetzen, erzeugen einen bestimmten Effekt an Massenanziehung. Ein Himmelskörper widersetzt sich einem gravitativen Kollaps durch Druckkräfte. Diese Druckkräfte tragen aber auch Energie bei, die wiederum einer Gravitationswirkung äquivalent ist. Damit führt dieser positive Druck zu einem Teufelskreis, und die Druckkräfte besiegen sich selbst. Je stärker sie werden, desto mehr führen sie zu verstärkter Anziehung. Dagegen ist negativer Druck wie eine Spannung, also eine Kraft, die Dinge zusammenzieht. Genauso wie ein positiver Druck zu einer verstärkten Anziehung führt, erzeugt ein negativer Druck eine abstoßende Gravitation. D. h. aber auch, dass bei großer Spannung der Teufelskreis in die entgegengesetzte Richtung verläuft. Ein positiver Druck, der aus dem Ruder läuft, führt zu einem kompakten Objekt, wie einem Neutronenstern oder gar zu einem Schwarzen Loch, während ein negativer Druck zu einer zunehmenden Expansion oder gar einem inflationären Szenario führt.

Wegen der endlichen Lichtgeschwindigkeit erlaubt ein Blick in den Himmel auch einen Blick in die Vergangenheit. Wenn man die Bewegung weit entfernter Galaxien mit denen aus unserer Nähe vergleicht, kann man Aussagen darüber machen, ob sich die Expansion des Universums verlangsamt oder beschleunigt. Dafür benötigt man allerdings zwei Größen: die Fluchtgeschwindigkeit der Galaxien und ihren Abstand. Da die Supernovae vom Typ-Ia-Standardkerzen mit bekannter absoluter Helligkeit sind, kann man aus der auf der Erde beobachteten Helligkeit ihren Abstand bestimmen. Ihre Fluchtgeschwindigkeit kann man aus der Rotverschiebung erhalten.

Die Beziehung zwischen der scheinbaren Helligkeit einer Supernova und seiner Rotverschiebung kann man aus der Zeitabhängigkeit des Skalenfaktors mithilfe der Friedmann-Gleichung erhalten, falls alle Beiträge zur Energiedichte des Universums bekannt sind. Wir nehmen jetzt an, dass nichtrelativistische Materie und Vakuumenergie zur Energiedichte des Universums beitragen. Dabei wird die Vakuumenergie durch die kosmologische Konstante Λ beschrieben. Die beiden Anteile an der Energiedichte können auf die kritische Dichte ϱ_c bezogen werden, und wir erhalten $\Omega_{m,0}$ als Beitrag der Materie und $\Omega_{\Lambda,0}$ als Anteil durch die Vakuumenergie. Der Index 0 bezieht sich auf den heutigen Zustand des

Universums. Man sollte allerdings auch den möglichen Beitrag zur Energiedichte $\Omega_{r,0}$ von Photonen und Neutrinos berücksichtigen. Dieser Anteil ist nach Beobachtungen der kosmischen Mikrowellenstrahlung etwa mit dem Planck-Satelliten sehr klein im Verhältnis zu den anderen beiden Beiträgen.

Die relative Helligkeit von Sternen und Galaxien wird in der Astronomie mit der recht komplizierten Größe der Größenklasse, bzw. *Magnitudo* gekennzeichnet [89, 90]. Die Helligkeitsdifferenz zweier Sterne mit Intensitäten I_1 and I_2 ist durch die Größenklassendifferenz $m_1 - m_2 = -2,5 \lg(I_1/I_2)$ festgelegt. Der Nullpunkt der Größenklasse ist mit der scheinbaren Helligkeit des Polarsterns von $2^m_.12$ definiert. Die scheinbare Helligkeitsdifferenz von $\Delta m = 2,5$ entspricht einem Intensitätsverhältnis von 10 : 1. Auf dieser Skala hat die Venus eine Magnitudo von $m = -4,4$ und die Sonne sogar $m = -26$. Mit dem unbewaffneten Auge kann man Sterne bis zur Größenklasse $m = 6$ sehen. Das Hubble-Teleskop kann Sterne bis $m = 31$ beobachten. Vom Nachfolgeteleskop von Hubble (James Webb Space Telescope) erwartet man im Infraroten eine Grenze von $m = 34$ [91]. Je größer die Magnitudo, desto schwächer das Himmelsobjekt.

Eine Darstellung der scheinbaren Helligkeit m entfernter Supernovae als Funktion der Rotverschiebung z ist in Abb. 8.7 dargestellt.

Die Datenpunkte bei kleinen Rotverschiebungen z legen die Hubble-Konstante H_0 fest. Bei hohem z hängt die Beziehung allerdings von Details der Energiedichte ab.

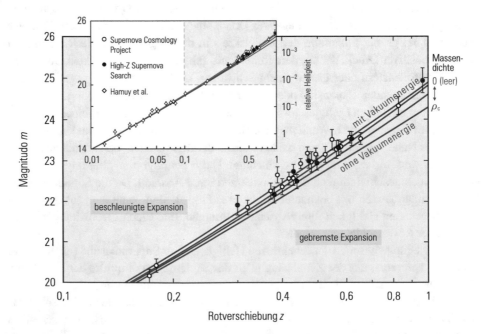

Abb. 8.7 Magnitudines m von Supernovae vom Typ Ia als Funktion der Rotverschiebung z ihrer Gastgalaxien im Vergleich zu den Erwartungen verschiedener Modelle, Bildnachweis: Saul Perlmutter [92]

Die untere Kurve ohne Vakuumenergie, entsprechend $\Omega_{m,0} = 1$, d. h. $\Omega_{\Lambda,0} = 0$, ist im klaren Widerspruch zu den Messungen. Die Daten werden dagegen gut beschrieben durch $\Omega_{m,0} \approx 0{,}25$ und $\Omega_{\Lambda,0} \approx 0{,}75$. Die neuesten Werte werden in späteren Kapiteln detailliert besprochen.

Die Daten bei hohen Rotverschiebungen in der Abb. 8.7 zeigen, dass die Messungen deutlich oberhalb der Kurve für die Annahme verschwindender Vakuumenergie liegen. D. h., sie liegen bei größeren Magnitudines. Das wiederum bedeutet, dass sie lichtschwächer erscheinen als nach der bekannten Hubble-Beziehung und dass sie also weiter entfernt sind, als ursprünglich angenommen. Das kann aber nur durch eine beschleunigte Expansion verstanden werden.

Die genauen physikalischen Gründe für die Existenz und Bedeutung der Vakuumenergie sind allerdings noch nicht vollständig geklärt. In der Quantenelektrodynamik führen Nullpunktsschwingungen des elektromagnetischen Felds zu einer Vakuumenergiedichte von

$$\varrho_v \approx E_{\text{max}}^4, \tag{8.7.1}$$

wobei E_{max} die Maximalenergie ist, bis zu der die Quantenfeldtheorie anwendbar ist. Im Standardmodell der Elementarteilchenphysik erwartet man Probleme bei Energien von $E_{\text{Pl}} \approx 10^{19}$ GeV, der Planck-Energie, bei der Quanteneffekte der Gravitation eine Rolle spielen sollten. Daraus könnte eine Vakuumenergiedichte von

$$\varrho_v \approx E_{\text{Pl}}^4 \approx 10^{76} \, \text{GeV}^4 \tag{8.7.2}$$

abgeschätzt werden. Wenn man aber vom kosmologischen Wert für die Vakuumenergie von $\Omega_{\Lambda,0} \approx 0{,}75$ ausgeht, sollte der Beitrag zur Energiedichte durch die kosmologische Konstante

$$\varrho_{\Lambda,0} = \Omega_{\Lambda,0} \varrho_{c,0} = \Omega_{\Lambda,0} \frac{3H_0^2}{8\pi G} \approx 10^{-46} \, \text{GeV}^4 \tag{8.7.3}$$

betragen. Die Diskrepanz zwischen der naiven Erwartung aufgrund der Rolle der Vakuumenergie in der Elementarteilchenphysik und dem kosmologischen Messwert beträgt 122 Größenordnungen!

Es ist klar, dass hier ein gewaltiges Problem liegt. Nun kann man die Gültigkeit der Planck-Skala anzweifeln, und man könnte für E_{max} eine kleinere Gültigkeitsgrenze annehmen, z. B. die elektroschwache Energieskala $E_{\text{EW}} \approx 100$ GeV, die durch die Massen der schwachen Eichbosonen W und Z gegeben ist. Damit käme man zu einer Vakuumenergiedichte von

$$\varrho_v \approx E_{\text{EW}}^4 \approx 10^8 \, \text{GeV}^4. \tag{8.7.4}$$

Das stellt zwar eine Verringerung der Diskrepanz dar, ist aber sicher nicht die Lösung. Nun kann man die Existenz der Vakuumenergie in der Elementarteilchenphysik wegen des

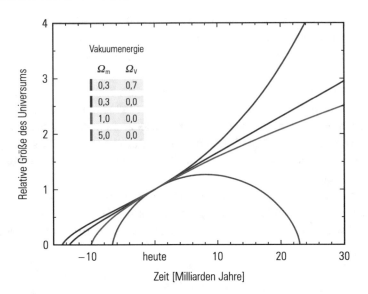

Abb. 8.8 Darstellung der relativen Größe des Universums als Funktion der Zeit für verschiedene Annahmen über seinen Energiegehalt [93]

experimentell erwiesenen Casimir-Effektes nicht infrage stellen, aber die verbleibenden großen Unterschiede zwischen der Vakuumenergie aus kosmologischen Messungen und der Erwartung aus der Quantenfeldtheorie müssen tiefere Ursachen haben. Diese könnten in der Schwierigkeit liegen, eine Quantentheorie der Gravitation zu finden.

Nach der experimentellen Entdeckung der beschleunigten Expansion muss nun aber auch die Entwicklung des Skalenfaktors gemäß Abb. 8.5 korrigiert werden. In Abb. 8.8 ist die relative Größe des Universums für verschiedene Annahmen über die Beiträge zur Energiedichte aufgetragen. Gegenwärtig nimmt man an, dass die Kurve mit den Werten von etwa $\Omega_{m,0} \approx 0{,}3$ und $\Omega_{\Lambda,0} \approx 0{,}7$ das Skalenverhalten des Universums am besten beschreibt. Das Universum ohne Vakuumenergie ist im Widerspruch zu den Supernovamessungen bei hohen Rotverschiebungen. Gegenwärtig ist das Universum – und das schon seit einigen Milliarden Jahren – durch eine beschleunigte Expansion gekennzeichnet.

Nach den Daten des Planck-Satelliten, in Übeinstimmung mit früheren Messungen der WMAP- und COBE-Satelliten, ist das Universum heute 13,8 Milliarden Jahre alt. D. h. aber nicht, dass die Größe des Universums 13,8 Milliarden Lichtjahren entspricht. Ein Alter von 13,8 Milliarden Jahren bedeutet nur, dass wir nur Objekte wahrnehmen können, deren Licht vor maximal 13,8 Milliarden Jahren ausgesandt wurde. Da sich aber der Raum seit dem Urknall stark ausgedehnt hat, befinden sich die Sterne und Galaxien, die vor 13,8 Milliarden Jahren Licht ausgesandt haben, in einem viel größeren Abstand. Da nach heutigem Kenntnisstand das Universum flach ist, kann man die Größe des Universums aufgrund der Messunsicherheit des Krümmungsparameters (etwa 2 %) auf etwa 46 Milliarden Lichtjahre abschätzen [94].

Zusammenfassung

Die Kosmologie behandelt die Lösungen der Einstein'schen Feldgleichungen und versucht, die Entwicklung unseres Universums zu beschreiben. Die Friedmann-Gleichung, die die Evolution des Universums kennzeichnet, wird halbklassisch hergeleitet und gelöst. Der Effekt der schon von Einstein 1915 eingeführten kosmologischen Konstanten wird durch die experimentelle Entdeckung einer gegenwärtig stärkeren Expansion des Universums neu dargestellt. Offenbar ist es so, dass unser Universum im euklidischen Sinn flach ist, wobei aber die Materie/Energiedichte erstaunlicherweise von Dunkler Materie und Dunkler Energie dominiert wird und die uns bekannte baryonische Materieform eher selten (weniger als 5 %) ist.

Das frühe Universum

9

*Wen interessiert es, was eine halbe Sekunde nach dem Urknall
passierte; was ist mit einer halben Sekunde davor?*
Fay Weldon zitiert nach Paul Davies

Dieses Kapitel wird die Entwicklung des Universums in den ersten zehn Mikrosekunden beschreiben. Zunächst wird die *Planck-Skala* definiert werden, die die Zeit betrifft, in der sowohl quantenmechanische als auch gravitative Effekte wirksam sind. Wir benötigen einige Zusammenhänge der statistischen Physik und Thermodynamik für die Beschreibung des frühen Universums, das sich in diesem Zeitraum aus einer heißen, dichten Phase entwickelt hat. Diese Relationen brauchen wir, um die Friedmann-Gleichung zu lösen und die Eigenschaften des frühen Universums zu untersuchen. Schließlich wenden wir uns dem Rätsel zu, warum das Universum fast ausschließlich aus Materie und nicht aus einer Mischung von Materie und Antimaterie besteht.

9.1   Die Planck-Skala

Eine neue wissenschaftliche Wahrheit pflegt sich nicht in der Weise durchzusetzen, dass ihre Gegner überzeugt werden und sich als belehrt erklären, sondern vielmehr dadurch, dass ihre Gegner allmählich aussterben und dass die heranwachsende Generation von vornherein mit der Wahrheit vertraut gemacht ist.

Max Planck

Die früheste Zeit, über die man sinnvollerweise spekulieren kann, heißt die *Planck-Zeit* um 10^{-43} nach dem Urknall. Davor waren quantenmechanische Aspekte der Gravitationstheorie wichtig. Deshalb brauchte man eine Quantentheorie der Gravitation,

© Springer-Verlag GmbH Deutschland 2018
C. Grupen, *Einstieg in die Astroteilchenphysik*,
https://doi.org/10.1007/978-3-662-55271-1_9

um einen früheren Zeitraum zu beschreiben. Die Superstringtheorie wäre dafür ein Kandidat, aber sie ist noch nicht in einer Verfassung, um spezifische Aussagen zu machen.

Um den Ursprung der Planck-Skala zu begründen, betrachten wir den Schwarzschild-Radius. Der Schwarzschild-Radius beschreibt den Radius eines Schwarzen Loches, aus dem nichts, auch kein Licht, mehr entkommen kann. Die Fluchtgeschwindigkeit von einem massiven Objekt beträgt

$$\frac{1}{2}mv^2 = G\frac{m\,M}{R},$$

wobei m die Masse des entkommenden Teilchens und M und R die Masse bzw. der Radius dieses Objektes sind. Wenn wir einmal annehmen, dass dieser Zusammenhang auch für Licht gilt (was eine ganz unzulässige klassische Vorgehensweise ist) und $v = c$ setzen, erhalten wir

$$c^2 = \frac{2\,G\,M}{R} \quad \text{oder} \quad R = \frac{2\,G\,M}{c^2}.$$

Dieses – unter fehlerhaften Annahmen hergeleitete – Ergebnis hat den glücklichen Vorteil, auch mit der korrekten Herleitung aus der Allgemeinen Relativitätstheorie übereinzustimmen. Der Schwarzschild-Radius ist also $R_S = \dfrac{2GM}{c^2}$. Der Schwarzschild-Radius charakterisiert den Ereignishorizont eines Schwarzen Loches und beschreibt den Abstand, bei dem die Raumkrümmung beträchtlich wird.

Wir betrachten nun die Compton-Wellenlänge eines Teilchens der Masse m,

$$\lambda_C = \frac{h}{mc}. \tag{9.1.1}$$

λ_C bezeichnet den Abstand, von dem ab Quanteneffekte bedeutsam werden. Die Planck-Skala wird deshalb definiert durch die Bedingung $\lambda_C/2\pi = R_S/2$, d. h.

$$\frac{\hbar}{mc} = \frac{mG}{c^2}. \tag{9.1.2}$$

Aufgelöst nach der Planck-Masse führt dies auf

$$m_{Pl} = \sqrt{\frac{\hbar c}{G}} \approx 2{,}2 \cdot 10^{-5}\,\text{g}, \tag{9.1.3}$$

entsprechend der Masse eines Wassertropfens mit einem Durchmesser von $1/3$ mm. Die Energie der Planck-Masse entspricht damit

$$E_{Pl} = \sqrt{\frac{\hbar c^5}{G}} \approx 1{,}22 \cdot 10^{19}\,\text{GeV}, \tag{9.1.4}$$

was etwa 2 GJ oder 650 kg TNT entspricht. Wenn man die Planck-Masse in die reduzierte Compton-Wellenlänge $\hbar/mc$ einsetzt, kommt man zu der Planck-Länge

$$l_{\text{Pl}} = \sqrt{\frac{\hbar G}{c^3}} \approx 1,6 \cdot 10^{-35} \text{ m}. \tag{9.1.5}$$

Die Zeit, die man braucht, um die Planck-Länge zurückzulegen, ist die Planck-Zeit:

$$t_{\text{Pl}} = \frac{l_{\text{Pl}}}{c} = \sqrt{\frac{\hbar G}{c^5}} \approx 5,4 \cdot 10^{-44} \text{ s}. \tag{9.1.6}$$

Die Planck-Masse, -Länge, -Zeit, etc. sind eindeutige Größen mit den angemessenen Dimensionen, die man aus den fundamentalen Konstanten, die Quantenmechanik und Relativität verbinden, nämlich $\hbar$, c, and G ableiten kann. Im Folgenden werden wir – was in der Teilchenphysik durchaus üblich ist – $\hbar$ und c gleich eins setzen, und damit haben wir

$$m_{\text{Pl}} = E_{\text{Pl}} = 1/\sqrt{G}, \tag{9.1.7}$$

$$t_{\text{Pl}} = l_{\text{Pl}} = \sqrt{G}. \tag{9.1.8}$$

Damit charakterisiert die Planck-Skala im Wesentlichen die Stärke der Gravitation. Üblicherweise merkt man sich die Planck-Energie $1,2 \cdot 10^{19}$ GeV, wobei dann $1/m_{\text{Pl}}^2$ sozusagen die Gravitationskonstante G darstellt.

9.2   Thermodynamik des frühen Universums

Wir sind erschrocken, ein Universum zu finden, das wir nicht erwartet haben.

Walter Bagehot

In diesem Abschnitt werden wir einige statistische Größen zusammenstellen, die in ihrer Darstellung ein wenig von den in Standardtexten der Thermodynamik verwendeten Formeln abweichen. Das hat seine Gründe in Folgendem. Im frühen Universum sind alle Teilchen hochrelativistisch, also gilt $E^2 = p^2 + m^2$. Die Temperaturen sind so hoch, dass Teilchen permanent erzeugt und vernichtet werden, z. B. durch Reaktionen wie $\gamma\gamma \leftrightarrow e^+e^-$. Damit sind die Teilchenzahlen nicht mehr konstant wie bei niedrigen Temperaturen, sondern die Teilchenzahlen variieren, wie es auch bei Photonen schon immer der Fall war. Deshalb ähneln die Größen für hochrelativistische Teilchen auch denen, wie man sie für die Schwarzkörperstrahlung kennt. Wir werden also ϱ, n und P, d. h. die Energiedichte, die Anzahldichte und den Druck für relativistische Teilchen im frühen Universum ausrechnen. Größen wie das chemische Potential, das in den Quantenverteilungen auftritt (Fermi-Dirac und Bose-Einstein), werden im Moment vernachlässigt.

Relativistisch heißt, dass die Temperatur $T \gg m$ ist. Hier haben wir die Boltzmann-Konstante k auch gleich eins gesetzt. Nach dem Stefan-Boltzmann'schen Gesetz folgt für die Energiedichte für relativistische Teilchen genauso wie für Photonen

$$\varrho \sim T^4. \tag{9.2.1}$$

Die Proportionalitätskonstante für diese Gleichung hängt u. a. vom Spin der Teilchen und von den Farbzuständen bei Quarks und Gluonen ab. Sie ist deshalb auch für Bosonen und Fermionen unterschiedlich. Wenn man Dimensionsargumente bemüht und berücksichtigt, dass eine inverse Länge einer Energie entspricht (wegen $\lambda = h/p$), dann folgt für die Anzahldichte (wegen $n \sim 1/V$, und $V \sim R^3$)

$$n \sim T^3. \tag{9.2.2}$$

Aus der Energie- und Anzahldichte erhält man die mittlere Energie pro Teilchen $\langle E \rangle = \varrho/n$. Für $T \gg m$ ergibt sich sofort

$$\langle E \rangle \sim T. \tag{9.2.3}$$

Im nichtrelativistischem Grenzfall ergibt sich die Energiedichte zu

$$\varrho = mn, \tag{9.2.4}$$

wobei n die Anzahldichte ist, die im nichtrelativistischen Limit (vgl. die Maxwell-Boltzmann-Verteilung und Gl. (9.2.2)) zu

$$n = g \left(\frac{mT}{2\pi} \right)^{3/2} e^{-m/T} \tag{9.2.5}$$

bestimmt wird. Der Faktor g berücksichtigt die Spin- und Farbfaktoren der Teilchen. Diese Gleichung erhält man ebenso im Grenzfall niedriger Energien aus der Fermi-Dirac- und auch der Bose-Einstein-Verteilung. Die Anzahldichte für nichtrelativistische Teilchen variiert also wie $e^{-m/T}$, Teilchen großer Masse sind daher entsprechend unterdrückt. Im klassischen Limit ist die mittlere Energie deshalb die Summe aus der Masse und der kinetischen Energie $\left(\frac{3}{2}kT \right)$:

$$\langle E \rangle = m + \frac{3}{2}T \approx m. \tag{9.2.6}$$

Diese Approximation gilt natürlich nur für $T \ll m$.

Zur Lösung der Friedmann-Gleichung benötigt man natürlich die Gesamtenergiedichte aller Teilchen im frühen Universum. In den Proportionalitätsfaktor für die Energiedichte gehen alle Bosonen und Fermionen mit ihren Anzahlen an Spin- und Farbzuständen ein, auch Teilchen, die bisher noch nicht entdeckt wurden. Nicht alle Teilchen in der Frühzeit

Tab. 9.1 Teilchen des Standardmodells mit ihren Eigenschaften (Particle Data Book). Die in der Tabelle angegebenen Grenzen für Neutrinomassen gelten für direkte Messungen. Daten des Planck-Satelliten legen eine Grenze für die Summe der Neutrinomassen von $m_{\nu_e} + m_{\nu_\mu} + m_{\nu_\tau} < 1\,\text{eV}$ nahe. Mit dieser Information gilt für jeden Neutrinoflavour $m_\nu < 1\,\text{eV}$

Teilchen	Masse	Spin-zustände	Farb-zustände
Bosonen			
Photon (γ)	0	2	1
W^+, W^-	80,4 GeV	3	1
Z	91,2 GeV	3	1
Gluon (g)	0	2	8
Higgs	125,7 GeV	1	1
Fermionen			
$u, \bar{u}$	2,3 MeV	2	3
$d, \bar{d}$	4,8 MeV	2	3
$s, \bar{s}$	95 MeV	2	3
$c, \bar{c}$	1,3 GeV	2	3
$b, \bar{b}$	4,2 GeV	2	3
$t, \bar{t}$	173 GeV	2	3
e^+, e^-	0,511 MeV	2	1
μ^+, μ^-	105,7 MeV	2	1
τ^+, τ^-	1,777 GeV	2	1
$\nu_e, \bar{\nu}_e$	<2 eV	1	1
$\nu_\mu, \bar{\nu}_\mu$	<0,17 MeV	1	1
$\nu_\tau, \bar{\nu}_\tau$	<18,2 MeV	1	1

des Universums waren notwendigerweise relativistisch, z. B. wenn es zu dem Zeitpunkt die hypothetischen supersymmetrischen Partner der ‚nornalen' Teilchen gegeben hätte, die sehr schwer (> 1 TeV) sein könnten. Die Massen, Spin- und Farbzustände der Teilchen des Standardmodells der Elementarteilchen sind in der Tab. 9.1 aufgeführt.

Die Neutrinos wurden hier als nur linkshändig und Antineutrinos als nur rechtshändig gezählt und als masselos angenommen. Das ist eine Vereinfachung, denn nach den beobachteten Neutrino-Oszillationen werden die Neutrinos eine – wenn auch kleine – Masse besitzen. Die Kopplung an die neuen Spinzustände wird aber klein sein. Neutrino-Oszillationen haben bisher noch keine Werte für die Neutrinomassen geliefert, aber es scheinen Massen im Bereich unter 50 meV zu sein.

9.3 Zustandsgleichung

Im Folgenden wird ein Zusammenhang zwischen der Energiedichte und dem Druck hergestellt. Diese Beziehung wird im Zusammenhang mit der Strömungsgleichung und Beschleunigungsgleichung benötigt. Da wir es mit hochrelativistischen Teilchen im frühen

Universum zu tun haben ($T \gg m$), erwarten wir, dass der Zusammenhang zwischen der Energiedichte und dem Strahlungsdruck dem Ergebnis aus der Schwarzkörperstrahlung entspricht. Der Strahlungsdruck ist eine gerichtete Größe gegen eine gedachte Fläche. Wenn über alle Einfallswinkel der Teilchen bezüglich der Fläche integriert wird, erhält man als Druck einen Faktor 1/3 der Energiedichte, also

$$P = \frac{\varrho}{3}. \tag{9.3.1}$$

Das ist das bekannte Ergebnis für die Schwarzkörperstrahlung und muss natürlich für alle relativistischen Teilchen mit $T \gg m$ gelten. Im nichtrelativistischen Limit, wie bei einem idealen Gas, gilt $P = nT$. In dem Fall ist die Energiedichte $\varrho = mn$. Für $T \ll m$ ergibt sich dann $P \ll \varrho$, und man kann in der Beschleunigungs- und Strömungsgleichung die Approximation

$$P \approx 0 \tag{9.3.2}$$

verwenden. Man kann auch zeigen, dass im Falle der Vakuumenergie durch eine kosmologische Konstante

$$P = -\varrho_{\mathrm{v}} \tag{9.3.3}$$

ist. D. h., eine Vakuumenergie führt zu einem negativen Druck. Im Allgemeinen kann man die Zustandsgleichung durch

$$P = w\varrho \tag{9.3.4}$$

ausdrücken, wobei der w-Parameter 1/3 für relativistische Teilchen, 0 für nichtrelativistische Materie und −1 für die Vakuumenergie ist.

Schließlich soll noch eine Beziehung zwischen der Temperatur T und dem Skalenfaktor R begründet werden. Wegen der Expansion des Universums wachsen alle Entfernungen nach dem Hubble-Gesetz mit R. Da nach der De-Broglie-Beziehung $\lambda = h/p$ eine Länge einem reziproken Impuls entspricht und für Photonen und relativistische Teilchen $E = p$ ist, variiert die Energie und damit die Temperatur wie $1/R$:

$$T \sim R^{-1}. \tag{9.3.5}$$

Diese Beziehung gilt so lange, wie T durch die Hubble-Expansion gegeben ist. Abweichungen ergeben sich dadurch, dass Elektronen und Positronen nichtrelativistisch werden und zerstrahlen. Dadurch erhalten die Photonen einen zusätzlichen Beitrag, was z. B. dazu führt, dass die Temperatur der primordialen Schwarzkörperstrahlung etwas höher ist als die der Neutrinos, die keine solchen Annihilationszuwächse erhalten.

9.4   Lösungen der Friedmann-Gleichung

Niemand wird in der Lage sein, das große Buch des Universums zu lesen, wenn er nicht ihre Sprache versteht, und das ist die Sprache der Mathematik.

Galileo Galilei

Schwierige Frage zur Kosmologie

Nun haben wir alles zusammen, um die Friedmann-Gleichung zu lösen. Das gibt uns die Gelegenheit, den Skalenfaktor R, die Temperatur T und die Energiedichte ϱ zu bestimmen. Für sehr frühe Zeiten kann man den Term in der Friedmann-Gleichung mit dem Krümmungsparameter vernachlässigen. Wir starten mit der Stömungsgleichung (8.4.6),

$$\dot{\varrho} + \frac{3\dot{R}}{R}(\varrho + P) = 0, \tag{9.4.1}$$

die den Zusammenhang zwischen der Energiedichte ϱ und dem Druck P beschreibt. ϱ wird von der Strahlung dominiert, sodass wir die Zustandsgleichung (9.3.1) verwenden dürfen,

$$P = \frac{\varrho}{3}. \tag{9.4.2}$$

Einsetzen in die Strömungsgleichung führt auf

$$\dot{\varrho} + \frac{4\varrho\dot{R}}{R} = 0. \tag{9.4.3}$$

Die linke Seite ist proportional zu einer totalen Ableitung, sodass wir schreiben können

$$\frac{1}{R^4} \frac{\mathrm{d}}{\mathrm{d}t} \left(\varrho R^4 \right) = 0. \tag{9.4.4}$$

Das wiederum heißt, dass ϱR^4 zeitunabhängig ist. Daher haben wir

$$\varrho \sim \frac{1}{R^4}. \tag{9.4.5}$$

Falls wir auf der anderen Seite angenommen hätten, dass ϱ durch nichtrelativistische Materie dominiert wäre, hätten wir in der Zustandsgleichung $P = 0$ verwenden müssen. Durch eine ähnliche Rechnung, nämlich

$$\dot{\varrho} + \frac{3\dot{R}}{R}\varrho = 0 \quad \Rightarrow \quad \frac{1}{R^3} \frac{\mathrm{d}}{\mathrm{d}t} \left(\varrho R^3 \right) = 0 \quad \Rightarrow \quad \varrho R^3 = \text{const},$$

erhalten wir

$$\varrho \sim \frac{1}{R^3}. \tag{9.4.6}$$

In jedem Fall ist die Abhängigkeit von ϱ von R derartig, dass – zumindest für frühe Zeiten, d. h. für kleine R – der Term $8\pi G\varrho/3$ auf der rechten Seite der Friedmann-Gleichung viel größer als k/R^2 ist. Daher können wir den Krümmungsparameter vernachlässigen und einfach $k = 0$ setzen. Das ist sicher für frühe Zeiten richtig und selbst noch heute, 14 Milliarden Jahre später, eine gute Approximation. Damit erhalten wir

$$\frac{\dot{R}^2}{R^2} = \frac{8\pi}{3} G\varrho. \tag{9.4.7}$$

Im Folgenden wollen wir zunächst (9.4.7) für den Fall lösen, dass ϱ strahlungsdominiert ist. Die Gl. (9.4.5) kann man umschreiben als

$$\varrho = \varrho_0 \left(\frac{R_0}{R} \right)^4, \tag{9.4.8}$$

wobei ϱ_0 und R_0 die Werte von ϱ und R zu einer beliebigen, aber frühen Zeit sind. Diese Gleichung löst man am besten durch einen geschickten Ansatz, etwa der Form $R = A \cdot t^p$.

Setzt man diesen Ansatz zusammen mit (9.4.8) für ϱ in die Friedmann-Gleichung ein, erhalten wir nach einer kleinen Rechnung, dass diese Gleichung nur durch $p = 1/2$ befriedigt werden kann, d. h.

$$R \sim t^{1/2}. \tag{9.4.9}$$

Die Expansionsrate H ist daher

$$H = \frac{\dot{R}}{R} = \frac{1}{2t}. \tag{9.4.10}$$

Falls ϱ allerdings durch nichtrelativistische Materie dominiert wäre, also $P = 0$, findet man mit dem Ansatz

$$R = A\,t^p, \quad \dot{R} = p\,A\,t^{p-1}$$

die Beziehung

$$\frac{\dot{R}^2}{R^2} = \frac{p^2 A^2 t^{2p} t^{-2}}{A^2 t^{2p}} = \frac{p^2}{t^2} = \frac{8\pi}{3} G\varrho_0 \left(\frac{R_0}{R}\right)^3 = \frac{8\pi}{3} G\varrho_0 R_0^3 A^{-3} t^{-3p}.$$

Wenn man die t-Abhängigkeit auf beiden Seiten der Gleichung vergleicht, folgt

$$p = \frac{2}{3}$$

und damit

$$R \sim t^{2/3} \tag{9.4.11}$$

und

$$H = \frac{2}{3t}. \tag{9.4.12}$$

Man kann nun die Friedmann-Gleichung (9.4.7) mit der Energiedichte kombinieren und die Gravitationskonstante durch $G = 1/m_{\text{Pl}}^2$ ersetzen. Wenn man dann die Quadratwurzel zieht, erhält man die Expansionsrate H als Funktion der Temperatur,

$$H \sim \frac{T^2}{m_{\text{Pl}}}. \tag{9.4.13}$$

Kombiniert mit (9.4.10) erhält man eine Beziehung zwischen der Temperatur und Zeit gemäß

$$t \sim \frac{m_{\text{Pl}}}{T^2}. \tag{9.4.14}$$

Man kann aber auch die Friedmann-Gleichung mit der Lösung $H = 1/2t$ verknüpfen und erhält damit nach kurzer, einfacher Rechnung die zeitabhängige Energiedichte

$$\varrho = \frac{3m_{\mathrm{Pl}}^2}{32\pi}\frac{1}{t^2}.\tag{9.4.15}$$

9.5   Thermische Geschichte der ersten zehn Mikrosekunden

Falls Gott die Welt geschaffen hat, war seine Hauptsorge sicher nicht, sie so zu machen, dass wir sie verstehen können.

Albert Einstein

Wir wollen im Folgenden die etwas theoretischen Herleitungen über das frühe Universum ein wenig mit konkreten Zahlen illustrieren und in diesem Zusammenhang die Abhängigkeit der Energiedichte nach dem Urknall in ihrer zeitlichen Entwicklung darstellen.

Wir wollen zunächst auf der Grundlage von (9.4.15) die Energiedichte zur Planck-Zeit ausrechnen. Wenn wir annehmen, dass das Universum zu dem Zeitpunkt im thermischen Gleichgewicht war, erhalten wir aus (9.4.15)

$$\varrho(t_{\mathrm{Pl}}) = \frac{3m_{\mathrm{Pl}}^2}{32\pi}\frac{1}{t_{\mathrm{Pl}}^2} = \frac{3}{32\pi}m_{\mathrm{Pl}}^4 \approx 6 \cdot 10^{74}\,\mathrm{GeV}^4,\tag{9.5.1}$$

wobei wir $m_{\mathrm{Pl}} = 1/t_{\mathrm{Pl}} \approx 1{,}2 \cdot 10^{19}\,\mathrm{GeV}$ verwendet haben. Wenn wir dies in die normalen Einheiten übertragen, müssen wir durch $(\hbar c)^3$ dividieren und erhalten

$$\varrho(t_{\mathrm{Pl}}) \approx 6 \cdot 10^{74}\,\mathrm{GeV}^4 \cdot \frac{1}{(0{,}2\,\mathrm{GeV\,fm})^3}$$
$$\approx 8 \cdot 10^{76}\,\mathrm{GeV/fm}^3.\tag{9.5.2}$$

Diese Dichte entspricht unglaublichen 10^{77} Protonmassen, und zwar im Volumen eines einzigen Protons.

Es ist jetzt interessant, die Zeiten und Energiedichten zu finden, die zu bestimmten Phasenübergängen bei bestimmten Temperaturen geführt haben. Um diese Zusammenhänge numerisch zu berechnen, benötigen wir alle Teilchen, die zur Energiedichte beigetragen haben, einschließlich ihrer Spin- und Farbzustände. Näherungsweise betrachten wir alle Teilchen des Standardmodells der Elementarteilchen und behandeln sie bei hohen Temperaturen alle relativistisch (T größer als einige Hundert GeV). Eventuell vorhandene schwerere Teilchen aus supersymmetrischen Theorien würden das Ergebnis ein wenig ändern.

Tab. 9.2 Thermische Geschichte der ersten 10 Mikrosekunden

‚Skala'	T [GeV]	ϱ [GeV^4]	t [s]
Planck	10^{19}	10^{78}	10^{-45}
GUT	10^{16}	10^{66}	10^{-39}
Elektroschwach	10^2	10^{10}	10^{-11}
QCD	0,2	0,01	10^{-5}

Tab. 9.2 zeigt die gerundeten Werte für Temperaturen (bzw. Energien) und Energiedichten zu bestimmten Zeiten innerhalb der ersten 10 Mikrosekunden nach dem Urknall.

Bei der Planck-Zeit haben wir die Grenze unseres Verständnisses erreicht. Nach 10^{-39} Sekunden, entsprechend Temperaturen, bzw. Energien von 10^{16} GeV spalten sich die Wechselwirkungen der starken und elektroschwachen Wechselwirkungen mit ihren eigenen Kopplungskonstanten auf. Das ist die Skala der Großen Vereinigten Theorien (GUT-Skala). Man erwartet, dass dieser Phasenübergang mit dem Higgs-Feld zusammenhängt. Der Vakuumerwartungswert des Higgs-Felds oberhalb der GUT-Skala sollte null sein. Bis hierher sollten alle Elementarteilchen masselos gewesen sein. Während des Übergangs nimmt der Vakuumerwartungswert des GUT-Higgs-Felds von null verschiedene Werte an. Dieses Phänomen wird spontane Symmetriebrechung genannt.

Nach etwa 10^{-11} Sekunden erreicht die Temperatur Werte von 100 GeV; entsprechend der ‚elektroschwachen Energieskala'. Hier erfolgt ein weiterer Phasenübergang entsprechend einer weiteren spontanen Symmetriebrechung, indem das Higgs-Feld einen endlichen Vakuumerwartungswert annimmt. Als Folge davon erhalten die W- und Z-Bosonen sowie die Teilchen des Standardmodells ihre Massen. Bei Temperaturen etwas unterhalb der elektroschwachen Skala sind die Massen $M_W \approx 80$ GeV und $M_Z \approx 91$ GeV groß im Vergleich zu den kinetischen Energien der anderen Teilchen, sodass die W- und Z-Propagatoren die Stärke der schwachen Wechselwirkung effektiv unterdrücken.

Bei der Skala der Quantenchromodynamik (QCD-Skala) bei etwa 0,2 GeV wird die Kopplungsstärke α_s sehr groß. Hier werden jetzt die Quarks und Gluonen zu farbneutralen Hadronen, d. h. hauptsächlich zu Protonen und Neutronen gebunden. Dieser Prozess der Hadronisation erfolgt bei Zeiten von $t \approx 10^{-5}$ s. Hier wird aber schon die Annahme, dass alle Teilchen hochrelativistisch sind, etwas strapaziert.

Wenn man die Energiedichte der QCD-Skala in normale Einheiten umrechnet, erhält man etwa 1 GeV/fm^3. Das ist ungefähr siebenmal so groß wie die Dichte normaler nuklearer Materie. Das ist aber schon eine Energiedichte, die der Large Hadron Collider am CERN erreichen kann, sodass man von Kollisionen schwerer Kerne etwas mehr Aufschluss über den Übergang des Quark-Gluon-Plasmas zu farbneutralen Hadronen erwarten kann.

Dieses Bild ist aber noch nicht vollständig. Wir haben noch keine Erklärung für die Baryonasymmetrie, und wie sie zustande gekommen ist, möglicherweise bei der GUT-Skala oder der elektroschwachen Skala. Auch müssen wir noch Details der primordialen Schwarzkörperstrahlung erklären. Vielleicht dominierte zu sehr frühen Zeiten die Vakuumenergie. Unter diesen Umständen würde man für den Skalenfaktor nicht $R \sim t^{1/2}$ erhalten, sondern ein exponentionelles Wachstum, das man Inflation nennt. Diese beiden offenen Punkte werden Inhalt späterer Kapitel sein.

9.6   Die Baryonasymmetrie des Universums

Astronomie, die älteste und eine der höchst jugendlichen Wissenschaften, könnte immer noch einige Überraschungen auf Lager haben. Möge Antimaterie ihr doch anempfohlen werden.
Arthur Schuster

1932 entdeckte Carl Anderson das erste Antiteilchen, das Positron, das Dirac 1928 vorhergesagt hatte. Im Laufe der nächsten Jahre vermutete man, dass die Welt symmetrisch in Bezug auf Materie und Antimaterie sei. Allerdings scheint das Universum, so wie wir es jetzt kennen, fast ausschließlich aus Materie zu bestehen. Dieses Ungleichgewicht ist als *Baryonasymmetrie des Universums* bekannt geworden. Man muss verstehen, wie eine solche Asymmetrie aus dem frühen Universum entstehen konnte, obwohl doch anfangs gleiche Mengen an Materie und Antimaterie gebildet wurden. Bei der Bildung der Baryonen aus Quarks und Gluonen (*Baryogenese*) muss demzufolge vermutlich etwas Überraschendes passiert sein. Das Universum hat also offenbar eine nichtverschwindende Baryonenzahl. Für jedes Proton gibt es auch ein Elektron, also ist die Leptonenzahl auch nicht null. Daher muss auch bei der Entstehung der Leptonen (*Leptogenese*) ein Symmetriebruch vorgefallen sein.

Hier müssen Teilchenphysik und Kosmologie einen gemeinsamen Weg finden, dieses Rätsel zu lösen. Im Standardmodell der Teilchenphysik kann man diese Baryon- und Leptonasymmetrie nicht verstehen: ein überzeugender Hinweis, dass das Standardmodell nicht vollständig ist.

9.6.1   Experimentelle Evidenz für die Baryonasymmetrie

Wenn es Antiteilchen lokal in größerer Anzahl geben sollte, dann hätte man Annihilationsprozesse von Proton-Antiproton- und Elektron-Positron-Zerstrahlung sehen müssen. In $p\bar{p}$-Annihilationen werden typischerweise mehrere Mesonen, wie etwa neutrale Pionen, gebildet, die in Photonen zerfallen. Man sollte also diese Photonen im Bereich um 100 MeV finden. Wenn etwa Asteroiden oder Kometen auf die Erde treffen oder Astronauten wie Neil Armstrong auf dem Mond landen und nicht mit der dortigen Materie zerstrahlen, dann muss man wohl daraus schließen, dass unser Sonnensystem ganz überwiegend aus Materie besteht.

Man findet zwar Antiprotonen in der kosmischen Strahlung, aber nur auf dem Niveau von 10^{-4} im Vergleich zu Protonen (s. Abb. 9.1). Dass Antiprotonen in der kosmischen Strahlung vorkommen, könnte darauf hindeuten, dass entfernte Regionen im Universum

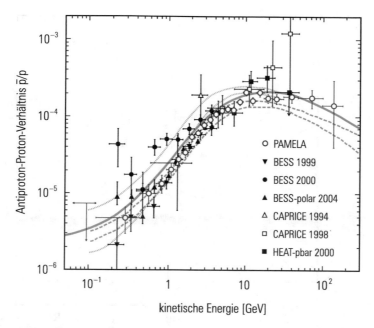

Abb. 9.1 Antiproton-Proton-Verhältnis in der primären kosmischen Strahlung nach dem PAMELA-Experiment. Die verschiedenen Rechnungen (Kurven) zeigen klar, dass die Antiprotonenproduktion mit sekundärer Erzeugung erklärt werden kann [95]

aus Antimaterie bestehen. Aber die beobachtete Antiprotonenrate kann man durch sekundäre Erzeugung in Wechselwirkungen von Protonen mit interstellarem Gas etwa wie

$$p + p \rightarrow 3p + \bar{p} \tag{9.6.1}$$

verstehen. Es gibt auch keinen Hinweis aus Satellitenexperimenten wie PAMELA oder dem Alpha-Magnetischen Spektrometer, auch ganze Kerne aus Antimaterie zu finden, obwohl solche Kerne am CERN und am RHIC (Relativistic Heavy Ion Collider in Brookhaven) in Kollisionen erzeugt werden können, und also auch im Universum existieren könnten. Das STAR-Experiment hat zum ersten Mal am Schwerionenbeschleuniger RHIC 18 Antihelium-4-Ereignisse nachgewiesen [96].

Wenn es nennenswerte Mengen von Positronen im Universum und in unserer Milchstraße geben würde, dann sollte man auch eine deutliche 511-keV-Vernichtungslinie aus der Reaktion $e^+ e^- \rightarrow \gamma\gamma$ sehen. Tatsächlich sieht man eine solche Linie im Gammaspektrum aus unserer Galaxie (s. Abb. 9.2).

Allerdings lässt sich die Stärke dieser Linie durch die Vernichtung von lokal erzeugten Positronen erklären. Messungen im Hochenergiebereich zeigen aber Positronenflüsse, die mit einer einfachen lokalen Produktion nicht zu verstehen sind (s. Abb. 9.3). Es wird für möglich gehalten, dass eine relativ nahe Supernova vor langer Zeit kosmische Teilchen, und damit auch Positronen, in die Milchstraße injiziert hat.

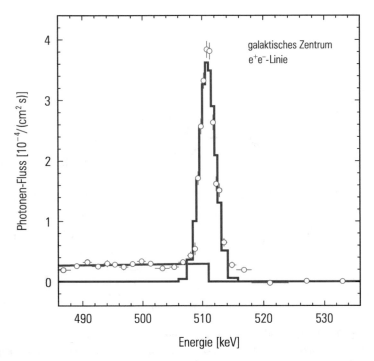

Abb. 9.2 Die 511-keV-Positronen-Vernichtungslinie (*rote Kurve*), beobachtet aus dem galaktischen Zentrum. Die *blaue Kontinuumslinie* rührt vom Positroniumzerfall in drei Photonen her [97, 98]

Es könnte aber auch sein, dass die Quellen von Positronen weit außerhalb der lokalen Gruppe von Galaxien liegen. Dann müsste man zumindest im Gammaspektrum Abweichungen von der Erwartung sehen. Modellrechnungen für ein Materie-Antimaterie-symmetrisches Universum zeigen aber, dass sie mit den Gammamessungen des Compton Gamma Ray Observatoriums inkompatibel sind. Die Rechnungen beziehen sich auf sehr weit entfernte Domänen von 20 Mpc bzw. 1 Gpc Größe (s. Abb. 9.4). Falls es also doch antimateriedominierte Regionen im Universum gibt, dann müssten sie schon sehr weit entfernt sein (> einige Gpc). Das wird aber für unwahrscheinlich gehalten, und es ist deshalb nur ganz natürlich, anzunehmen, dass das Universum materiedominiert ist.

Zwar werden bei normalen Wechselwirkungen immer gleiche Mengen an Teilchen und Antiteilchen erzeugt, aber aus irgendeinem Grunde könnten im Urknall leicht unterschiedliche Mengen von Materie- und Antimaterieteilchen entstanden sein. Diese Asymmetrie könnte sich bis heute fortgepflanzt haben. Man würde aber erwarten, dass die Natur bei hohen Temperaturen nach dem Urknall einen hohen Grad an Symmetrie aufwies, und man würde zögern, eine solche Asymmetrie von Hand einzuführen. Es wird vermutlich Argumente geben, vielleicht aus der Elementarteilchenphysik, die aus einer komplett symmetrischen Zahl von Baryonen und Antibaryonen durch Symmetriebrechungen ein materiedominiertes Universum schaffen.

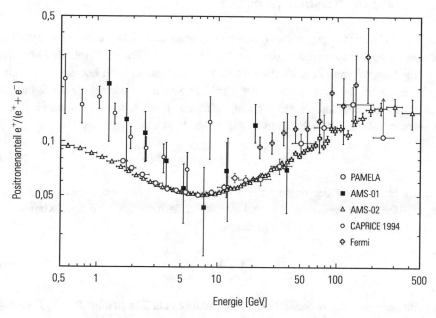

Abb. 9.3 Der Positronenanteil in der primären kosmischen Strahlung nach dem PAMELA-Experiment. Bei niedrigen Energien stimmt der Positronenanteil mit den Erwartungen aufgrund von sekundärer Produktion überein. Bei Energien oberhalb 10 GeV gibt es aber bisher unverstandene Abweichungen. Das AMS-Experiment hat den Positronenexzess von PAMELA bestätigt und die Messungen zu höheren Energien ausgedehnt [99]

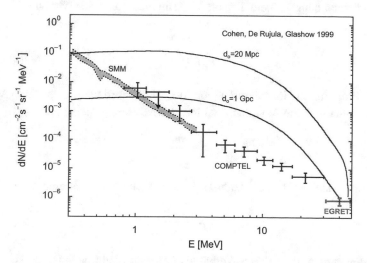

Abb. 9.4 Das Gammaspektrum des Compton-Teleskops und EGRET-Kalorimeters an Bord des Compton Gamma Ray Observatoriums im Vergleich mit Modellrechnungen für ein Materie-Antimaterie-symmetrisches Universum bei von uns separierten Domänen der Größe von 20 Mpc bzw. 1 Gpc [100]

9.6.2 Größe der Baryonasymmetrie

Obwohl das Universum gegenwärtig durch Baryonen und nicht durch Antibaryonen dominiert ist, muss man annehmen, dass die Asymmetrie in früheren Zeiten deutlich kleiner war. Betrachten wir eine Zeit, als die Quarks und Antiquarks noch hochrelativistisch waren, also etwa bei der Temperatur $T \approx 1\,\mathrm{TeV}$, und nehmen wir an, dass seitdem keine baryonenzahlverletzenden Prozesse mehr auftraten. Die Netto-Baryonenzahl in einem mitbewegten Volumen R^3 wäre dann konstant, und man hätte

$$(n_{\mathrm{b}} - n_{\bar{\mathrm{b}}})R^3 = (n_{\mathrm{b},0} - n_{\bar{\mathrm{b}},0})R_0^3, \tag{9.6.2}$$

wobei der Index 0 auf der rechten Seite den gegenwärtigen Wert angibt. Heute gibt es aber praktisch keine Antibaryonen, und man kann deshalb $n_{\bar{\mathrm{b}},0} \approx 0$ approximieren. Die Baryon-Antibaryon-Asymmetrie A ist deshalb

$$A \equiv \frac{n_{\mathrm{b}} - n_{\bar{\mathrm{b}}}}{n_{\mathrm{b}}} = \frac{n_{\mathrm{b},0}}{n_{\mathrm{b}}} \frac{R_0^3}{R^3}. \tag{9.6.3}$$

Man kann nun die Proportionalität der Skalenfaktoren zur Temperatur $R \sim 1/T$ ausnutzen und erhält

$$A \approx \frac{n_{\mathrm{b},0}}{n_{\mathrm{b}}} \frac{T^3}{T_0^3}. \tag{9.6.4}$$

Die Anzahldichten hängen ebenfalls von der Temperatur ab, und zwar wie

$$n_{\mathrm{b}} \approx T^3, \tag{9.6.5}$$
$$n_{\gamma,0} \approx T_0^3, \tag{9.6.6}$$

wobei die Proportinonalitätsfaktoren von der Größenordnung eins sind. Mit diesen Näherungen kann man die Asymmetrie folgendermaßen ausdrücken:

$$A \approx \frac{n_{\mathrm{b},0}}{n_{\gamma,0}}. \tag{9.6.7}$$

Weiterhin kann man das Baryonenzahl-zu-Photon-Verhältnis definieren:

$$\eta = \frac{n_{\mathrm{b}} - n_{\bar{\mathrm{b}}}}{n_{\gamma}}. \tag{9.6.8}$$

Man kann annehmen, dass dieses Verhältnis konstant bleibt, solange es keine weiteren baryonenzahlverletzenden Prozesse gibt und keine zusätzlichen Einflüsse auf die Temperatur außer dem Effekt der Hubble-Expansion vorkommen. Deshalb ist es berechtigt

anzunehmen, dass η sich auf den gegenwärtigen Wert $(n_{b,0} - n_{\bar{b},0})/n_{\gamma,0} \approx n_{b,0}/n_{\gamma,0}$, bezieht. Eigentlich sollte man diesen Wert η_0 nennen. Damit wäre die Baryon-Antibaryon-Asymmetrie A etwa gleich dem Baryon-zu-Photon-Verhältnis η. Wenn man die bisher gemachten Näherungen durch eine genauere Rechnung ersetzt und approximierte numerische Faktoren berücksichtigt, erhalten wir $A \approx 6\eta$.

Die gegenwärtige Photonendichte $n_{\gamma,0}$ kann recht genau aus der Schwarzkörperstrahlung bestimmt werden. Die neuesten Messungen des Planck-Satelliten liefern einen Wert von 412 pro cm^3. Die Baryonenzahldichte $n_{b,0}$ könnte man im Prinzip erhalten, indem man alle Baryonen, die man im Universum finden kann, zusammenzählt. Damit wird man natürlich diese Dichte unterschätzen, weil etwa interstellares Gas und Staub unsichtbar ist und man dahinterliegende Sterne nicht sähe. Einen genaueren Wert der Baryonenzahldichte erhält man aus Modellrechnungen des Urknalls, kombiniert mit dem Elementhäufigkeitsverhältnis von Deuterium zu Wasserstoff. Dieser Zugang liefert einen Wert von $\eta \approx 6 \cdot 10^{-10}$. Damit kann dann die Baryonasymmetrie A ausgedrückt werden als

$$A \approx 6\eta \approx 4 \cdot 10^{-9}. \tag{9.6.9}$$

Das bedeutet, dass in frühen Zeiten des Universums auf eine Milliarde Antiquarks eine Milliarde plus vier Quarks kamen. Die Materie, die wir heute vorfinden, besteht also genau aus diesen vier überzähligen Quarks. Im Verhältnis zu früheren Zeiten sind Baryonen also relativ selten. Alle anderen Quarks und Antiquarks haben sich in Annihilationsprozessen vernichtet und letztlich zu einer hohen Photonendichte geführt (s. auch Abb. 9.5).

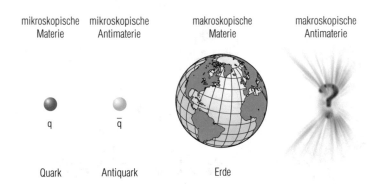

mikroskopische   mikroskopische   makroskopische   makroskopische
Materie   Antimaterie   Materie   Antimaterie

q $\bar{q}$

Quark   Antiquark   Erde

Abb. 9.5 Die Materie-Antimaterie-Symmetrie auf mikroskopischen Skalen ist offenbar auf dem makroskopischen Niveau stark gebrochen

9.6.3   Die Sacharow-Kriterien

1967 formulierte Andrei Sacharow drei notwendige Bedingungen für eine dynamische Erzeugung der Baryonasymmetrie im Universum während der Baryogenese. Die Natur muss die folgenden drei Kriterien erfüllen:

1. Verletzung der Baryonenzahlerhaltung
2. Verletzung von C- und CP-Invarianz
3. Thermodynamisches Nichtgleichgewicht

Klarerweise muss die erste Bedingung erfüllt sein, sonst bliebe ein Universum mit $B = 0$ für immer eines mit $B = 0$. In der zweiten Beziehung bezieht sich C auf die Ladungskonjugation und P auf die Parität. C- und CP-Symmetrie bedeuten, dass sich ein System aus Teilchen genauso verhält wie ein System aus Antiteilchen. Wenn alle Materie- und Antimateriereaktionen gleichartig verlaufen, wird sich keine Baryonasymmetrie entwickeln. Die dritte Bedingung zum thermodynamischen Nichtgleichgewicht benötigt man, um ungleiche Besetzungsdichten für Teilchen und Antiteilchen zu erhalten.

Eine Theorie, die die Sacharow-Kriterien enthält, wird im Prinzip eine Baryonendichte und ein Baryon-zu-Photon-Verhältnis η vorhersagen, am besten konsistent mit dem experimentell beobachteten Wert von $\eta = n_b/n_\gamma \approx 6 \cdot 10^{-10}$. Wie eine solche Theorie aussehen könnte, ist Moment völlig unklar. Wir wollen aber zumindest einige gegenwärtig favourisierte Ideen vorstellen.

Große vereinigte Theorien (GUTs) sagen im Prinzip eine Baryonenzahlverletzung vorher, aber es ist nicht klar, wie man eine solche Asymmetrie mit Schlussfolgerungen aus der kosmischen Inflation kombinieren kann. Eine nichtverschwindende Baryonenzahl wird auch von *Quantenanomalien* im normalen Standardmodell der Elementarteilchen vorhergesagt. Quantenanomalien entstehen, wenn eine klassische Symmetrie

"Es ist nicht nur das Higgs-Feld, das die Symmetrie bricht!"

Claus Grupen 2013

durch eine Quantisierung und Renormierung gebrochen wird. Eine Ursache für eine spontane Symmetriebrechung im Zuge der Baryogenese könnte die Abkühlung infolge der Expansion des Universums sein.

In der Elementarteilchenphysik beobachtet man eine CP-Verletzung im Zerfall von K- und B-Mesonen, die auch im Standardmodell korrekt vorhergesagt wird. Allerdings ist der Grad der CP-Verletzung viel zu klein, um die beobachtete Asymmetrie in der Baryogenese zu erklären. Man braucht vielleicht weitere CP-verletzende Mechanismen durch einen größeren Higgs-Sektor, wie man ihn in Supersymmetrien erwartet. Dadurch könnte der Effekt groß genug sein, um die beobachtete Baryonendichte zu verstehen. Die bisherige Unmöglichkeit, die Baryogenese zu erklären, ist der klarste Hinweis darauf, dass das Standardmodell unvollständig ist. Es muss vermutlich weitere Teilchen und Wechselwirkungen geben. Die Suche nach solchen Effekten ist mit die Hauptmotivation, nach CP-verletzenden Zerfällen von K- und B-Mesonen zu suchen. Bisher wurden aber alle experimentellen Resultate korrekt vom Standardmodell vorhergesagt.

Ein thermodynamisches Nichtgleichgewicht könnte durch die Expansion des Universums entstehen, und zwar dadurch, dass die Wechselwirkungsrate, die man braucht, um ein thermodynamisches Gleichgewicht zu erhalten, hinter der der Expansionsrate zurückbleibt. Es könnte aber auch durch einen Phasenübergang im Rahmen einer spontanen Symmetriebrechung entstehen.

Die Situation ist ziemlich unübersichtlich. Die beobachteten experimentellen Hinweise und theoretischen Ansätze sind noch nicht konklusiv. Die Details der Baryonasymmetrie liegen noch ziemlich im Dunklen und sind Gegenstand der aktuellen Forschung. Wir haben es hier mit einer interessanten Schnittstelle zwischen Teilchenphysik und Kosmologie zu tun. Solange wir die Entstehung der Baryonasymmetrie nicht verstehen, müssen wir die Baryonendichte des Universums oder das Baryon-zu-Photon-Verhältnis aus der Beobachtung als freien Parameter übernehmen. Das ist auch nicht neu, denn viele Parameter des Standardmodells müssen von Hand an experimentelle Ergebnisse angepasst werden.

Zusammenfassung

Mithilfe der Friedmann-Gleichung kann das thermische Verhalten des frühen Universums hinreichend gut beschrieben werden. Durch die Expansion durchläuft das sich abkühlende Universum verschiedene Phasen, in denen die unterschiedlichen Wechselwirkungen – je nach Temperatur – suksessiv in verschiedene Wechselwirkungstypen auseinanderbrechen, sodass wir heute die vier Wechselwirkungen stark, elektromagnetisch, schwach und gravitativ kennen. Ein Rätsel ist nach wie vor das fast vollständige Verschwinden der Antimaterie, von der man annimmt, dass sie zur Zeit des Urknalls in gleicher Weise wie Materie entstanden ist. Eine aus der Teilchenphysik bekannte Verletzung der Ladungs- und Paritätssymmetrie ist nicht ausreichend, um die Materiedominanz im Universum zu erklären.

Die Urknallnukleosynthese

10

> *Gott ist kein Zauberer, aber ein Schöpfer, der jedem Wesen Leben gab. Die heute gängige Urknalltheorie widerspricht nicht einem Eingreifen des Schöpfers, sondern sie verlangt es. Die Evolution in der Natur prallt nicht mit der Schöpfungsvorstellung zusammen, weil die Evolution ja geradezu die Schöpfung der lebenden Wesen voraussetzt, die sich dann entwickeln!*
> *Papst Franziskus*

Im Zeitraum von etwa 10^{-2} Sekunden bis zu den ersten Minuten nach dem Urknall variierte die Temperatur von ungefähr 10 bis etwa 10^{-1} MeV. In dieser Periode vereinigten sich Protonen und Neutronen zu Helium (^{4}He). Dieses Heliumisotop stellt einen Massenanteil von etwa einem Viertel im Universum dar. Neben Helium wurden noch geringe Anteile an Deuterium (D, d. h. ^{2}H), Tritium (^{3}H), ^{3}He, ^{6}Li, ^{7}Li, und ^{7}Be erzeugt. Alle schwereren Elemente und ein vergleichsweise geringer Anteil von Helium wurden später in Sternen gebildet. Die Vorhersagen der primordialen Nukleosynthese kurz nach dem Urknall stimmen in bemerkenswerter Weise mit den Beobachtungen überein und stellen damit eine starke Stütze für das Urknallmodell dar.

Die Hauptzutaten für die primordiale Elementsynthese sind die Gleichungen der Kosmologie mit der Beschreibung der Thermodynamik des frühen Universums und die Wechselwirkungen in diesem Stadium. Die Wechselwirkungsraten zu berechnen ist nicht trivial, aber viele Wirkungsquerschnitte sind aus Labormessungen recht gut bekannt. Bei den hohen Temperaturen des frühen Universums dominieren zunächst die Transformationen von Protonen in Neutronen, $\nu_e n \leftrightarrow e^- p$. Das Proton ist etwas leichter als das Neutron, $\Delta m = m_n - m_p \approx 1,3$ MeV. Solange dieser Austausch hinreichend schnell vor sich geht, findet man ein Neutron-zu-Proton-Verhältnis, unterdrückt durch

© Springer-Verlag GmbH Deutschland 2018
C. Grupen, *Einstieg in die Astroteilchenphysik*,
https://doi.org/10.1007/978-3-662-55271-1_10

den Boltzmann-Faktor $e^{-\Delta m/T}$.[1] Wenn die Temperatur einen gewissen Wert unterschreitet (etwa 0,7 MeV), ist die Reaktion $\nu_e n \leftrightarrow e^- p$ nicht mehr schnell genug, um das Neutron-zu-Proton-Verhältnis aufrechtzuerhalten, damit ,friert es aus' bei einem Wert von etwa $1/6$. Man kann davon ausgehen, dass die Heliumhäufigkeit dadurch zustande kommt, dass alle vorhandenen Neutronen im ^{4}He gebunden werden. Der einzig freie Parameter im Modell der primordialen Nukleosynthese ist Ω_b oder äquivalent das Baryon-zu-Photon-Verhältnis η. Indem man die beobachteten Elementhäufigkeiten der leichten Kerne mit den Vorhersagen der primodialen Nukleosynthese vergleicht, kann man η bestimmen. Das Ergebnis dieses Vergleichs ist von fundamentaler Bedeutung für das Problem der Dunklen Materie.

10.1   Einige Zutaten für die primordiale Nukleosynthese

Der Angst des Sünders besteht darin, dass die Kirche ihm die Hölle für die Zukunft voraussagt, aber die Kosmologie hat gezeigt, dass die Gluthitze der Hölle in der Vergangenheit lag.

Ya. B. Zel'dovich

Die Energiedichte im frühen Universum wird durch relativistische Teilchen dominiert. Damit ist der Druck, wie gezeigt, $P = \varrho/3$, und der Zusammenhang zwischen der Expansionsrate und der Zeit ist

$$H \sim \frac{T^2}{m_{Pl}}, \tag{10.1.1}$$

$$t \sim \frac{m_{Pl}}{T^2}. \tag{10.1.2}$$

---

[1] Wie auch schon in den vorangegangenen Kapiteln werden hier c, $\hbar$ und k gleich eins gesetzt.

Bei Temperaturen im MeV-Bereich dominieren die relativistischen Teilchen e^-, ν_e, ν_μ, ν_τ und ihre Antiteilchen. Wenn man jetzt die Spinfaktoren der relativistischen Teilchen und der Photonen berücksichtigt, kann man den Proportionalitätsfaktor der Gl. (10.1.2) berechnen. Unter der Annahme, dass es drei Neutrinogenerationen gibt, erhält man

$$tT^2 \approx 0{,}74\,\mathrm{s}\,\mathrm{MeV}^2. \qquad (10.1.3)$$

10.2   Das Neutron-zu-Proton-Verhältnis

Die schwerwiegendste Unsicherheit über das letztendliche Schicksal des Universums ist die Frage, ob das Proton absolut stabil gegen einen Zerfall in leichtere Teilchen ist. Falls das Proton instabil ist, ist alle Materie vergänglich und muss sich in Photonen auflösen.

Freeman J. Dyson

Wir nehmen im Moment an, dass die Baryonenzahl erhalten ist, und deshalb können sich Protonen und Neutronen ineinander umwandeln, und zwar gemäß $\nu_e n \leftrightarrow e^- p$ (s. auch Abb. 10.1).

Eine entscheidende Frage ist nun, wie lange diese Reaktion schneller als die Expansion abläuft. Dazu müssen wir die Expansionsrate mit der Wechselwirkungsrate vergleichen. Der Wirkungsquerschnitt für die Reaktion kann schon aus Dimensionsgründen abgeschätzt werden. Der Wirkungsquerschnitt wird in einer Länge zum Quadrat gemessen. Nach der De-Broglie-Beziehung entspricht einer Länge eine inverse Energie. Die schwache Wechselwirkung, die den Neutronen- und Protonenaustausch bestimmt, wird durch die Fermi-Kopplung beschrieben. Die relevante Kopplungskonstante ist $G_F = 1{,}166 \cdot 10^{-5}\,\mathrm{GeV}^{-2}$, also energieabhängig. Da sie quadratisch in den Wirkungsquerschnitt eingeht, entspricht G_F^2 einer Länge zur vierten Potenz, also muss diese vierte Potenz durch eine T^2-Abhängigkeit kompensiert werden. Damit erhalten wir insgesamt für den Wirkungsquerschnitt

Abb. 10.1 Feynman-
Diagramm für die Reaktion
$\nu_e n \leftrightarrow e^- p$

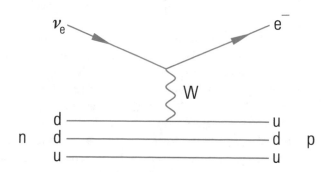

$$\sigma(\nu_e n \to e^- p) \approx G_F^2 T^2. \tag{10.2.1}$$

Um die Reaktionsrate zu erhalten, müssen wir den Wirkungsquerschnitt noch mit der Anzahldichte multiplizieren. Wegen $n \approx T^3$ ergibt sich dann

$$\Gamma(\nu_e n \to e^- p) \approx G_F^2 T^5. \tag{10.2.2}$$

Eine ganz ähnliche Beziehung erhält man für die inverse Reaktion $e^- p \to \nu_e n$. Im thermischen Gleichgewicht ist die Reaktionsrate $\Gamma(\nu_e n \to e^- p)$ größer als die Expansionsrate. Der Moment, bei dem die Reaktionsrate unter die Expansionsrate H fällt, definiert die Entkopplung oder die Zeit, bei der das Neutron-zu-Proton-Verhältnis ausfriert. Wenn man die Reaktionsrate und die Expansionsrate gleichsetzt, ergibt sich

$$G_F^2 T^5 \sim \frac{T^2}{m_{Pl}}. \tag{10.2.3}$$

Wenn man diese Beziehung unter Berücksichtigung der relevanten Spin- und Farbfaktoren nach T auflöst, erhält man für die Entkopplungstemperatur

$$T_f \sim \left(\frac{1}{G_F^2 m_{Pl}}\right)^{1/3} \approx 0,7\,\text{MeV}. \tag{10.2.4}$$

Bei Temperaturen unterhalb von T_f ist die Reaktion $\nu_e n \leftrightarrow e^- p$ nicht mehr schnell genug, um die Gleichgewichtsdichten von Protonen und Neutronen aufrechtzuerhalten. Man sagt, dass die Neutronendichte ausfriert. Daher können von diesem Moment an Protonen nicht mehr in Neutronen verwandelt werden. Bei der Expansion würden Neutronen entsprechend in ihrer Dichte wie $n_n \sim 1/R^3$ abnehmen. Zusätzlich muss berücksichtigt werden, dass die Neutronen mit einer Lebensdauer von $\tau_n \approx 886\,\text{s}$ zerfallen können. Das ist zwar relativ lang im Vergleich zur Zeitskala der Nukleosynthese, aber nicht vernachlässigbar. Ohne Neutronenzerfall ergäbe sich ein Neutron-zu-Proton-Verhältnis bei der Temperatur, bei der die Neutronen ausfrieren, zu

$$\frac{n_n}{n_p} = \text{e}^{-(m_n - m_p)/T_f} \approx \text{e}^{-1,3/0,7} \approx 0,16. \tag{10.2.5}$$

Nach Gl. (10.1.3) wird diese Temperatur bei einer Zeit von $t \approx 1,5\,\text{s}$ erreicht. Etwa in den nächsten drei Minuten werden praktisch alle Neutronen in ^{4}He gebunden. Daher ist das Neutron-zu-Proton-Verhältnis bei der Ausfriertemperatur entscheidend für den Heliumgehalt des Universums. Wenn man jetzt einen möglichst genauen Wert für das n/p-Verhältnis erhalten möchte, muss man den Neutronenzerfall berücksichtigen und noch eine weitere Besonderheit in Rechnung stellen. Die Tatsache, dass im thermischen Gleichgewicht die Reaktion $e^+ e^- \to \gamma\gamma$ energiereiche Photonen liefert, lässt die Photonentemperatur langsamer abfallen, als man es nach der normalen Expansion erwarten würde. Für Neutrinos ist dieser Effekt irrelevant, denn eine vergleichbare Reaktion

$e^+e^- \leftrightarrow \nu\bar{\nu}$ verläuft nach der schwachen Wechselwirkung, ist also selten im Vergleich zur elektromagnetischen Zerstrahlung von Elektronen und Positronen in Photonen. Das führt dazu, dass die Temperatur der gegenwärtigen primordialen Neutrinos etwas geringer ist (1,9 K) als die der Schwarzkörperphotonen (2,725 K). Damit ändert sich das Produkt aus Zeit und Temperatur, Gl. (10.1.3), zu

$$tT^2 = 1{,}32 \, \text{s} \, \text{MeV}^2. \tag{10.2.6}$$

Berücksichtigt man nun noch den Neutronenzerfall nach der Entkopplung gemäß

$$\frac{n_n}{n_p} = e^{-(m_n - m_p)/T_f} \, e^{-t/\tau_n}, \tag{10.2.7}$$

so erhält man schließlich einen Wert für das Neutron-zu-Proton-Verhältnis von

$$\frac{n_n}{n_p} \approx 0{,}13, \tag{10.2.8}$$

wenn man annimmt, dass die Nukleosynthese nach drei Minuten ($t = 180$ s) abgeschlossen ist.

10.3   Synthese der leichten Elemente

Ich nehme die Materie aller Welt in einer allgemeinen Zerstreuung an und mache aus derselben ein vollkommenes Chaos.

Immanuel Kant

Die Synthese von ^{4}He erfolgt hauptsächlich durch die Reaktionskette

$$p \, n \to d \, \gamma, \tag{10.3.1}$$
$$d \, p \to {}^3\text{He} \, \gamma, \tag{10.3.2}$$
$$d \, {}^3\text{He} \to {}^4\text{He} \, p. \tag{10.3.3}$$

Die Bindungsenergie von Deuterium ist $E_{\text{bind}} = 2{,}2$ MeV. Falls die Temperatur noch so hoch ist, dass es eine nennenswerte Zahl von Photonen mit Energien oberhalb von 2,2 MeV gibt, wird das Deuterium gleich wieder aufgebrochen, kaum dass es gemacht wurde. Man könnte naiverweise glauben, dass die Reaktion (10.3.1) effektiv einsetzt, sobald die Temperatur unter 2,2 MeV fällt. Das stimmt aber nicht, weil es so viel mehr Photonen im Vergleich zu den Baryonen gibt und sich die Photonen aufgrund der Planck-Verteilung bis zu relativ hohen Energien erstrecken, sodass die Reaktion (10.3.1) erst bei deutlich tieferen Temperaturen wichtig wird. Das Nukleon-zu-Photon-Verhältnis ist zu diesem Punkt dasselbe wie das Baryon-zu-Photon-Verhältnis $\eta = n_b/n_\gamma$, nämlich um 10^{-9}.

Man wird erwarten, dass die obige Reaktionskette startet, wenn die Anzahl der Photonen mit Energien oberhalb 2,2 MeV etwa gleich der Nukleonenzahl ist, und das entspricht einer Temperatur von etwa $T = 0,1$ MeV und einer Zeit von etwa drei Minuten. In den nächsten paar Minuten werden alle Neutronen, die nicht zerfallen, in ^{4}He gebunden.

Die Elementhäufigkeit von ^{4}He wird normalerweise durch den Massenanteil ausgedrückt,

$$Y_P = \frac{\text{Masse von } ^4\text{He}}{\text{Masse aller Kerne}} = \frac{m_{He} n_{He}}{m_N (n_n + n_p)}, \tag{10.3.4}$$

wobei die Neutronen- und die Protonenmasse gleich der Nukleonenmasse gesetzt wurde, $m_N \approx m_n \approx m_p \approx 0,94$ GeV. Vier Nukleonen bilden einen Heliumkern, sodass abgesehen von Bindungseffekten $m_{He} \approx 4m_N$ ist. Weiterhin gibt es zwei Neutronen pro Heliumkern. Wenn also alle Neutronen in Helium gebunden werden, erhalten wir $n_{He} = n_n/2$. Das ist tatsächlich eine gute Näherung, da der nächste, zweithäufigste Kern Deuterium ist, dessen Häufigkeit fünf Größenordnungen kleiner ist als Wasserstoff. Der ^{4}He-Massenanteil ist deshalb

$$Y_P = \frac{4m_N (n_n/2)}{m_N (n_n + n_p)} = \frac{2(n_n/n_p)}{1 + n_n/n_p}$$

$$\approx \frac{2 \cdot 0,13}{1 + 0,13} \approx 0,23. \tag{10.3.5}$$

Dieser Wert stimmt schon erstaunlich gut mit einer genaueren Rechnung überein. 23 % ^{4}He-Massenanteil bedeutet, dass die Elementhäufigkeit von ^{4}He anzahlmäßig ungefähr 6 % im Verhältnis zum Wasserstoff ist.

Dass das Universum etwa einen Massenanteil von einem Viertel an ^{4}He enthält, ist das Ergebnis einer merkwürdigen Koinzidenz. Die Lebensdauern schwacher Zerfälle variieren über viele Größenordnungen. Die Tatsache, dass die Lebensdauer von Neutronen gerade 885,7 s beträgt, liegt daran, dass die Neutronen- und Protonenmassen so nahe beieinanderliegen, und an den speziellen Eigenschaften der starken und schwachen Wechselwirkung. Wenn die Neutronenlebensdauer τ_n nur ein paar Sekunden oder noch kürzer wäre, dann wären praktisch alle Neutronen zerfallen, bevor sie sich zu Deuterium verbinden könnten. Dann wäre die obige Reaktionskette gar nicht erst in Gang gekommen, und das Universum würde komplett anders aussehen und sicher auch kein Leben, wie wie es kennen, hervorgebracht haben. Auch der genaue Wert der Entkopplungstemperatur ist für die Elementhäufigkeit von besonderer Bedeutung. Falls die Entkopplungstemperatur nicht 0,7 MeV, sondern, sagen wir, 0,1 MeV gewesen wäre, dann wäre das Neutron-zu-Proton-Verhältnis $e^{-1,3/0,1} \approx 2 \cdot 10^{-6}$, mit der Konsequenz, dass praktisch kein Helium gebildet worden wäre, s. Gl. (10.2.5). Wenn sich auf der anderen Seite die Entkopplungstemperatur als viel höher als $m_n - m_p$ ergeben hätte, dann würde es genauso viele Protonen und Neutronen geben, und das gesamte Universum bestünde nur aus Helium. Wasserstoffbrennen in Sternen wäre unmöglich, und das Universum wäre auch in diesem Fall ein komplett anderer Ort (s. auch Kap. 14: ‚Astrobiologie').

U(h)rknall

10.4 Detaillierte Nukleosynthese

Am Anfang wurde das Universum erschaffen. Das machte viele Leute sehr wütend und wurde
allenthalben als Schritt in die falsche Richtung angesehen.

Douglas Adams

Eine detaillierte Modellierung der Nukleosynthese erfordert ein kompliziertes System
von Differentialgleichungen, das alle Elementhäufigkeiten und alle Wechselwirkungsraten
enthält. Dabei werden die Wechselwirkungsraten als Parametrisierungen experimenteller Ergebnisse in die Gleichungen eingebunden. Um diese komplexe Aufgabe numerisch
zu lösen, werden verschiedene Computerprogramme bereitgestellt [101]. Ein Beispiel für
die vorhergesagten Massenanteile verschiedener Elemente in ihrer Abhängigkeit von der
Temperatur und der Zeit zeigt die Abb. 10.2.

Ungefähr $t \approx 1000\,\text{s}$ nach dem Urknall ist die Temperatur T auf $\approx 0,03\,\text{MeV}$ gefallen
(entsprechend $T = 3,5 \cdot 10^8\,\text{K}$). Bei diesen Temperaturen sind die kinetischen Energien der
Kerne zu niedrig, um die Coulomb-Schwellen zu überwinden, und die Fusionsreaktionen
kommen zu einem Ende.

Um die Vorhersagen der Urknallnukleosynthese mit Beobachtungen zu vergleichen,
muss man die *primordialen* Häufigkeiten der leichten Elemente, also so, wie sie unmit-
telbar nach dem Urknall waren, verwenden. Das ist nicht so einfach, da verschiedene
Elemente auch noch später durch Nukleosynthese in den Sternen erzeugt wurden. So

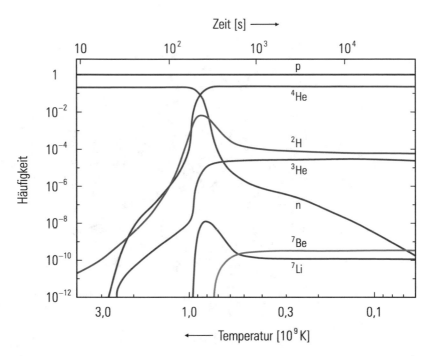

Abb. 10.2 Entwicklung der Elementhäufigkeit in der primordialen Nukleosynthese. ^{4}He wird üblicherweise als Massenanteil gezeigt, während für alle anderen Elemente die Anteile an der Elementanzahl dargestellt sind, d. h., einem Massenanteil von 25 % ^{4}He entspricht ein Anzahlanteil von etwa 6 % (vier Nukleonen bilden einen Heliumkern). Der Massenanteil von Wasserstoff liegt um 75 %, sein Anzahlanteil etwa bei 94 %. Das bedeutet aber auch, dass alle anderen Isotope sehr selten sind [102]

wird zum Beispiel Helium bei der Kernfusion in Sternen gebildet und Deuterium auseinandergebrochen. Auf diese Veränderungen muss Rücksicht genommen werden.

Um die genauesten Messungen der primordialen ^{4}He-Häufigkeit zu finden, konzentriert man sich auf heißes ionisiertes Gas in ‚metallarmen‘ Galaxien, d. h. auf solche, in denen relativ wenige schwere Elemente in stellaren Kernfusionen über Wasserstoffbrennen gebildet wurden. Berücksichtigt man die neuesten Messungen über den primordialen ^{4}He-Massenanteil, findet man

$$Y_{\mathrm{P}} = 0{,}238 \pm 0{,}005, \tag{10.4.1}$$

wobei der Fehler statistische und systematische Effekte berücksichtigt. Im Gegensatz zum Helium-4-Gehalt des Universums, der traditionell als Massenanteil angegeben wird, werden die Häufigkeiten der anderen primordialen Elemente als Anzahlanteil veröffentlicht, z. B. als $n_{7\mathrm{Li}}/n_p \equiv n_{7\mathrm{Li}}/n_{\mathrm{H}}$ für ^{7}Li.

Die besten Werte für die ^{7}Li-Häufigkeit stammen aus metallarmen Sternen aus dem galaktischen Halo. Genau wie bei der primordialen ^{4}He-Bestimmung extrapoliert man zu einer Metallizität von null, um den ursprünglichen Anteil von ^{7}Li zu erhalten. Die in der Literatur angegebenen Werte haben noch relativ große Fehler, auch aufgrund von systematischen Unsicherheiten [103],

$$n_{7\text{Li}}/n_{\text{H}} \approx (1{,}23 \pm 0{,}70) \cdot 10^{-10}. \tag{10.4.2}$$

Auch die Bestimmung des Deuteriumanteils ist schwierig. Zwar wird Deuterium beim Wasserstoffbrennen in Sternen über $pp \rightarrow de^{+}\nu_e$ erzeugt, aber relativ schnell in weiteren Fusionsreaktionen in schwereren Kernen gebunden. In Sternen wird auch kaum Deuterium gebildet oder gleich wieder zu Helium verbrannt. Um die primordiale Deuteriumhäufigkeit zu bestimmen, sucht man nach Gaswolken bei großen Rotverschiebungen, die niemals Teil von Sternen waren. Das Deuterium in solchen Gaswolken verursacht Absorptionslinien in Spektren sehr weit entfernter Quasare. Diese Absorptionslinien muss man bei großen Rotverschiebungen ($z \geq 3$) im sichtaren Teil der Spektren beobachten. Dabei müssen diese Linien sehr sorgfältig von Wasserstofflinien getrennt werden. Man erhält so eine Abschätzung des Deuterium-zu-Wasserstoff-Verhältnisses D/H $\hateq n_d/n_p$ von [104]

$$n_d/n_p = (3{,}40 \pm 0{,}25) \cdot 10^{-5}. \tag{10.4.3}$$

Eine Messung der primordialen Häufigkeit von ^{3}He ist noch komplizierter. Abschätzungen liefern einen Bereich von [105]

$$n_{^3\text{He}}/n_{\text{H}} = 2 \cdot 10^{-5}\text{--}3 \cdot 10^{-4}. \tag{10.4.4}$$

Es gibt zurzeit aber noch keine wirklich genauen und verlässlichen ^{3}He-Werte, um das Modell der Urknallnukleosynthese damit effektiv überprüfen zu können.

Mit diesen Resultaten können wir nun die Vorhersagen der primordialen Nukleosynthese überprüfen. Die Vorhersagen hängen von der Baryonendichte n_b oder, äquivalent, vom Baryon-zu-Photon-Verhältnis $\eta = n_b/n_\gamma$ ab. Die vorhergesagten Massenanteile von ^{4}He und die Anzahlverhältnisse der anderen Atomkerne D, ^{3}He und ^{7}Li relativ zum Wasserstoff sind in Abb. 10.3 als Funktion von η dargestellt [106].

Von den gezeigten Elementhäufigkeiten erlaubt das D/H-Verhältnis die beste Bestimmung von η. Das experimentell gemessene Verhältnis aus Gl. (10.4.3), $n_d/n_p = (3{,}40 \pm 0{,}25) \cdot 10^{-5}$, legt den möglichen Bereich von η Werten fest (gezeigt durch das vertikale Band in Abb. 10.3). Damit erhält man das Baryon-zu-Photon-Verhältnis zu

$$\eta = (5{,}1 \pm 0{,}5) \cdot 10^{-10}. \tag{10.4.5}$$

Die Rechtecke in Abb. 10.3 zeigen die gemessenen Häufigkeiten von ^{4}He und ^{7}Li, die leicht von den weiter vorne genannten Werten abweichen. Die Größe der Rechtecke gibt die Messunsicherheiten an. Die Ergebnisse stimmen erstaunlich gut mit den Vorhersagen überein. Das ist besonders bemerkenswert, wenn man bedenkt, dass die Messwerte und Vorhersagen über zehn Größenordnungen variieren!

Abb. 10.3 Vorhersagen für die Häufigkeiten von ^{4}He, D, ^{3}He und ^{7}Li als Funktion des Baryonendichte. Der ^{4}He-Gehalt wird traditionsgemäß als Massenanteil angegeben. Für die anderen primordialen Elemente sind die Anzahl-verhältnisse relativ zum Wasserstoff gezeigt (*die vertikale Skala ist bei $Y_P = 0{,}22$ unterbrochen!*). Die *Rechtecke* für die Anzahl-dichten der primordialen Isotope geben die quadratisch addierten statistischen und systematischen Fehler an. Der Trend für eventuelle Unsicherheiten von ^{3}He ist angedeutet [106]

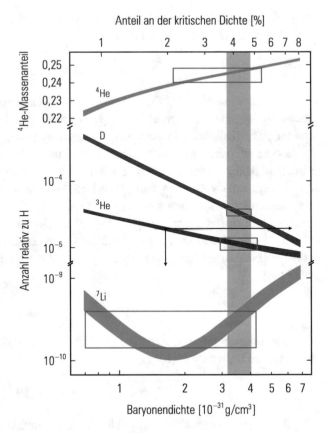

Der Wert von $\eta = n_b/n_\gamma$ legt die Baryonendichte fest, da die Photonentemperatur aus den Messungen der Schwarzkörperstrahlung durch die Satelliten COBE, WMAP und Planck mit $T = 2{,}725$ K recht genau bekannt ist und diese mit der Photonendichte durch $n_\gamma \sim T^3$ zusammenhängt. Die Proportionalitätskonstante dieser Gleichung lässt sich aus den Spinfaktoren bestimmen. η kann in eine Vorhersage für die Baryonendichte relativ zur kritischen Dichte umgewandelt werden, mit dem Ergebnis

$$\Omega_b = \frac{\varrho_b}{\varrho_c}. \tag{10.4.6}$$

Die kritische Dichte aus der Friedmann-Gleichung war $\varrho_c = 3H_0^2/8\pi G$. Die Baryonen sind heute nicht mehr relativistisch. Deshalb ist ihre Energiedichte einfach gleich der Zahl der Nukleonen pro Einheitsvolumen multipliziert mit der Nukleonenmasse, d. h. $\varrho_b = n_b m_N$, wobei $m_N \approx 0{,}94$ GeV. Fügt man diese Resultate zusammen, ergibt sich

$$\Omega_b = 3{,}67 \cdot 10^7 \cdot \eta h^{-2}, \tag{10.4.7}$$

wobei h durch $H_0 = 100\,h\,\text{km s}^{-1}\,\text{Mpc}^{-1}$ definiert ist. Mit $h = 0{,}673$ und η aus (10.4.5) erhalten wir für den Baryonenanteil im Universum

$$\Omega_b = 0{,}036 \pm 0{,}005, \tag{10.4.8}$$

wobei die Unsicherheit sowohl von η und der Hubble-Konstanten H herrührt. Durch die neueren Messungen der Temperaturvariation der Schwarzkörperstrahlung mit den Satelliten WMAP und hauptsächlich Planck wurden η und Ω_b genauer bestimmt, und zwar zu $\Omega_b = 0{,}0486 \pm 0{,}0003$; das werden wir in Kap. 11 weiterverfolgen. Die Ergebnisse der primordialen Nukleosynthese und die Messungen der Schwarzkörperstrahlung stimmen gut überein und stellen ein überzeugendes Argument für die Richtigkeit des klassischen Urknallmodells dar.

10.5 Bestimmung der Anzahl der Neutrinofamilien

Neutrinos gewinnen den Minimalistenwettbewerb: keine Ladung, kein Radius und wahrscheinlich keine Masse.

Leon M. Lederman

Der Vergleich zwischen der gemessenen und vorhergesagten Häufigkeit des ^{4}He-Massenanteils erlaubt eine Bestimmung des Teilchengehalts im frühen Universum. Zum Beispiel kennt das Standardmodell der Elementarteilchenphysik drei Neutrinogenerationen, $N_\nu = 3$. Aber es wäre doch möglich, dass es weitere Neutrinofamilien gibt. Schon bevor Beschleunigerexperimente am großen Elektron-Positron-Speicherring LEP die Zahl der Neutrinogenerationen aus Messungen der Z-Resonanz zu $N_\nu = 3$ bestimmt hatten, konnte die Analyse der primordialen Nukleosynthese die Zahl der Neutrinofamilien eingrenzen. Der ^{4}He-Massenanteil ließ den Schluss zu, dass die Zahl der Neutrinogenerationen nahe bei drei, höchstens aber vier sein könnte.

„Hast Du etwas gesehen?"
„Nein, nichts!"
„Dann war es ein Neutrino!"

Nachdem der Parameter η bestimmt wurde, war der vorhergesagte ^{4}He-Massenanteil auf einen schmalen Bereich von Werten nahe bei $Y_P = 0{,}24$ eingegrenzt. Dieser Wert stimmt sehr gut mit der gemessenen ^{4}He-Häufigkeit überein. Die vorhergesagte ^{4}He-Häufigkeit hing aber von den Freiheitsgraden der Teilchen im frühen Universum ab, also auch von der Zahl der Neutrinogenerationen. Die Zahl der effektiven Freiheitsgrade g bestimmte aber die Expansionsrate gemäß

$$H \sim \frac{T^2}{m_{\mathrm{Pl}}}, \tag{10.5.1}$$

wobei der Proportionalitätsfaktor in Gl. (10.5.1) den Faktor g enthält. Die effektive Zahl der Freiheitsgrade hat aber auch einen Einfluss auf die Ausfriertemperatur, die durch die Gleichheit der Expansions- und Wechselwirkungsrate gegeben ist.

Diese Ausfriertemperatur T_{f} ist höher für größere Werte von g, d. h. für größere N_ν. Bei T_{f} friert das Neutron-zu-Proton-Verhältnis aus zu $n_n/n_p = e^{-(m_n - m_p)/T_{\mathrm{f}}}$. Wenn das bei einer höheren Temperatur erfolgt, dann ist das Verhältnis größer, d. h., es gibt mehr Neutronen, die Helium erzeugen können, und folglich wird die Heliumhäufigkeit höher ausfallen. Eine höhere Ausfriertemperatur entspricht auch einer früheren Zeit nach dem Urknall, bis zu der Protonen und Neutronen noch im thermischen Gleichgewicht, also noch relativ zahlreich, waren.

Abb. 10.4 zeigt die erwartete Anzahl von Neutrinogenerationen als Funktion der Baryonendichte aus kosmologischen Messungen. Um die effektive Zahl der Neutrinofamilien

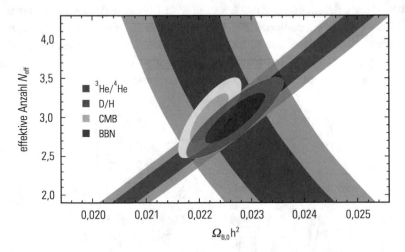

Abb. 10.4 Abhängigkeit der effektiven Anzahl N_{eff} von Neutrinogenerationen von der Baryonendichte, vom Heliumisotopen-Verhältnis, dem Deuterium-zu-Wasserstoff-Verhältnis und den Ergebnissen der Messungen der kosmischen Schwarzkörperstrahlung und der Urknallnukleosynthese. Die *hellen und dunklen Konturen* im D/H- und ^{3}He/^{4}He-Verhältnis stellen jeweils das 68 %- und 95 %-Vertrauensverhältnis dar. Die Messungen der Schwarzkörperstrahlung (CMB) stammen vom Planck-Satelliten. Die *roten Konturen* zeigen die Vertrauensgrenzen für das kombinierte D/H- und ^{3}He/^{4}He-Verhältnis (BBN). $\Omega_{\mathrm{B},0}$ ist die kosmische Baryonendichte und h die Hubble-Konstante in Einheiten von $100\,\mathrm{km/(s\,Mpc)}$ [107]

aus kosmologischen Überlegungen zu bestimmen, benutzt man den Zusammenhang zwischen der Baryonendichte des Universums und dem Heliumisotopen-Verhältnis, dem Deuterium-zu-Wasserstoff-Verhältnis und den Ergebnissen aus Messungen der kosmischen Schwarzkörperstrahlung sowie der Urknallnukleosynthese. Diese Informationen favorisieren ganz klar einen Wert von $N_{eff} = 3$. Mit diesen kosmologischen Messungen sind $N_\nu = 4$ Neutrinogenerationen ausgeschlossen.

Schon vor 1990 hatte man – wie erwähnt – aus der primordialen Heliumhäufigkeit abgeleitet, dass es etwa drei, aber höchstens vier Neutrinofamilien gibt. Die modernen Messungen bestätigen diese Vermutungen und präzisieren sie zu $N_{eff} = 3$ [107].

Die Anzahl von leichten (d. h. mit Massen $\leq m_Z/2$) Neutrinofamilien wurde 1990 am großen Elektron-Positron-Speicherring (LEP) aus der totalen Breite der Z-Resonanz viel direkter, als in der Kosmologie bestimmt (s. auch Abb. 10.4 und 2.1), mit dem Ergebnis

$$N_\nu = 2{,}993 \pm 0{,}011, \qquad (10.5.2)$$

[108].

Diese Messung stimmt innerhalb einer Standardabweichung mit $N_\nu = 3$ überein und schließt größere Werte aus.

Hier zeigt sich eine intensive Verknüpfung von Beschleunigerexperimenten mit der Rolle der Kosmologie. Natürlich könnten auch noch weitere Teilchen im frühen Universum eine Rollen spielen, denn sie würden genauso wie die Neutrinos den g-Parameter und damit die Ausfriertemperatur beeinflussen. Die gute Übereinstimmung zwischen der vorhergesagten Heliumhäufigkeit und der bekannten Zahl von Neutrinogenerationen lässt aber nicht mehr viel Spielraum für weitere langlebige leichte Teilchen, die zur Energiedichte im frühen Universum beigetragen haben könnten.

Zusammenfassung

Schon George Gamow hat in den 1950er-Jahren wesentliche Aspekte der primordialen Nukleosynthese hergeleitet. In den ersten drei Minuten werden die leichten Elemente kreiert. Dabei handelt es sich hauptsächlich um Wasserstoff mit seinen Isotopen und Helium. Die Elemente Lithium, Beryllium und Bor werden nur in sehr geringen Mengen primordial erzeugt. Schwerere Elemente werden erst viel später in Supernovaexplosionen gebildet. Interessant ist, dass aus der primordialen Heliumhäufigkeit schon recht genaue Rückschlüsse über die Anzahl von Neutrinogenerationen gezogen werden können, die von Experimenten am LEP, dem großen Elektron-Positron-Speichering am CERN detailreich bestätigt wurden.

Die kosmische Mikrowellenhintergrundstrahlung

11

> *Gott hat zwei Torheiten begangen. Erstens hat er das Universum in einem Urknall erschaffen. Zweitens war er nachlässig genug, eine Spur dieses Schöpfungsaktes zu hinterlassen; und zwar in Form der kosmischen Mikrowellenstrahlung.*
> *Paul Erdös*

In diesem Kapitel soll die Periode von einigen hunderttausend Sekunden des frühen Universums besprochen werden. Dieser Zeitraum liefert die beste Bestätigung für die Richtigkeit des Urknallmodells, nämlich durch die Beobachtung der kosmischen Mikrowellenhintergrundstrahlung (CMB(R) = Cosmic Microwave Background (Radiation), auch kosmische Hintergrundstrahlung genannt). Wir werden darstellen, wie die Mikrowellenstrahlung entstand, und ihre Eigenschaften beschreiben. Ein sehr wichtiges Ergebnis stellt die Tatsache dar, dass es sich bei der kosmischen Mikrowellenstrahlung um eine Schwarzkörperstrahlung mit einer Temperatur von $T = 2{,}725$ K handelt, und die Strahlung hochgradig isotrop ist. Messungen mit den Satelliten COBE, WMAP und Planck haben allerdings herausgefunden, dass es geringe richtungsabhängige Schwankungen der Temperatur gibt, die es erlauben, einige kosmologische Parameter mit einer Präzision von einigen Prozent zu bestimmen.

11.1 Vorspiel: Übergang in ein materiedominiertes Universum

> *Gebt mir nur die Materie, ich will euch eine Welt daraus machen.*
>
> *Immanuel Kant*

Die Urknallnukleosynthese war nach etwa $t \approx 10^3$ s abgeschlossen, als die Temperatur auf einige Hundertstel MeV (entsprechend $\approx 10^8$ Kelvin) abgefallen war. Neutronen, die noch

© Springer-Verlag GmbH Deutschland 2018
C. Grupen, *Einstieg in die Astroteilchenphysik*,
https://doi.org/10.1007/978-3-662-55271-1_11

nicht in Helium oder schwerere Kerne gebunden wurden, würden sehr bald zerfallen. Das halsbrecherische Tempo des frühen Universums wechselte jetzt den Gang, und das nächste Ereignis trat ein, als die Energiedichte der Strahlung, d. h. der relativistischen Teilchen (Photonen und Neutrinos), unter die Energiedichte der Materie (nichtrelativistische Teilchen und Elektronen) fiel. Diesen Zeitpunkt nennt man das ‚Gleichgewicht von Strahlung und Materie‘. Wir werden versuchen, diesen Zeitpunkt zu bestimmen, denn die Energiedichte beeinflusst den Skalenfaktor R. Der Zeitpunkt des Gleichgewichtes von Strahlung und Materie hängt vom Teilchengehalt des Universums ab. Abschätzungen auf der Basis der kosmischen Mikrowellenstrahlung und der Bewegungen von Galaxien in Galaxienhaufen legen $\Omega_{m,0} = \varrho_{m,0}/\varrho_{c,0} \approx 0{,}3$ nahe, wobei der Index 0 wie üblich den heutigen Wert andeutet und $\varrho_{c,0}$ die kritische Dichte ist. Für Photonen erhalten wir aus der CMB-Temperatur $\Omega_{\gamma,0} = 5{,}0 \cdot 10^{-5}$. Wenn man zusätzlich die Neutrinos berücksichtigt, steigt der Wert auf $\Omega_{r,0} = 8{,}4 \cdot 10^{-5}$. Daraus folgt, dass gegenwärtig Materie 3600-mal so viel zur Energiedichte beiträgt wie die Strahlung.

In Kap. 8 wurde hergeleitet, wie man die Zeitabhängigkeit des Skalenfaktors R der verschiedenen Komponenten der Energiedichte erhält. Für Strahlung ergab sich $\varrho_r \sim 1/R^4$ und für Materie $\varrho_m \sim 1/R^3$. Daraus folgt für das Verhältnis $\varrho_m/\varrho_r \sim R$. Dieses Verhältnis war aber eins zum Zeitpunkt des Gleichgewichts von Strahlung und Materie, also war der Skalenfaktor R zu dieser Zeit um den Faktor 3600 kleiner als sein gegenwärtiger Wert. Wenn man also annimmt, dass das Universum seit dem Materie-Strahlung-Gleichgewicht materiedominiert war, ergibt sich für den Skalenfaktor, wie gezeigt, $R \sim t^{2/3}$, und das führt auf eine Zeit für das Materie-Strahlung-Gleichgewicht t_{mr} von etwa 66 000 Jahren. Aus den gegenwärtigen Forschungsergebnissen in der Kosmologie weiß man, dass die Vakuumenergie einen signifikanten Beitrag zur Energiedichte des Universums beiträgt, und zwar mit $\Omega_\Lambda \approx 0{,}7$. Wenn man das berücksichtigt, kommt man zu etwas früheren Zeiten des Materie-Strahlung-Gleichgewichts von etwa $t_{mr} \approx 50\,000$ Jahren.

Wenn die dominante Komponente der Energiedichte von Strahlung nach Materie wechselt, wird auch die Beziehung zwischen Temperatur und Zeit verändert. Für nichtrelativistische Teilchensorten mit Massen m_i und Anzahldichten n_i erhält man für die Energiedichte

$$\varrho \approx \sum_i m_i n_i, \tag{11.1.1}$$

wobei sich die Summierung mindestens über Baryonen und Elektronen erstreckt. Möglicherweise müssen auch Teilchen der Dunklen Materie mit einbezogen werden. Wenn man in der Friedmann-Gleichung den Krümmungsterm vernachlässigt, erhalten wir

$$H^2 = \frac{8\pi G}{3} \sum_i m_i n_i. \tag{11.1.2}$$

Wenn man annimmt, dass die Teilchen, die zur Energiedichte beitragen, stabil sind, ergibt sich

$$n_i \sim 1/R^3 \sim T^3. \tag{11.1.3}$$

Wegen $R \sim t^{2/3}$ erhält man nun die Expansionsrate zu

$$H = \frac{\dot{R}}{R} = \frac{2}{3t}. \tag{11.1.4}$$

Die Kombination von (11.1.3) mit (11.1.4) oder $R \sim t^{2/3}$ führt schließlich auf

$$T^3 \sim \frac{1}{t^2}. \tag{11.1.5}$$

Dies steht im Gegensatz zur Relation $T^2 \sim t^{-1}$, die sich für eine Ära ergab, als die Energiedichte durch relativistische Teilchen dominiert war.

11.2 Entdeckung der Eigenschaften der Schwarzkörperstrahlung

Was wir gefunden haben, ist Evidenz für die Geburt des Universums. Es ist, als wenn wir Gott ins Antlitz gesehen haben.

George Smoot

George Gamow hat schon 1948 im Zusammenhang mit der Nukleosynthese im Urknallmodell die Existenz der kosmischen Schwarzkörperstrahlung vorhergesagt. Im vorigen Kapitel wurde argumentiert, dass die primordiale Nukleosynthese Temperaturen um $T \approx 0{,}08$ MeV erfordert, die etwa um Zeiten von $t \approx 200$ s nach dem Urknall

vorlagen. Wenn man den Wirkungsquerschnitt für die Initialzündung $p + n \;\rightarrow\; d + \gamma$ und die Anzahldichte n der Protonen und Neutronen kennt, kann man die Reaktionsrate ausrechnen.

Damit in der primordialen Nukleosynthese die beobachtete Menge an Helium erzeugt werden konnte, braucht man eine hinreichend hohe Deuteriumfusionsrate im relevanten Zeitraum. D. h., dass die Reaktionsrate multipliziert mit der Zeit mindestens von der Größenordnung eins zur Zeit $t \approx 200\,\mathrm{s}$ sein musste. Diese Annahme bestimmt die Nukleonendichte in der Zeit der Nukleosynthesephase.

Seit der Nukleosynthesephase folgten sowohl die Nukleonen- als auch die Photonendichten $n \;\sim\; 1/R^3 \;\sim\; T^3$. Wenn man also die Nukleonendichte während der Nukleosynthese mit dem Wert vergleicht, den man heute findet, kann man die Temperatur der Photonen vorhersagen. Alpher und Herman [109] haben diesen Gedankengang verfolgt. Sie haben auf diesem Weg schon 1949 eine Temperatur um 5 K für die kosmische Schwarzkörperstrahlung abgeschätzt. Das war schon ziemlich nahe am heutigen Wert!

Selbst ohne Berücksichtigung der Ergebnisse aus der Nukleosynthese kann man die Temperatur der Schwarzkörperstrahlung abschätzen. Der Beitrag der Photonen zur gegenwärtigen Energiedichte kann nicht viel größer als die kritische Energiedichte sein. Wenn man $\Omega_\gamma \leq 1$ annimmt, erhält man bereits ein interessantes Limit von $T \leq 32\,\mathrm{K}$.

Gamows Vorhersage der kosmischen Schwarzkörperstrahlung wurde viele Jahre nicht weiterverfolgt. Eine Princeton-Gruppe (Dicke, Peebles, Roll und Wilkinson) nahm aber 1960 Gamows Vorhersage ernst und erwog, ein Experiment zur Suche nach der Schwarzkörperstrahlung in Angriff zu nehmen [110]. Sie wussten aber nicht, dass die Radioastronomen A. Penzias und R. Wilson an den Bell Labs in New Jersey dabei waren, ihre Radioantenne zu eichen, und zwar aus Gründen, die mit der Suche nach der Schwarzkörperstrahlung gar nichts zu tun hatten. Sie berichteten über „eine effektive Zenit-Rauschtemperatur … nahe der Beobachtungsgrenze von 3,5°K höher als erwartet. Diese erhöhte Temperatur ist innerhalb der Grenzen unserer Beobachtungen, isotrop, unpolarisiert und unabhängig von jahreszeitlichen Schwankungen …" [111]. Die Princeton-Gruppe hörte sehr bald von den Beobachtungen von Penzias und Wilson und lieferte praktisch sofort die heute akzeptierte Interpretation [110].

Die ersten Beobachtungen der kosmischen Schwarzkörperstrahlung waren zwar konsistent mit der Strahlung eines schwarzen Körpers, aber die Antenne von Penzias und Wilson konnte nur Wellenlängen von einigen Zentimetern messen. Kürzere Wellenlängen werden vom Wassergehalt in der Atmosphäre stark absorbiert. Die stärkste Emission eines schwarzen Körpers von 3 K liegt aber im Wellenlängenbereich von etwa 2 mm. Deshalb konnten nur Satelliten das volle Schwarzkörperspektrum messen. Das gelang zum ersten Mal dem Satelliten COBE im Jahr 1992. COBE konnte zeigen, dass die Energieverteilung der Photonen sehr gut durch eine Schwarzkörperstrahlung beschrieben werden konnte, d. h. durch eine Planck-Verteilung der Temperatur von 2,725 K, wie man in Abb. 11.1 sehen kann.

Dieser Wert wurde von den Satelliten WMAP (2003) und Planck (2013) bestätigt [83].

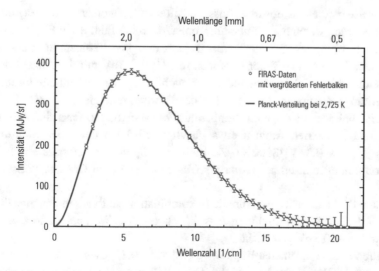

Abb. 11.1 Spektrum der kosmischen Schwarzkörperstrahlung gemessen mit dem COBE-Satelliten im Vergleich mit einer Planck-Verteilung der Temperatur 2,725 K. Die *Fehlergrenzen* wurden um einen Faktor 400 *zur besseren Sichtbarkeit vergrößert*. Die Abweichungen von der Planck-Verteilung sind geringer als 0,005 % [112]

11.3   Entstehung der Mikrowellenhintergrundstrahlung

*Der alte Traum der drahtlosen Kommunikation durch den Raum wurde jetzt in einer voll-
kommen anderen Weise verwirklicht, als man es erwartet hätte. Die Kurzwellen des Kosmos
bringen uns weder die Börsendaten noch die Jazzmusik anderer Welten. Mit sanften Tönen
erzählen sie den Physikern vom endlosen Liebesspiel zwischen Elektronen und Protonen.*

Albrecht Unsöld

Protonen und Elektronen, die sich zu frühen Zeiten zu neutralem Wasserstoff verbunden
hatten, wurden durch energiereiche Photonen schnell wieder auseinandergerissen. Mit ab-
nehmender Temperatur wurde dann aber die Bildung von atomarem Wasserstoff möglich;
das Universum verwandelte sich aus einem ionisierten Plasma in ein Gas aus neutralen Wasserstoffatomen. Diesen Prozess nennt man *Rekombination*. Die Reduzierung der
Dichte freier Elektronen bis auf praktisch null bedeutete, dass die freie Weglänge eines
Photons so groß wurde, sodass die meisten Photonen seitdem nicht mehr gestreut wurden.
Diesen Prozess nennt man *Entkopplung* der Photonen von Materie. Durch relativ einfache
Rechnungen können wir abschätzen, wann die Rekombination und Entkopplung stattfand.

Neutraler Wasserstoff hat eine Bindungsenergie von 13,6 eV und wird durch die
Reaktion

$$p + e^- \rightarrow H + \gamma \tag{11.3.1}$$

gebildet.

Naiverweise würde man erwarten, dass die Bildung von atomarem Wasserstoff deutlich
zunehmen würde, wenn die Temperatur unter 13,6 eV fällt. Das Baryon-zu-Photon-
Verhältnis ist mit $\eta \approx 5 \cdot 10^{-10}$ aber sehr klein. Die Temperatur muss aber viel
niedriger sein, bis die Anzahl der Photonen mit $E > 13,6$ eV mit der Anzahl der Baryonen vergleichbar ist. (Dieses Argument war auch schon der wesentliche Grund, warum
die Deuteriumproduktion nicht schon bei der Bindungsenergie $T = 2,2$ MeV begann,
sondern erst bei viel niedrigeren Temperaturen.) Man findet, dass die Anzahlen von
neutralen und ionisierten Atomen etwa gleich werden bei der *Rekombinationstempe-
ratur* von $T_{\mathrm{rec}} \approx 0,3$ eV (3500 K). Zu diesem Zeitpunkt transformiert sich das Universum von einem ionisierten Plasma im Wesentlichen in ein Gas aus Wasserstoff und
Helium.

Man kann leicht abschätzen, wann die Rekombination stattfand, indem man die heutige
Temperatur der Hintergrundstrahlung $T_0 \approx 2,73$ K mit dem Wert bei der Rekombinations-
temperatur $T_{\mathrm{rec}} \approx 0,3$ eV vergleicht.

Wir hatten in einem früheren Kapitel, vgl. Abschn. 9.3, gesehen, dass die Wellenlänge
eines Photons der Beziehung $\lambda \sim R$ folgt. Deshalb hängt das Verhältnis des Skalenfaktors
R zu einer früheren Zeit zu dem gegenwärtigen R_0 mit der Rotverschiebung z zusammen,
und zwar gemäß

$$\frac{R_0}{R} = \frac{\lambda_0}{\lambda} = 1 + z. \tag{11.3.2}$$

Weiterhin ist die gegenwärtige Temperatur $T_0 \approx 2{,}73$ K, und man weiß, dass $T \sim 1/R$. Deshalb folgt

$$1 + z = \frac{T}{T_0} \approx \frac{0{,}3\,\text{eV}}{2{,}73\,\text{K}} \cdot \frac{1}{8{,}617 \cdot 10^{-5}\,\text{eV}\,\text{K}^{-1}} \approx 1300, \qquad (11.3.3)$$

wobei die Einheit der Boltzmann-Konstanten von J/K in eV/K umgewandelt wurde. Wenn man annimmt, dass der Skalenfaktor seine Abhängigkeit von $R \sim t^{2/3}$ von diesem Zeitpunkt an sich bis heute nicht geändert hat, dann findet man, dass die Rekombination zu einer Zeit von

$$t_{\text{rec}} = t_0 \left(\frac{R}{R_0} \right)^{3/2} = t_0 \left(\frac{T_0}{T_{\text{rec}}} \right)^{3/2} = \frac{t_0}{(1 + z_{\text{rec}})^{3/2}}$$

$$\approx \frac{1{,}4 \cdot 10^{10}\,\text{Jahre}}{(1300)^{3/2}} \approx 300\,000\,\text{Jahre} \qquad (11.3.4)$$

stattfand.

Kurz nach der Rekombination wurde die freie Weglänge für Photonen so groß, dass die Photonen effektiv von der Materie entkoppelten. Solange das Universum aus ionisiertem Plasma bestand, wurde der Streuquerschnitt der Photonen von der Thomson-Streuung dominiert, d. h. der elastischen Photon-Elektron-Streuung. Die freie Weglänge von Photonen hängt von der Anzahldichte der Elektronen ab, die man als Funktion der Zeit vorhersagen kann, und vom Wirkungsquerschnitt der Thomson-Streuung, der berechnet werden kann. Bei der Expansion des Universums nimmt die Elektronendichte ab, und die mittlere freie Weglänge der Photonen wird größer. Irgendwann wird diese freie Weglänge größer als der Beobachtungshorizont (das ist die Größe des beobachtbaren Universums bei gegebener Zeit), und zwar bei der *Entkopplungstemperatur* von $T_{\text{dec}} \approx 0{,}26\,\text{eV}$ (3000 K). Dies entspricht einer Rotverschiebung von $1 + z \approx 1100$. Diese Bedingung definiert die *Entkopplung* der Photonen von Materie. Die Entkopplungszeit errechnet sich zu

$$t_{\text{dec}} = t_0 \left(\frac{T_0}{T_{\text{dec}}} \right)^{3/2} = \frac{t_0}{(1 + z_{\text{dec}})^{3/2}} \approx 380\,000\,\text{Jahre}. \qquad (11.3.5)$$

Nachdem die Photonen sich abgekoppelt haben, breiten sie sich weiterhin bis auf den heutigen Tag aus. Man kann eine *Oberfläche der letzten Streuung* als Kugel definieren, die uns als Zentrum hat mit einem Radius, der dem Abstand entspricht zu dem Punkt, bei dem die kosmischen Hintergrundphotonen zum letzten Mal gestreut wurden. In guter Näherung ist dies die Entfernung zu dem Punkt, bei dem die Entkopplung stattfand, und die Zeit der letzten Streuung ist im Wesentlichen dieselbe wie t_{dec}. Wenn man also die kosmische Hintergrundstrahlung untersucht, testet man die Bedingungen des Universums zu einer Zeit von 380 000 Jahren nach dem Urknall.

11.4   Anisotropien der Hintergrundstrahlung

*Da die Physik jeden Tag weiter und weiter fortschreitet und neue Axiome entwickelt, braucht
sie tatkräftige Unterstützung von der Mathematik.*

Francis Bacon

Die ersten Messungen der kosmischen Hintergrundstrahlung durch Penzias und Wilson
zeigten, dass die Temperatur nicht von der Richtung abhing, d. h., die Strahlung war isotrop innerhalb der Messgenauigkeit von 10 %. Genauere Messungen gaben dann aber ein
deutliches Anzeichen dafür, dass die Temperatur in einer Richtung ungefähr um ein Tausendstel höher ist als in der entgegengesetzten Richtung. Diesen Effekt nennt man die
Dipolanisotropie, die durch die Bewegung der Erde durch die Hintergrundstrahlung zustande kommt. Dann fand der COBE-Satellit im Jahr 1992 bei besserer Winkelauflösung
Anisotropien auf dem Niveau von 10^{-5}. Diese Anisotropien wurde vom WMAP-Satelliten
und anderen Gruppen noch genauer bis zu einigen Zehntel Grad vermessen. Der Planck-
Satellit konnte die Auflösungsgrenze sogar noch frequenzabhängig bis zu etwa vier
Bogenminuten verbessern. Einen guten Eindruck von der Auflösungsverbesserung der
Satelliten zeigt Abb. 11.2.

Diese hochqualitativen Messungen erlaubten es, eine Vielfalt von Informationen über
das frühe Universum herzuleiten.

Um die Anisotropien der Hintergrundstrahlung genauer zu studieren, untersucht man
die Temperatur als Funktion der Richtung, d. h. $T(\theta, \phi)$, wobei θ und ϕ sphärische
Koordinaten sind, d. h. Polar- und Azimutwinkel. Wie bei allen richtungsabhängigen Funktionen kann man jetzt $T(\theta, \phi)$ nach sphärischen harmonischen Funktionen, d. h. nach
Kugelflächenfunktionen $Y_{lm}(\theta, \phi)$ (in eine *Laplace-Reihe*) entwickeln:

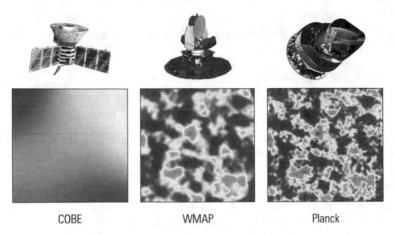

COBE   WMAP   Planck

Abb. 11.2 Vergleich der Winkelauflösung und der damit verbundenen gesteigerten Messgenauigkeit der Hintergrundstrahlung des COBE-, WMAP- und Planck-Satelliten [83]

$$T(\theta, \phi) = \sum_{l=0}^{\infty} \sum_{m=-l}^{l} a_{lm} Y_{lm}(\theta, \phi). \tag{11.4.1}$$

Diese Entwicklung erfolgt analog zu einer Fourier-Reihe, bei der Terme höherer Ordnung höheren Frequenzen entsprechen. In diesem Fall entsprechen höhere Werte von l Strukturen bei kleineren Winkelskalen. Die gleiche Technik wird auch bei der *Multipolentwicklung* des Potentials einer elektrischen Ladungsverteilung verwendet. Von dieser Anwendung hat man auch die Terminologie übernommen, und die Terme der Reihenentwicklung heißen entsprechend Multipolmomente; $l = 0$ entspricht dem Monopol, $l = 1$ dem Dipol, etc.

Sobald man Abschätzungen für die Koeffizienten a_{lm} hat, kann die Amplitude der Variation mit dem Winkel durch

$$C_l = \frac{1}{2l+1} \sum_{m=-l}^{l} |a_{lm}|^2. \tag{11.4.2}$$

definiert werden. Die Menge der Koeffizienten C_l nennt man das *Winkelleistungsspektrum* [113]. Der Wert von C_l repräsentiert den Grad der Struktur bei einer Winkelseparation von

$$\Delta\theta \approx \frac{180°}{l}. \tag{11.4.3}$$

Die Satelliten zur Messung der Hintergrundstrahlung können nur Strukturen bis zu einem minimalen Winkel auflösen, und der bestimmt das maximal messbare l.

11.5 Das Monopol- und das Dipolmoment

Das Universum enthält die Vorgeschichte seiner Vergangenheit genauso, wie die Lagen der Felssedimente die Vorgeschichte der Erdentwicklung beinhalten.

Heinz R. Pagels

Der ($l = 0$)-Term in der Reihenentwicklung von $T(\theta, \phi)$ stellt die Temperatur gemittelt über alle Richtungen dar. Der genaueste Wert wurde vom COBE-Satelliten geliefert [114]:

$$\langle T \rangle = 2{,}7260 \pm 0{,}0013 \text{ K.} \tag{11.5.1}$$

Wie schon erwähnt, wurde in den 70er-Jahren des vorigen Jahrhunderts entdeckt, dass die Hintergrundstrahlung in einer bestimmten Richtung um 0,1 % höher ist als in der entgegengesetzten Richtung. Das entspricht dem ($l = 1$)-Term oder *Dipolterm* in der Laplace-Entwicklung. Die Dipolanisotropie wurde genauer vom COBE-Experiment untersucht. COBE findet eine Temperaturdifferenz von

$$\frac{\Delta T}{T} = 1{,}23 \cdot 10^{-3}. \tag{11.5.2}$$

Diese Temperaturvariation hat eine einfache Erklärung. Sie wird durch die Bewegung der Erde durch das lokale, eindeutige Bezugssystem bewirkt, in dem die Hintergrundstrahlung keine Dipolanisotropie hat. In einem gewissen Sinne ist dieses lokale Bezugssystem das ‚Ruhsystem' des Universums. Das Sonnensystem mit der Erde darin bewegt sich durch dieses Ruhsystem mit einer Geschwindigkeit von $v = 371$ km/s in Richtung auf das Sternbild Becher (zwischen Virgo und Hydra). Die Hintergrundstrahlung ist blauverschoben zu leicht höheren Temperaturen in der Bewegungsrichtung der Erde und rotverschoben in der entgegengesetzten Richtung.

11.6   Kleinwinkelanisotropie

Im Übrigen ist die kosmische Hintergrundstrahlung etwas, das wir alle erfahren haben. Stellen Sie Ihr Fernsehgerät auf irgendeinen Kanal, auf dem nichts gesendet oder empfangen wird, und 1 % der Bildpunkte, die Sie sehen, kommt durch diesen uralten Überrest des Urknalls zustande. Das nächste Mal, wenn Sie sich beschweren, dass da nichts zu sehen ist, bedenken Sie, dass Sie immer die Geburt des Universums sehen können.

Bill Bryson

Falls es im frühen Universum kleine Dichtefluktuationen gegeben hätte, dann sollte man erwarten, dass sie durch Gravitation verstärkt würden. Dabei würden dichtere Regionen immer mehr Materie anziehen, bis das Universum schließlich eine klumpige Struktur angenommen hat. Das ist genau die Vorstellung, die man von der Galaxienbildung hat. Wenn man von der heute sichtbaren Klumpigkeit ausgeht, kann man sich fragen, wie groß die Dichtevariationen zur Zeit der letzten Streuung waren, denn diese Variationen würden Bereichen unterschiedlicher Temperatur entsprechen. Deshalb sollte man aufgrund der gegenwärtig beobachteten Struktur auf großen Skalen Anisotropien in der Hintergrundstrahlung von der Größenordnung 10^{-5} erwarten. Diese Kleinwinkelanisotropien wurden

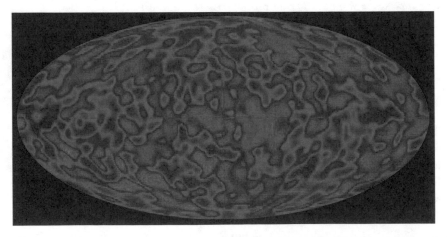

Abb. 11.3 Kosmografische Karte der Temperatur der Schwarzkörperstrahlung, gemessen mit dem COBE-Satelliten nach Subtraktion der Dipolkomponente [115]

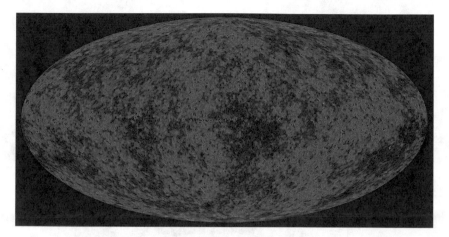

Abb. 11.4 Kosmografische Karte der Temperatur der Schwarzkörperstrahlung, gemessen mit dem WMAP-Satelliten nach Subtraktion der Dipolkomponente, WMAP Science Team/NASA Goddard [116]

Abb. 11.5 Kosmografische Karte der Temperatur der Schwarzkörperstrahlung, gemessen mit dem Planck-Satelliten nach Subtraktion der Dipolkomponente [117]

zuerst 1992 vom COBE-Satelliten gefunden. COBE hatte eine Winkelauflösung von 7° und war damit in der Lage, das Leistungsspektrum bis zu Multipolaritäten von etwa $l = 20$ aufzulösen. In den folgenden Jahren konnten Ballonexperimente höhere Auflösungen erzielen, allerdings bei kleinerer Empfindlichkeit. Das WMAP-Projekt konnte 2003 sehr genaue Messungen bis zu Winkelauflösungen von 0,2° erreichen. Diese wurde ab 2013 vom Planck-Satelliten mit bis zu vier Bogenminuten noch übertroffen.

In den folgenden Abb. 11.3–11.5 sieht man die Ergebnisse der drei Satelliten COBE, WMAP und Planck und erkennt deutlich den Zuwachs an Information durch die immer besser werdende Winkelauflösung der Detektoren an Bord dieser Satelliten.

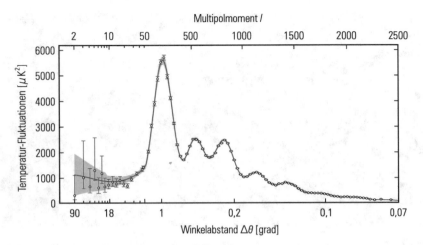

Abb. 11.6 Das Winkelleistungsspektrum des Planck-Satelliten. Die drei Hauptmaxima werden mit der Dunklen Energie, normaler Materie und der Dunklen Materie in Verbindung gebracht (s. Kap. 12: ,Inflation') [118]

WMAP konnte das Winkelleistungsspektrum bis $l \approx 1000$ und Planck bis zu $l \approx 2500$ messen.

Das Winkelleistungsspektrum des Planck-Satelliten ist in Abb. 11.6 gezeigt. Entsprechend

$$\Delta \theta \approx \frac{180°}{l} \tag{11.6.1}$$

wurden hier die Multiplomomente auch in Winkel umgerechnet.

11.7   Bestimmung der kosmologischen Parameter

Wahrscheinlich gibt es nur wenige Eigenschaften der theoretischen Kosmologie, die nicht durch neue experimentelle Beobachtungen komplett umgeworfen würden oder vollkommen nutzlos erscheinen.

Sir Hermann Bondi

Das Winkelleistungsspektrum der kosmischen Hintergrundstrahlung kann dazu dienen, viele außerordentlich wichtige kosmologische Parameter präzise zu bestimmen. Dazu gehört auch die Hubble-Konstante H, das Baryon-zu-Photon-Verhältnis η, das Verhältnis der gesamten Energiedichte zur kritischen Dichte Ω wie auch die Anteile der Energiedichten von Baryonen Ω_b, und von der nichtrelativistischer Materie Ω_m an der Gesamtenergiedichte.

Als Beispiel werden wir im Folgenden eine grobe Vorstellung davon geben, wie das Winkelleistungsspektrum von Ω abhängt. Betrachten wir den größten Bereich, der zur Zeit der letzten Streuung ($t_{ls} \approx t_{dec} \approx 380\,000$ Jahre) noch im kausalen Kontakt war. Diesen Abstand nennt man den *Teilchenhorizont* d_H. Naiverweise würde man erwarten, das dieser Teilchenhorizont $d_H = t$ ist (eigentlich ct, aber wir verwenden auch hier $c = 1$). Aber das stimmt nicht ganz, weil das Universum ja expandiert. Der Wert für den Teilchenhorizontabstand zur Zeit t in einem isotropen und homogenen Universum kann unter Berücksichtigung der Expansion zu

$$d_H(t_{ls}) \approx 3t_{ls} \approx 950\,000 \,\text{(Lichtjahren)} \qquad (11.7.1)$$

abgeschätzt werden. Wenn man die Zeit vor dem Materie-Strahlung-Gleichgewicht mitberücksichtigt ($t \lesssim 50\,000$ Jahre) und die in diesem Zeitraum korrekte Abhängigkeit des Skalenfaktors von der Zeit verwendet, würde sich ein Teilchenhorizont von $\approx 660\,000$ Lichtjahren ergeben.

Eine detaillierte Modellierung der Dichtefluktuationen im frühen Universum sagt eine ausgeprägte Struktur auf Abstandsskalen bis zum Beobachtungshorizont vorher. Diese Fluktuationen sind im Wesentlichen Schallwellen im primordialen Plasma, d. h. ganz normale Druckschwankungen, die vom Einfallen von Materie in die kleinen, ursprünglichen Dichtefluktuationen herrühren. Diese anfänglichen Dichtevariationen könnten schon aus einer viel früheren Zeit, etwa vom Ende der inflationären Epoche stammen.

Wenn man sich die Winkelabstände der Temperaturschwankungen ansieht, misst man tatsächlich den Abstand zwischen den Dichteperturbationen zu einem Zeitpunkt, als die Photonen emittiert wurden.

Um die Winkel in Abstände umzurechnen, muss man die *Eigenabstände* und die *Winkeldurchmesserabstände* berücksichtigen. Der *Eigenabstand* d_p zur Zeit t ist die Länge, die man messen würde, wenn man irgendwie die Hubble-Expansion stoppen könnte und Zollstöcke Kopf an Fuß zwischen zwei Punkten anlegen könnte. In einem expandierenden Universum ergibt sich der gegenwärtige Eigenabstand, d. h. zur Zeit t_0, zur Oberfläche der letzten Streuung zu $d_p(t_{ls}) \approx 3t_0$, wenn man für diesen Zeitraum Materiedominanz annimmt.

Nun möchte man gerne wissen, wie groß der Winkel ist, der durch eine Temperaturvariation gegeben war, die durch einen Abstand $\delta = 3t_{ls}$ senkrecht zu unserer Sichtlinie getrennt war, als die Photonen emittiert wurden. Um diesen Winkel zu erhalten, muss man δ nicht durch den gegenwärtigen Eigenabstand von uns zur Oberfläche der letzten Streuung dividieren, sondern durch den Abstand, wie er *war*, als die Photonen ihre Reise antraten. Dieser Abstand ist aber mit der Hubble-Expansion vergrößert worden. Gegenwärtig ist er um einen Faktor weiter entfernt, der durch das Verhältnis der Skalenfaktoren $R(t_0)/R(t_{ls})$ gegeben ist. Mithilfe von Gl. (11.3.2) ergibt sich

$$\Delta\theta = \frac{\delta}{d_p(t_{ls})} \frac{R(t_0)}{R(t_{ls})} = \frac{\delta}{d_p(t_{ls})}(1 + z), \qquad (11.7.2)$$

wobei $z \approx 1100$ die Rotverschiebung der Oberfläche der letzten Streuung ist. Wenn also ein Bereich betrachtet wird, der gleich dem Beobachtungshorizontabstand zur Zeit der letzten Streuung ist, wie er durch Gl. (11.7.1) gegeben ist, und zwar von heute aus betrachtet, dann spannt er einen Winkel auf gemäß:

$$\Delta\theta \approx \frac{3t_{ls}}{3t_0}(1+z) \tag{11.7.3}$$

$$\approx \frac{950\,000\,\text{a}}{3 \cdot 1{,}4 \cdot 10^{10}\,\text{a}} \cdot 1100 \cdot \frac{180°}{\pi} \approx 1{,}4°.$$

Berücksichtigt man die Zeit vor dem Materie-Strahlung-Gleichgewicht ($t \lesssim 50\,000$ Jahre) und die in diesem Zeitraum geltende Abhängigkeit des Skalenfaktors von der Zeit, würde sich aus dem Teilchenhorizont von $\approx 660\,000$ Lichtjahren ein $\Delta\theta$ von etwa 1° ergeben (vgl. Abb. 11.6). Die Struktur bei diesen Winkelskalen entspricht den sogenannten ,akustischen Peaks', die man im Leistungsspektrum von etwa ab $l \approx 200$ sieht.

Die Benennung der Strukturen im Leistungsspektrum als ,akustische Peaks' hat folgende Begründung: Wie schon erwähnt, beruhen die Dichtefluktuationen im frühen Universum auf Gravitationsinstabilitäten. Wenn Materie in diese Gravitationspotentiale fiel, wurde die Materie komprimiert. Dadurch wurde sie aufgeheizt. In der Folge strahlte die heiße Materie Photonen ab, was das Baryonenplasma expandieren ließ. Die Photonenabstrahlung und die Expansion des Plasmas führte zur Abkühlung und zu geringerer Photonenemission. Mit abnehmendem Strahlungsdruck erreichten die Gravitationsinstabilitäten einen Punkt, von dem ab die Gravitation wieder stärker wurde und eine neue Kompressionsphase einsetzte. Die Konkurrenz zwischen gravitativer Akkretion und Strahlungsdruck bewirkte longitudinale akustische Oszillationen in der Baryonenflüssigkeit. Nachdem die Materie von der Strahlung abkoppelte, wurden diese Muster der akustischen Oszillationen in die Hintergrundstrahlung eingefroren. Die Anisotropien der Hintergrundstrahlung sind deshalb eine Folge der Schallwellen in der primordialen Baryonenflüssigkeit.

Der Winkel, unter dem der Beobachtungshorizont zur Zeit der letzten Streuung gesehen wird, hängt natürlich von der Geometrie des Universums ab. Diese wird wiederum von Ω, dem Verhältnis der Energiedichte zur kritischen Dichte bestimmt.

Es kann gezeigt werden, dass die Lage des ersten akustischen Peaks im Winkelleistungsspektrum mit Ω folgendermaßen zusammenhängt [119]:

$$l_{\text{peak}} \approx \frac{220}{\sqrt{\Omega}} \qquad (11.7.4)$$

und kann mit $l_{\text{peak}} \approx 200$ für $\Omega \approx 1$ approximiert werden.

Die detaillierte Struktur der Peaks im Winkelleistungsspektrum hängt aber nicht nur von der gesamten Energiedichte, sondern auch noch von vielen anderen kosmologischen Parametern wie der Hubble-Konstanten H_0, dem Baryon-zu-Photon-Verhältnis η und dem Energiedichteanteil der Materie, dem der Baryonen und der Vakuumenergie etc. ab.

Wenn man das Winkelleistungsspektrum des Planck-Satelliten nach Abb. 11.6 betrachtet, konnte die Planck-Gruppe diese Parameter mit einer Präzision im Prozentbereich oder sogar noch genauer bestimmen. Einige der so bestimmten kosmologischen Parameter sind in der Tab. 11.1 zusammengestellt. So ist z. B. die Hubble-Konstante jetzt mit einer Präzision von 2 % bekannt, und der Wert ist in Übereinstimmung mit früheren Messungen anderer Satelliten. Weiterhin ist das Universum flach, d. h., Ω ist so nahe an eins, dass man nicht an einen Zufall glauben mag. Das Weltalter ist jetzt gegenüber früheren Messungen

Tab. 11.1 Einige der kosmologischen Parameter, wie sie vom Planck-Satelliten aus dem Winkelleistungsspektrum bestimmt und im März 2013 veröffentlicht wurden. Die neuesten Ergebnisse des Planck-Satelliten bestätigen die in der Tabelle angegebenen Werte. Z. B. wurde die Hubble-Konstante nach der Auswertung von 2015 zu $H_0 = (67{,}51 \pm 0{,}64)$ km/s/Mpc und die Materieenergiedichte zu $\Omega_m = 0{,}308 \pm 0{,}012$ angegeben. Diese Werte wurden in der Tabelle schon aktualisiert [87, 88, 120, 121]

Parameter	Wert und exp. Fehler
Hubble-Konstante H_0	$(67{,}51 \pm 0{,}64)$ km/s/Mpc
Verhältnis der gesamten Energiedichte zu ϱ_c, Ω	$1{,}02 \pm 0{,}02$
Baryon-zu-Photon-Verhältnis η	$(6{,}19 \pm 0{,}14) \cdot 10^{-10}$
Baryonenenergiedichte zu ϱ_c, Ω_b	$0{,}0485 \pm 0{,}0007$
Materieenergiedichte zu ϱ_c, Ω_m	$0{,}308 \pm 0{,}012$
Vakuumenergiedichte zu ϱ_c, Ω_Λ	$0{,}696 \pm 0{,}020$
Weltalter t	$(13{,}817 \pm 0{,}048) \cdot 10^9$ Jahre

leicht, aber immer noch innerhalb der Fehlergrenzen, gestiegen. Die Planck-Daten liefern einen sehr genauen Wert von $(13{,}817 \pm 0{,}048) \cdot 10^9$ Jahren.

Daten vom Cosmic Background Imager (CBI) [122] – eine Anordnung von Antennen, die im Bereich von 26 bis 36 GHz in der Atacamawüste aufgestellt sind – bestätigen das Bild vom flachen Universum mit $\Omega = 0{,}99 \pm 0{,}12$ in Übereinstimmung mit Ergebnissen des Boomerang[1]- [123] und Maxima[2]-Experiments [124] und natürlich mit WMAP. Auch der Wert für das Baryon-zu-Photon-Verhältnis aus den Planck-Daten, $(6{,}19 \pm 0{,}14) \cdot 10^{-10}$, stimmt mit demjenigen aus der Deuteriumhäufigkeit, $(5{,}1 \pm 0{,}5) \cdot 10^{-10}$, innerhalb von zwei Standardabweichungen gut überein. Die Tatsache, dass zwei vollständig unterschiedliche Messungen zum gleichen Ergebnis führen, ist sicher ein gutes Zeichen und kann kein Zufall sein. Die Übereinstimmung des Planck-Ergebnisses mit dem WMAP-Wert $(6{,}1 \pm 0{,}25) \cdot 10^{-10}$ ist perfekt.

Die Dichten von nichtrelativistischer Materie Ω_m und von der Vakuumenergie Ω_Λ sind auch recht genau bestimmt. Diese Messungen bestätigen frühere Ergebnisse, die zum Teil auf ganz unterschiedlichen Observablen basierten.

Die Satellitenexperimente stellen eine Brücke zwischen Kosmologie und Teilchenphysik dar. Zusätzlich zur Bestimmung vieler grundlegender kosmologischer Parameter könnte die kosmische Hintergrundstrahlung wichtige Hinweise zur Lösung von offenen Fragen der Wechselwirkungen bei den allerhöchsten Energien liefern. Die Energien, die im frühen Universum ,an der Tagesordnung waren', werden nie in erdgebundenen Beschleunigern erreicht werden. Dieses Thema wird im nächsten Kapitel über *Inflation* detailliert behandelt werden.

Zusammenfassung

Die kosmische Hintergrundstrahlung im Mikrowellenbereich wurde 1965 von Penzias und Wilson mehr zufällig entdeckt. Sie wurde von Gamow schon theoretisch als Echo des Urknalls in den 1950er-Jahren vorhergesagt. Die Satelliten COBE, WMAP und Planck haben diesen Mikrowellenhintergrund sehr genau und detailreich vermessen. Die Temperatur dieser Strahlung ist nicht konstant. Die Schwankungen im Bereich von 10^{-5} werden als Saat für die Galaxienbildung interpretiert. Aus den akustischen Schwingungen in der Quarksuppe des frühen Universums lassen sich die kosmologischen Parameter des Universums recht genau bestimmen. So beträgt der experimentelle Fehler etwa des Weltalters (13,8 Milliarden Jahre) nur weniger als 0,5 %.

---

[1]Boomerang – Balloon Observations of Millimetric Extragalactic Radiation and Geophysics.

[2]Maxima – Millimeter Anisotropy Experiment Imaging Array.

Inflation

12

> *Inflation hat das Rennen noch nicht gewonnen, es ist aber im*
> *Moment das einzige Pferd.*
> *Andrei Linde*

Das Standardmodell der Kosmologie beschreibt anscheinend die Beobachtungsdaten recht gut, wie etwa die Elementhäufigkeiten, die isotrope und homogene Expansion des Universums und die Existenz der kosmischen Hintergrundstrahlung. Das hohe Maß an Isotropie der Hintergrundstrahlung und die Tatsache, dass die gesamte Energiedichte nahe an der kritischen Dichte liegt, bereitet aber Probleme, weil es scheinbar sehr spezifische Anfangsbedingungen für das Universum erfordert. Dazu kommt, dass die Theorie der großen Vereinigung (GUT), wie auch andere Teilchenphysiktheorien, die Existenz von stabilen Teilchen wie magnetischen Monopolen vorhersagen, die bisher aber niemand beobachtet hat. Eine Lösung für alle diese Probleme besteht in der Annahme, dass im sehr frühen Universum die gesamte Energiedichte durch Vakuumenergie dominiert war. Diese Energie des Vakuums führte zu einer schnellen Aufblähung des Universums und zu einem beschleunigten Anwachsen des Skalenfaktors. Diesen Vorgang bezeichnet man als *Inflation* und nennt es das *inflationäre Modell*.

In diesem Kapitel werden wir uns mit den oben beschriebenen Effekten beschäftigen und sehen, wie die Inflation sie löst, welche weitreichenden Vorhersagen die Inflation noch bereithält, und wie sie sich mit Beobachtungen vergleicht. Zu diesem Zweck müssen wir Vorhersagen über die Expansion des Universums von ganz frühen Zeiten bis heute präsentieren. Es ist dafür ausreichend anzunehmen, dass das Universum etwa ab 50 000 Jahren nach dem Urknall materiedominiert war, der eine Periode der Strahlungsdominanz voranging, abgesehen von der ganz frühen Inflationsperiode. Es gibt aber gleich ein Problem, denn die primordiale Inflationsperiode war extrem kurz und ging sehr bald in eine

© Springer-Verlag GmbH Deutschland 2018
C. Grupen, *Einstieg in die Astroteilchenphysik*,
https://doi.org/10.1007/978-3-662-55271-1_12

normale Expansion über. Es scheint aber, dass die gegenwärtige Energiedichte des Universums schon wieder von einer Art Vakuumenergie dominiert ist. Für die kosmologischen Probleme im frühen Universum spielt das aber zunächst keine Rolle. Wir müssen allerdings auch über die Frage der Vakuumenergie in der gegenwärtigen Zeit diskutieren. Das wird im Kapitel über die Dunkle Energie und Dunkle Materie erfolgen.

Rückwirkende Betrachtung

12.1   Das Horizontproblem

Das existierende Universum ist in keiner seiner Dimensionen begrenzt, denn sonst müsste es ein Außen haben.

Lucretius

Im vorigen Kapitel haben wir gesehen, dass die Hintergrundstrahlung – nach Korrektur auf die Dipolanisotropie – dieselbe Temperatur auf einem Niveau von 10^{-5} hat und isotrop ist. Die Strahlung wurde vor $t_{ls} \approx 380\,000$ Jahren von der Oberfläche der letzten Streuung emittiert. Wir haben gezeigt, dass zwei Bereiche im Abstand des Beobachtungshorizontes zur Zeit t_{ls} heute unter einem Winkel von etwa einem Grad gesehen werden. Diese Rechnung verwendete $R \sim t^{1/2}$ für die ersten $50\,000$ Jahre während der strahlungsdominierten Zeit, der eine ($R \sim t^{2/3}$)-Abhängigkeit für die anschließende materiedominierte Zeit bis t_{ls} folgte. Für fast jede andere Mischung aus Materie- und Strahlungsdominanz würde man statt einem Grad einen Wert zwischen 1 bis 2 Grad erwarten.

Wenn man nun also Bereiche vergleicht, die um mehr als $2°$ getrennt sind, dann würden wir nicht erwarten, dass sie seit der letzten Streuung in kausalem Kontakt waren. Man kann nun den Himmel in mehr als 10^4 Flecken unterteilen, die nie in kausalem Kontakt untereinander waren. Trotzdem haben sie alle dieselbe Temperatur! Die unerklärlich einheitliche Temperatur in Bereichen, die kausal gar nicht verbunden waren, nennt man das *Horizontproblem*. Es ist kein Problem in dem Sinne, dass das Modell eine Vorhersage macht, die im Widerspruch zur Beobachtung steht. Die Temperaturen in den kausal nicht verknüpften Regionen könnten ja rein zufällig alle gleich sein. Das will aber niemand glauben. Verschiedene Bereiche erhalten normalerweise durch Wechselwirkung und durch Austausch gleiche Temperaturen. Es ist schwer zu glauben, dass es einen anderen Mechanismus als diesen gibt, der die Temperaturen harmonisierte.

Horizontprobleme

12.2   Das Flachheitsproblem

Diese Art eines Universums, jedoch, scheint ein hohes Maß an Feinabstimmung der Anfangsbedingungen zu erfordern, die in starkem Widerspruch zur konventionellen Sichtweise steht.

Idit Zehavi und Avishai Dekel

Wir haben gefunden, dass die gesamte Energiedichte des Universums sehr nahe an der kritischen Dichte ist oder $\Omega \approx 1$. Nach den Ergebnissen von Satellitenexperimenten weicht die Dichte nur um höchstens 2 % von $\Omega = 1$ ab, aber es war schon seit vielen Jahren klar, dass Ω durch $0{,}2 < \Omega < 2$ eingeschränkt ist. Die untere Grenze erhält man aus der Bewegung von Galaxien in Galaxienhaufen, und die obere Grenze folgt aus der Forderung, dass das Universum mindestens so alt ist wie die ältesten Sterne. $\Omega \approx 1$ bedeutet, dass das Universum flach ist, also keine Krümmung aufweist. Wenn das Universum heute so flach ist, dann ergibt sich, dass das Universum in früheren Zeiten noch viel flacher war, d. h. Ω noch viel weniger von $\Omega = 1$ abwich. Um das zu sehen, gehen wir von der Friedmann-Gleichung aus,

$$H^2 + \frac{k}{R^2} = \frac{8\pi G}{3}\varrho, \tag{12.2.1}$$

wobei, wie üblich, $H = \dot{R}/R$ und k der Krümmungsparameter ist. Man erhält $k = 0$, d. h. ein flaches Universum, wenn ϱ gleich der kritischen Dichte ist:

$$\varrho_{\mathrm{c}} = \frac{3H^2}{8\pi G}. \tag{12.2.2}$$

Wenn man beide Seiten der Friedmann-Gleichung durch H^2 dividiert, (12.2.2) und $H = \dot{R}/R$ verwendet, dann ergibt sich nach Umsortierung der Terme

$$\Omega - 1 = \frac{k}{\dot{R}^2}. \tag{12.2.3}$$

Für die materiedominierte Ära ergab sich $R \sim t^{2/3}$. Daraus folgt $\dot{R} \sim t^{-1/3}$, und damit ist $R\dot{R}^2$ konstant. Dann findet man für die Differenz zwischen Ω und eins:

$$\Omega - 1 \sim kR \sim kt^{2/3}. \tag{12.2.4}$$

Falls für die Zeit von $t_{\mathrm{mr}} \approx 50\,000$ Jahren bis heute, also $t_0 \approx 1{,}4 \cdot 10^{10}$ Jahren, Materiedominanz angenommen wird, dann folgt aus (12.2.4)

$$\frac{\Omega(t_{\mathrm{mr}}) - 1}{\Omega(t_0) - 1} = \frac{R(t_{\mathrm{mr}})}{R(t_0)} = \left(\frac{t_{\mathrm{mr}}}{t_0}\right)^{2/3}$$

$$\approx \left(\frac{50\,000\,\mathrm{a}}{1{,}4 \cdot 10^{10}\,\mathrm{a}}\right)^{2/3} \approx 2 \cdot 10^{-4}. \tag{12.2.5}$$

Die Satellitendaten schränken $\Omega(t_0)-1$ auf weniger als 0,04 ein. Wenn man dieses Ergebnis mit (12.2.5) kombiniert, bedeutet es, dass $\Omega - 1$ zur Zeit $t = 50\,000$ Jahre nach dem Urknall kleiner als 10^{-5} war.

Wenn man noch einen Schritt weiter zurückgeht, wird das Problem noch drastischer. Nehmen wir an, dass das Universum für Zeiten früher als t_{mr} bis zurück zur Planck-Zeit von $t_{Pl} \approx 10^{-43}$ s strahlungsdominiert war. Dann müssen wir für den Skalenfaktor eine Abhängigkeit von $R \sim t^{1/2}$ verwenden, d. h. $\dot{R} \sim t^{-1/2}$, und erhalten deshalb[1]

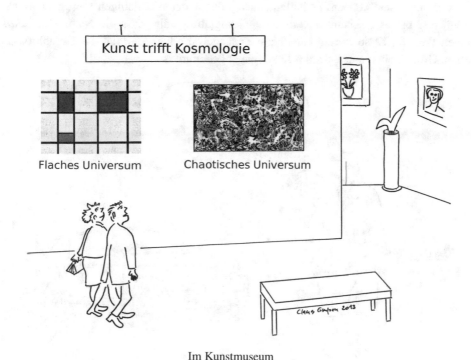

Im Kunstmuseum

$$\Omega - 1 \sim kR^2 \sim kt. \tag{12.2.6}$$

Mit dieser Abhängigkeit für frühere Zeiten als t_{mr} erhalten wir für $\Omega - 1$ zur Planck-Zeit im Vergleich zum heutigen Wert

$$\frac{\Omega(t_{Pl}) - 1}{\Omega(t_0) - 1} = \left(\frac{R(t_{Pl})}{R(t_{mr})} \right)^2 \frac{R(t_{mr})}{R(t_0)} = \frac{t_{Pl}}{t_{mr}} \left(\frac{t_{mr}}{t_0} \right)^{2/3}$$

$$\approx \frac{10^{-43}\,\text{s}}{50\,000\,\text{a} \cdot 3{,}2 \cdot 10^7\,\text{s/a}} \left(\frac{50\,000\,\text{a}}{1{,}4 \cdot 10^{10}\,\text{a}} \right)^{2/3}$$

$$\approx 10^{-59}. \tag{12.2.7}$$

---

[1]Die Boltzmann-Konstante und der Krümmungsparameter werden üblicherweise mit dem gleichen Buchstaben k bezeichnet. Aus dem Zusammenhang heraus sollte aber immer klar sein, welcher Parameter gemeint ist.

Um also heute einen Wert für ein flaches Universum mit $\Omega \approx 1$ zu finden, darf Ω zur Planck-Zeit um höchstens 10^{-59} von eins verschieden gewesen sein. Genau wie beim Horizontproblem geht es beim *Flachheitsproblem* nicht um eine Vorhersage, die im Widerspruch zur Beobachtung steht. Ω hätte ja zur Planck-Zeit rein zufällig beliebig nahe bei eins gewesen sein können. Es hätte ja auch jeden anderen beliebigen Wert gehabt haben können. Aber es erscheint außerordentlich unglaubwürdig, dass die Natur *rein zufällig* einen Wert für Ω so extrem nahe bei eins ausgewählt hat. Man hat das Gefühl, dass es einen Grund geben muss, warum Ω so fein abgestimmt ist.

Kosmologisches Flachheitsproblem (‚Flatness Problem')

12.3   Das Monopolproblem

Vom theoretischen Standpunkt aus sollte man denken, dass magnetische Monopole wegen der Schönheit der Mathematik existieren.

Paul Adrian Maurice Dirac

Um das letzte Problem mit dem bisher präsentierten Modell zu verstehen, müssen wir uns mit den Phasenübergängen im frühen Universum beschäftigen. Im Kap. 9 wurde schon erwähnt, dass ein Phasenübergang bei einer kritischen Temperatur entsprechend der GUT-Energieskala, $T_c \approx E_{\mathrm{GUT}} \approx 10^{16}\,\mathrm{GeV}$ stattfand.[2]

---

[2]Wie üblich, wird im Folgenden die Standardnotation $c = 1$, $\hbar = 1$ und $k = 1$ (Boltzmann-Konstante) verwendet.

Als die Temperatur unter T_c fiel, nahm das Higgs-Feld, das für die Erzeugung der Massen des X- und Y-Bosons verantwortlich ist, einen von null verschiedenen Vakuumerwartungswert an.[3]

Es gibt eine Analogie zwischen einem Phasenübergang im frühen Universum und der Abkühlung eines Ferromagneten, wobei sich die magnetischen Dipole plötzlich parallel zu ihren Nachbarn ausrichten. Jede Richtung ist gleich wahrscheinlich, aber sobald einige Dipole sich zufällig für eine Richtung entschieden haben, folgen die anderen Dipole dieser zufällig ausgewählten Richtung. Das Gleiche trifft auf den Übergang von Wasser zu, wenn es zu Eisflocken gefriert. Im Wasser bewegen sich die Wassermoleküle unregelmäßig in alle Richtungen. Wenn das Wasser aber gefriert, bilden sich Schneeflocken, bei denen sich die Wassermoleküle nach einem regelmäßigen Muster ausrichten, das die Symmetrie bricht, die noch oberhalb des Gefrierpunktes vorlag. Im Fall des Higgs-Felds ist das Analogon zur Dipolausrichtung oder Kristallorientierung nicht eine Richtung im Ortsraum, sondern in einem abstrakten Raum, in dem die Achsen Komponenten des Higgs-Felds entsprechen. Genau wie beim Ferromagneten oder der Orientierung der Eiskristalle neigen die Komponenten des Higgs-Felds dazu, in einem Raumbereich dieselbe Konfiguration anzunehmen.

Wenn man zwei Regionen betrachtet, die hinreichend weit voneinander entfernt sind, sodass sie nicht im kausalen Kontakt sind, dann wird die vom Higgs-Feld zufällig gewählte Orientierung im Allgemeinen nicht in den beiden Regionen dieselbe sein. An der Grenzfläche zwischen den beiden Regionen wird sich ein sogenannter ‚topologischer Defekt‘, analog zu einer Versetzung in einem ferromagnetischen Kristall, ausbilden. Der einfachste Typ eines solchen Defektes ist das Analogon zu einem Punktdefekt in der Festkörperphysik. In typischen Theorien der großen Vereinigung tragen diese Punktdefekte magnetische Ladungen: Es sind magnetische Monopole. Magnetische Monopole verhalten sich wie Teilchen mit Massen von ungefähr

$$m_{\mathrm{mon}} \approx \frac{M_X}{\alpha_{\mathrm{U}}} \approx 10^{17}\,\mathrm{GeV}, \qquad (12.3.1)$$

wobei die Bosonmasse des X-Teilchens, $M_X \approx 10^{16}\,\mathrm{GeV}$, etwa die Gleiche wie die GUT-Skala ist, und die effektive Kopplungsstärke ungefähr $\alpha_{\mathrm{U}} \approx 1/40$ beträgt.

Eine weitere entscheidende Vorhersage ist, dass diese Monopole stabil sein sollen. Nach ihrer Erzeugung tragen sie wegen ihrer großen Masse ganz wesentlich zur nichtrelativistischen Materiekomponente der Energiedichte des Universums bei. Man würde erwarten, dass Monopole in jedem kausal isolierten Bereich etwa einen Monopol zur Anzahldichte beitragen. Die Größe eines solchen Bereichs wird von der Entfernung bestimmt, die Licht

---

[3]In Theorien der großen Vereinigung (GUT) werden weitere schwere Bosonen (X und Y) vorhergesagt, die die Wechselwirkung zwischen Quarks und Leptonen vermitteln. Damit können sie die Baryonenzahlverletzung und den Zerfall von Protonen ermöglichen. Die Kopplung der X- und Y-Bosonen an Fermionen ist gegenwärtig die einfachste Idee, um eine Baryonenzahlverletzung zu verursachen.

seit dem Urknall bis zum Zeitpunkt des Phasenüberganges bis t_c zurückgelegt hat. Dieser Abstand ist aber gerade der Teilchenhorizont zur Zeit t_c. Wenn wir für Zeiten vor t_c annehmen, dass das Universum strahlungsdominiert war, dann gilt $R \sim t^{1/2}$, und wegen [125]

$$d_{\mathrm{H}}(t) = R(t) \int_0^t \frac{dt'}{R(t')} \tag{12.3.2}$$

ist dann der Teilchenhorizont $2t_c$ [126]. Daher können wir die Anzahldichte der Monopole vorhersagen zu

$$n_{\mathrm{mon}} \approx \frac{1}{(2t_c)^3}. \tag{12.3.3}$$

Die entsprechende kritische Temperatur T_c sollte von der Größenordnung der GUT-Skala sein, $M_X \approx 10^{16}$ GeV. Damit lässt sich t_c abschätzen zu

$$t_c \sim 0{,}3 M_{\mathrm{p}} T_c^{-2} N(T_c)^{-1/2}, \tag{12.3.4}$$

wobei M_{p} die Planck-Masse und $N(T_c)$ die Zahl der Freiheitsgrade leichter Teilchen bei der kritischen Temperatur T_c ist [127]. Mit plausiblen Annahmen lässt sich dann – unter der Annahme, dass die Monopole nichtrelativistisch sind – ihre Energiedichte zu

$$\varrho_{\mathrm{mon}} = n_{\mathrm{mon}} m_{\mathrm{mon}} \approx \frac{M_X}{\alpha_{\mathrm{U}}} \frac{1}{(2t_c)^3} \approx 2 \cdot 10^{57}\,\mathrm{GeV}^4 \tag{12.3.5}$$

ableiten. Diese Monopolenergiedichte kann man mit der Energiedichte der Photonen zur selben Zeit vergleichen. Sie ist

$$\varrho_\gamma = \frac{\pi^2}{15} T_{\mathrm{GUT}}^4 \approx 2 \cdot 10^{63}\,\mathrm{GeV}^4. \tag{12.3.6}$$

Ursprünglich dominierte die Photonenenergiedichte also über diejenige der Monopole um einen Faktor $\varrho_\gamma / \varrho_{\mathrm{mon}} \approx 10^6$. Da aber die Photonen relativistisch sind, hat man $\varrho_\gamma \sim 1/R^4$, wohingegen für die nichtrelativistischen Monopole $\varrho_{\mathrm{mon}} \sim 1/R^3$ gilt. Die beiden Energiedichten werden gleich, wenn R um den Faktor 10^6 größer geworden ist. Wegen $R \sim 1/T$ heißt das, dass die Temperatur um den Faktor 10^6 gefallen ist. Da die Zeit aber mit der Temperatur wie $t \sim T^{-2}$ variiert, ist die Gleichheit von ϱ_γ und ϱ_{mon} erreicht, wenn die Zeit um einen Faktor 10^{12} angewachsen ist. Wenn wir also bei der GUT-Skala um $T_{\mathrm{GUT}} \approx 10^{16}$ GeV anfangen, oder äquivalent bei der Zeit $t_{\mathrm{GUT}} \approx 10^{-39}$ s, würde man die Gleichheit der Dichten $\varrho_\gamma = \varrho_{\mathrm{mon}}$ bei einer Temperatur von $T_{\gamma\mathrm{mon}} \approx 10^{10}$ GeV oder einer Zeit von $t_{\gamma\mathrm{mon}} \approx 10^{-27}$ s erwarten.

Das ist klarerweise nicht das, was wir beobachten. Man hat nach magnetischen Monopolen gesucht. Nur in einem – allerdings kontroversen – Experiment von Cabrera im Jahr 1982 wurde von einem einzigen magnetischen Monopol berichtet [128]. Da magnetische

Monopole stabil sein sollten, hätte man ihn am besten aufheben sollten, damit seine Existenz unabhängig hätte bestätigt werden können. Es wurden aber in der Folge in empfindlicheren Experimenten keine weiteren Monopole gefunden.

Allerdings würden von magnetischen Monopolen noch viel schwerer wiegende Probleme aufgeworfen. Wenn magnetische Monopole existierten, wäre ihr Beitrag zur Energiedichte so groß, dass das Universum schon längst rekollabiert wäre. Wenn man die gegenwärtig beobachtete Expansionsrate und Photonendichte zugrunde legt, dann wäre der Rekollaps (‚Big Crunch‘) durch den vorhergesagten Beitrag der Monopole eine Sache von ein paar Tagen.

Die Monopole versagen also nicht nur bei der Vorhersage der Anfangsbedingungen des Universums, wir haben auch einen klaren Widerspruch zwischen Vorhersage und dem, was man beobachtet. Man könnte natürlich sagen, dass die Theorien der großen Vereinigung nicht stimmen, und es gibt ja auch (noch) keine Evidenz für die Richtigkeit dieser Theorien. Man könnte auch GUTs konstruieren, die keine Monopole hervorbringen, aber solche Versuche gelten aus anderen Gründen als nicht favorisiert. Historisch gesehen war das Monopolproblem für Alan Guth eine der Hauptmotivationen, das inflationäre Modell als beschleunigende Phase im frühen Universum vorzuschlagen. Tatsächlich löst die *Inflation* einige der großen kosmologischen Rätsel. In den nächsten Abschnitten werden wir versuchen, genauer zu erklären, was das inflationäre Modell eigentlich ist und wie die Inflation zustande kam, um dann zu zeigen, wie sie das Monopolproblem, aber auch das Horizont- und Flachheitsproblem löst.

12.4   Wie die Inflation funktioniert

Kein Punkt ist zentraler als die Tatsache, dass leerer Raum nicht leer ist. Er ist der Sitz stürmigster Physik.

John Archibald Wheeler

Inflation ist eine Periode beschleunigter Ausdehnung im frühen Universum, d. h. $\ddot{R} > 0$. In diesem Abschnitt wollen wir versuchen zu erklären, wie eine solche Expansionsphase zustande kommen kann. Wir gehen von der Friedmann-Gleichung aus:

$$\frac{\dot{R}^2}{R^2} + \frac{k}{R^2} = \frac{8\pi G}{3} \varrho. \tag{12.4.1}$$

ϱ soll alle Formen der Energie einschließlich der Vakuumenergie ϱ_v enthalten. Vakuumenergie tritt auf, wenn man eine kosmologische Konstante Λ einführt. Dadurch erhält man einen konstanten Beitrag zum Vakuum, den man als Vakuumenergiedichte interpretieren kann, und zwar

$$\varrho_v = \frac{\Lambda}{8\pi G}. \tag{12.4.2}$$

Man kann sich nun fragen, was passiert, wenn die Vakuumenergie oder, im Allgemeinen, irgendein konstanter Term die gesamte Energiedichte dominiert. Nehmen wir diesen Fall einmal an, also $\varrho \approx \varrho_v$, und dass wir auch darüber hinaus den Krümmungsterm k/R^2 Term vernachlässigen können. Das ist im frühen Universum sicher eine vernünftige Annahme. Dann lautet die Friedmann-Gleichung

$$\frac{\dot{R}^2}{R^2} = \frac{8\pi G}{3}\varrho_v. \tag{12.4.3}$$

Wir erhalten also eine konstante Expansionsrate H,

$$H = \frac{\dot{R}}{R} = \sqrt{\frac{8\pi G}{3}\varrho_v}. \tag{12.4.4}$$

Die Lösung von (12.4.4) für $t > t_i$ ist

$$R(t) = R(t_i)\, e^{H(t-t_i)} = R(t_i) \exp\left[\sqrt{\frac{8\pi G}{3}\varrho_v}\,(t-t_i)\right]$$

$$= R(t_i) \exp\left[\sqrt{\frac{\Lambda}{3}}\,(t-t_i)\right]. \tag{12.4.5}$$

Das bedeutet, dass der Skalenfaktor exponentiell mit der Zeit anwächst (s. auch Abb. 12.1). Allgemeiner gesprochen, kann man das exponentielle Anwachsen des Universums auch ausgehend von der Beschleunigungsgleichung aus Abschn. 8.5 ersehen:

Abb. 12.1 Eine Banknote in der Hyperinflationsperiode in Deutschland von 1914 bis 1923 über 100 Billionen Mark: 10^{14} Mark

$$\frac{\ddot{R}}{R} = -\frac{4\pi G}{3}(\varrho + 3P).\tag{12.4.6}$$

Diese Gleichung zeigt, dass man ein beschleunigt expandierendes Universum erhält, d. h. $\ddot{R} > 0$, solange die Energiedichte und der Druck die Bedingung

$$\varrho + 3P < 0.\tag{12.4.7}$$

erfüllen. Wenn wir die Zustandsgleichung durch $P = w\varrho$ ausdrücken, erhalten wir eine beschleunigte Expansion für $w < -1/3$. Der Druck hängt aber mit der Ableitung der gesamten Energie U eines Systems nach dem Volumen V bei konstanter Entropie S zusammen. Wenn man $U/V = \varrho_v$ als konstant annimmt, erhält man für den Druck

$$P = -\left(\frac{\partial U}{\partial V}\right)_S = -\frac{U}{V} = -\varrho_v.\tag{12.4.8}$$

Die Vakuumenergiedichte führt also auf einen negativen Druck und auf einen Parameter der Zustandsgleichung von $w = -1$. Nun drängt sich eine Reihe von Fragen auf: „Was könnte eine solche Vakuumenergiedichte verursachen?", „Wie und warum kam die Inflation zu einem Halt", „Wie löst all dies die oben genannten Rätsel?" und „Was sind die beobachtbaren Konsequenzen der Inflation?".

12.5 Mechanismen für die Inflation

Wenn man die Gesetze, die wir zurzeit kennen, verwendet, kann man kein Universum machen, wie wir es kennen.

George Smoot

Um einen Skalenfaktor für ein beschleunigt expandierendes Universum vorherzusagen, braucht man eine Zustandsgleichung, die den Druck P und die Energiedichte ϱ durch $P = w\varrho$ mit $w < -1/3$ verbindet. Die Vakuumenergie mit $w = -1$ erfüllt diese Bedingung, aber wieso soll man glauben, dass so etwas existiert? Die Idee einer Vakuumenergie tritt in Quantenfeldtheorien ganz natürlich auf. Eine gute Analogie für ein Quantenfeld ist ein Gitter, das den gesamten Raum einnimmt. Das System der Atome verhält sich wie eine Menge von gekoppelten quantenmechanischen Oszillatoren. Eine bestimmte Schwingungsmode kann etwa eine ebene Welle bestimmter Frequenz und Wellenlänge beschreiben, die sich in irgendeiner Richtung im Gitter fortpflanzt. Ein solcher Schwingungsmodus trägt eine gegebene Energie und einen Impuls, und in einer Quantenfeldtheorie entspricht das einem Teilchen. Auf diese Art werden z. B. *Phononen* in einem Kristall beschrieben. Phononen sind quantisierte Gitterschwingungen, die Energie und Impuls haben. Die Gesamtenergie eines Gitters umfasst die Energien aller Atome. Ein quantenmechanischer Oszillator hat aber schon eine Energie von $\hbar\omega/2$ selbst in seinem

niedrigsten Energiezustand. Das ist die sogenannte Nullpunktsenergie. Sie entspricht der Vakuumenergie in einer Quantenfeldtheorie. In einer Quantenfeldtheorie für Elementarteilchen muss man die Analogie mit Atomen in einem Gitter aber aufgeben und den inneratomaren Abstand gegen null gehen lassen. Im Standardmodell der Teilchenphysik gibt es etwa ein Elektronfeld, ein Photonfeld etc., und alle Elektronen im Universum stellen einfach eine enorm komplizierte Anregung dar.

Im Jahr 1981 hat Alan Guth [129] vorgeschlagen, ein skalares Higgs-Feld $\phi(x, t)$ wie in einer Großen Vereinigten Theorie anzunehmen, das für die Inflation verantwortlich sein könnte. Im Gegensatz zu der üblichen Form des Higgs-Felds im Standardmodell der

Abb. 12.2 Schematische
Darstellung des Potentials
$V(\phi)$, das vorgeschlagen
wurde, um eine Inflation zu
bewirken

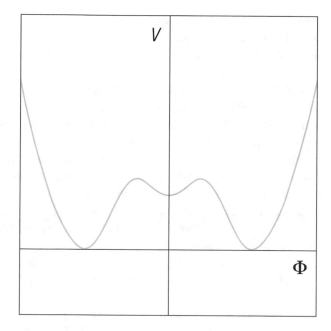

Teilchenphysik, das für die Erzeugung der Massen der bekannten Teilchen benötigt wird,
hat das Potential dieses Felds eine Einsattelung bei $\phi = 0$, wie in Abb. 12.2 gezeigt.

Als Folge des lokalen Minimums bei $\phi = 0$ sollte es eine stabile Konfiguration des
Felds an dieser Stelle geben. Hier ist die Energiedichte des Felds durch das Potential bei
$\phi = 0$ gegeben. Nehmen wir an, dass das Feld diesen Zustand zur Zeit t_i annimmt. Der
Skalenfaktor beschreibt dann ein exponentielles Wachstum gemäß

$$R(t) = R(t_i) \exp\left(\sqrt{\frac{8\pi G\varrho}{3}}\,(t - t_i)\right) \qquad (12.5.1)$$

mit $\varrho = V(0)$.

Wenn das Feld diesen Zustand einnimmt, würde in einer klassischen Feldtheorie dieser
Zustand stabil sein. In einer quantenmechanischen Theorie hingegen kann der Zustand
von diesem ‚falschen Vakuum‘ jedoch in das wahre Vakuum mit $V = 0$ tunneln. Wenn das
eintritt, wird die Vakuumenergie nicht länger dominieren, und die Expansion wird durch
andere Komponenten, die zu ϱ beitragen, wie z. B. Strahlung, bestimmt werden.

In der Kosmologie wird die Expansion durch eine Zustandsänderung oder Wechselwirkung eines skalaren Felds, dem sogenannten *Inflatonfeld*, mit negativem Druck beschrieben. In Quantenfeldtheorien, wie im Standardmodell der Elementarteilchen, treten ebenso
verschiedene Felder in Wechselwirkung, d. h., die Energie eines Felds kann etwa in Anregungen in ein anderes übertragen werden. So werden eben Wechselwirkungen oder Reaktionen dargestellt, in denen Teilchen erzeugt und vernichtet werden. Wenn also konkret
in diesem Zusammenhang das Inflatonfeld vom falschen in das wahre Vakuum übergeht,

kann man erwarten, dass seine Energie in andere normale Teilchen wie Photonen, Elektronen etc. transformiert wird. Das Ende der Inflationsphase kann so einfach in die Phase des heißen expandierenden Universums des bekannten Urknallmodells übergehen.

Es mag bis hierher so erscheinen, dass das Modell des inflationären Universums keine Vorhersagen gemacht hat, die man überprüfen könnte. Es ist richtig, dass bisher keine direkte Bestätigung erfolgte. Wir werden allerdings später noch in diesem Kapitel zeigen, wie die Inflation Erklärungen für die Anfangsbedingungen des Urknalls beschreiben kann, die man sonst einfach per Hand in die Theorie eingeben müsste.

Kurz nachdem das Inflatonpotential vorgeschlagen wurde, hat man aber, ebenso wie A. Guth, bemerkt, dass es Schwachpunkte gibt. Quantenmechanisches Tunneln ist natürlich ein Zufallsprozess, also sollte die Inflationsperiode an verschiedenen Stellen zu leicht unterschiedlichen Zeiten enden. Das bedeutet, dass in einigen Bereichen die Inflation länger dauert als in anderen. Und weil in diesen Regionen die Inflation andauert, trägt sie signifikant zum gesamten Volumen und zur Energiedichte des Universums bei. Tatsächlich würde die Inflation wegen des stochastischen Charakters des quantenmechanischen Tunnelns niemals aufhören. Das nennt man das ,Problem des würdevollen Abgangs' (,Graceful Exit Problem').

Linde [130] und Albrecht und Steinhardt [131] haben aber eine Lösung aufgezeigt: Eine geeignete Modifikation des Potentials $V(\phi)$ könnte ein würdevolles Ende der Inflation bewirken. Das Potential, das man dafür benötigt, ist in Abb. 12.3 gezeigt.

Das Feld, das das Potential beschreibt, nennt man das *Inflatonfeld*. Das Potential ist nicht aus teilchenphysikalischen Überlegungen wie beim Higgs-Mechanismus abgeleitet. Die einzige Motivation war, ein Feld mit einem dazugehörigen Potential zu finden, das eine Inflation möglich macht. Das lokale Minimum V bei $\phi = 0$ wird durch ein nahezu flaches Plateau ersetzt. Das Feld kann ein metastabiles Niveau nahe $\phi \approx 0$ besetzen und dann effektiv zum wahren Vakuum ,hinunterrollen'. Man kann zeigen, dass in diesem Szenario, das man *neue Inflation* nennt, die exponentielle Expansion überall würdevoll endet.

Genau wie in Guths ursprünglicher Theorie endet die neue Inflation jedoch nicht überall gleichzeitig. Aber nun kann man diese Eigenschaft sogar zu einem Vorteil umwandeln. Man kann sie verwenden, um die Struktur oder Klumpigkeit des Universums, die man auf

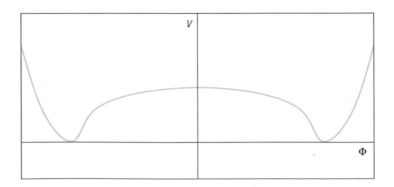

Abb. 12.3 Schematische Darstellung des Potentials $V(\phi)$ für die neue Inflation

Problem des würdevollen Abgangs (,Graceful Exit Problem') oder „Wie komme ich
denn hier wieder aus dieser Phase 'raus?"

Entfernungsskalen von etwa 100 Mpc beobachtet, zu erklären. Wegen der Quantenfluktuationen wird der Wert des Potentials ϕ am Beginn der inflationären Phase nicht überall
exakt gleich sein. Genau wie beim quantenmechanischen Tunneln führen diese Quantenfluktuationen wegen der unterschiedlichen Zeit, zum wahren Vakuum zu tunneln, zu
ortsabhängigen Unterschieden.

Während ein Volumenbereich die inflationäre Phase durchläuft, ist die Energiedichte
$\varrho \approx V(0)$ im Wesentlichen konstant. Wenn die Inflationsphase endet, wird die Energie
auf Teilchen übertragen wie Photonen, Elektronen etc. Ihre Energiedichte fällt dann ab,
während das Universum expandiert, und zwar gemäß $\varrho \sim R^{-4}$ für relativistische Teilchen.
Das Einsetzen dieses Abfalls der Energiedichte ist aber in Regionen, in denen die Inflation
andauert, verzögert. Daher stellt die Variation in der Zeit des Endes der Inflation einen
ganz natürlichen Mechanismus bereit, um räumliche Schwankungen der Energiedichte zu
erklären. Diese Dichteschwankungen werden dann durch Gravitationseffekte verstärkt und
bilden schließlich die Strukturen, wie wir sie heute sehen, also Galaxien, Galaxienhaufen
und Supergalaxienhaufen (Supercluster).

12.6   Lösung des Flachheitsproblems

Ich habe gerade eine Antischwerkraftmaschine erfunden. Man nennt sie einen Stuhl.
Richard P. Feynman

Eine Periode inflationärer Expansion im frühen Universum kann das Flachheitsproblem erklären, d. h. zeigen, warum die Energiedichte so nahe an der kritischen Dichte ist. Nehmen
wir an, dass die inflationäre Phase zur Zeit t_i beginnt und bis zur Zeit t_f andauert. Weiterhin
nehmen wir an, dass in dieser Periode die Energiedichte von der Vakuumenergie ϱ_v, die
aus einem Inflatonfeld resultiert, dominiert wird. Die Expansionsrate H während dieser
Phase ist durch

$$H = \sqrt{\frac{8\pi G}{3}\varrho_v} \qquad (12.6.1)$$

gegeben. Von t_i bis t_f wächst der Skalenfaktor gemäß

$$\frac{R(t_f)}{R(t_i)} = e^{H(t_f - t_i)} \equiv e^N \qquad (12.6.2)$$

an. Dabei ist $N = H(t_f - t_i)$ die Anzahl der Exponentialfunktionsvervielfachungen während
der Expansionsphase bedingt durch die Inflation.

Erinnern wir uns, dass die Friedmann-Gleichung (12.2.3) durch

$$\Omega - 1 = \frac{k}{\dot{R}^2}. \qquad (12.6.3)$$

„Ein zweidimensionales Universum ist vielleicht noch nicht der Weisheit letzter Schluss!"

Vereinfachtes Universum

beschrieben werden konnte. Während der Inflation galt $R \sim e^{Ht}$, wobei $H = \dot{R}/R$ konstant ist. Deshalb folgt

$$\Omega - 1 \sim e^{-2Ht} \tag{12.6.4}$$

für die Inflationsphase. Damit sehen wir, dass die Idee der Inflation dafür sorgt, dass Ω exponentiell *gegen* eins geht.

Wenn man annimmt, dass das Inflatonfeld mit der Physik der Großen Vereinigung (GUT-Theorie) zusammenhängt, dann sollte man erwarten, dass die Inflationsphase bei frühen Zeiten von etwa 10^{-38} bis 10^{-36} s stattfand.

Wir nehmen an, dass beim Start der Inflationsperiode zur Zeit t_i die Vakuumenergie zu dominieren begann, d. h., während der Inflation galt $H \approx 1/t_i$. Deshalb ist die Anzahl N der Exponentialfunktionsvervielfachungen durch die Länge der Inflationsphase gegeben:

$$N = H(t_f - t_i) \approx \frac{t_f - t_i}{t_i}. \tag{12.6.5}$$

Für den angenommenen Anfang der Inflationsperiode ($t_i = 10^{-38}$ s) und das Ende bei $t_f = 10^{-36}$ s erhalten wir $N \approx 100$, d. h., $\Omega - 1$ geht exponentiell gegen null, im Einklang mit dem, was wir heute finden.

12.7   Lösung des Horizontproblems

Es gab kein 'Vorher' vor dem Beginn des Universums, weil es davor gar keine Zeit gab.

John D. Barrow

Eine frühe Periode der Inflation kann auch das Horizontproblem erklären, das besagt, dass der gesamte Himmel eine einheitliche Temperatur hat. Wir nehmen wieder an, dass die Inflation zur Zeit $t_i = 10^{-38}$ s begann und bei $t_f = 10^{-36}$ s endete. Weiterhin erhielten wir während der Inflationsphase eine Expansionsrate von $H = 1/t_i$. Nehmen wir eine Strahlungsdominanz im frühen Universum bis t_i an, dann war der Teilchenhorizontabstand d_H zu diesem Zeitpunkt

$$d_H = 2ct_i \approx 2 \cdot 3 \cdot 10^8 \, \text{m/s} \cdot 10^{-38} \, \text{s} = 6 \cdot 10^{-30} \, \text{m}. \tag{12.7.1}$$

Dieses ist der größte Bereich, für den man die gleiche Temperatur erwarten würde, da weiter entfernte Regionen nicht im kausalen Kontakt standen. Während der Inflationsphase hat sich aber ein Bereich der Größe d proportional zum Skalenfaktor R um den riesigen Faktor e^N mit $N \approx 100$ ausgedehnt, s. Gl. (12.6.5). Nach der Inflationsphase wird der Skalenfaktor wie $R \sim t^{1/2}$ bis zur Zeit der Materie-Strahlung-Gleichheit (50 000 a) anwachsen, um sich dann gemäß $t^{2/3}$ von dann an bis zum heutigen Tag auszudehnen, wenn man für diesen letzteren Zeitraum Materiedominanz annimmt. Deshalb ist die Größe der gegenwärtigen Region, die vor der Inflation im kausalen Kontakt war, gegeben durch

$$d(t_0) = d(t_i)\, e^N \left(\frac{t_{\mathrm{mr}}}{t_{\mathrm{f}}}\right)^{1/2} \left(\frac{t_0}{t_{\mathrm{mr}}}\right)^{2/3} \approx 10^{38}\,\mathrm{m}. \qquad (12.7.2)$$

Diese Größe muss man mit dem heutigen Hubble-Abstand von $c/H_0 \approx 10^{26}$ m verglei-chen. Daraus sieht man, dass das gegenwärtig sichtbare Universum sehr leicht in die viel größere Region hineinpasst, von der man erwartet, dass sie die gleiche Temperatur hatte. Mit dem Inflationsmodell ist es nun nicht mehr wahr, dass diametral entgegengesetzte Richtungen am Himmel niemals in kausalem Kontakt waren. Damit haben wir das hohe Maß an Isotropie der kosmischen Hintergrundstrahlung verstanden.

12.8   Lösung des Monopolproblems

Wenn man sie nicht findet, soll man sie verdünnen.

Anonym

Monopolhandel

Die Lösung des Monopolproblems ist auch relativ einfach. Man muss nur dafür sorgen, dass die Monopole entweder während oder vor der Inflationsphase erzeugt wurden. Das erwartet man insbesondere in Modellen, in denen die Inflation mit dem Higgs-Feld der Großen Vereinigten Theorien der Teilchenphysik zusammenhängt. Es löst das Problem aber auch, wenn die Inflation auf die GUT-Phase folgt. Die Monopoldichte wird dann durch die inflationäre Expansion derartig verdünnt, dass man nicht erwarten würde, heute noch einen Monopol zu sehen. Um das auch zahlenmäßig zu überprüfen, nehmen wir an, dass die Monopole zu der kritischen Zeit $t_c = 10^{-39}$ s gebildet wurden. Für den Start und das Ende der Inflationsperiode nehmen wir wieder $t_i = 10^{-38}$ s und $t_f = 10^{-36}$ s an. Während der Expansionsphase gilt $H = 1/t_i$, was für den Exponenten in der Exponentialfunktion von $N \approx 100$ zu einem Anwachsen des Skalenfaktors von e^N führt. Das Volumen, das eine gegebene Zahl von Monopolen enthält, wächst wie R^3, sodass die Monopoldichte während der Inflationsphase um den gewaltigen Faktor $e^{3N} \approx 10^{130}$ reduziert wird. Wenn man die gesamte Zeitentwicklung für die Monopole zusammenfasst, muss man während der Strahlungsdominanz für den Skalenfaktor $R \sim t^{1/2}$ verwenden, für die Zeit von t_c bis t_i dann während der Inflation $R \sim e^{Ht}$, gefolgt wiederum von einer Phase der Strahlungsdominanz bis zum Zeitpunkt des Materie-Strahlung-Gleichgewichts bis $t_{mr} = 50\,000$ a, gefolgt schließlich von der Materiedominanz mit $R \sim t^{2/3}$ bis heute, $t_0 = 14 \cdot 10^9$ a. Wenn man die numerischen Faktoren von c einsetzt, sollte man heute eine Monopolanzahldichte von

$$n_m(t_0) \approx \frac{1}{(2ct_c)^3} \left(\frac{t_i}{t_c}\right)^{-3/2} e^{-3(t_f - t_i)/t_i} \left(\frac{t_{mr}}{t_f}\right)^{-3/2} \left(\frac{t_0}{t_{mr}}\right)^{-2}, \tag{12.8.1}$$

d. h.

$$n_m(t_0) \approx 10^{-114}\,\text{m}^{-3} \approx 3 \cdot 10^{-38}\,\text{Gpc}^{-3} \tag{12.8.2}$$

finden. Damit ist die erwartete Anzahl von Monopolen durch die Verdünnung in der Inflationsphase stark unterdrückt, und man würde nicht einmal damit rechnen, einen einzigen Monopol im beobachtbaren Universum zu finden.

12.9 Inflation und Strukturbildung

Das Universum wurde nicht gemacht, nein, es wird kontinuierlich gemacht. Es wächst, vielleicht sogar bis ins Unendliche.

Henri Bergson

Der Haupterfolg des inflationären Modells ist, dass es eine dynamische Erklärung für spezielle Anfangsbedingungen liefert, die man sonst per Hand in ein kosmologisches Modell eingeben müsste. Zusätzlich liefert die Inflation eine natürliche Erklärung für die primordialen Dichteschwankungen, die zu Strukturen wie Galaxien und Galaxien-Clustern angewachsen sind, wie wir sie heute beobachten. Man kann aber auch noch fragen, ob die vorhergesagten Strukturen mit den Beobachtungen im Detail übereinstimmen.

Den Grad der Strukturbildung im Universum kann man gewöhnlich durch die relative Differenz der Dichte an einer gegebenen Stelle $\varrho(x)$ zur mittleren Dichte $\langle \varrho \rangle$ darstellen,

$$\delta(x) = \frac{\varrho(x) - \langle \varrho \rangle}{\langle \varrho \rangle}. \tag{12.9.1}$$

$\delta(x)$ heißt der *Dichtekontrast*. Wir betrachten einen Würfel der Kantenlänge L, d. h. mit einem Volumen $V = L^3$, und entwickeln den Dichtekontrast innerhalb von V in eine Fourier-Reihe. Wenn wir periodische Randbedingungen annehmen, erhalten wir

$$\delta(x) = \sum \delta(k)\, e^{i\,k\cdot x}, \tag{12.9.2}$$

wobei die Summe sich über alle Werte von $k = (k_x, k_y, k_z)$, die in das Volumnen V passen, erstreckt, z. B. $k_x = 2\pi n_x/L$, mit $n_x = 0, \pm 1, \pm 2, \ldots$, und entsprechend für k_y and k_z. Das ist ein übliches Verfahren der Quantisierung wie etwa in der Festkörperphysik. Eine Mittelung über alle Richtungen liefert die mittlere Größe der Fourier-Koeffizienten als Funktion von $k = |k|$. Der Begriff des *Leistungsspektrums* ist nun definiert durch

$$P(k) = \langle |\delta(k)|^2 \rangle. \tag{12.9.3}$$

$P(k)$ wird als Grad der Strukturbildung bei einer Wellenlänge $\lambda = 2\pi/k$ interpretiert. Verschiedene Beobachtungen können Informationen über das Leistungsspektrum bei großen Abstandsskalen beitragen. Dabei entsprechen große k kleinen und kleine k großen Abständen. Über Strukturen von der Größenordnung um 100 Mpc kann die Vermessung von Galaxien, wie etwa durch den Sloan Digital Sky Survey (SDSS) [132], Auskunft geben. Er würde direkt die Galaxiendichte messen. Bei größeren Abständen, d. h. kleineren Werten von k, liefern die Temperaturschwankungen der kosmischen Hintergrundstrahlung die genauesten Informationen. Eine Zusammenstellung einiger Messungen von $P(k)$ bei großen und kleinen Strukturen zeigt Abb. 12.4 [133]. Die dargestellten Ergebnisse stammen aus Messungen der kosmischen Hintergrundstrahlung, dem Sloan Digital Sky Survey (SDSS), der beobachteten Häufigkeit von Galaxienhaufen, der Strukturbeobachtung mit der Methode der Mikrogravitation und dem Lyman-Alpha-Wald.[4]

In den meisten Theorien der Strukturbildung findet man ein Potenzgesetz für große Abstände (kleine k) der Form

$$P(k) \sim k^n. \tag{12.9.4}$$

Den Teil des Spektrums mit dem *skalaren spektralen Index* $n = 1$ nennt man das skaleninvariante Harrison-Zel'dovich-Spektrum.

Viele inflationäre Modelle sagen einen Index von $n \approx 1$ innerhalb von 10 % vorher. Der exakte Wert von n für ein spezifisches Modell hängt von der Form des Potentials $V(\phi)$ ab.

Die Kurve in Abb. 12.4 basiert auf einem Modell, das für verschiedene Abstände gilt und gut zu den Daten passt. Für große Abstände liefern die meisten Modelle einen

---

[4]Der Lyman-Alpha-Wald beschreibt Absorptionslinien im Spektrum von entfernten Quasaren. Diese Absorptionslinien bei verschiedenen Rotverschiebungen stammen nicht von den Quasaren selbst, sondern von Wasserstoffwolken, die sich zwischen den Quasaren und der Erde befinden. Die Wolkenverteilung bei verschiedenen Rotverschiebungen erlaubt Rückschlüsse auf die Strukturen im Universum.

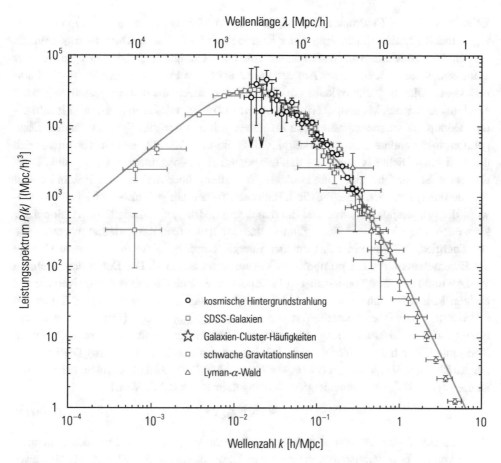

Abb. 12.4 Messung des Leistungsspektrums $P(k)$ bei kleinen und großen Strukturen durch verschiedene Beobachtungen. Der Teil des Leistungsspektrums bei großen Strukturen wird durch das skaleninvariante Harrison-Zel'dovich-Spektrum mit $n = 1$ beschrieben. Für den Fit wurde der Parameter h zu 0,72 angenommen [133]

spektralen Index von $n = 1$ mit einer Messgenauigkeit von etwa 10 %. Das Verhalten des Leistungsspektrums bei kleineren Strukturen hängt von Details des Materiegehalts im Universum ab und ist nicht so leicht zu erklären.

Da es sehr viele verschiedene Modelle der Inflation gibt, kann eine genaue Vermessung des Leistungsspektrums vermutlich zwischen den einzelnen Ansätzen der Inflation unterscheiden.

12.10 Ausblick zur Inflation

Das Argument klingt vernünftig, aber wenn eine Theorie mit Fakten kollidiert, ist das Ergebnis meist eine Tragödie.

Louis Nizer

Es sollte nicht der Eindruck entstehen, dass die vorgestellte Idee der Inflation das einzige Modell ist, die offenen Fragen der Kosmogenie im frühen Universum zu klären. Es gibt eine ganze Klasse von Modellen, die eine beschleunigte Expansion des Universums enthalten. Viele Aspekte dieser Ansätze lassen aber eine Freiheit in der Wahl von Parametern zu. Allerdings gibt es keine ernsthaften Alternativen, die dem vorgestellten Modell Konkurrenz machen können, denn es hat mit den Lösungen des Horizont-, des Flachheits- und Monopolproblems unbestreitbare Erfolge erzielt und wichtige Tests bestanden. Dazu gehören insbesondere auch die Erklärung, dass die Energiedichte des Universums gleich der kritischen Dichte ist und dass die Temperatur des beobachtbaren Universums überall gleich ist. Es fehlt aber eine konkrete Vorstellung über die Art und Beschaffenheit der (dunklen) Energiedichte, die die Inflation im frühen Universum angetrieben hat. Obwohl die primordiale Inflation und die damit verbundene exponentielle Expansionphase kurz nach dem Urknall zu Ende ging, stellen wir heute fest, dass wiederum etwa 70 % der Energiedichte von einer Art dunkler Energie herrührt. Diese neue Dunkle Energie hat Eigenschaften, die der primordialen Vakuumenergie ähnelt. Die Daten der Satelliten WMAP und Planck, gewonnen an Typ-Ia-Supernovae, deuten an, dass das Universum seit einigen Milliarden Jahren schon wieder eine Phase der quasiexponentiellen Expansion durchläuft, entsprechend einem Wert von $\Omega_{\Lambda,0} = \varrho_{v,0}/\varrho_{c,0} \approx 0{,}7$. (Der Index Λ nimmt Bezug auf den Zusammenhang zwischen der Vakuumenergie und der kosmologischen Konstanten. Der Index 0 bezieht sich, wie immer, auf den heutigen Wert.) Die kritische Dichte ist $\varrho_{c,0} = 3H_0^2/8\pi G$, wobei $H_0 \approx 67\,\mathrm{km\,s^{-1}\,Mpc^{-1}}$ die Hubble-Konstante ist. Damit ist die gegenwärtige Vakuumenergiedichte ungefähr ($\hbar c \approx 0{,}2\,\mathrm{GeV\,fm}$)

$$\varrho_{v,0} \approx 10^{-46}\,\mathrm{GeV}^4. \tag{12.10.1}$$

Bei der primordialen Expansion im frühen Universum hing die Größe der Vakuumenergiedichte von der Expansionsrate während der Inflationsphase ab, vgl. Gl. (12.4.4); und zwar entspricht eine kleinere Expansionsrate auch einer kleineren Energiedichte ϱ_v. Die Expansionsrate wird wiederum von dem Startzeitpunkt der Inflation gemäß $H \approx 1/t_i$ bestimmt. Wenn man annimmt, dass die Inflation bei der GUT-Skala, also bei $t_i \approx 10^{-38}$ s begann, dann benötigt man eine Vakuumenergiedichte von Gl. (9.4.15),

$$\varrho_v = \frac{3m_{\mathrm{Pl}}^2}{32\pi t_i^2} \approx 10^{64}\,\mathrm{GeV}^4. \tag{12.10.2}$$

Man würde denken, dass die gegenwärtige Vakuumenergie und diejenige im frühen Universum eine gemeinsame Erklärung haben sollten. Wenn man aber die riesigen Unterschiede in der Größenordnung sieht, fällt es schwer, einen Zusammenhang zu erkennen. Natürlich kann man nur *vermuten*, dass die Inflation so früh eingesetzt hat. Es wäre denkbar, dass die Inflation viel später anfing. Allerdings wären Zeiten $t \geq 1$ s kaum möglich, weil man sonst die schönen Erfolge der primordialen Nukleosynthese in Gefahr brächte. Wenn man ganz konservativ als spätesten Zeitpunkt $t_i = 1$ s annimmt, erhält man immer noch $\varrho_v \approx 10^{-12}\,\mathrm{GeV}^4$, das sind immer noch 34 Größenordnungen mehr, als man heute beobachtet.

Ein entscheidender Test der Inflation wäre der Nachweis der von ihr vorhergesagten Existenz von Gravitationswellen als Folge des Urknalls, die sozusagen eine fossile Evidenz für den Urknall darstellen würden. Die Energiedichte der Gravitationswellen sollte

$$\varrho_{\text{Grav.-Wellen}} = \frac{h^2\omega^2}{32\pi G} \tag{12.10.3}$$

betragen, woraus folgt

$$\Omega_{\text{Grav.-Wellen}} = \frac{\varrho_{\text{Grav.-Wellen}}}{\varrho_{\text{c}}} = \frac{h^2\omega^2}{12H^2}. \tag{12.10.4}$$

Mit dieser Energiedichte sollte man Verzerrungen von Gravitationswellenantennen von $h = 10^{-27}$ für kHz-Gravitationswellen erhalten. Das entspräche etwa einer Stauchung oder Verlängerung einer Antenne entsprechend der Größe des Erdbahnradius (150 Millionen km) um 1/10 eines Atomkerndurchmessers. Das ist zwar mit den gegenwärtigen Gravitationswellenantennen noch lange nicht erreichbar, aber der Nachweis der primordialen Gravitationswellenhintergrundstrahlung wäre so spektakulär wie die Entdeckung der kosmischen 2,7 K-Hintergrundstrahlung. Es werden also Ideen für neue Techniken gesucht, mit denen man eine solche Empfindlichkeit von Gravitationswellendetektoren erreichen kann. Schließlich hat man 1965, als Penzias und Wilson die 2,7 K-Strahlung im Bereich von cm-Wellen entdeckten, auch nicht erwartet, dass man mit heutigen Detektoren Temperaturschwankungen von 10^{-5} nachweisen kann, was aber die Satelliten COBE, WMAP und Planck erreichten.

Es war allerdings eine Sensation, als man im September 2015 Gravitationswellen vom Verschmelzen eines Binärsystems aus zwei Schwarzen Löchern koinzident in zwei Gravitationswellendetektoren (Abstand ca. 3000 km) in den USA beobachtet hat [56]. Nach den Informationen des LIGO-Interferometers betrug die Amplitude der Gravitationswelle 10^{-21}. Das Signal kam aus einem Abstand von etwa 400 Mpc und rührte von der Einwärts-Spiralbewegung zweier Schwarzer Löcher her (Massen um 36 $M_{\odot}$ und 29 $M_{\odot}$), die zu einem Schwarzen Loch von etwa 62 $M_{\odot}$ verschmolzen. Die LIGO-Ereignisse sehen lehrbuchmäßig überzeugend aus. Als im Jahr 2015 und Anfang 2017 noch weitere Gravitationswellenereignisse mit LIGO gefunden wurden [134] und die vierte Messung gleichzeitig auch mit dem europäischen Detektor Virgo bei Pisa (Italien) gelang, ist es nicht verwunderlich, dass das Nobelpreiskomitee in Stockholm relativ schnell reagiert hat und den Nobelpreis für Physik drei US-amerikanischen LIGO-Forschern zuerkannt hat. Allerdings ist es bis zu einem Nachweis von Gravitationswellen aus dem Urknall noch ein weiter Weg!

Zusammenfassung

Das klassische Urknallmodell wirft einige Fragen auf. Warum ist der Ω-Parameter so nahe bei eins („Flachheitsproblem‘). Warum hat der gesamte Himmel praktisch eine einheitliche Temperatur (,Horizontproblem'), wieso gibt es keine magnetischen Monopole? Alle diese Probleme können gelöst werden, wenn man annimmt, dass sich der Raum im frühen Universum gleich nach dem Urknall mit Überlichtgeschwindigkeit exponentiell ausgedehnt hat. Auf diese Weise wurde das Universum flach, und auch Bereiche, die nicht kausal verknüpft sind, erhielten dieselbe Temperatur. Allerdings muss man bemerken, dass es nicht ein eindeutiges Inflationsmodell gibt. Es gibt viele Varianten, die sich in Einzelheiten unterscheiden. Auch bleibt zunächst die Frage offen, wieso und wodurch im Detail die inflationäre Phase beendet wurde (,Problem des würdevollen Ausstiegs' – ,Graceful Exit Problem', (genaue) Form des Inflationspotentials?), und wieso seit einigen Milliarden Jahren das Universum wieder stärker expandiert. Trotzdem ist allgemein akzeptiert, dass eine frühe inflationäre Phase erforderlich ist, um unser gegenwärtiges Universum zu verstehen.

Dunkle Energie und Dunkle Materie

13

> *Es gibt eine Theorie, die besagt, wenn jemals irgendwer genau*
> *herausfindet, wozu das Universum da ist und warum es da ist, dann*
> *verschwindet es auf der Stelle und wird durch noch etwas*
> *Bizarreres und Unbegreiflicheres ersetzt. Es gibt eine andere*
> *Theorie, nach der das schon passiert ist.*
> *Douglas Adams*

Vor etwa achtzig Jahren glaubte man, das Universum einigermaßen verstanden zu haben. Die Allgemeine Relativitätstheorie und die Entdeckung der Expansion der Welt beschrieb die Dynamik der Sterne, Galaxien und die ganze großräumige Struktur zufriedenstellend. Betrachtungen unter anderem von Fritz Zwicky aus den 30er-Jahren des letzten Jahrhunderts über den Zusammenhalt von Galaxien warfen allerdings erste Fragen auf. Nun wissen wir es: Die Materie, aus der die Sterne und wir Menschen gemacht sind, ist im Universum eher selten. Etwas weniger als 5 % der Gesamtmasse/Energie des Universums bestehen aus ‚normaler‘, d. h. baryonischer Materie. Die Bewegung der Sterne in Galaxien erfordert zusätzliche Dunkle Materie, die die Galaxien zusammenhält. Die Beobachtung einer beschleunigten Expansion des Weltalls lässt sich nur mit einer abstoßenden Kraft, die der Dunklen Energie zugeschrieben wird, erklären. Und schließlich ist nicht klar, warum das Universum materiedominiert ist, und wo die Antimaterie, die beim Urknall in gleicher Menge wie die Materie erzeugt wurde, geblieben ist.

13.1 Großräumige Struktur des Universums

> *Das Universum ist eine Erfindung, die ausgedacht wurde zum ewigen Erstaunen der*
> *Astronomen.*
>
> *Arthur C. Clarke*

© Springer-Verlag GmbH Deutschland 2018
C. Grupen, *Einstieg in die Astroteilchenphysik*,
https://doi.org/10.1007/978-3-662-55271-1_13

Ursprünglich ging man davon aus, dass das Universum vollkommen homogen und isotrop sei. Alle Evidenz spricht aber dagegen. Geradezu auf allen Skalen beobachten wir Inhomogenitäten: Sterne bilden Galaxien, Galaxien formen Galaxienhaufen, es gibt Superhaufen, Filamente von Milchstraßen, große Leerräume und große Mauern, um nur einige zu nennen. Die großräumige Struktur ist bis zu Entfernungen von 100 Mpc untersucht worden. Man hat dabei auch auf großen Skalen eine Klumpigkeit festgestellt, die überraschend war. Dabei muss man davon ausgehen, dass die räumliche Verteilung der Galaxien nicht notwendigerweise mit der Massenverteilung im Universum übereinstimmen muss.

Die Messungen der Satelliten COBE, WMAP und Planck über die Inhomogenitäten der 2,7-Kelvin-Strahlung haben gezeigt, dass das frühe Universum viel homogener war. Die festgestellten geringen Temperaturschwankungen der Schwarzkörperstrahlung haben allerdings als Keimzelle für die Strukturen gewirkt, die wir jetzt im Universum vorfinden.

Man geht davon aus, dass sich die großräumigen Strukturen aus Gravitationsinstabilitäten entwickelt haben, die auf kleine primordiale Fluktuationen in der Energiedichte des frühen Universums zurückgeführt werden. Kleine Schwankungen in der Energiedichte führen über die von ihnen ausgehende Gravitation zu einer Verstärkung der Fluktuationen. Mit der Zeit sammeln diese Gravitationsaggregationen immer mehr Masse auf und führen so zur Strukturbildung. Dabei liegt der Grund für die ursprünglichen mikroskopisch kleinen Inhomogenitäten vermutlich in quantenmechanischen Fluktuationen, die durch die exponentielle Aufblähung und anschließende langsamere Expansion zur gegenwärtigen Größe gedehnt wurden. Eine Folge der Inflationsidee ist, dass das exponentielle Wachstum zu einem glatten und flachen Universum führte, dass also der Dichteparameter Ω nahe 1 sein sollte. Um die Bildung der großräumigen Struktur des Universums und dessen Dynamik im Einzelnen zu verstehen, benötigt man aber hinreichend viel Masse, denn sonst hätten sich die ursprünglichen Fluktuationen nicht in so ausgeprägte Massenansammlungen verwandeln können. Allerdings stützt die sichtbare Materie gerade nicht die von der Inflation geforderte kritische Massendichte von $\Omega = 1$.

Um ein flaches Universum zu erhalten, müsste es eine zweite kopernikanische Revolution geben. Kopernikus hatte erkannt, dass die Erde nicht das Zentrum der Welt sei. Kosmologen vermuten nun, dass die Art der Materie, aus der der Mensch und die Erde aufgebaut sind, nur ein Randdasein spielt im Verhältnis zur dunklen, nichtbaryonischen Materie, die man neben der Dunklen Energie braucht, um die Dynamik des Universums zu verstehen und die kritische Massendichte zu erreichen.

13.2 Dunkle Energie

Ich finde Dunkle Energie abstoßend!

Anonym

Wie schon in den vorigen Kapiteln beschrieben, zeigen viele Messungen kosmologischer Parameter, dass das Universum flach ist, d. h. die kritische Dichte hat. Es besteht aus

Kosmisches Menü

Dunkler Energie, Dunkler Materie und baryonischer ‚normaler' Materie. Dunkle Energie ist eine hypothetische Form der Energie, die eine Eigenschaft des Raumes zu sein scheint. Nach den Ergebnissen des Planck-Satelliten wird das Universum von Dunkler Energie dominiert. Ihr Anteil beträgt 68,3 % an der kritischen Dichte. Der Rest besteht aus Dunkler Materie (26,8 %) und normaler, baryonischer Materie (4,9 %). Die experimentelle Evidenz für Dunkle Energie ist indirekt. Ein Vergleich von Abstandsmessungen weit entfernter Supernovae mit ihrer Rotverschiebung legt nahe, dass das Universum in letzter Zeit beschleunigt expandiert. Um die beobachtete Flachheit des Universums zu verstehen, braucht man zusätzlich zur normalen Materie und Dunklen Materie einen weiteren Typ von Energie, die abstoßenden Charakter haben soll. Die Massenverteilung auf großen, kosmologischen Skalen wird nur durch eine abstoßende Gravitation verständlich. Die kritische Dichte des Universums ist mit etwa 10^{-29} g/cm^3 sehr gering; das entspricht nur einigen Protonen pro Kubikmeter. Nach den gängigen Vorstellungen nimmt die Dunkle Energie allein an der Gravitationswechselwirkung teil. Den Effekt der Dunklen Energie in Labormessungen nachweisen zu können, wird für sehr unwahrscheinlich gehalten. Da die Dunkle Energie eine Eigenschaft des Raumes ist und die großräumige Leere des Universums gleichmäßig anfüllt, kann sie aber auf das Expansionsverhalten einen starken

Einfluss haben. Schon Einstein hat bei der Formulierung der Allgemeinen Relativitätstheorie eine abstoßende Wechselwirkung eingeführt: seine berühmte kosmologische Konstante Λ. Die Allgemeine Relativitätstheorie entstand zu einer Zeit, als man glaubte, dass das Universum statisch und unveränderlich in der Zeit sei. Die Einstein'schen Feldgleichungen beschrieben aber ein dynamisches Universum, das expandierende oder kollabierende Lösungen zuließ. Um einen gravitativen Kollaps abzuwenden, ‚erfand' Einstein eine abstoßende Wechselwirkung, die das Universum stabilisierte. Nach Hubbles Entdeckung der Expansion des Universums schien die kosmologische Konstante keine Berechtigung mehr zu haben, und Einstein selbst bezeichnete die Einführung derselben als seine größte Eselei. Durch die Entdeckung der beschleunigten Expansion in den 1990er-Jahren hat die kosmologische Konstante eine Renaissance erfahren. Die kosmologische Konstante entspricht einem negativen Druck. Das kann schon aus der klassischen Thermodynamik gefolgert werden. Die Expansion des Universums erfordert Energie: Eine Volumenänderung dV ist mit einer Arbeit, also einer Änderung der Energie von $-P\,dV$ verbunden. Dabei ist P der Druck. Eine Expansion bewirkt aber trivialerweise eine Vergrößerung des Volumens (dV ist positiv). Der Energieinhalt des expandierenden Volumens steigt aber, da die Dunkle Energie eine Eigenschaft des Raumes ist; und zwar ist der Energiegewinn $\rho \cdot V$, wenn ρ die Energiedichte der Dunklen Energie ist. Deshalb muss der Druck negativ sein gemäß $P = -\rho$.

Einen negativen Druck und seinen kosmologischen Effekt kann man sich wie folgt veranschaulichen (s. auch Kap. 8 zur Kosmologie): Einstein hat gezeigt, dass alle Formen der Energie äquivalent sind und dass alle gravitativ wirken. Aber nicht nur Materie, sondern auch Kräfte erzeugen Gravitation. Selbst die Kräfte, die sich der Anziehungskraft widersetzen, erzeugen einen bestimmten Effekt an Massenanziehung. Ein Himmelskörper widersetzt sich einem gravitativen Kollaps durch Druckkräfte. Diese Druckkräfte tragen aber auch Energie bei, die wiederum einer Gravitationswirkung äquivalent ist. Damit führt dieser positive Druck zu einem Teufelskreis, und die Druckkräfte besiegen sich selbst. Je stärker sie werden, desto mehr führen sie zu verstärkter Anziehung. Dagegen ist negativer Druck wie eine Spannung, also eine Kraft, die Dinge zusammenzieht. Genauso wie ein positiver Druck zu einer verstärkten Anziehung führt, erzeugt ein negativer Druck eine abstoßende Gravitation. D. h. aber auch, dass bei großer Spannung der Teufelskreis in die entgegengesetzte Richtung verläuft. Ein positiver Druck, der aus dem Ruder läuft, führt zu einem kompakten Objekt, wie einem Neutronenstern oder gar zu einem Schwarzen Loch, während ein negativer Druck zu einer zunehmenden Expansion oder gar einem inflationären Szenario führt.

Welche Erklärungen für die Dunkle Energie bieten sich an? In vielerlei Hinsicht stellt die kosmologische Konstante eine ökonomische Lösung dar. Der aus der Expansion des Universums erhaltene Wert für die kosmologische Konstante ist allerdings mit einer Energiedichte entsprechend einer Dichte von etwa 10^{-29} g/cm^3 extrem klein. In der Elementarteilchenphysik werden Vakuumfluktuationen postuliert, die dem Vakuum eine Energiedichte verleihen. Diese Effekte sind experimentell belegt, z. B. durch den Casimir-Effekt, der die anziehende Wechselwirkung zwischen zwei Platten im Vakuum beschreibt:

Zwischen den Platten gibt es weniger virtuelle Teilchen als außerhalb, was zu einer anziehenden Kraft der Platten führt, weil die überzähligen virtuellen Teilchenpaare außerhalb der Platten diese zusammendrückt. Die daraus abgeleitete quantenelektrodynamische Energiedichte führt allerdings zu einer Vakuumenergie, die um 120 Größenordnungen höher ist als die der kosmologischen Konstanten. Alternativ zur festen kosmologischen Konstanten werden Modelle diskutiert, in denen diese Konstante in Raum und Zeit variieren kann.

Die beobachtete beschleunigte Expansion wird in diesen Quintessenzmodellen durch die potentielle Energie eines dynamischen Felds beschrieben. Es gibt aber keine Bestätigung dieser Quintessenzidee, allerdings auch keine Fakten, die dagegen sprechen. Eine Verletzung des Einstein'schen Äquivalenzprinzips oder eine Variation fundamentaler Konstanten in Raum und Zeit würde die Quintessenzvorstellung stärken. Beides wurde bisher nicht beobachtet. Eine weitere alternative Idee ist, dass die Allgemeine Relativitätstheorie auf großen kosmologischen Skalen modifiziert werden muss. Darauf gibt es derzeit aber auch keinen experimentellen Hinweis. Populäre Stringtheorien legen nahe, dass es eine Vielzahl von Universen, also ein Multiversum gibt. Man diskutiert 10^{500} Universen in einem großen Multiversum. Die Vakuumenergie könnte in jedem Universum unterschiedliche Werte annehmen. Wenn die Vakuumenergie in einem Universum sehr groß wäre, würden sich keine Strukturen entwickeln, und wir leben nun zufällig in einem Teiluniversum mit kleiner kosmologischen Konstanten, die es gestattet, dass es Sterne, Galaxien und uns gibt. Das klingt sehr nach dem anthropischen Prinzip.

Nach der gegenwärtigen Kenntnis begann die zweite beschleunigte Expansion in unserem Universum vor etwa fünf Milliarden Jahren. Wenn die kosmische Beschleunigung früher eingesetzt hätte, hätten sich keine Strukturen wie Sterne und Galaxien ausbilden können, und es gäbe auch kein Leben in unserer Welt. In diesem Zusammenhang ist erwähnenswert, dass der neueste Sloan Digital Sky Survey (SDSS-III) [135] eine dreidimensionale Karte eines Volumens unseres Universums mit einer transversalen Fläche von 6-mal 4,5 Milliarden Lichtjahren und einer Tiefe von 500 Millionen Lichtjahren erstellt hat. Aus der Häufung und den Leerräumen von Galaxien in diesem Bereich lassen sich Aussagen über die Dunkle Energie und Dunkle Materie ableiten. Ebenfalls lässt sich aus der Verteilung der Galaxien die sogenannte akustische Skala bestimmen, die sich aus den akustischen Schwingungen der primordialen Baryonenflüssigkeit ergibt. Falls die Dunkle Energie die beschleunigte Expansion des Universums antreibt, kann man aus dieser Galaxienkarte, die eine zeitliche Tiefe von 500 Millionen Jahren hat, unter Hinzuziehung der akustischen Skala, ablesen, dass die zeitliche Expansion nur sehr langsam vor sich geht und in einem Zeitraum von sieben Milliarden Jahren höchstens um 20 %, wenn überhaupt, zugelegt hat. Völlig offen ist aber die Frage, wieso die primordiale Inflation in den ersten Sekundenbruchteilen nach dem Big Bang zu einem flachen Universum führt und Milliarden Jahre später das Universum erneut, wenn auch langsam ‚Gas gibt'. Vielleicht ist die kosmologische Konstante doch dynamisch?

13.3 Dunkle Materie

Je mehr wir schauen, umso mehr wissen wir. Je mehr wir wissen, umso größer wird das Rätsel.
Cees Nooteboom

Astronomen sind sich sehr sicher, dass es große Mengen Dunkler Materie geben muss, die das Universum anfüllen. Das lässt sich am besten anhand von Kepler-Bewegungen der Sterne in Galaxien begründen. Kepler hatte seine Gesetze auf der Grundlage von Messungen von Tycho Brahe aufgestellt. Die Stabilität von Planetenbahnen im Sonnensystem ergibt sich aus der Balance von Zentrifugal- und Massenanziehungskraft:

$$\frac{mv^2}{r} = G\frac{mM}{r^2} \tag{13.3.1}$$

(m – Masse des Planeten, M – Masse der Sonne, r – Radius der als Kreisbahn angenommenen Bahn eines Planeten). Die daraus resultierende Bahngeschwindigkeit ergibt sich zu

$$v = \sqrt{GM/r}. \tag{13.3.2}$$

Die radiale Abhängigkeit der Rotationsgeschwindigkeit von $v \sim r^{-1/2}$ ist im Sonnensystem bestens erfüllt (s. Abb. 13.1).

Die Rotationskurve von Sternen in Galaxien zeigt dagegen ein ganz anderes Verhalten (Abb. 13.2). Da man der Meinung war, dass das Gros der Masse einer Galaxie im Zentrum vereinigt ist, würde man zumindest für etwas größere Abstände eine keplerartige

Abb. 13.1 Rotationskurve
der Planeten im Sonnensystem
(1 Astronomische Einheit
(AE) = Abstand Erde–Sonne =
$1,5 \cdot 10^8$ km)

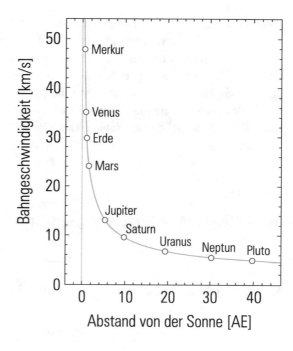

Abb. 13.2 Rotationskurven
der Spiralgalaxie NGC 6503.
Die Beiträge der galaktischen
Scheibe, des Gases und des
Halos sind *getrennt
gekennzeichnet* [136]

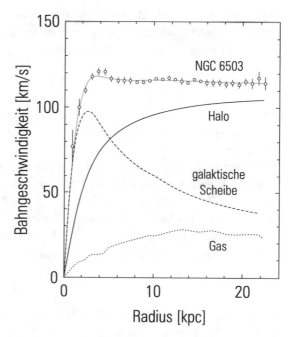

Bewegung mit $v \sim r^{-1/2}$ erwarten. Stattdessen sind die Rotationsgeschwindigkeiten bis zu großen Abständen vom galaktischen Kern konstant!

Aus den flachen Rotationskurven muss man schließen, dass der galaktische Halo mit fast 90 % den Löwenanteil der Masse der Galaxie enthält. Um eine konstante Rotationsgeschwindigkeit zu erhalten, muss man die Masse des galaktischen Kerns in Gl. (13.3.1) durch die nun dominierende Masse von unsichtbarer Materie im Halo ersetzen, wobei sich die radiale Abhängigkeit der Dichte dieser Masse zu

$$\varrho \sim r^{-2} \tag{13.3.3}$$

ergibt, denn

$$\frac{mv^2}{r} \sim G\,\frac{m \cdot \varrho \cdot V}{r^2} \sim G\,\frac{mr^{-2}r^3}{r^2}$$
$$\Rightarrow v^2 = \text{const.} \tag{13.3.4}$$

Häufig wird für den Zusammenhang (13.3.3) eine Parametrisierung von

$$\varrho(r) = \varrho_0\,\frac{R_0^2 + a^2}{r^2 + a^2} \tag{13.3.5}$$

verwendet, wobei r der galaktozentrische Abstand, $R_0 = 8{,}5\,\text{kpc}$ (für unsere Milchstraße) der galaktozentrische Radius der Sonne und $a = 5\,\text{kpc}$ der Radius des Halokerns ist. ϱ_0 ist die lokale Energiedichte im Sonnensystem von

$$\varrho_0 = 0{,}3\,\text{GeV/cm}^3. \tag{13.3.6}$$

Wenn die Massendichte, wie in Gl. (13.3.3) für flache Rotationskurven notwendig, wie r^{-2} abfällt, wächst also die integrale Masse einer Galaxie wie $M(r) \sim r$, da das Volumen wie r^3 ansteigt.

Von der Elementarteilchen- und Kernphysik her weiß man, dass die Masse im Wesentlichen in Atomkernen und damit in Baryonen vereinigt ist. Im Rahmen der Elemententstehung im Urknall lassen sich die Häufigkeiten der durch Fusion entstandenen Elemente (D, ^{3}He, ^{4}He, ^{7}Li) bestimmen. Unter anderem daraus und aus den neuesten Satellitenmessungen kann man den Beitrag dieser baryonischen Materie – ausgedrückt durch die kritische Dichte $\varrho_c = 3H^2/(8\pi G)$ und $\Omega_{\text{Baryon}} = \varrho_{\text{Baryon}}/\varrho_c$ – zu

$$0{,}040 \le \Omega_{\text{Baryon}} \le 0{,}048 \tag{13.3.7}$$

bestimmen. Von dieser Massendichte lässt sich nur ein kleiner Beitrag in der Form von Sternen und anderen leuchtenden Himmelsobjekten ‚sehen‘. Der Anteil dieser leuchtenden Materie wird mit

$$0{,}003 \le \Omega_{\text{lum}} \le 0{,}007 \tag{13.3.8}$$

angegeben. D. h., nur etwa 0,5 % der gesamten Energiedichte des Universums liegt in Form von leuchtender Materie vor. Selbst der Anteil dieser leuchtenden Materie an der gesamten Materiedichte ist gering.

Aus der Tatsache, dass die Rotationskurven von allen Galaxien flach sind, lässt sich der Beitrag der Massendichte im Universum zur universellen Dichte unter Hinzunahme der neuesten Satellitendaten zu

$$0,23 \leq \Omega_{\text{Gal}} \leq 0,31 \tag{13.3.9}$$

abschätzen.

Der Beitrag relativistischer Teilchen ist nach den COBE-, WMAP- und Planck-Daten mit

$$\Omega_{\text{rel}} = \Omega_{\gamma} + \Omega_{\text{Neutrinos}} \approx 5 \cdot 10^{-5} \tag{13.3.10}$$

außerordentlich gering.

Insgesamt erhält man für die gesamte normierte Energiedichte des Universums einschließlich der Vakuumenergie [87]

$$\Omega_{\text{gesamt}} = 1,02 \pm 0,02. \tag{13.3.11}$$

Die Existenz großer Mengen nicht sichtbarer, nicht leuchtender Materie scheint überzeugend nachgewiesen zu sein. Daraus ergibt sich dann die Frage, woraus diese Materie besteht und wie sie verteilt ist.

13.3.1 Dunkle Sterne

Die Rotationskurven von Sternen in Galaxien erfordern einen beträchtlichen Anteil von gravitativer Materie, der offenbar nicht sichtbar ist. Da es aufgrund der Vorstellungen von der Elemententstehung mehr baryonische als leuchtende Materie gibt (Gl. (13.3.7) und (13.3.8)), könnte ein Teil des galaktischen Halos aus baryonischer Materie bestehen. Wegen des experimentellen Befundes von $\Omega_{\text{lum}} < 0,007$ kann diese Materie aber nicht in Form von leuchtenden Sternen vorliegen. Auch heiße und damit leuchtende Staubwolken scheiden aus. Ebenso können vermutlich galaktischer Staub oder kalte galaktische Gaswolken ausgeschlossen werden, weil sie sich über ihre Absorption verraten würden. Daher bleiben nur stellare Objekte übrig, die zu klein sind, um hinreichend hell zu leuchten, oder Sterne, die es gerade nicht geschafft haben, ein Wasserstoffbrennen zu zünden. Außerdem kämen noch ausgebrannte Sterne in Form von Neutronensternen, Schwarzen Löchern oder Zwergsternen infrage. Neutronensterne und Schwarze Löcher sind aber eher unwahrscheinlich, weil sie aus Supernovaexplosionen hervorgegangen sein müssen. Aus der beobachteten Elementzusammensetzung der Galaxien (Dominanz von Wasserstoff und Helium) kann man aber ausschließen, dass es viele Supernovaexplosionen gegeben hat, da diese eine Quelle von schwereren Elementen sind.

"Meine Frau zieht
das Schwarze vor.
Sie findet Dunkles
so attraktiv!"

Es wird deshalb für wahrscheinlich gehalten, dass galaktische baryonische Materie sich
in Braunen Zwergen versteckt. Da das Massenspektrum von Sternen zu kleinen Sternen
hin zunimmt, würde man einen signifikanten Anteil kleiner brauner Sterne in den Milchstraßen erwarten. Wie würde man solche massiven, kompakten, nicht leuchtenden Objekte
in den Milchstraßen finden (MACHO – MAssive Compact Halo Object)? Wie bereits in
der Einleitung (Kap. 1) gezeigt, kann sich ein dunkler Stern durch seine gravitative Wirkung auf Licht verraten. Ein punktartiger, nicht sichtbarer Deflektor, der sich zwischen
einem hellen Stern und dem Beobachter befindet, erzeugt zwei Sternbilder (s. Abb. 1.7).
Wenn der ablenkende braune Stern direkt auf der Sichtlinie zwischen dem Stern und
dem Beobachter liegt, entsteht ein Ringbild, der Einstein-Ring (Abb. 13.3). Dabei hängt
der Ringradius r_E von der Masse des Deflektors M_D wie $r_E \sim \sqrt{M_D}$ ab. Solche Phänomene sind hinreichend oft beobachtet worden. Wenn aber die Masse des braunen Sterns
zu klein wird, können die beiden Sternbilder oder der Einstein-Ring experimentell nicht
mehr aufgelöst werden, und man beobachtet beim Durchgang des Deflektors durch die
Sichtlinie Beobachter–Stern nur einen Helligkeitsanstieg des Sterns (Gravitationsmikrolinseneffekt, Microlensing). Das liegt daran, dass der Beobachter aufgrund der Bündelung
durch den Deflektor Licht des Sterns empfängt, das in einen ursprünglich größeren Raumwinkel (ohne den ablenkenden braunen Stern) emittiert wurde. Die Helligkeitszunahme
hängt nun davon ab, wie nahe ein dunkler Stern der Sichtlinie vom Beobachter zum
hellen Stern kommt (,Stoßparameter' b). Die zu erwartende scheinbare Lichtkurve ist
in Abb. 13.4 für verschiedene Parameter dargestellt. Man geht davon aus, dass sich der
als punktförmig angenommene dunkle Stern der Sichtlinie Quelle–Beobachter bis auf
einen Stoßparameter b (= minimaler Abstand zur Sichtlinie) nähert und mit einer Geschwindigkeit v vorbeifliegt. Eine charakteristische Zeit für die Helligkeitszunahme ist
durch die Zeit gegeben, die das Objekt braucht, um den Einstein-Ring zu passieren
($t = r_E/v$).

Abb. 13.3 Bild einer entfernten Hintergrundgalaxie als Einstein-Ring, wobei eine Vordergrundgalaxie (*im Zentrum des Bildes*) als Gravitationslinse wirkt (,Bull's-Eye Einstein Ring') [137]

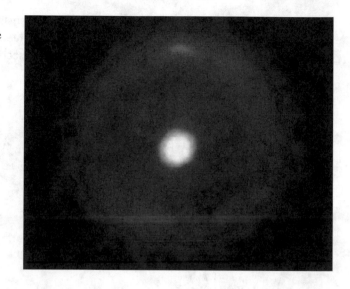

Abb. 13.4 Scheinbare Lichtkurve eines hellen Sterns beim Passieren eines braunen Sterns durch die Sichtlinie Beobachter–Quelle durch den Gravitationsmikrolinseneffekt. Die Helligkeitsvariation ist hier durch ein logarithmisches Maß der Lichtverstärkung angegeben [138]

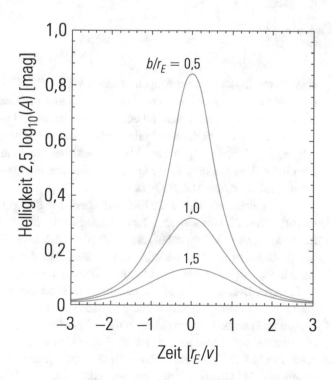

Um nichtleuchtende Halo-Objekte durch den Gravitationsmikrolinseneffekt zu finden, muss man eine hinreichend große Zahl von Sternen über einen längeren Zeitraum beobachten und nach Helligkeitsexkursionen einzelner Sterne suchen. Gute Kandidaten dafür

sind Sterne in der Großen Magellan'schen Wolke (LMC[1]). Sie ist hinreichend weit entfernt, sodass das Licht ihrer Sterne durch einen großen Bereich des Halos der Milchstraße laufen muss und damit potentiell auf viele braune, nicht leuchtende Sterne treffen könnte, und sie steht auch oberhalb der galaktischen Scheibe, sodass man wirklich durch den Halo schaut. Aus Überlegungen zum Massenspektrum der braunen Sterne (‚MACHOs‘) und der Größe ihres Einstein-Rings kann man ableiten, dass mindestens 10^6 Sterne observiert werden müssten, um MACHOs zu finden.

Die Experimente MACHO, EROS (Expérience de Recherche d'Objets Sombres) und OGLE (Optical Gravitational Lens Experiment) haben etwa ein Dutzend MACHOs im Halo unserer Milchstraße gefunden. Abb. 13.5 zeigt die Lichtkurve des ersten vom MACHO-Experiment gefundenen Kandidaten. Aus der zeitlichen Breite der Helligkeitssignale lässt sich die Masse der braunen Objekte bestimmen.

Falls der Deflektor eine Masse entsprechend einer Sonnenmasse ($M_\odot$) hat, erwartet man eine mittlere Helligkeitsphase von drei Monaten, für $10^{-6}\,M_\odot$ nur zwei Stunden. Die gemessenen Helligkeitsexkursionen laufen alle auf eine Masse von etwa $0{,}5\,M_\odot$ hinaus. Die Nichtbeobachtung von kurzen Helligkeitssignalen schließt bereits einen großen Massenbereich von MACHOs als Kandidaten für dunkle Halomaterie aus. Rechnet man die wenigen gesehenen MACHOs auf den ganzen galaktischen Halo hoch, so kommt man zu dem

---

[1]Large Magellanic Cloud.

Abb. 13.5 Lichtkurve eines entfernten Sterns, hervorgerufen durch den Gravitationslinseneffekt des ersten vom MACHO-Experiment gefundenen braunen Objektes im galaktischen Halo [138]

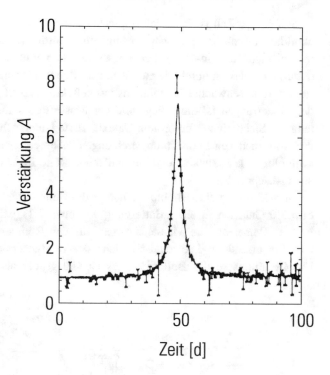

Schluss, dass etwa 20 % der Halomasse, die die Dynamik der Milchstraße bestimmt, in dunklen Sternen versteckt sein könnte. Dieser Wert ist allerdings noch wegen der geringen Zahl beobachteter MACHOs mit einer großen Unsicherheit belastet ((20^{+30}_{-12}) %).

Eine weitere Galaxie mit vielen Targetsternen, die sich zur Untersuchung mithilfe des Gravitationsmikrolinseneffektes eignen würde, wäre die Andromedagalaxie, die sich idealerweise genau senkrecht über der galaktischen Ebene befindet. Leider ist diese Galaxie zu weit entfernt, als dass man noch einzelne Sterne auflösen könnte. Hier könnte man aber immer noch die ,Pixel-Lensing'-Technik anwenden, die darauf beruht, dass man die scheinbaren Helligkeitsschwankungen einzelner Pixel mit einer CCD-Kamera überwacht. Dabei überdeckt ein Pixel mehrere unaufgelöste Sternbilder. Wenn aber einer dieser Sterne durch den Gravitationslinseneffekt an scheinbarer Helligkeit zunähme, würde sich das an der Helligkeitsänderung des ganzen Pixels bemerkbar machen.

Man ist sich zwar sicher, dass MACHOs einen Teil der Dunklen Materie darstellen könnten, es ist aber nicht klar, um welche Objekte es sich dabei handelt und wo diese Gravitationslinsen genau stehen. Einen Beitrag zur baryonischen Dunklen Materie könnten auch ultrakalte Gaswolken (Temperaturen < 10 K) bilden, die sich nur sehr schwer nachweisen lassen. Es ist aber nicht klar, ob MACHOs oder kalte Gaswolken aus nichtbaryonischer Dunkler Materie bestehen. Als mögliche stellare Reste der MACHOs oder bei kaltem intergalaktischen Staub liegt es näher anzunehmen, dass sie aus normaler baryonischer Materie aufgebaut sind.

Seit einiger Zeit ist eine vielversprechende neue Technik der schwachen Gravitations-abbildung (Weak Gravitational Lensing) zur Bestimmung der Dichte der Dunklen Materie im Universum entwickelt worden. Dieses Verfahren nutzt die Tatsache aus, dass die Bilder entfernter Galaxien durch die zwischen dem Beobachter und der Galaxie liegenden Mate-rie aufgrund schwacher Gravitationslinseneffekte verzerrt werden. Das spezielle Muster der Verzerrungen ist ein Spiegelbild der Masse und seiner räumlichen Verteilung ent-lang der Sichtlinie zur entfernten Galaxie. Erste Untersuchungen an 145 000 Galaxien in drei verschiedenen Beobachtungsrichtungen haben ergeben, dass $\Omega \leq 1$ ist und dass die kosmologische Konstante eine dominierende Rolle im Universum zu spielen scheint (s. auch Abschn. 8.7).

Abb. 13.6 zeigt eine Hubble-Aufnahme des Bullet-Clusters, eines Galaxienhaufens von etwa 40 Galaxien in einer Entfernung von etwa 1,1 Gpc. Die optisch sichtbare Masse ist viel kleiner als die Masse, die man aus den Röntgenbeobachtungen des Satelliten Chandra erschließt. Die zwei Bereiche der Röntgenemission sind in Rot dargestellt. Die Gesamtmasse des Bullet-Clusters ist viel größer als die Summe der Massen, die

„Sie wirkt
abstoßend!"

Abb. 13.6 Hubble-Bild des Bullet-Clusters: Die gesamte projizierte Materie, rekonstruiert durch starke und schwache Gravitationslinseneffekte, ist *in Blau* dargestellt. Die von dem Röntgensatelliten Chandra gemessene Röntgenstrahlung ist *in Rot* überlagert [139]

man aus den optischen und Röntgenbeobachtungen ableitet. Die Technik der Mikrogravitation erlaubt es, die fehlende Masse zu finden. Sie ist in Blau den optischen und Röntgenemissionen überlagert.

13.3.2 Neutrinos als Dunkle Materie

Neutrinos wurden lange Zeit als guter Kandidat für Dunkle Materie gehandelt. Ein rein baryonisches Universum steht im Widerspruch zu Modellen der Urknallelementsynthese. Ebenso reicht baryonische Materie allein nicht aus, um die großräumige Struktur des Universums zu verstehen. Neutrinos sind jedoch genauso zahlreich wie die Schwarzkörperphotonen. Wenn sie nur eine – wenn auch kleine – Masse hätten, könnten sie einen signifikanten Beitrag zur Dunklen Materie liefern.

Aus direkten Massenbestimmungen hatte man bisher nur Grenzen für die Neutrinomassen ableiten können ($m_{\nu_e} < 2\,$eV, $m_{\nu_\mu} < 170\,$keV, $m_{\nu_\tau} < 18{,}2\,$MeV). Das Defizit solarer Elektron-Neutrinos und das der Myon-Neutrinos in der sekundären kosmischen Strahlung kann praktisch nur durch Neutrino-Oszillationen interpretiert werden. Wenn man annimmt, dass die Massenhierarchie unter den Neutrinos ähnlich ist wie bei den geladenen Leptonen, erscheint aus den Oszillationen eine Masse für das schwerste, das ν_τ-Neutrino, von 0,05 eV plausibel.

Aus der erwarteten Anzahldichte primordialer Neutrinos und der Annahme von $\Omega = 1$ kann man eine obere Grenze für die Gesamtmasse, die sich in den drei Neutrinoflavours verbergen könnte, ableiten. Man erwartet etwa genauso viele ‚Schwarzkörperneutrinos' wie Schwarzkörperphotonen. Mit $N \approx 300\,$Neutrinos/cm^3 und $\Omega = 1$ (entsprechend einer Dichte, die der kritischen Dichte von $\varrho_c \approx 1 \cdot 10^{-29}\,$g/cm^3 bei einem Weltalter von etwa $1{,}4 \cdot 10^{10}$ Jahren gleicht) folgt[2]

$$N \cdot \sum m_\nu \leq \varrho_c,$$

$$\sum m_\nu \leq 40\,\text{eV}. \tag{13.3.12}$$

Dabei erstreckt sich die Summe über alle sequentiellen Neutrinos einschließlich der Anti-neutrinos. Für die bekannten drei Neutrinogenerationen ist $\sum m_\nu = 2(m_{\nu_e} + m_{\nu_\mu} + m_{\nu_\tau})$, wenn man annimmt, dass Neutrinos und Antineutrinos desselben Flavours die gleiche Masse haben. Damit gilt für jeden einzelnen Neutrinoflavour ebenfalls eine obere Massengrenze von $2m_\nu \leq 40\,\text{eV}$, also

$$m_\nu \leq 20\,\text{eV}. \tag{13.3.13}$$

Es ist interessant, dass man aus dieser einfachen kosmologischen Überlegung die von Beschleunigerexperimentten abgeleitete Massengrenze z. B. für das τ-Neutrino um etwa 6 Größenordnungen verbessern kann.

Falls der Beitrag von Neutrinomassen zur Dunklen Materie zu $\Omega_\nu > 0{,}1$ abgeschätzt wird, erhält man mit demselben Argument wie zuvor eine untere Schranke für die Neu-trinomassen. Aus Gl. (13.3.12) mit $\Omega_\nu > 0{,}1$ folgt dann für die Summe der Massen aller Neutrinoflavours $\sum m_\nu > 4\,\text{eV}$. Nimmt man im Neutrinosektor eine Massenhierarchie wie bei den geladenen Leptonen an ($m_e \ll m_\mu \ll m_\tau \rightarrow m_{\nu_e} \ll m_{\nu_\mu} \ll m_{\nu_\tau}$), so kann die Masse des τ-Neutrinos auf den Bereich

$$2\,\text{eV} \leq m_{\nu_\tau} \leq 20\,\text{eV} \tag{13.3.14}$$

eingeschränkt werden. Kosmologische Argumente legen nahe, dass die Summe der Neutrinomassen höchstens 1 eV sein kann, also [140]

$$m_\nu \leq 1{,}0\,\text{eV}. \tag{13.3.15}$$

Aktuelle Messungen des Planck-Satelliten beschränken die Summe der Massen der drei Neutrinoflavours weiter auf [141]

$$\Sigma m_{\nu_i} \leq 0{,}23\,\text{eV}. \tag{13.3.16}$$

Neutrinos mit geringen Massen würden, weil sie relativistisch sind und im frühen Universum im thermischen Gleichgewicht waren, sogenannte ‚heiße Dunkle Materie'

---

[2]Obwohl zur Vereinfachung der Notation $c = 1$ gesetzt wurde, muss man natürlich für die Berechnung von Zahlenwerten den wirklichen Wert von $c = 3 \cdot 10^8$ m/s verwenden.

darstellen. Mit heißer Dunkler Materie fällt es aber schwer, Strukturen im Universum auf kleinen Skalen (Galaxiengröße) zu verstehen. Auch deshalb könnten Neutrinos nicht allein die gesamte Dunkle Materie ausmachen.

In den oben erwähnten Neutrino-Oszillationen misst man nicht die Neutrinomassen direkt, sondern nur die Differenz ihrer Massenquadrate. Aus dem Defizit atmosphärischer Myon-Neutrinos erhält man

$$\delta m^2 = m_1^2 - m_2^2 = 3 \cdot 10^{-3} \, \text{eV}^2. \tag{13.3.17}$$

Da $(\nu_\mu$-$\nu_\tau)$-Oszillationen für den Effekt verantwortlich sind, könnten Myon- und Tau-Neutrino-Massen immer noch sehr nahe beieinanderliegen, ohne in Konflikt mit den kosmologischen Massengrenzen zu geraten. Wenn man allerdings die aus dem geladenen Leptonensektor bekannte Massenhierarchie ($m_e \ll m_\mu \ll m_\tau$) auch auf den Neutrino-sektor überträgt, die kosmologische Grenze für die Summe der Neutrinomassen betrachtet und $m_{\nu_\mu} \ll m_{\nu_\tau}$ annimmt, legt diese Annahme ein Massenlimit – wie oben schon erwähnt – von ($m_{\nu_\tau} \approx 0{,}05 \, \text{eV}$) nahe.

Wenn aber leichte Neutrinos den galaktischen Halo anfüllen, würde man eine scharfe Absorptionslinie im Spektrum höchstenergetischer Neutrinos, die die Erde erreichen, er-warten. Der Nachweis einer solchen Absorptionslinie wäre ein direkter Nachweis eines Neutrinohalos. Außerdem könnte man aus seiner energetischen Position die Neutrino-masse direkt ablesen. Für eine angenommene Neutrinomasse von $1 \, \text{eV}$ errechnet sich die Lage der Absorptionslinie aus (s. Gl. (3.0.16), $\nu + \bar{\nu} \rightarrow Z^0 \rightarrow$ Hadronen oder Leptonen)

$$2 m_\nu E_\nu = M_Z^2 \tag{13.3.18}$$

zu

$$E_\nu = \frac{M_Z^2}{2 m_\nu} = 4{,}2 \cdot 10^{21} \, \text{eV}. \tag{13.3.19}$$

Die Verifizierung einer solchen Absorptionslinie stellt experimentell aber – ebenso wie die Messung des primordialen Neutrinohintergrundes – eine große Herausforderung dar.

13.3.3 Schwach wechselwirkende massive Teilchen (WIMPs)

Baryonische Materie und Neutrinomassen scheinen nicht auszureichen, um das Universum zu schließen. Die Suche nach weiteren Kandidaten für die Dunkle Materie muss sich auf Teilchen beziehen, die außer der Gravitation nur eine schwache Wechselwirkung mit Materie haben, anderenfalls hätte man sie schon sehen müssen. Es gibt verschiedene Szenarien, die die Existenz von schwach wechselwirkenden massiven Teilchen ermög-lichen (WIMPs – Weakly Interacting Massive Particles). Im Prinzip käme eine vierte

Generation von Leptonen mit schweren Neutrinos infrage. Die LEP-Messungen[3] zur Z^0-Breite haben allerdings die Zahl der leichten Neutrinos zu exakt drei bestimmt (vgl. Kap. 2, Abb. 2.1), sodass für eine mögliche vierte Generation das Massenlimit

$$m_{\nu_x} \geq m(Z^0)/2 \approx 46\,\text{GeV} \tag{13.3.20}$$

erfüllt sein müsste. Eine solche Masse ist aber zu groß, als dass man nennenswerte Mengen von so schweren Teilchen im Urknall hätte erzeugen können.

Eine Alternative wären WIMPs, die schwächer als sequentielle Neutrinos an das Z^0 koppeln würden. Kandidaten für solche Teilchen werden in supersymmetrischen Erweiterungen des Standardmodells bereitgestellt. Die Supersymmetrie ist eine Symmetrie zwischen fundamentalen Fermionen (Leptonen und Quarks) und Eichbosonen (γ, W^+, W^-, Z^0, Gluonen, Higgs-Bosonen, Gravitonen). Alle Teilchen werden in Supermultipletts angeordnet, wobei jedes Fermion einen bosonischen Partner und jedes Boson einen fermionischen Partner erhält. Den Quarks und Leptonen werden bosonische Squarks und Sleptonen zugeordnet. Den Eichbosonen entsprechen supersymmetrische Gauginos, wobei man zwischen den Charginos (supersymmetrische Partner geladener Eichbosonen: Winos ($\widetilde{W}^+$, $\widetilde{W}^-$) und geladenen Higgsinos ($\widetilde{H}^+$, $\widetilde{H}^-$)) und den Neutralinos (Photino $\tilde{\gamma}$, Zino $\widetilde{Z}^0$, neutrale Higgsinos ($\widetilde{H}^0$, ...), Gluinos ($\tilde{g}$) und Gravitinos) unterscheidet.

„Dieses sind die supersymmetrischen Partner von ‚strange‘ und ‚charm‘.“

Die Nichtbeobachtung von supersymmetrischen Teilchen heißt, dass die Supersymmetrie gebrochen sein muss und die Superpartner offenbar viel schwerer als bekannte

---

[3]LEP = Large Electron–Positron Collider am CERN in Genf.

Teilchen sind. Die Theorie der Supersymmetrie erscheint den theoretischen Elementarteil-chenphysikern aber so ästhetisch und einfach, dass sie einfach wahr sein muss. Eine neue Quantenzahl, die R-Parität, unterscheidet normale Teilchen von ihren supersymmetrischen Partnern. Wenn die R-Parität erhalten ist – und davon geht man in den einfachsten su-persymmetrischen Theorien aus – muss das leichteste supersymmetrische Teilchen (LSP) stabil sein (es könnte nur unter Verletzung der R-Parität zerfallen). Dieses leichteste supersymmetrische Teilchen stellt also einen idealen Kandidaten für Dunkle Materie dar.

Die geringe Wechselwirkungsstärke des LSP ist aber zugleich ein Hindernis für seinen Nachweis. Wenn supersymmetrische Teilchen am Beschleuniger, etwa in Proton-Proton-oder Elektron-Positron-Wechselwirkungen erzeugt würden, würde der Endzustand sich durch fehlende Energie bemerkbar machen, da bei den Zerfällen der supersymmetrischen Teilchenpaare immer ein leichtestes supersymmetrisches Teilchen übrig bliebe, das ohne nennenswerte Wechselwirkung den Detektor verlässt (Abb. 13.7). Primordial erzeugte supersymmetrische Teilchen wären zwar auch schon längst zerfallen bis auf die stabilen leichtesten supersymmetrischen Teilchen. Diese würden bei Kollisionen mit Materie ein wenig Energie verlieren, die man zu ihrem Nachweis ausnutzen könnte. Allerdings ist der bei einer WIMP-Wechselwirkung (Masse 10–100 GeV) auf einen Targetkern übertragene Rückstoßimpuls nur im Bereich von etwa 10 keV. Man kann versuchen, diesen Rückstoß über die vom rückstoßenden Teilchen erzeugte Ionisation oder Szintillation zu messen

Abb. 13.7 Produktion und Zerfall supersymmetrischer Teilchen im Feynman-Bild (**a**) und im Detektor (**b**)

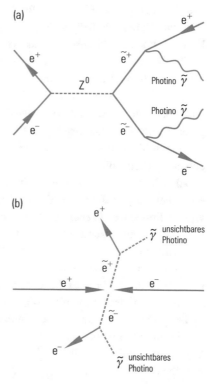

(s. Abschn. 4.5 über kryogenische Nachweistechniken). Auch eine direkte kalorimetrische Messung der Energie in einem Bolometer ist denkbar. Wegen der geringen zu messenden Energie ΔQ und der damit verbundenen kleinen Temperaturerhöhung

$$\Delta T = \frac{\Delta Q}{c_{sp} \cdot m} \qquad (13.3.21)$$

(c_{sp} – spezifische Wärme, m – Kalorimetermasse) können diese Messungen nur in ultrareinen Kristallen (z. B. Saphir) bei niedrigen Temperaturen (Milli-Kelvin-Bereich, $c_{sp} \sim T^3$) erfolgen. Denkbar wäre auch ein Nachweis über supraleitende Streifen, die durch die Energieabsorption in den normalleitenden Zustand übergehen und dadurch ein brauchbares Signal abgeben.

Aus Überlegungen zur Anzahldichte der WIMPs rechnet man mit einer Zählrate von höchstens einem Ereignis pro Kilogramm Target und Tag. Ein Hauptproblem bei solchen Experimenten ist der Untergrund durch Umgebungsradioaktivität und kosmische Strahlung.

Aufgrund ihrer Masse könnten WIMPs aber auch von der Sonne oder der Erde gravitativ eingefangen werden. Sie würden gelegentlich mit dem Material der Sonne oder Erde wechselwirken, dabei Energie verlieren und schließlich eine Geschwindigkeit erreichen, die unterhalb der Fluchtgeschwindigkeit liegt. Da WIMPs und deren Antiteilchen gleichermaßen eingefangen würden, könnten sie miteinander zerstrahlen und Proton-Antiproton- oder Neutrinopaare liefern. Man würde erwarten, dass im Gleichgewichtszustand sich Einfang- und Annihilationsrate die Waage halten.

Das WIMP-Annihilationssignal könnte in großen Neutrinodetektoren, wie sie für die Neutrinoastronomie im Betrieb und in Vorbereitung sind, aufgefangen werden.

Als besonders schwere WIMP-Teilchen könnte man sich primordiale Schwarze Löcher vorstellen, die im Urknall vor der Nukleosynthese entstanden sein könnten. Sie würden geradezu einen idealen Kandidaten für kalte Dunkle Materie abgeben. Es fällt aber schwer, sich einen Mechanismus zu überlegen, wie die primordialen Schwarzen Löcher im Urknall entstanden sein sollen.

Allerdings hat die italienisch-chinesische DAMA-Kollaboration (DArk MAtter search) ein Ergebnis veröffentlicht, das auf die Existenz von WIMPs hinweisen könnte. Genau wie die Sonne würde auch die Milchstraße als Ganzes WIMPs gravitativ einfangen. Wenn sich das Sonnensystem um das galaktische Zentrum dreht, ändert sich bei der Drehung der Erde um die Sonne die Geschwindigkeit der Erde – je nach Jahreszeit – relativ zu dem hypothetischen WIMP-Halo. Dadurch wird die Erde von unterschiedlichen WIMP-Flüssen getroffen. Im Juni bewegt die Erde sich gegen den Halo ($\rightarrow$ große WIMP-Kollisionsrate) und im Dezember mit dem Halo ($\rightarrow$ geringe WIMP-Kollisionsrate).

Die DAMA-Kollaboration interpretiert nun die in einem 100 kg schweren Natriumiodid-Kristall gefundene dreiprozentige jahreszeitliche Schwankung der Wechselwirkungsrate als Evidenz für WIMPs. Die im Gran-Sasso-Labor erhaltenen Ergebnisse würden eine WIMP-Masse von 60 GeV favorisieren. Dieser Befund steht unter anderem allerdings im Widerspruch zu den Ergebnissen einer amerikanischen Kollaboration (CDMS – Cryogenic Dark Matter Search), die mit einem hochempfindlichen Tieftemperatur-Kalorimeter nur einen von Neutronen verursachten jahreszeitlich unabhängigen Untergrund registriert.

Auch am Large Hadron Collider (LHC) am CERN wird – nach der Entdeckung des Higgs-Teilchens – intensiv nach Spuren von supersymmetrischen Teilchen gesucht, bisher allerdings erfolglos. Legt man plausible Kopplungen von supersymmetrischen Teilchen zugrunde, und nimmt man an, dass Squarks und Gluinos vergleichbare Massen haben, dann kann man bereits Massen von SUSY-Teilchen $< 1\,\mathrm{TeV}$ ausschließen. Da bleibt offenbar nicht mehr viel Raum für supersymmetrische Teilchen.

13.3.4 Axionen

Die schwache Wechselwirkung verletzt nicht nur die Parität P und Ladungskonjugation C, sondern auch die kombinierte Symmetrie CP. Die CP-Verletzung wird eindrucksvoll durch die Zerfälle der neutralen Kaonen und B-Mesonen belegt. In der Quantenchromodynamik (QCD), die die starke Wechselwirkung beschreibt, entstehen in der Theorie auch Terme, die CP-verletzend sind. Experimentell wird in der starken Wechselwirkung aber keine CP-Verletzung beobachtet.

Aufgrund theoretischer Überlegungen im Rahmen der QCD sollte das elektrische Dipolmoment des Neutrons etwa von der gleichen Größenordnung wie sein magnetisches Dipolmoment sein. Experimentell findet man aber, dass es viel kleiner und sogar mit null verträglich ist. Dieser Widerspruch ist als das starke CP-Problem bekannt geworden. Die Auflösung dieses Rätsels liegt vermutlich außerhalb des Standardmodells der Elementarteilchen.

Erklärung bietet die Einführung zusätzlicher Felder und Symmetrien, die letztlich die Existenz eines pseudoskalaren Teilchens, eines Axions, fordern. Das Axion hätte dann ähnliche Eigenschaften wie das neutrale Pion. Analog zum π^0 hätte es eine Zwei-Photon-Kopplung und könnte durch seinen Zwei-Photon-Zerfall oder durch Konversion in einem externen elektromagnetischen Feld nachgewiesen werden (Abb. 13.8).

Nach theoretischen Überlegungen sollte die Axionenmasse im µeV- bis meV-Bereich liegen. Um die kritische Dichte des Universums mit Axionen zu erreichen, müsste bei Axionen der Masse $1\,\mu\mathrm{eV}$ deren Teilchendichte mit $> 10^{10}\,\mathrm{cm}^{-3}$ enorm hoch sein. Da die vermuteten Massen der Axionen sehr klein sind, müssen sie nichtrelativistische Geschwindigkeiten haben, um gravitativ an eine Galaxie gebunden zu bleiben, denn sonst würden sie aus der Galaxie entweichen. Trotz ihrer geringen Masse ordnet man Axionen deshalb der kalten Dunklen Materie zu.

Wegen der Kleinheit der Massen sind die beim Axionenzerfall erzeugten Photonen in der Regel auch sehr energiearm. Für Axionen im bevorzugten µeV-Bereich werden bei einer Axionwechselwirkung mit einem Magnetfeld Photonen im Mikrowellenbereich entstehen. Ein möglicher Nachweis kosmologischer Axionen bestünde deshalb in der

Abb. 13.8 Kopplung eines
Axions an zwei Photonen über
eine Fermionenschleife (**a**);
Photonen könnten auch aus
einem elektromagnetischen
Feld zur Axionenkonversion
bereitgestellt werden (**b**)

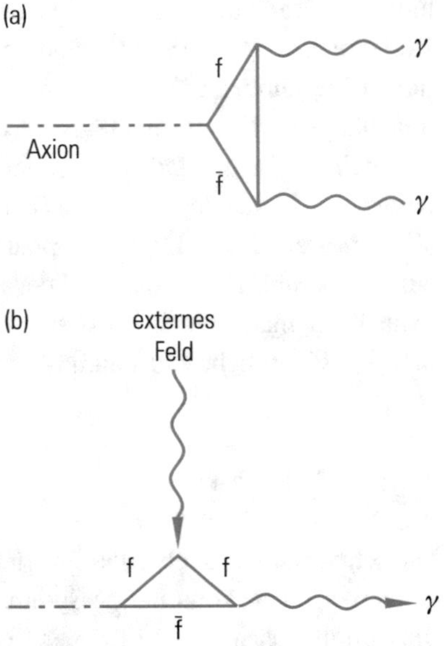

Messung von Mikrowellenleistung in einer Kavität, die sich deutlich aus dem thermischen Rauschen hervorhebt. Obwohl Axionen als Lösung des starken *CP*-Problems für die Elementarteilchenphysik notwendig scheinen und sie damit als ein guter Kandidat für die Dunkle Materie angesehen werden, verliefen bisher alle Experimente zu ihrem Nachweis negativ. Eine Grenze für eine mögliche Axionmasse anzugeben, fällt wegen der zahlreichen Annahmen über die Kopplungen und möglichen Quellen recht schwer. Für Axionen, die von der Sonne kommen könnten, gibt das CAST-Experiment am CERN eine Grenze für die Axion-Photon-Kopplung von $g_{a\gamma} < 1{,}16 \cdot 10^{-10}\,\text{GeV}^{-1}$ bei einem Konfidenzniveau von 95 % für Massen von Axionen von $m_a \leq 0{,}02\,\text{eV}$ an [142].

13.3.5 Die Rolle der Vakuumenergiedichte als Kandidat für Dunkle Materie

Um ein flaches Universum zu erhalten, benötigt man eine von null verschiedene kosmologische Konstante, die eine exponentielle Expansion im frühen Universum antreibt. Die kosmologische Konstante ist eine Folge der endlichen Vakuumenergie. Diese Energie könnte ursprünglich in einem falschen Vakuum gespeichert sein, d. h. einem Vakuum, das nicht die niedrigste Energie besitzt und bei einem Übergang in das wahre Vakuum freigesetzt wird.

Paradoxerweise war eine von null verschiedene kosmologische Konstante von Einstein per Hand als Parameter in die Feldgleichungen der Allgemeinen Relativitätstheorie eingeführt worden, um die Expansion oder Kontraktion des Universums, die aus seiner Theorie folgte, in Richtung auf ein stationäres Universum zu stabilisieren. Jetzt könnte es so aussehen, dass die dominante Energie, die die Dynamik des Universums bestimmt, im leeren Raum selbst gespeichert ist.

Der Effekt der Dunklen Energie und der Dunklen Materie ist fundamental verschieden. Diesen Unterschied kann man anhand einer Energiebetrachtung einfach aufzeigen:

Die potentielle Energie, die durch die Materie und die Vakuumenergiedichte hervorgerufen wird, lässt sich nach Newton einfach angeben:

$$E_{\text{pot}} = -G\frac{M_{\text{Materie}}}{R} - G\frac{M_{\text{Vakuumenergie}}}{R}$$
$$\sim -\frac{\varrho_{\text{Materie}}R^3}{R} - \frac{\varrho_{\text{Vakuum}}R^3}{R}. \tag{13.3.22}$$

Bei der Expansion bleibt aber nicht die Materiedichte, sondern die *Masse* erhalten, während für den Vakuumenergieterm die Vakuumenergie*dichte* konstant bleibt,

$$E_{\text{pot}} \sim -\frac{M_{\text{Materie}}}{R} - \varrho_{\text{Vakuum}} \cdot R^2. \tag{13.3.23}$$

Da aber $\varrho_{\text{Vakuum}} \sim \Lambda$ (vgl. Gl. (8.3.8)), zeigt Gl. (13.3.23), dass die radiale Abhängigkeit des Massenterms von der der kosmologischen Konstanten fundamental verschieden ist. Die Fragen der Existenz von Dunkler Materie (M_{Materie}) und einer endlichen Vakuumenergiedichte ($\Lambda \neq 0$) sind also nur bedingt gekoppelt. Außerdem könnte Λ eine dynamische Konstante sein, die nur für die Entwicklung des frühen Universums von Bedeutung ist. Die genaue experimentelle Bestimmung des Beschleunigungsparameters kann Aufschluss über den gegenwärtigen Effekt von Λ geben. Zu dem Zweck müsste man die Beschleunigung im frühen Universum mit der jetzigen vergleichen. Dazu bieten sich Quasare oder Supernovae bei großen Rotverschiebungen ($\hat{=}$ großen Entfernungen bzw. vergangenen Zeiten) im Vergleich zu nahen Galaxien an. Die vorliegenden experimentellen Daten machen deutlich, dass ein Λ-artiger Term heute wieder dominiert und wir es im Moment wieder mit einer beschleunigten Expansion zu tun haben (s. Abschn. 8.7, Abb. 8.7). Der neueste Sloan Digital Sky Survey (SDSSIII [135]) ist in der Lage, Aussagen zum zeitlichen Verhalten der Dunklen Energie zu machen.

13.3.6 Galaxienbildung

Wie schon in der Einleitung zu diesem Kapitel erwähnt, ist die Frage der Galaxienbildung eng mit dem Problem der Dunklen Materie verknüpft. Schon im 18. Jahrhundert haben Philosophen wie Immanuel Kant und Thomas Wright über die Natur und den Ursprung von Galaxien spekuliert. Heute scheint klar zu sein, dass Galaxien ihren Ursprung in Quantenfluktuationen haben, die sich nach dem Urknall bildeten.

Mit dem Hubble-Teleskop kann man Galaxien bis zu Rotverschiebungen von $z \approx 12$ sehen ($\lambda_{\text{beobachtet}} = (1 + z)\lambda_{\text{emittiert}}$); das entspricht mehr als 90 % des gesamten sichtbaren

Universums. Die Idee der kosmischen Inflation sagt vorher, dass das Universum flach ist und für immer expandiert; d. h., der Ω-Parameter ist gleich eins.

Die Dynamik der Sterne in Galaxien und von Galaxien in Galaxien-Clustern legt nahe, dass nur etwa 5 % der Materie in baryonischer Form vorliegt. Der Hauptteil der Materie, der für $\Omega = 1$ sorgt, muss nichtbaryonisch sein, also aus Teilchen bestehen, die im Standardmodell der Teilchenphysik nicht vorkommen. Diese Dunkle Materie verhält sich ganz anders als normale Materie. Sie wechselwirkt mit anderer Materie überwiegend nur durch die Gravitation. Zusammenstöße von Teilchen der Dunklen Materie mit bekannten Teilchen sind deshalb äußerst selten. Dadurch verlieren Teilchen der Dunklen Materie bei ihrem Weg durch den Kosmos kaum Energie, eine Tatsache, die für die Galaxienbildung von großer Bedeutung ist.

Die Kandidaten für Dunkle Materie klassifiziert man in ‚kalte' und ‚heiße' Teilchen. Der Prototyp der heißen Dunklen Materie ist das Neutrino ($m_\nu \neq 0$), das in mindestens drei Flavourzuständen vorkommt. Unter der kalten Dunklen Materie versteht man schwere, schwach wechselwirkende Teilchen (WIMPs – Weakly Interacting Massive Particles).

Die Modelle der Galaxienbildung hängen sehr empfindlich davon ab, ob die Materie von heißer oder kalter Materie dominiert wird. Da man in allen Modellen annimmt, dass die Galaxien aus Quantenfluktuationen entstanden sind, die sich zu Gravitationsinstabilitäten entwickeln, lassen sich zwei Fälle unterscheiden:

Wegen ihrer geringen Wechselwirkungsstärke würden schwere Neutrinos als Kandidaten für Dunkle Materie ein Szenario favorisieren, in dem zuerst die großen Strukturen (Supercluster), später die Cluster und schließlich die Galaxien gebildet wurden (‚Top-down'-Szenario). Das bedeutet aber, dass sich Galaxien erst für $z \leq 1$ gebildet haben sollten. Aus den Hubble-Beobachtungen wissen wir jedoch, dass schon für $z \geq 3$ große Populationen von Galaxien existierten. Damit scheiden neutrinodominierte Universen aus.

Massive, schwach wechselwirkende und meist nichtrelativistische (d. h. langsame) Teilchen werden aber bereits an Massenfluktuationen kleinerer Größe gravitativ gebunden. Bei Dominanz kalter Dunkler Materie werden deshalb zuerst kleine Massenanhäufungen kollabieren und durch weitere Materieansammlungen zu Galaxien anwachsen. Die Galaxien bilden dann Galaxienhaufen und später Superhaufen. Kalte Dunkle Materie favorisiert daher einen Aufbau von kleineren Strukturen zu größeren (‚Bottom-up'-Szenario).

Insbesondere die Beobachtungen der Satelliten COBE, WMAP und Planck der Inhomogenitäten der 2,7-Kelvin-Strahlung bestätigen die Idee von der Strukturbildung durch gravitative Verstärkung kleiner primordialer Fluktuationen. Sie stützt deshalb eine Kosmogonie, die durch kalte Dunkle Materie angetrieben wird, bei der kleine Strukturen (Galaxien) zuerst, und erst später Galaxienhaufen entstanden sind.

Die Dominanz von kalter Dunkler Materie schließt aber keineswegs von null verschiedene Neutrinomassen aus. Die Werte, die sich aus Neutrino-Oszillationen ergeben, sind mit einem Szenario der vorherrschenden kalten Dunklen Materie vereinbar. Der Beitrag der Neutrinos zur Gesamtmasse des Universums ist allerdings so gering, dass er für die Dynamik des Universums keine Rolle spielt. Gegenwärtig wird ein Cocktail – neben der baryonischen Materie und der Dunklen Energie – aus überwiegend kalter

Dunkler Materie mit einem ‚Schuss' leichter Neutrinos favorisiert (ΛCDM-Modell = kosmologische Konstante + Cold Dark Matter).

Eine genaue, sehr detaillierte, rechnerintensive Simulation der Strukturbildung im frühen Universum soll helfen, die Details der Entstehung von Galaxien, Galaxien-Clustern und großer Leerräume zu verstehen. Es wird aber allgemein das Bottom-up-Szenario favorisiert [143].

Zusammenfassung

Die Untersuchung der Geometrie des Universums legt nahe, dass das Universum flach ist; d. h. $\Omega = 1$. Wenn man die Masse von ‚Sonne, Mond und Sternen' aufaddiert, gelangt man aber nur zu einem Anteil von $\Omega_{\mathrm{Materie}} \approx 0{,}05$. Der Rest ist Dunkle Materie ($\approx 27\,\%$) und Dunkle Energie ($68\,\%$). Dass in den Galaxien sichtbare Materie fehlt, hat in den 30er-Jahren des letzten Jahrhunderts schon Fritz Zwicky bemerkt. Wegen der hohen Rotationsgeschwindigkeiten von Sternen bei großen Entfernungen vom galaktischen Zentrum müssten eigentlich die Galaxien auseinanderfliegen, wenn es nicht weitere Materie gäbe, die die Sterne gravitativ an die Galaxie binden würde. Wobei es sich bei dieser allein über die Gravitation wirkenden Materie handeln könnte, ist unklar. In gewissen elementarteilchenphysikalischen Modellen (Supersymmetrie) gäbe es Kandidaten für dunkle Materieteilchen, aber es gibt (noch) keine Hinweise aus Beschleunigerexperimenten über ihre Existenz. Bei der Dunklen Energie, einer abstoßenden Gravitation, die die Expansion des Universums antreibt, tappt man völlig ‚im Dunkeln'.

Astrobiologie

> *Ich glaube an Extraterrestriker. Ich denke, die Menschheit ist zu selbstsüchtig, wenn sie glaubt, dass wir die einzigen Lebensformen im Universum sind.*
> *Demi Lovato*

Die Astrobiologie ist eine wirklich interdisziplinäre Wissenschaft, die auf viele verschiedene wissenschaftliche Disziplinen zurückgreift. In der Frühzeit der Raumfahrt nannte man dieses Gebiet auch Exobiologie.

14.1   Extrasolare Planeten

> *Anzunehmen, die Erde sei der einzig bewohnte Himmelskörper im All, ist so absurd wie der Gedanke, dass auf einem mit Weizen besäten Feld nur ein einziges Saatkorn aufgeht.*
> *Metrodoros von Chios, 4. Jh. v. Chr.*

Mit der Entdeckung extrasolarer Planeten seit 1995 hat diese Disziplin stark an Interesse gewonnen. Mithilfe neuer Beobachtungsmethoden und moderner Satellitentechnik wurden in den letzten Jahren immer mehr Planeten in anderen Sonnensystemen entdeckt. Inzwischen sind über Dreitausend Exoplaneten bekannt, wobei insbesondere das Weltraumteleskop Kepler, das 2009 von der NASA als Planetensucher gestartet wurde, besonders erfolgreich war. Unter diesen Planeten sind natürlich in der Mehrzahl viele, die sich leicht finden lassen, also schwere Gasriesen, aber auch etliche Gesteinsplaneten wie die Erde. Von den bisher gefundenen Exoplaneten liegen über 84 (Stand 11. Mai 2016) in habitablen Zonen und werden daher für bewohnbar gehalten. Der der Erde am nächsten liegende Exoplanet umkreist Proxima Centauri, also in nur 4,2 Lichtjahren Entfernung.

© Springer-Verlag GmbH Deutschland 2018
C. Grupen, *Einstieg in die Astroteilchenphysik*,
https://doi.org/10.1007/978-3-662-55271-1_14

Er umkreist den roten Zwergstern in nur 11,2 Tagen und könnte in einer habitablen Zone liegen. Dieser Planet (Proxima Centauri b) in unserer kosmischen Nachbarschaft könnte sogar durch Roboterexpeditionen noch in diesem Jahrhundert erreicht werden.

Nach Exoplaneten wird mit verschiedenen Nachweistechniken gesucht. Man findet solche Planeten mithilfe der Messung der Radialgeschwindigkeit (über den Doppler-Effekt), der Transitmethode, also der Beobachtung der Verdunklung des Sterns beim Vorbeiziehen des Planeten vor dem Heimatstern, durch die Mikrolinsenwirkung, die direkte Beobachtung, durch die Variation der Lichtankunftszeiten oder die Modulation der Helligkeit auf der Bahn (s. auch Abb. 14.1).

Während Abb. 14.1 überwiegend schwere und große Planeten enthält, hat das Kepler-Teleskop (s. Abb. 14.2) eine Vielzahl von erdähnlichen, leichteren Planeten gefunden.

Abb. 14.3 zeigt den Nachweis eines Exoplaneten mithilfe der Mikrogravitations-linsenwirkung. Wenn ein Vordergrundstern, der als Deflektor dient, die Sichtlinie zu einem Hintergrundstern passiert, steigt die Helligkeit des Hintergrundsterns durch die Mikrogravitationslinsenwirkung an. Dies führt – je nach Masse des Vordergrundsterns – zu einem gaußförmigen Helligkeitsprofil. Falls der Vordergrundstern aber noch einen Planeten hat, wirkt dieser auch als Deflektor und erzeugt zusätzlich eine leichte Intensitätserhöhung des Hintergrundsterns, die als Spike auf dem Gauß-Profil zu sehen ist.

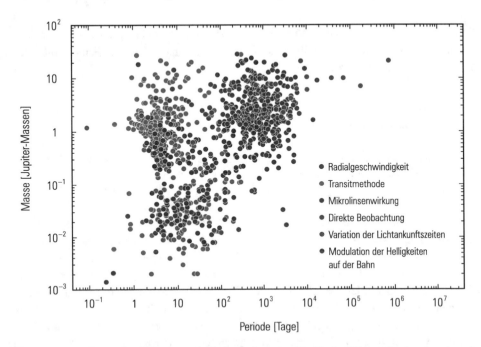

Abb. 14.1 Verteilung der Massen und Umlaufzeiten der bis Ende 2015 gefundenen extrasolaren Planeten. Die verschiedenen Nachweistechniken sind (**a**) Radialgeschwindigkeit (über den Doppler-Effekt), (**b**) Transitmethode, (**c**) Mikrolinsenwirkung, (**d**) Imaging (direkte Beobachtung), (**e**) Variation der Lichtankunftszeiten (wegen des Einflusses der Gravitation verschiebt sich bei Exoplaneten der Schwerpunkt des Sternsystems; dadurch kommt es zu einer zeitlichen Verschiebung bei periodischen Signalen des Sterns), (**f**) Modulation der Helligkeit auf der Bahn [144]

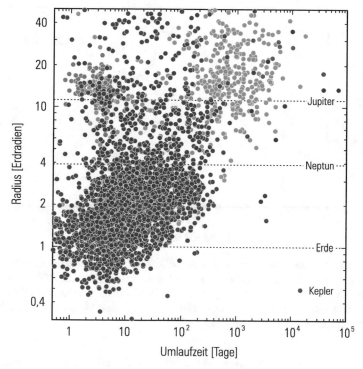

Abb. 14.2 Verteilung der Radien und Umlaufzeiten der mit dem Kepler-Teleskop bis Ende 2015 gefundenen extrasolaren Planeten. Ein Größenvergleich mit Jupiter, Neptun und der Erde ist angedeutet. Unter den von Kepler gefundenen extrasolaren Planeten sind viele von der Größe der Erde [145]

Um die Möglichkeit von Leben auf einem Exoplaneten abzuschätzen, hat man sich einen Erdähnlichkeitsindex überlegt, der sich natürlich an den Eigenschaften unserer Erde orientiert. Man braucht einen Mutterstern einer Spektralklasse, der unserer Sonne ähnelt und einen Energiefluss liefert, der der Solarkonstanten nahekommt. Für die Entwicklung von Leben fordert man Temperaturen, die flüssiges Wasser zulassen. Man braucht eine Atmosphäre, die der unseren ähnlich ist, aber auch unsere Umgebung im Sonnensystem scheint für die Entstehung von Leben wesentlich zu sein. Erde und Mond sind ein eingespieltes Paar. Ohne die stabilisierende Wirkung des Mondes würde sich kein konstantes Klima auf der Erde entwickeln können. Durch die Nähe des schweren Planeten Jupiter wurde die Erde vor häufigen Einschlägen von Kometen und Asteroiden bewahrt. Jupiter hat diese kosmischen Geschosse in den Asteroidengürtel außerhalb von Mars verbannt. Es gibt daher eine Reihe von Gründen, warum auf der Erde die Entstehung und Entwicklung von Leben möglich war. Carl Sagan hat argumentiert, dass es bei der Vielzahl von Sternen in unserem Universum eigentlich von Leben nur so wimmeln sollte. Mit ca. 100 Milliarden Sternen in der Milchstraße und etwa 100 Milliarden Galaxien hätte man insgesamt 10^{22} Sterne. Man nimmt an, dass praktisch jeder Stern auch Planeten hat,

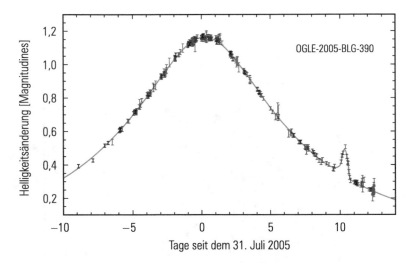

Abb. 14.3 Nachweis eines Exoplaneten über den Effekt der Mikrogravitationslinsenwirkung. Die *durchgezogene Kurve* beschreibt das Mikrogravitationslinsenereignis von OGLE-2005-BLG-390. Die verschiedenen Messpunkte stammen von sechs verschiedenen Teleskopen. Die Erhöhung um den Tag 10 herum deutet auf einen erdartigen Planeten hin, dessen Masse zu etwa fünf Erdmassen aus dem Intensitätsprofil bestimmt wurde [146]

von denen gelegentlich auch Planeten mit habitablen Zonen dabei sein werden. An dem Wort ‚gelegentlich‘ scheiden sich aber die Geister. Sagan nahm für ‚gelegentlich‘ eine Wahrscheinlichkeit von einem Promille an. Dann gäbe es also 10^{19} bewohnbare Planeten. Inzwischen hat man aber weitere Besonderheiten gefunden, die man für die Entstehung von Leben benötigt, sodass die Schätzungen für die Existenz von Leben zwischen dieser optimistischen Zahl von 10^{19} und bis zu null variieren.

14.2 Extremophile

Leben hat sich entwickelt und gedeiht unter Umweltbedingungen, die im Vergleich zu unseren eingeschränkten menschlichen Standards als extrem gelten: in kochend heißen, säurehaltigen Mineralquellen des Yellowstone Parks, in den Rissen permanent tiefgefrorener Eisschichten, im Kühlwasser von Kernreaktoren, in kilometertiefen Bereichen unter der Erdkruste, in reinen Salzkristallen und innerhalb von Felsgestein in trockenen Tälern der Antarktis.

Jill Tarter

Nun muss man anerkennen, dass sich die Menschen unter Leben meist etwas sehr eingeschränktes und menschenähnliches Leben vorstellen. Dabei ist noch nicht einmal so ganz klar, was eigentlich genau Leben ist. Es gibt Lebensformen, die unter ganz extremen Bedingungen existieren. Bärtierchen, die zur Gattung der Tardigraden gehören, können Monate und Jahre ohne Wasser auskommen, und man kann sie bis zu sehr tiefen

Temperaturen einfrieren. Sie stellen dabei ihren Stoffwechsel komplett ein, sind also nach unseren Maßstäben praktisch tot. Sie befinden sich damit in einem Zustand der Kryptobiose. Mit ein wenig Wasser kehren diese Bärtierchen wieder ins Leben zurück und scheinen auch nicht gealtert zu sein. Kryptobiose kommt auch bei Fadenwürmern und Rädertierchen vor. Die Entdeckung der Kryptobiose hat zu Diskussionen und zum Nachdenken über das Wesen und die Definition des Lebendigen geführt. Neben diesen erstaunlichen Lebensformen gibt es noch viele andere sogenannte Extremophile. So können bestimmte Mikroorganismen extrem hohe Dosen ionisierender Strahlung überstehen. Das Bakterium Deinococcus Radiodurans kann Strahlendosen bis zu etwa 20 000 Sievert aushalten (für den Menschen sind schon 4,5 Sievert tödlich). Deinococcus Radiophilus liebt sogar eine hohe Bestrahlung und kann Strahlenschäden mit bis zu 10 000 Brüchen seiner DNA ausheilen.[1] Cryptococcus Neoformans kann mithilfe des Pigments Melanin sogar Strahlenenergie für sein Wachstum nutzen. Es scheint in der Lage zu sein – ähnlich wie Pflanzen über Fotosynthese –, auch Gammaenergien zum Leben auszunutzen. Der Pilz Cryptococcus Neoformans liebt ebenfalls hohe Strahlendosen und ist dabei, in den Chernobyl-Reaktor einzudringen, weil es dort ‚leckere‘ Nahrung für ihn gibt.

Neben diesen Radiophilen gibt es auch Lebensformen, die besonders gut Kälte aushalten können (Kryophile) oder solche, die sogar bevorzugen, unter großem Druck zu leben (z. B. im Marianengraben bei 1000 Atmosphären). Weiterhin gibt es Spezies, die bei großer Hitze und auch bei sehr giftiger Umgebung existieren können. Es gibt auch Organismen, die an eine nährstoffarme Umgebung angepasst sind, ohne Sauerstoff auskommen und sogar im Inneren von Gesteinen leben. All dies legt nahe, dass es Lebensformen gibt, die unter Weltraumbedingungen existieren und lange überleben können. Vielfach wird auch diskutiert, ob das Leben auf der Erde aus dem Weltraum durch Kometen importiert wurde (Panspermie).

Das wirft nun auch die Frage auf, welches die Bedingungen der Möglichkeit zur Entstehung von Leben im Universum sind und welche Alternativen es zu Lebensformen gibt, wie wir sie kennen. Da in der Kosmologie auch über die Einbettung unseres Universums in ein Multiversum spekuliert wird, muss man auch an völlig andere Lebensformen denken, die sich unter anderen physikalischen Voraussetzungen oder anderen physikalischen Gesetzen entwickelt haben könnten.

---

[1]Deinococcus Radiodurans (D.R.) ist zu einer effektiven Heilung von Strahlenschäden in der Lage, weil für jeden DNS-Strang (Desoxyribonukleinsäure) eine Sicherheitskopie vorliegt. Diese Haltbarkeit von Sicherheitskopien macht D.R. auch als Datenspeicher für die IT-Industrie interessant. Man benutzt die grundlegenden Nukleinsäuren Adenin, Guanin, Cystonin und Thymin (A,G,C,T), um Daten in den genetischen Code von D.R. zu übersetzen und in die entsprechende DNS-Sequenz einzuschleusen. Verschiedene Kombinationen von A,G,C,T kodieren dabei jeweils einen Buchstaben. Entsprechende DNS-Stücke werden gefertigt und in das Erbgut von D.R. eingefügt. Die einmal einkodierten Daten bleiben noch über viele Bakteriengenerationen erhalten und können vermutlich noch Jahrzehnte später ausgelesen werden. Um Mutationen vorzubeugen, werden Mehrfachkopien angelegt. Ein Nachteil ist allerdings, dass der Lesevorgang die Information im Speicher zerstört.

14.3   Fein abgestimmte Parameter des Lebens

Entweder ist es eine Koinzidenz hoch zwei, oder ein absichtlicher, bewusster Entwurf.

Robert J. Sawyer

Die vielen Parameter des Standardmodells der Elementarteilchen scheinen Werte zu haben, sodass stabile Kerne und Atome existieren können. Insbesondere scheint das Element Kohlenstoff für die Entstehung und Entwicklung von Leben wichtig zu sein. α-Teilchen werden in den Sternen durch *pp*-Fusionsprozesse über Deuteriumproduktion erzeugt. Durch $\alpha\alpha$-Kollisionen könnte man ^{8}Be bilden, aber ^{8}Be ist sehr instabil und kommt auch in der Natur nicht vor. Um überhaupt ^{12}C zu erhalten, benötigt man eine Dreifach-α-Kollision. Ein Stoß von drei α-Teilchen scheint zunächst sehr unwahrscheinlich, aber durch eine merkwürdige Laune der Natur hat diese Reaktion einen resonanzartig großen Wirkungsquerschnitt. Ohne diese Reaktion würde es keine Elemente jenseits von Helium geben.

Auch die Koinzidenz der Zeitskalen stellarer Entwicklung und der Zeitspanne für die Entwicklung von Leben auf Planeten ist seltsam. In der Frühzeit des Universums – praktisch in den ersten drei Minuten – wurden nur die Elemente Wasserstoff und Helium gebildet, vielleicht mit einer Prise Lithium, Beryllium und Bor. Die Biologie benötigt aber praktisch alle Elemente des Periodensystems der Elemente. Die schweren Elemente jenseits des Heliums wurden in Sternen und Supernovaexplosionen gebildet. Die langlebigen, primordialen und radioaktiven Isotope (^{238}U, ^{232}Th, ^{40}K), die Halbwertszeiten von Milliarden Jahren haben, scheinen besonders wesentlich für die Entwicklung von Leben auf der Erde. Sie tragen zu einem großen Teil zu einem angenehmen Klima auf der Erde bei. Zum

Leben braucht man auch Eisen, wie es in Supernovaexplosionen fusioniert wird. Auf diese Weise konnte die Erde einen flüssigen Eisenkern entwickeln, der für die Erzeugung eines Magnetfelds wesentlich ist, das uns wiederum vor der tödlichen solaren und kosmischen Strahlung schützt.

Die ältesten Sedimentgesteine auf der Erde ($3,9 \cdot 10^9$ Jahre alt) enthalten Fossilien von Zellen. Man weiß, dass schon vor $3,5 \cdot 10^9$ Jahren Bakterien auf der Erde vorkamen. Falls die Zeitskala für die Entwicklung von Leben viel länger gedauert hätte, wäre es denkbar, dass höheres Leben gar nicht entstanden wäre, weil der Brennstoff in typischen Sternen im Mittel höchstens 10^{10} Jahre reicht.

Ob das Leben auf der Erde entstand, wird vielfach diskutiert. Neben dem terrestrischen Ursprung des Lebens wird auch die Möglichkeit des extraterrestrischen Ursprungs im Rahmen der Bioastronomie erwogen. Fred Hoyle hat zu diesem Thema viele (zum Teil auch skurrile) Beiträge geleistet.

Das Standardmodell der Vereinigung der elektroschwachen und starken Wechselwirkungen enthält 25 freie Parameter. Für die Kosmologie sollte man vielleicht einen weiteren wichtigen Parameter außerhalb des Standardmodells, der die kosmologische Konstante betrifft, miterwähnen. Die freien Parameter des Standardmodells werden durch Experimente ermittelt und per Hand in die Theorie eingeführt. Die Vielzahl der freien Parameter des Standardmodells kann auf einige Parameter reduziert werden, die für die astrobiologische Entwicklung von großer Bedeutung sind. Die Auswahl dieser Parameter unterliegt allerdings einer gewissen subjektiven Wichtung.

Unter diesen Parametern sind die Massen der u- und d-Quarks und ihr Massenunterschied von besonderer Bedeutung. Messungen in der Elementarteilchenphysik haben gezeigt, dass das u-Quark ($\approx 5\,\mathrm{MeV}$) etwas leichter ist als das d-Quark ($\approx 10\,\mathrm{MeV}$). Das Neutron mit dem Quarkinhalt udd ist deshalb etwas schwerer als das Proton (uud). Daher kann das Neutron in das leichtere Proton zerfallen:

$$n \rightarrow p + e^- + \bar{\nu}_e. \qquad (14.3.1)$$

Falls andererseits m_u größer als m_d wäre, also das Proton schwerer als das Neutron wäre, könnte das Proton gemäß

$$p \rightarrow n + e^+ + \nu_e \qquad (14.3.2)$$

zerfallen. In diesem Fall gäbe es keine stabilen Elemente, und damit könnte sich auch kein Leben entwickeln. Falls aber das d-Quark viel schwerer als $10\,\mathrm{MeV}$ wäre, dann wäre Deuterium ($d = {}^2\mathrm{H}$) instabil, und es könnten sich keine schweren Elemente bilden, denn die Fusionsreaktion in Sternen startet mit

$$p + p \rightarrow d + e^+ + \nu_e, \qquad (14.3.3)$$

und die Bildung schwerer Elemente setzt stabiles Deuterium voraus. Daher könnte sich auch in diesem Fall kein Leben entwickeln. Ebenso ist die Lebensdauer des Neutrons für die Entstehung und Entwicklung von Leben entscheidend. Details der primordialen Nukleosynthese hängen sehr empfindlich von der Neutronenlebensdauer ab. Diese ist wiederum mit der Kopplungskonstanten der schwachen Wechselwirkung verknüpft und bestimmt damit die Wechselwirkungsraten für die Produktion von Helium und anderen leichten Elementen. Es gibt viele weitere Parameter, die für die Entstehung und Entwicklung von Leben, wie wir es kennen, fein abgestimmt sein müssen.

In seinem Buch ‚Just six numbers' [147] nennt der gegenwärtige Astronomer Royal, Martin Rees, sechs Parameter, die für die Entwicklung der Welt und des Lebens entscheidend sind. Dazu gehören unter anderem das Verhältnis der Stärke der elektromagnetischen zur gravitativen Kopplung, der Ω-Parameter, also der Dichteparameter, der das Expansionsverhalten des Universums bestimmt, die kosmologische Konstante Λ und die Zahl der Raumdimensionen.

Die Tatsache, dass wir in einem flachen Universum leben, also der Ω-Parameter so nahe bei eins ist, ist für das Universum ganz entscheidend. Wäre Ω viel größer als eins, dann wäre das Universum schon längst rekollabiert, und es wäre keine Zeit für die Entwicklung von Leben geblieben. In diesem Zusammenhang spielt auch die kosmologische Konstante Λ, die eine abstoßende Gravitation beschreibt, eine entscheidende Rolle. Es ist bemerkenswert, dass Λ auf mikroskopischen Skalen, genauso wie die Gravitation, praktisch keine Rolle spielt. Die Diskrepanz zwischen dem kleinen Wert von Λ in der Kosmologie und dem extrem großen Wert der Vakuumenergie in Quantenfeldtheorien zeigt deutlich, dass wesentliche Zutaten im Verständnis der Vereinheitlichung aller Wechselwirkungen und der Entwicklung des Universums noch fehlen.

Ein physikalisch wichtiges Problem im Rahmen der Vereinigung aller Wechselwirkungen ist die geringe Stärke der Gravitation. Falls allerdings die Gravitation viel stärker wäre, würden wir – wenn überhaupt – in einem sehr kurzlebigen Universum leben. Keine Lebewesen könnten größer als ein paar Zentimeter werden, und es gäbe wohl kaum Zeit für eine biologische Evolution.

Ein anderer kritischer Parameter, den auch Martin Rees nennt, ist die Zahl der Dimensionen. Zwar können Superstringtheorien in elf Dimensionen formuliert werden – von denen sieben ‚aufgerollt', d. h. kompaktifiziert sind –, sodass wir in drei Raum- und einer Zeitdimension leben, aber in zwei Raumdimensionen wäre kein Leben, wie wir es kennen, möglich.

Auch die Effizienz der Energieerzeugung in Sternen ist für die Bildung chemischer Elemente bedeutsam. Falls der Wirkungsgrad der Massenumwandlung in Energie durch die Kernfusion größer als 0,7 % wäre, würden die Sterne ihren Wasserstoffvorrat zu schnell verbrauchen, sodass für die biologische Entwicklung, die mehrere Milliarden Jahre erfordert, kaum Zeit bliebe.

Die Frage, ob mit dem Universum ein großartiger Entwurf nach einem intelligenten Plan gelungen ist, wird sehr kontrovers diskutiert. In der Dysteleologie (bezeichnet die nicht zielgerichtete, unzweckmäßige oder gar zweckwidrige Schöpfung) werden zahlreiche Schwächen des Designs von Lebewesen zusammengestellt. Schon Oscar Wilde argwöhnte „Ich denke, als Gott den Menschen geschaffen hat, hat er vielleicht seine

Fähigkeiten überschätzt". Carl Sagan meinte dagegen „Das Universum ist weder gut noch böse, es ist einfach indifferent". Andererseits muss man gestehen, dass das Universum in vielerlei Hinsicht unwirtlich ist: Es ist so gut wie leer, man wird entweder verstrahlt, erfriert oder verbrennt [148]. Der Physiker Robert L. Park hat ebenfalls die theistische Interpretation der Feinabstimmung der Parameter kritisiert. „Falls das Universum zum Ziel

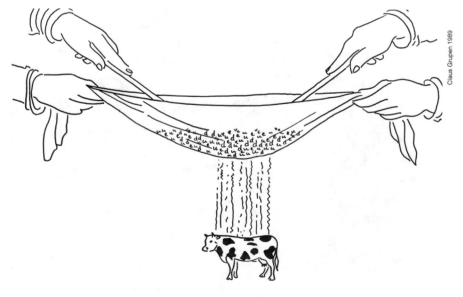

Entstehung von Leben

hatte, Leben hervorzubringen, dann muss gesagt werden, dass es sich um ein schockierend ineffizientes Design gehandelt hat. Es gibt riesige Bereiche des Universums, in denen Leben, wie wir es kennen, völlig unmöglich ist. Gravitationseffekte wären erdrückend oder die Strahlendosen so hoch, als dass komplexe Moleküle existieren könnten, oder hohe Temperaturen würden die Bildung stabiler chemischer Elemente unmöglich machen. Feinabstimmung zur Bildung von Leben? Es wäre sinnvoller zu fragen, warum Gott ein Universum schuf, das so lebensfeindlich ist."

14.4   Multiversen und anthropisches Prinzip

In der Quantentheorie geht es also um die Wechselwirkung des Wirklichen mit dem Möglichen.

David Deutsch

Es ist sicher klar geworden, dass die Feinabstimmung von Parametern des Standardmodells der Elementarteilchenphysik und der Kosmologie sehr wichtig für die Bildung und Entwicklung von Sternen, Galaxien und Leben ist. Falls auch nur einige der Parameter, die unsere Welt beschreiben, nicht genau abgestimmt wären, dann hätte unser Universum signifikant andere Eigenschaften. Diese anderen Eigenschaften hätten zur Folge, dass sich Leben – in der Form, wie wir es kennen – nicht hätte entwickeln können. Dann würde es aber auch keine Physiker geben, die fragen würden, warum die Parameter genau die Werte haben, die sie haben. Unser Universum könnte auch zufälligerweise das Ergebnis eines

Offene Frage

Auswahlprozesses aus der Vielzahl möglicher Universen in einem Multiversum sein. Es ist durchaus denkbar, dass es eine große Vielfalt an physikalischen Gesetzen in anderen Universen gibt. Nur in solchen Universen, in denen die Entstehung und Entwicklung von Leben möglich ist, können Fragen gestellt werden, warum die Parameter solche speziellen, lebensermöglichenden Eigenschaften haben. Als Konsequenz dieses anthropischen Prinzips folgt, dass es nicht geheimnisvoll ist, dass wir so spezielle Werte in unserem Universum vorfinden. Es ist eben gerade so, dass wir in einem durchaus denkbaren Universum leben, in dem die Entwicklung von Leben möglich ist.

Trotzdem ist es die Hoffnung der Teilchentheoretiker und Kosmologen, dass eine Theorie für Alles gefunden werden kann, in dem alle lebensbestimmenden, sensitiven Parameter auf die Werte fixiert werden, wie wir sie in unserem Universum vorfinden. Eine Theorie für Alles könnte eventuell auch ein tieferes Verständnis der Zeit ermöglichen. Eine solche Theorie und auch eine experimentelle Bestätigung dafür zu finden, ist das ultimative Ziel der Kosmoteilchenphysik.

Das ist genau das, was Einstein meinte, als er sagte „Was mich eigentlich interessiert, ist, ob Gott die Welt hätte anders machen können; d. h., ob die Forderung der logischen Einfachheit überhaupt eine Freiheit lässt."

Zusammenfassung

Die Astrobiologie – oder früher auch Exobiologie genannt – ist ein neues, aber auch sehr breit angelegtes Teilgebiet der Astroteilchenphysik. Besonders durch die Entdeckung von inzwischen mehr als 3000 extrasolaren Planeten wurde dieses Gebiet aktuell. Welche Bedingungen müssen etwa erfüllt sein, um Leben allgemein, und insbesondere auf anderen Himmelskörpern zu ermöglichen. Schon auf der Erde gibt es Extremophile, die unter erstaunlichen Bedingungen, bei sehr hohen Temperaturen, großen Drücken, hohen Strahlenbelastungen und sogar in Umgebungen ohne Sauerstoff existieren. Allerdings scheint das Leben, wie wir es kennen, recht fein abgestimmte Parameter der Teilchenphysik und der Gravitation zu erfordern. Diese Bedingungen sollten auch für extrasolare Planeten gelten, aber ob in anderen Universen dieselben Voraussetzungen gelten müssen, ist eine unbeantwortete und vermutlich unbeantwortbare Frage.

Ausblick

15

*Mein Ziel ist einfach. Es ist das vollständige Verständnis des
Universums: warum es so ist, wie es ist und warum es überhaupt
existiert.*
Stephen Hawking

Die Astroteilchenphysik hat sich aus der Physik der kosmischen Strahlung entwickelt.
Was den teilchenphysikalischen Aspekt anlangt, haben zwar Beschleunigerexperimente
seit den 70er-Jahren des letzten Jahrhunderts die führende Rolle übernommen, es ist
aber bereits jetzt erkennbar, dass in Beschleunigerexperimenten nicht die Energien erreicht werden können, die zur Lösung wichtiger elementarteilchenphysikalischer Fragen
notwendig sind.

Seit der letzten Auflage dieses Buches sind schon einige wesentliche Fortschritte erreicht worden. Das fehlende Teilchen des Standardmodells, das den Fermionen Masse
verleiht, das Higgs-Teilchen, ist 2012 am Large Hadron Collider von den Experimenten
ATLAS und CMS bei einer Masse von ≈ 125 GeV gefunden worden. Die Physiker Peter
Higgs und François Englert, die neben Robert Brout, und unabhängig davon auch von
Gerald Guralnik, Carl R. Hagen und Tom Kibble den Higgs-Mechanismus entwickelt
hatten, wurden 2013 mit dem Nobelpreis ausgezeichnet. Ob das Higgs-Teilchen das einzige fehlende Objekt des Standardmodells ist oder ein Mitglied einer ganzen Familie von
higgsartigen Teilchen, muss durch weitere Experimente noch geklärt werden.

Die Messung solarer und in der Atmosphäre erzeugter kosmischer Neutrinos und das
Verhalten von Neutrinos vom Beschleuniger hat das Oszillationsmodell der drei Neutri-
noflavours etabliert. Die als Eigenzustände der schwachen Wechselwirkungen erzeugten
Neutrinos ν_e, ν_μ und ν_τ sind Mischungen von drei Masseneigenzuständen ν_1, ν_2 und
ν_3. Offen ist nach wie vor die Masse der Neutrinos. Da es aber eine experimentelle
Grenze für das Elektron-Neutrino von ≤ 2 eV aus der Messung des Tritiumzerfalls gibt

© Springer-Verlag GmbH Deutschland 2018
C. Grupen, *Einstieg in die Astroteilchenphysik*,
https://doi.org/10.1007/978-3-662-55271-1_15

und $\delta(m_{ik})^2 \lesssim 10^{-3}\,\mathrm{eV}^2$ für alle $i, k = 1, 2, 3$ aus Oszillationsmessungen folgt, müssen die anderen beiden Neutrinos, ν_μ und ν_τ, auch leicht sein ($\leq 2\,\mathrm{eV}$).

Im Jahr 2015 hat das LIGO-Experiment die Entdeckung von Gravitationswellen vorgestellt. Es handelt sich bisher um vier Ereignisse zweier verschmelzender Schwarzer Löcher, die allerdings in Koinzidenz in zwei 3000 km entfernten Detektoren gesehen wurden. Die detaillierte Signatur insbesondere des ersten Ereignisses ist in perfekter Übereinstimmung mit der Erwartung. Das vierte Ereignis wurde koinzident mit dem inzwischen aufgerüsteten Virgo-Detektor in Italien (Pisa) gemessen.

In der Teilchenphysik ist das Standardmodell durch die Entdeckung des Higgs-Teilchens gestärkt: Die elektromagnetische und schwache Wechselwirkung vereinigen sich zu einer einheitlichen, elektroschwachen Kraft bei Schwerpunktsenergien von 100 GeV, der Skala der $W^\pm$- und Z^0-Massen. Schon die nächste Vereinigung der starken und elektroschwachen Wechselwirkung bei der GUT-Skala von etwa 10^{16} GeV ist jenseits jeder Möglichkeit, sie in Beschleunigerexperimenten jemals zu erreichen. Das trifft noch im stärkeren Maße für die Skala zu, die die Vereinigung aller Wechselwirkungen beschreibt, nämlich die Planck-Skala, bei der Quanteneffekte der Gravitation wesentlich werden ($\approx 10^{19}$ GeV).

Diese Energien werden in Form von Teilchenenergien der kosmischen Strahlung sicher auch nicht erreicht. Zwar entspricht die Energie der höchstenergetischen Teilchen, die durch die Luftschauertechnik gemessen wurden ($3 \cdot 10^{20}$ eV), einer Schwerpunktsenergie von etwa 800 TeV bei Proton-Proton-Kollisionen, also dem 60-Fachen der Energie, die der Hadronen-Kollider LHC (Large Hadron Collider) am CERN im Jahr 2015 erreicht hat, man muss aber auch bedenken, dass die Rate der Teilchen mit diesen Energien extrem niedrig ist. Allerdings haben in der Frühphase des Universums ($< 10^{-35}$ s) Bedingungen geherrscht, die den GUT- und Planck-Energien entsprechen. Die Suche nach stabilen Überresten der GUT- oder Planck-Zeit ermöglicht es also, Aufschluss über Modelle allumfassender Theorien zu erhalten (TOE – Theory of Everything). Diese Überreste könnten sich in exotischen Objekten, wie schweren supersymmetrischen Teilchen, magnetischen Monopolen, Axionen oder primordialen Schwarzen Löchern manifestieren.

Neben der Vereinigung aller Wechselwirkungen ist die Frage nach den Quellen der kosmischen Strahlung immer noch unbeantwortet. Zwar gibt es eine Reihe von bekannten kosmischen Beschleunigern (Supernovaexplosionen, Pulsare, . . .), aber wo und wie die allerhöchsten Energien ($> 10^{20}$ eV) erzeugt werden, ist noch unklar. Sogar die Frage nach der Identität dieser Teilchen (Protonen?, schwere Kerne?, Photonen?, Neutrinos?, neue Teilchen?) ist noch unbeantwortet. Es wird vermutet, dass aktive galaktische Kerne, insbesondere diejenigen von Blazaren, Teilchen auf solche Energien beschleunigen können. Wenn es sich aber um Protonen oder Gammaquanten handelt, ist unser Blickfeld in den Kosmos wegen der relativ geringen Reichweite dieser Teilchen ($\lambda_{\gamma p} \approx 50\,\mathrm{Mpc}$, $\lambda_{\gamma \gamma} \approx 30\,\mathrm{kpc}$) stark eingeengt. Daher macht man sich große Hoffnungen, mit der Neutrinoastronomie oder gar mithilfe von Gravitationswellen weiter in das Weltall vorzustoßen, wobei Neutrinos genau wie γ-Quanten in kosmischen Beam-Stopp-Experimenten in Pionzerfällen erzeugt werden und spektakuläre kosmische Ereignisse wie Kollisionen von Schwarzen Löchern Gravitationswellen emittieren. Neutrinos zeigen direkt zu den

Quellen, sie werden magnetisch nicht beeinflusst und kaum durch Wechselwirkungen geschwächt oder gar absorbiert. Die Winkelauflösung mithilfe von Gravitationswellen zu bestimmen, ist komplizierter und von Einzelheiten des Detektorsystems abhängig.

In den 90er-Jahren des letzten Jahrhunderts wurde spekuliert, dass die rätselhaften Neutrinos auch einen signifikanten Beitrag zur Dunklen Materie beisteuern könnten. Neuere Untersuchungen zeigen aber, dass der Beitrag von Neutrinos zur Gesamtmasse/Energie höchstens im niedrigen Prozentbereich (0,1 % bis 2 %) oder, nach den neuesten Planck-Daten, sogar nur bei einigen 10^{-5} liegt [149]. Die Untersuchungen zur Flavourzusammensetzung von atmosphärischen Neutrinos haben ein klares Defizit von Myon-Neutrinos aufgezeigt, das nur durch Oszillationen zu erklären ist. Solche Neutrino-Oszillationen erfordern aber von null verschiedene Neutrinomassen, die die Elementarteilchenphysik jenseits des vielfach bestätigten Standardmodells tragen. Es war zwar klar, dass das Standardmodell mit seinen vielen freien Parametern noch nicht die endgültige Antwort sein kann, aber die ersten Hinweise zu seiner Erweiterung kommen nicht aus Beschleunigerexperimenten, sondern aus Untersuchungen der kosmischen Strahlung.

Neutrinos können nicht das Problem der Dunklen Materie lösen. Inwieweit exotische Teilchen (WIMPs, SUSY-Teilchen, Axionen, Quarknuggets, ...) zur unsichtbaren Masse beitragen, bleibt abzuwarten. Auch gibt es noch die von Einstein ungeliebte kosmologische Konstante, die mit ihrer Vakuumenergiedichte einen wesentlichen Beitrag zur Struktur und zum Expansionsverhalten des Universums beiträgt. Es ist inzwischen klar, dass die gegenwärtig beobachtete Expansion des Weltalls nicht gebremst wird. Ganz im Gegenteil, die Beobachtungen entfernter Supernovaexplosionen legen nahe, dass die Expansion einen Gang zugelegt hat.

Sollte die kosmologische Konstante auch noch zurzeit eine dominierende Rolle spielen? Eine genaue, zeitabhängige Messung des Beschleunigungsparameters – über die Untersuchung der Expansionsgeschwindigkeit in verschiedenen kosmologischen Epochen, d. h. Abständen – wird darüber Auskunft erteilen.

Schließlich bleibt noch die Frage nach der kosmischen Antimaterie zu beantworten. Aus Beschleunigerexperimenten und Untersuchungen in der kosmischen Strahlung ist bekannt, dass die Baryonenzahl eine heilige Erhaltungsgröße ist. Mit jedem Baryon wird immer auch ein Antibaryon erzeugt. Ebenso wird mit jedem Lepton auch ein Antilepton produziert. Die wenigen in der Astroteilchenphysik gemessenen Antiteilchen ($\bar{p}$, e^+) sind aber vermutlich sämtlich sekundären Ursprungs. Auch der von den Satellitenexperimenten PAMELA und AMS gemessene Positronenüberschuss im Bereich um 100 GeV könnte eventuell durch nahe Supernovaexplosionen verstanden werden.

Da man annehmen muss, dass auch im Urknall gleiche Mengen von Quarks und Antiquarks erzeugt wurden, braucht man einen Mechanismus, der asymmetrisch auf Teilchen und Antiteilchen wirkt. Da bekannt ist, dass in der schwachen Wechselwirkung nicht nur die Parität P und Ladungskonjugation C, sondern auch CP verletzt ist, könnte ein CP-verletzender Effekt eine Asymmetrie im Zerfall von Protonen und Antiprotonen bewirken, sodass sich die Anzahlen der Protonen und Antiprotonen leicht unterschiedlich entwickeln. Bei einer anschließenden $p\bar{p}$-Annihilation würden einige Teilchen, die wir jetzt Protonen nennen, übrig bleiben. Da bei $p\bar{p}$-Vernichtungen zum großen Teil Photonen entstehen, deutet das beobachtete γ/p-Verhältnis von 10^9 darauf hin, dass bereits ein winziger Unterschied im Zerfallsverhalten von Protonen und Antiprotonen ausreicht, um die Materiedominanz im Universum zu erklären. Der bisher beobachtete Grad der CP-Verletzung im System der Kaonen und B-Mesonen reicht aber nicht aus, die Materiedominanz im Universum zu verstehen. Eine Asymmetrie ausreichender Größenordnung könnte ihren Ursprung in großen vereinheitlichten Theorien der elektroschwachen und starken Wechselwirkung haben.

Die Nichtbeobachtung primordialer Antimaterie ist aber noch kein konklusiver Nachweis, dass das Universum materiedominiert ist. Wenn es Galaxien aus Materie und ‚Antigalaxien' aus Antimaterie gäbe, dann würde man erwarten, dass sie durch Gravitation gelegentlich aneinandergezogen würden. Das sollte zu einem spektakulären Vernichtungsstrahlungsereignis führen. Ein klares Signal dafür wäre die Emission der 511 keV-Linie aufgrund der e^+e^--Annihilation. Zwar wird diese 511 keV-γ-Linie – auch in unserer Milchstraße – beobachtet, aber die Intensität reicht nicht aus, um sie als Kollision von größeren Mengen von Materie und Antimaterie zu verstehen. Es könnte aber auch sein, dass die bei der Wechselwirkung der Ausläufer von Galaxien und Antigalaxien entstehende Annihilationsstrahlung einen solchen Strahlungsdruck aufbaut, dass die Galaxien wieder auseinandergetrieben werden und es gar nicht zu einem spektakulären Strahlungsausbruch kommt.

Fragestellungen über eine mögliche Dominanz der Materie können kaum in Beschleunigerexperimenten allein beantwortet werden. Das frühe Universum bietet aber ein Labor, in dem die Antworten im Prinzip bereitliegen.

Die Untersuchungen zur Astroteilchenphysik könnten sich damit als ein wesentliches Mittel zum tieferen Verständnis des Universums und der Teilchenphysik erweisen.

Zusammenfassung

Neben den vielen Fortschritten in der Astroteilchenphysik gibt es zahlreiche, schwerwiegende Probleme, für die im Moment noch keine Lösungen in Sicht sind. Subjektiv geordnet nach der Schwere der Probleme kann man folgende Liste zusammenstellen:

- Die Quantenmechanik und die Allgemeine Relativitätstheorie sind in ihren Anwendungsbereichen glänzend bestätigt. Aber wie lassen sich diese grandiosen Theorien im Rahmen einer einheitlichen Beschreibung so darstellen, dass es eine Theorie für alles gibt? Sind Stringtheorien dafür aussichtsreiche Kandidaten? Lassen sich Stringtheorien experimentell testen? Löst eine Theorie der Quantengravitation den Gordischen Knoten?
- Der dominante Inhalt des Universums scheint die Dunkle Energie zu sein. Wir haben überhaupt keinen Hinweis, worum es sich dabei handeln könnte.
- Neben der Dunklen Energie brauchen wir die Dunkle Materie. Wir wissen ungefähr, wo die Dunkle Materie ist, und es gibt auch Vermutungen und Ansätze, woraus sie bestehen könnte, aber es gibt noch keine Klarheit. Im Gegensatz zur Dunklen

Energie gibt es aber Experimente, die nach der Dunklen Materie suchen. Ist die Supersymmetrie eine Lösung?

- Wie schaffen es die kosmischen Beschleuniger, Teilchen auf $10^{20}\,\mathrm{eV}$ zu beschleunigen?
- Wo befinden sich diese Beschleuniger, und wieso sieht man die Quellen nicht, bzw. noch nicht? Es ist allerdings schwer, Astronomie mit einer Handvoll Teilchen zu betreiben.
- Wie sieht die chemische Zusammensetzung der primären galaktischen und extragalaktischen kosmischen Strahlung bei den höchsten Energie aus?
- Die Theorie der Inflation kann viele kosmologische Rätsel erklären. Es gibt aber noch keinen entscheidenden experimentellen Test, der sie bestätigt.
- Wie kann man das Rätsel des Materie-Antimaterie-Ungleichgewichts verstehen? Liegt die Lösung dazu in der Elementarteilchenphysik?
- Im Neutrinosektor ist inzwischen zwar vieles verstanden, aber auch noch einiges unklar. Sind Neutrinos Dirac- oder Majorana-Teilchen, gibt es ‚sterile Neutrinos‘? Lassen sich die primordialen Neutrinos nachweisen? Wie kommen die Neutrinos zu ihren Massen?

Zur Lösung all dieser Probleme ist sicher ein weit gefasstes Beschleunigerprogramm und ein Multimessenger-Ansatz in der Astrophysik notwendig.

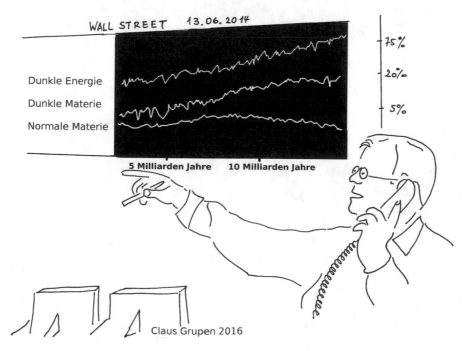

Wohin geht die Entwicklung: Big Crunch oder Big Rip?

Glossar

Eine treffende Bezeichnung hat eine Feinheit und Suggestivität, die
sie gelegentlich fast wie einen lebendigen Lehrer erscheinen lässt.
Bertrand Russell

absolute Helligkeit Die gesamte von einem Objekt abgestrahlte Luminosität. Ein Stern mit scheinbarer Helligkeit m im Abstand d (in parsec) hat die absolute Größenklasse $M = m - 5(\lg d - 1) = m - 5(\lg(d/10\,\text{pc}))$; z. B. Rigel hat $m = 0,12$ und steht in einer Entfernung von $d = 860$ Lichtjahren (1 pc = 3,26 LJ). Also $M = 0,12 - 5(\lg(860/3,26) - 1) \approx -7$. Die absolute Helligkeit einer Supernova vom Typ Ia ist $M = -17$. Supernovae vom Typ Ia sind alle gleich hell (‚Standardkerzen‘).

absoluter Nullpunkt Tiefste Temperatur, 0 Kelvin, bei der alle Bewegung zur Ruhe kommt (0 Kelvin = $-273,15°$ Celsius).

AGASA AGASA (Akeno Giant Air Shower Array) ist ein großflächiger ($100\,\text{km}^2$) Luftschauerdetektor in Japan mit der Möglichkeit der Messung der Elektronen- und Myonenkomponenten.

AGN Active Galactic Nucleus, aktiver Kern einer kompakten Galaxie. Wenn man annimmt, dass in Zentren von AGNs Schwarze Löcher residieren, bei denen die einfallende Materie eine Akkretionsscheibe bildet und die auch polare Jets emittieren, dann lassen sich die verschiedenen AGN-Typen (Seyfert-Galaxien, BL-Lacertae-Objekte, Radioquasare, Radiogalaxien, Quasare) als Folge der zufälligen Blickrichtung von der Erde aus verstehen.

Akkretionsscheibe Scheibe heißer Materie, die sich in Spiralbahnen um ein kompaktes Objekt bewegt.

aktive Galaxie Galaxie mit einer hellen Zentralregion, einem aktiven galaktischen Kern. Seyfert-Galaxien, Quasare und Blazare sind aktive Galaxien, die vermutlich von einem Schwarzen Loch gespeist werden.

akustische Peaks Nach der Entkopplung der Materie von der Strahlung wird das Muster der akustischen Schwingungen der primären Baryonenflüssigkeit als Struktur in das Leistungsspektrum der Hintergrundstrahlung eingefroren.

© Springer-Verlag GmbH Deutschland 2018
C. Grupen, *Einstieg in die Astroteilchenphysik*,
https://doi.org/10.1007/978-3-662-55271-1

Allgemeine Relativitätstheorie Verallgemeinerung der Newton'schen Gravitationstheorie auf relativ zueinander beschleunigte Systeme. In dieser Theorie sind schwere Masse (durch Gravitation bedingt) und träge Masse (Masse, die sich einer Beschleunigung widersetzt) äquivalent.

Alphazerfall Kernzerfall unter Aussendung eines α-Teilchens (ein Heliumkern).

AMS-Experiment Alpha-Magnet-Spektrometer an Bord der Internationalen Raumstation ISS zur Messung der primären kosmische Strahlung.

AMANDA Antarctic Muon and Neutrino Detector Array zur Messung hochenergetischer kosmischer Neutrinos.

Andromedanebel M31, eine der Hauptgalaxien der lokalen Gruppe; Entfernung von der Milchstraße: 700 kpc.

Annihilation Paarvernichtung; ein Prozess, in dem sich Teilchen und Antiteilchen vernichten, z. B. $e^+e^- \to \gamma\gamma$.

ANTARES Astronomy with a Neutrino Telescope and Abyss Environmental Research; großvolumiger Wasser-Cherenkov-Zähler im Mittelmeer zur Messung von kosmischen Neutrinos.

anthropisches Prinzip Das Universum ist so, wie es ist. Wenn es anders wäre, gäbe es uns nicht, und wir könnten nicht fragen, warum es so ist, wie es ist.

Antigravitation Abstoßende Gravitation, verursacht durch einen negativen Druck aufgrund einer kosmologischen Konstanten.

Antiquark Das Antiteilchen eines Quarks.

Antimaterie Zu jedem Teilchen gibt es ein Antiteilchen mit entgegengesetzten Quantenzahlen, z. B. $e^- \leftrightarrow e^+$; Proton–Antiproton; Teilchen und Antiteilchen haben entgegengesetzte Ladung.

Antiteilchen Zu jedem Teilchen gibt es einen anderen Teilchentyp, der genau die gleiche Masse hat, aber entgegengesetzte Werte für alle anderen Quantenzahlen. Dieser Zustand wird Antiteilchen genannt. Es gibt aber auch Teilchen, für die alle Ladungsquantenzahlen verschwinden und die dann mit ihren Antiteilchen identisch sind (z. B. das Photon).

Aphel Ort größter Sonnenferne eines Planeten.

Apogäum Ort eines Erdsatelliten in größter Erdferne.

Asteroidengürtel Ansammlung von Asteroiden und Zwergplaneten im Sonnensystem zwischen Mars und Jupiter.

Astrobiologie Die Astrobiologie beschäftigt sich mit dem Ursprung, der Evolution und der Zukunft des Lebens im Universum und stellt Überlegungen an über die Bildung von Leben in einem anderen Universum mit unterschiedlichen fundamentalen Parametern.

Astronomische Einheit (AE) Mittlerer Abstand zwischen Erde und Sonne. $1\,\mathrm{AE} \approx 150$ Millionen km.

Auger-Experiment Pierre-Auger-Observatorium; Luftschauerexperiment in Argentinien zur Messung der höchstenergetischen kosmischen Strahlung.

asymptotische Freiheit Bei hohen Energien verhalten sich Quarks asymptotisch wie freie Teilchen.

Aurora Borealis Nördliches Polarlicht.

Axion Hypothetisches, pseudoskalares Teilchen, das als Quant eines Felds eingeführt wurde, um die Nichtbeobachtung der CP-Verletzung in der starken Wechselwirkung zu erklären.

β-Zerfall Beim Kern-β-Zerfall wandelt sich ein Neutron des Kerns in ein Proton unter Emission eines Elektrons und eines Elektron-Antineutrinos um (β^--Zerfall). Entsprechend kann sich ein Proton in ein Neutron unter Emission eines Positrons und eines Elektron-Neutrinos umwandeln (β^+-Zerfall).

Baryonen Elementarteilchen, die aus drei Quarks aufgebaut sind, wie etwa Protonen und Neutronen.

Baryonenzahl B Die Baryonenzahl ist gleich eins für alle aus drei Quarks zusammengesetzten stark wechselwirkenden Teilchen. Quarks selbst tragen die Baryonenzahl $1/3$. Für alle anderen Teilchen ist $B = 0$.

Baryogenese Bildung von Baryonen aus der primordialen Quarksuppe.

BATSE Burst and Transient Source Experiment an Bord des CGRO-Satelliten.

Beschleunigungsparameter Ein Maß für die Änderung der Expansionsrate mit der Zeit. Für eine zunehmende Expansionsrate ist der Beschleunigungsparameter positiv. Man hatte erwartet, dass die gegenwärtige Expansionsrate durch die anziehende Gravitation reduziert wird (negativer Beschleunigungsparameter = Verzögerung). Die Messungen entfernter Supernovae zeigen allerdings eine beschleunigte Expansion.

Bethe-Bloch-Formel Diese Formel beschreibt den Energieverlust geladener Teilchen durch Ionisation und Anregung beim Durchgang durch Materie.

Bethe-Weizsäcker-Formel Diese Formel beschreibt die Kernbindungsenergie im Rahmen des Tröpfchenmodells.

Bethe-Weizsäcker-Zyklus Kohlenstoff-Stickstoff-Sauerstoff-Zyklus: Kernfusionsprozesse in massiven Sternen, in denen Wasserstoff zu Helium mit Kohlenstoff als Katalysator verbrannt wird (CNO-Zyklus).

Bioastronomie Frage nach dem Ursprung des Lebens, z. B. durch Panspermie.

Big Bang S. $\rightarrow$ Urknall.

Big Crunch (Endknall) Falls die Massendichte im Universum größer als die kritische Dichte ist, wird die gegenwärtige Expansionsphase in eine Kontraktion übergehen, die letztlich in einer Singularität endet.

Big Rip Wenn die Dunkle Energie gewinnt, werden letztlich alle Strukturen im Universum zerrissen, auch die Baryonen.

Bindungsenergie Die Arbeit, die aufgewendet werden muss, um einen Kern in die einzelnen Protonen und Neutronen zu zerlegen (Kernbindungsenergie).

Blauverschiebung Verkleinerung der Wellenlänge elektromagnetischer Strahlung durch Doppler-Effekt z. B. bei einer Kontraktion des Weltalls.

Blazar Kurzbezeichnung für aktive galaktische Kerne, die BL-Lacertae-Objekten und Quasaren ähneln.

BL-Lacertae-Objekte Extragalaktische Objekte in den Kernen einiger Galaxien, die die ganze Galaxie überstrahlen.

Bolometer Empfindliches Widerstandsthermometer zur Messung kleiner Energiedepositionen.

Boson Ein Teilchen mit ganzzahligem Eigendrehimpuls (Spin). Der Spin wird dabei in Einheiten von $\hbar$ gemessen (Spin $= 0, 1, 2, \ldots$).

Bottom-Quark Das b-Quark hat die elektrische Ladung $-\frac{1}{3}e$.

Brane p-dimensionale Membran in Stringtheorien.

Braune Zwerge Massearme Sterne ($<0{,}08$ Sonnenmassen), in denen thermonukleare Reaktionen nicht zünden, die aber trotzdem schwach leuchten, weil sie bei einem langsamen Schrumpfprozess Gravitationsenergie in elektromagnetische Strahlung umsetzen.

Breiteneffekt Zunahme der kosmischen Strahlungsintensität zu den geomagnetischen Polen aufgrund der Wechselwirkung der geladenen primären kosmischen Strahlung mit dem Erdmagnetfeld.

Bremsstrahlung Aussendung elektromagnetischer Strahlung beim Abbremsvorgang geladener Teilchen im Coulomb-Feld von Kernen. Bremsstrahlung kann auch auftreten bei Abbremsung eines geladenen Teilchens im Coulomb-Feld eines Elektrons.

Calabi-Yau-Raum Komplexer, höherdimensionaler Raum, der zur Kompaktifizierung überzähliger Raumdimensionen in Stringtheorien populär geworden ist.

Casimir-Effekt Eine reduzierte Anzahl virtueller Teilchen im Vakuum zwischen zwei parallelen Platten gegenüber dem Außenraum führt zu einer messbaren Anziehung der Platten.

Cepheiden Pulsierende Sterne, bei denen die Pulsationsfrequenz mit der Helligkeit korreliert ist. Cepheiden dienen damit auch zur Abstandsbestimmung.

CCD Charge-Coupled Device, Halbleiterkamera.

Centaurus A Starke galaktische Radioquelle im Sternbild Centaurus.

CERN Conseil Européen pour la Recherche Nucléaire, Europäische Organisation für Kernforschung in Genf.

CGRO Compton Gamma-Ray Observatory. Satellit mit vier Experimenten an Bord zur Messung galaktischer und extragalaktischer Gammastrahlung.

Chandra Im Juli 1999 gestarteter Röntgensatellit der NASA (ursprünglicher Name: AXAF).

Chandrasekhar-Masse Grenzmasse für Weiße Zwerge (1,4 Sonnenmassen); oberhalb dieser Masse überwindet die Gravitation den Druck des entarteten Elektronengases und führt zu einem Neutronenstern und, je nach Masse, auch zu einem Schwarzen Loch.

Charm-Quark Das c-Quark hat die elektrische Ladung $+\frac{2}{3}e$.

Cherenkov-Effekt Cherenkov-Strahlung tritt auf, wenn die Geschwindigkeit eines geladenen Teilchens in einem Medium mit Brechungsindex n größer als die Lichtgeschwindigkeit c/n in dem Medium ist.

CKM-Matrix Die Cabibbo-Kobayashi-Maskawa-Matrix ist eine Mischungsmatrix, wobei die elektroschwache Wechselwirkung die drei betrachteten Quarkgenerationen vermischt. Der Ursprung der CKM-Matrix liegt im Unterschied zwischen den Masseneigenzuständen und den Eigenzuständen der schwachen Wechselwirkung.

COBE Cosmic Background Explorer; Satellit, mit dem die geringen Temperaturschwankungen ($\frac{\Delta T}{T} \approx 10^{-5}$) der kosmischen Schwarzkörperstrahlung entdeckt wurden (Start 1989).

COMPTEL Compton-Teleskop an Bord des CGRO-Satelliten.

Compton-Effekt Der Compton-Effekt ist die Streuung eines Photons an einem freien Elektron. Die Streuung an Atomelektronen kann als reiner Compton-Effekt angesehen werden, wenn die Bindungsenergie klein ist gegenüber der Energie des einfallenden Photons.

Confinement Einschluss; die Eigenschaft der starken Wechselwirkung, die besagt, dass Quarks und Gluonen niemals als einzelne Objekte getrennt gefunden werden können, sondern immer nur innerhalb farbneutraler, zusammengesetzter Objekte anzutreffen sind.

CORSIKA CORSIKA (COsmic Ray SImulation for KAscade) is ein detailliertes und vielfach gebrauchtes Monte-Carlo-Programm zur Simulation hochenergetischer Luftschauer.

COS-B 1975 gestarteter, europäischer Gammasatellit.

CP-Invarianz Fast alle Wechselwirkungen sind gegen gleichzeitige Vertauschung Teilchen–Antiteilchen und Raumspiegelung invariant. Die CP-Invarianz ist aber bei schwachen Wechselwirkungen (z. B. beim K^0-Zerfall) verletzt.

CTA CTA (Cherenkov Telescope Array) is ein erdgebundenes Observatorium zur Hochenergie-Gammaastronomie, basierend auf der atmosphärischen Cherenkov-Technik.

CPT-Invarianz Alle Wechselwirkungen liefern wieder einen physikalisch realen Prozess, wenn man Teilchen durch Antiteilchen ersetzt, den Raum spiegelt und die Zeit umkehrt. Es wird angenommen, dass die CPT-Invarianz eine absolut erhaltene Symmetrie darstellt.

Cygnus X1 Röntgendoppelstern, bestehend aus einem blauen Überriesen und einem kompakten Objekt, das für ein Schwarzes Loch gehalten wird.

Cygnus X3 Röntgen- und Gammadoppelsternsystem, bestehend aus einem Begleitstern und einem Pulsar mit Gammaemission bis 10^{16} eV.

Davis-Experiment Historisch erstes Experiment zur Messung solarer Neutrinos.

De-Broglie-Wellenlänge Quantenmechanische Wellenlänge λ eines Teilchens: $\lambda = h/p$ (p – Impuls, h – Planck'sches Wirkungsquantum).

Deleptonisation Elektron-Proton-Verschmelzungsphase bei Supernovaexplosionen (e^- + $p \to n + \nu_e$).

Deuterium Wasserstoffisotop mit einem zusätzlichen Neutron im Kern.

Dichtefluktuationen Lokale Erhöhung und Erniedrigung der Massen- oder Strahlungsdichte im frühen Universum, die zur Galaxienbildung führte.

differentielle Gravitation Unterschiedliche Gravitationskräfte an zwei verschiedenen Punkten eines Körpers, die in einem starken inhomogenen Gravitationsfeld zur Streckung des Körpers führen.

Dipolanisotropie Scheinbare Veränderung der Temperatur der Hintergrundstrahlung bedingt durch die Bewegung der Erde durch die kosmologische Schwarzkörperstrahlung.

DNA Desoxyribonukleinsäure (DNS bzw. DNA (A für ‚acid')); Biomolekül und Träger der Erbinformation.

Domänengrenze Topologischer Defekt als Relikt aus der Frühphase des Universums.

Doppelpulsar Am Doppelpulsarsystem PSR 1913+16 wurden Vorhersagen der Allgemeinen Relativitätstheorie über die Periastrondrehung und den Energieverlust durch Abstrahlung von Gravitationswellen mit extremer Präzision bestätigt.

Doppler-Effekt Änderung der Wellenlänge von Licht, hervorgerufen durch eine Relativbewegung zwischen Quelle und Beobachter.

Down-Quark Das d-Quark hat die elektrische Ladung $-\frac{1}{3}e$.

Drake-Gleichung Die Drake-Gleichung bechreibt eine Abschätzung der Anzahl technischer, intelligenter Zivilisationen in unserer Milchstraße. Sie stellt eine sehr allgemeine Vermutung über die Existenz und Häufigkeit extraterrestrischen Lebens dar.

Dunkle Materie Unbeobachtete, nicht leuchtende Materie, deren Existenz aus der Dynamik des Weltalls gefordert wird, deren Natur aber ungeklärt ist.

dunkles Zeitalter Dark Ages: Epoche im frühen Universum, bevor es durch Rekombination transparent wurde.

ausgedehnter Luftschauer (EAS) Extensive Air Shower; großer ausgedehnter Luftschauer, ausgelöst von einem primären kosmischen Teilchen hoher Energie.

EGRET Energy Gamma Ray Telescope Experiment an Bord des CGRO-Satelliten.

Eis-Cherenkov-Zähler Cherenkov-Zähler, die Eis anstelle von Wasser als Radiatormedium benutzen (z. B. ICECUBE).

elektromagnetische Wechselwirkungen Die Wechselwirkung von Teilchen aufgrund ihrer elektrischen Ladung. Dieser Wechselwirkungstypus schließt auch die magnetischen Wechselwirkungen ein.

Elektron e; das leichteste elektrisch geladene Teilchen. Infolgedessen ist es absolut stabil, weil es keine leichteren elektrisch geladenen Teilchen gibt, in die es zerfallen könnte.

Elektroneneinfang Art des β-Zerfalls: $p + e^- \rightarrow n + \nu_e$.

Elektronenvolt eV; Maßeinheit sowohl für die Energie als auch für die Masse von Teilchen. Ein eV ist die Energie, die ein Elektron (oder allgemein: ein einfach geladenes Teilchen) aufnimmt, wenn es eine elektrische Spannungsdifferenz von einem Volt durchfliegt.

Elektronenzahl Das Elektron und sein zugehöriges Elektron-Neutrino haben die elektronische Leptonenzahl +1, ihre Antiteilchen die elektronische Leptonenzahl –1. Alle anderen Elementarteilchen haben die Elektronenzahl 0. Die Elektronenzahl ist eine Erhaltungsgröße.

elektroschwache Wechselwirkung Standardmodell der Elementarteilchen, in dem die elektromagnetische und schwache Wechselwirkung einheitlich beschrieben werden.

Elementhäufigkeit Anteil eines Elements auf der Erde, im solaren System oder in der primären kosmischen Strahlung.

Endknall S. $\rightarrow$ Big Crunch.

Energiedichte Strahlungsdichte in Joule/cm^3 oder eV/cm^3.

entartete Materie Fermionengas (Elektronen, Neutronen), deren Stabilität durch das Pauli-Prinzip gewährleistet wird.

Entartungsdruck Druck eines entarteten Fermi-Gases (Elektronen, Neutronen), bedingt durch das Pauli-Prinzip.

Ereignishorizont Oberfläche oder Grenze eines Schwarzen Loches. Aus Gebieten innerhalb der Ereignishorizontes können keine Teilchen und kein Licht entkommen.

Erhaltungsgröße Eine Größe ist dann erhalten, wenn sie die gleiche ist vor und nach einer Reaktion zwischen Teilchen. Erhaltungsgrößen sind etwa die elektrische Ladung, die Energie oder der Impuls.

EROS Expérience pour la Recherche d'Objets Sombres. Experiment zur Suche nach dunklen Objekten; s. a. $\rightarrow$ MACHO.

ESA Europäische Weltraumorganisation, European Space Agency (ESA).

Expansionstheorie Theorie, dass sich alle Galaxien voneinander wegbewegen. Das Expansionsverhalten sieht von jeder Galaxie gleich aus.

Extradimensionen Erweiterung des Raum-Zeit-Kontinuums um zusätzliche räumliche Dimensionen.

extragalaktische Strahlung Strahlung von außerhalb der Milchstraße.

extrasolare Planeten Extrasolare Planeten (Exoplaneten) gehören nicht unserem Sonnensystem, sondern einem anderen Stern an.

Extremophile Organismen, die unter extremen Umweltbedingungen (hoher Druck, hohe Temperatur, starke Strahlung, . . .) leben können.

falsches Vakuum Metastabiler Quantenzustand mit nichtverschwindender Vakuumenergie.

Farbe Die starke ‚Ladung' von Quarks und Gluonen wird Farbe (Colour) genannt.

Farbladung Die Quantenzahl, die die Beteiligung an starken Wechselwirkungen charakterisiert. Quarks und Gluonen tragen nichtverschwindende Farbladungen.

Fermi-Energie Energie des obersten besetzten Energieniveaus beim absoluten Nullpunkt der Temperatur für ein freies Fermi-Gas (z. B. Elektronen-, Neutronengas).

Fermi-Mechanismus Beschleunigungsmechanismus für geladene Teilchen durch Schockwellen (1. Art) oder ausgedehnte Magnetwolken (2. Art).

Fermion Ein Teilchen mit halbzahligem Spin ($\frac{1}{2}$, $\frac{3}{2}$ usw.), wenn der Spin in Einheiten von $\hbar$ gemessen wird. Elektronen, Protonen und Neutronen sind alle Fermionen, genauso wie die fundamentalen Materieteilchen, die Quarks und Leptonen.

Fermi-Satellit γ-Satellit, Fermi Gamma-ray Space Telescope (FGST), gestartet 2008.

Feynman-Graphen Feynman-Diagramme sind piktografische Abkürzungen für Wechselwirkungsprozesse in Raum und Zeit, die mit dem nötigen theoretischen Rüstzeug in

Wirkungsquerschnitte umgerechnet werden können. In der in diesem Buch gewählten Darstellung verläuft die Zeit auf der horizontalen und der Ort auf der vertikalen Achse. Teilchen bewegen sich in Raum und Zeit vorwärts, Antiteilchen rückwärts.

Flare Kurzfristiger Strahlungsausbruch von Sternen.

Flavour Kennzeichnet die Zuordnung eines Fermions (Lepton oder Quark) zu einer Teilchengeneration.

Fluchtgeschwindigkeit Mindestgeschwindigkeit, die ein Körper haben muss, um ein Gravitationsfeld der Masse M aus einem Abstand R vom Zentrum zu verlassen, $v = \sqrt{\frac{2GM}{R}}$. Für die Erde ist $v_E = 11{,}2\,\text{km/s}$.

Fly's Eye Detektor zur Messung großer Luftschauer über das von ihnen in der Atmosphäre ausgelöste Szintillationslicht.

Fotoeffekt Loslösung atomarer Elektronen durch Photonen.

Fragmentation Aufbrechung eines schweren Kerns in eine Zahl leichterer Kerne in einer Kollision.

Friedmann-Gleichung Differentialgleichung zur Beschreibung der Entwicklung des Universums in Abhängigkeit von der Energiedichte.

Friedmann-Lemaître-Universen Standard-Urknallmodelle mit negativer ($\Omega < 1$), positiver ($\Omega > 1$) oder flacher ($\Omega = 1$) Raumkrümmung.

Fundamentales Teilchen Ein Teilchen mit keiner erkennbaren inneren Struktur. Im Standardmodell der Elementarteilchen sind Quarks, Leptonen, Photonen, Gluonen, W^+-, W^--, Z-Bosonen und das *Higgs*-Boson fundamental. Alle anderen Objekte werden aus den genannten aufgebaut.

galaktisches Magnetfeld Magnetfeld in der Milchstraße mit einer mittleren Stärke von $3\,\mu\text{G} = 3 \cdot 10^{-10}$ Tesla.

Galaxienhaufen Zusammenballung von Galaxien in einer räumlich abgegrenzten Region.

Galilei-Transformation Koordinatentransformation für geradlinig gleichförmig gegeneinander bewegte Systeme ohne Berücksichtigung der Tatsache, dass es eine Grenzgeschwindigkeit (Lichtgeschwindigkeit) gibt.

GALLEX-Experiment Galliumexperiment im Gran-Sasso-Labor zum Nachweis der solaren Neutrinos aus dem pp-Zyklus.

Gammaastronomie Astronomie im Gammabereich ($>0{,}1$ MeV).

Gamma-Burster Extragalaktische Gammaquellen, die nur einmalig im γ-Licht aufblitzen. Es könnte sich dabei um kollidierende Neutronensterne handeln.

Gamma-Gamma-Wechselwirkungen Gamma-Gamma-Wechselwirkungen beschreiben die Wechselwirkungen von Photonen untereinander, die nur im Rahmen der Quantenelektrodynamik möglich sind. In der klassischen Physik ist diese Art der Wechselwirkung unmöglich. Für die Astroteilchenphysik beschränkt diese Wechselwirkung die Reichweite von hochenergetischer Gammastrahlung.

Gammastrahlen Kurzwellige elektromagnetische Strahlung, entsprechend Energien $\geq 0{,}1$ MeV.

geladener Strom Wechselwirkungsprozess, der durch den Austausch eines virtuellen geladenen Eichbosons vermittelt wird.

Generation Eine Menge von zwei Quarks und zwei Leptonen, die zu einer Familie zusammengefasst werden. Der Ordnungsparameter ist dabei die Masse. Die erste Generation (Familie) enthält die Up- und Down-Quarks, das Elektron und das Elektron-Neutrino. Die zweite Generation enthält das Charm- und Strange-Quark und das Myon mit seinem Neutrino. Die dritte Generation enthält das Top- und Bottom-Quark und das Tau mit dem Tau-Neutrino.

geschlossenes Universum Ein Friedmann-Lemaître-Modell des Universums mit positiver Raumkrümmung, das letztlich rekontrahiert und zum Big Crunch führt.

GLAST Gamma-ray Large Area Space Telescope, neuer Name: Fermi-Satellit (FGST – Fermi Gamma-ray Space Telescope); Start 2008.

Gluino Supersymmetrischer Partner des Gluons.

Gluon g; das Gluon ist der Träger der starken Wechselwirkung. Es gibt insgesamt acht verschiedene Gluonen, die sich durch ihre Farbquantenzahlen unterscheiden.

Gravitationsinstabilität Prozess, durch den Dichtefluktuationen ab einer gewissen Größe durch Selbstgravitation anwachsen.

Gravitationskollaps Wenn Gas- und Strahlungsdruck eines Sterns dem nach innen wirkenden Gravitationsdruck nicht mehr standhalten können, bricht der Stern unter seiner eigenen Schwerkraft zusammen.

Gravitationslinse Eine große Masse bewirkt eine starke Raumkrümmung und lenkt das Licht einer entfernten Strahlungsquelle ab. Je nach relativer Position von Quelle, Deflektor und Beobachter entstehen dabei Mehrfachbilder, Lichtbögen oder Ringe als Bilder der Quelle.

Gravitationsrotverschiebung Vergrößerung der Wellenlänge elektromagnetischer Strahlung durch Emission gegen ein Gravitationsfeld.

Gravitationswechselwirkung Die Wechselwirkung von Teilchen aufgrund ihrer Masse oder Energie. Auch Teilchen ohne Ruhmasse unterliegen der Gravitationswechselwirkung, wenn sie Energie haben, und zwar gemäß $m = E/c^2$.

Gravitationswellen Genauso wie beschleunigte Ladungen elektromagnetische Strahlung (Photonen) aussenden, emittieren beschleunigte Massen Gravitationswellen. Das Quant der Gravitationswelle ist das Graviton. Die erste Messung von Gravitationswellen gelang 2015 durch die Beobachtung des Verschmelzens zweier Schwarzer Löcher.

Gravitino Supersymmetrischer Partner des Gravitons.

Graviton Masseloses Boson mit Spin $2\hbar$, das die Wechselwirkung zwischen Massen vermittelt.

Greisen-Zatsepin-Kuzmin-Cut-off Schwellwertenergie energiereicher Protonen für Pionenproduktion an Photonen der kosmologischen Schwarzkörperstrahlung; s. a. → GZK-Cut-off.

Große Mauer Eine 100-Mpc-Struktur in der Verteilung von Galaxien mit Zentrum im Comahaufen. Die Große Mauer bewegt sich auf den Attraktor zu.

Größenklasse (Magnitudo) Werden für zwei Sterne die Strahlungsströme I_1 und I_2 gemessen, so haben die scheinbaren Helligkeiten eine Differenz von $m_1 - m_2 = -2,5 \lg(I_1/I_2)$. Ein Helligkeitsunterschied von 1 bedeutet also, dass sich die Strahlungsströme um $10^{0,4} = 2,512$ unterscheiden. Für den Stern 0-ter Größe wird die Intensität gleich 1 gesetzt. Mit dieser Definition des Nullpunkts der Größenklasse erhält der Polarstern eine Helligkeit von 2,12 (bzw. auch $2^m_{,}12$ [90]). Die Venus hat in dieser Skala eine Größenklasse $m = -4,4$, und Wega hat $m = 0$. Mit dem bloßen Auge kann man noch Sterne bis zur Größenklasse $m = 6$ sehen. Die stärksten Teleskope können noch Sterne bis zur 31. Größenklasse nachweisen (Hubble-Teleskop).

Großer Attraktor Hypothetischer Superhaufenkomplex mit einer Masse von > 10^4 Galaxien in einer Entfernung von einigen 100 Millionen Lichtjahren, der der lokalen Gruppe eine gerichtete Eigenbewegung aufprägt.

GUT (Grand Unified Theory) Vereinigte Theorie der starken, elektromagnetischen und schwachen Wechselwirkung.

GUT-Skala Energieskala, ab der sich die starke und elektroschwache Wechselwirkung nicht mehr unterscheiden; $\approx 10^{16}$ GeV.

GZK-Cut-off Der GZK-Cut-off (benannt nach Greisen, Zatsepin, Kuzmin) ist die Grenze für die maximale Energie kosmischer Protonen aus großen Entfernungen (≈ 50 Mpc), die durch Wechselwirkung mit der Schwarzkörperstrahlung gegeben ist.

habitable Zone Eine habitable Zone kennzeichnet den Abstandsbereich, in dem sich ein Planet von seinem Zentralgestirn befinden muss, damit dort Leben vorkommen kann.

Hadron Ein Teilchen, das aus stark wechselwirkenden Konstituenten (Quarks oder Gluonen) aufgebaut ist. Der Begriff Hadron umfasst Mesonen und Baryonen. Alle diese Teilchen nehmen an der starken Wechselwirkung teil.

Halo Kugelförmige Wolke meist alter Sterne, die eine Spiralgalaxie umgibt.

Hauptreihenstern Standardstern mittleren Alters, der im Hertzsprung-Russell-Diagramm auf der Hauptsequenz liegt.

Hawking-Strahlung Aus der Gravitationsfeldenergie eines Schwarzen Loches können Teilchenpaare gebildet werden, von denen etwa eines vom Schwarzen Loch verschluckt wird, während das andere entkommen kann. Durch diesen Quantenprozess können Schwarze Löcher verdampfen, weil er dem System Energie entzieht. Die Zeitskalen für die Verdampfung großer Schwarzer Löcher übersteigen jedoch das Weltalter bei Weitem.

HEAO High Energy Astronomy Observatory, Röntgen-Satellit.

Heisenberg'sche Unschärferelation Die Aussage, dass Aufenthaltsort und Impuls eines Teilchen nicht gleichzeitig mit beliebiger Genauigkeit bestimmt werden können, $\Delta x \cdot \Delta p \geq \hbar/2$. Diese Unschärfebeziehung bezieht sich auf alle komplementären Größen, also auch auf die Energie- und Zeitunschärfe.

heiße Dunkle Materie Relativistische Dunkle Materie, z. B. Neutrinos.

Hertzsprung-Russell-Diagramm Darstellung von Sternen in einem Farb-Helligkeits-Diagramm. Sterne großer Luminosität haben eine hohe Farbtemperatur (d. h. leuchten stark im blauen Spektralbereich).

H.E.S.S. H.E.S.S. (High Energy Stereoscopic System) ist ein erdbasiertes Cherenkov-Teleskop-System in Namibia zur Messung hochenergetischer kosmischer Gammastrahlung.

Higgs-Boson Nach dem Physiker Peter Higgs benanntes Teilchen, das im Standardmodell vorausgesagt wird, um über den Mechanismus der spontanen Symmetriebrechung den Fermionen Masse zu verleihen. Das Higgs-Teilchen wurde 2012 am CERN entdeckt.

Hintergrundstrahlung S. → kosmische Schwarzkörperstrahlung.

Höhenstrahlung S. → kosmische Strahlung.

Horizont Der beobachtbare Bereich des Universums. Der Radius des beobachtbaren Universums entspricht der Entfernung, die das Licht seit dem Urknall zurückgelegt hat.

HRI High Resolution Instrument, Fokaldetektor im Röntgen-Satelliten ROSAT.

Hubble-Gesetz Die Fluchtgeschwindigkeit der Galaxien ist proportional zu ihrem Abstand.

Hubble-Konstante H Proportionalitätskonstante zwischen der Fluchtgeschwindigkeit v der Galaxien und ihrem Abstand r; $v = H \cdot r$. Nach gegenwärtigen Messungen ist H etwa $70\,(\mathrm{km/s})/\mathrm{Mpc}$. Die reziproke Hubble-Konstante entspricht dem Weltalter.

Hubble-Teleskop Weltraumteleskop mit einem Spiegeldurchmesser von $2{,}2\,\mathrm{m}$ (HST – Hubble Space Telescope).

ICECUBE Großer Neutrinodetektor ($1\,\mathrm{km}^3$) im antarktischen Eis.

IMB Irvine-Michigan-Brookhaven-Experiment zur Suche nach dem Nukleonzerfall und zur Neutrinoastronomie.

Implosion Ein heftiger, nach innen gerichteter Kollaps.

Inflation Hypothetische exponentielle Expansionsphase im frühen Universum von $10^{-38}\,\mathrm{s}$ bis $10^{-36}\,\mathrm{s}$ nach dem Urknall. Die gegenwärtig beobachtete Isotropie und Uniformität der kosmischen Schwarzkörperstrahlung wird durch ein inflationäres Expansionsverhalten verständlich.

Infrarotastronomie Astronomie im Lichte der von kosmischen Objekten emittierten Infrarotstrahlung.

infrarote Sklaverei Bei kleinen Impulsen sind die Quarks in Hadronen gefangen.

INTEGRAL International Gamma-Ray Astrophysics Laboratory. Weltraumobservatorium zur Messung von Gammastrahlung von $15\,\mathrm{keV}$ bis $10\,\mathrm{MeV}$.

inverser Compton-Effekt Energieübertrag durch ein energiereiches Elektron auf ein energiearmes Photon.

Ionisation Loslösung von atomaren Elektronen durch Photonen oder geladene Teilchen, entsprechend Photoionisation und Stoßionisation.

Isospin Hadronen gleicher Masse (bis auf elektromagnetische Effekte) werden in Analogie zum Spin als Eigenzustände der dritten Komponente I_3 des Isospinvektors aufgefasst. Die Nukleonen bilden ein Isospindublett ($I = \frac{1}{2}$, $I_3(p) = +\frac{1}{2}$, $I_3(n) = -\frac{1}{2}$) und die Pionen ein Isospintriplett ($I = 1$, $I_3(\pi^+) = +1$, $I_3(\pi^-) = -1$, $I_3(\pi^0) = 0$).

Isotop Kerne gleicher Ladung, die das gleiche chemische Element darstellen, jedoch unterschiedliche Massen haben. Das chemische Element wird durch die Kernladungszahl charakterisiert. Isotope sind also Kerne fester Protonenzahl, wobei aber die Neutronenzahl variiert.

ISS Internationale Raumstation (International Space Station); bemannte Raumstation in ca. 400 km Höhe; seit 2000 in Betrieb.

Jeans-Masse Eine Inhomogenität in einer Materieverteilung wird, wenn sie eine bestimmte, kritische Größe (die Jeans-Masse) überschreitet, aufgrund der gravitativen Anziehung mit der Zeit anwachsen und zur Strukturbildung im Universum (z. B. zur Galaxienbildung) führen.

JEM-EUSO JEM-EUSO ist ein Luftschauerexperiment (Extreme Universe Space Observatory), welches auf dem japanischen Experiment-Modul (JEM) basiert, das auf der Internationalen Raumstation ISS installiert werden soll.

Jets Lange, dünne Materieströmungen, ausgehend von Radiogalaxien und Quasaren.

Kamiokande Kamioka Nucleon Decay Experiment in der japanischen Kamioka-Mine zur Messung kosmischer und terrestrischer Neutrinos.

Kaon K; ein Meson, das aus einem Strange-Quark und einem Anti-Up- oder Anti-Down-Quark besteht oder entsprechend einem Anti-Strange-Quark und einem Up- oder Down-Quark.

KASCADE KASCADE (KArlsruhe Shower Core and Array DEtector) mit der Erweiterung von KASCADE-Grande war ein Luftschauerexperiment am Karlsruher Institut für Technologie zur Messung primärer kosmischer Strahlung im Energiebereich bis 10^{18} eV.

kataklysmische Variable Unregelmäßig veränderliche Sterne.

Kaskade S. → Schauer.

Kernbindungsenergie Diejenige Energie, die man aufwenden muss, um einen Atomkern in seine Bestandteile zu zerlegen; ≈ 8 MeV/Nukleon.

Kernfusion Fusion von leichten Elementen zu schwereren Elementen. In einem Fusionsreaktor werden Protonen über Deuterium zu Helium verschmolzen. Die Sonne ist ein Fusionsreaktor.

Kernspaltung Spaltung des Kerns in zwei große Bruchstücke. Die Spaltung ist in der Regel asymmetrisch. Sie kann spontan oder durch Kernreaktionen induziert erfolgen.

Kohlenstoffzyklus S. → Bethe-Weizsäcker-Zyklus.

kosmische Elementhäufigkeit Standardzusammensetzung der relativen Häufigkeit von Elementen im Universum, wie man sie aus terrestrischer, solarer und extrasolarer Materie erhält.

kosmische Schwarzkörperstrahlung Nahezu isotrope Strahlung, die vom Urknall ausging ('Echo des Urknalls') und jetzt eine Temperatur von 2,7 K hat (Hintergrundstrahlung).

kosmische Strahlung Teilchen- und elektromagnetische Strahlung aus dem Kosmos, vorwiegend aus der Milchstraße. In der kosmischen Strahlung werden Teilchen mit Energien $> 10^{20}$ eV gemessen.

Kosmoarchäologie ‚Ausgrabung' von Informationen über Elementarteilchen und Kosmologie aus der Frühphase des Universums.

Kosmogonie Wissenschaft vom Ursprung des Universums.

Kosmologie Wissenschaft von der Struktur und Entwicklung des Universums.

kosmologische Konstante Ein von Einstein per Hand eingeführter Term in die Feldgleichungen, um ein statisches Universum zu beschreiben. Die kosmologische Konstante bewirkt eine abstoßende Gravitation und eine exponentielle Expansion im frühen Universum.

kosmologische Rotverschiebung Licht einer entfernten Galaxie erscheint durch die Expansion des Weltalls rotverschoben.

kosmologisches Prinzip Hypothese, dass das Universum auf großen Skalen homogen und isotrop sei.

Krebsnebel Crab; Supernovaexplosion eines Sterns in unserer Milchstraße (1054 von Chinesen beobachtet). Die ausgestoßenen Massen des Sterns bilden den Krebsnebel, in dessen Zentrum ein Supernovaüberrest (ein Pulsar) sitzt.

kritische Dichte Kosmische Massendichte ρ_c, die zu einem flachen Universum führt. In einem flachen Universum strebt die gegenwärtige Expansionsrate asymptotisch gegen null. Für $\rho > \rho_c$ geht die Expansion in eine Kontraktion über ($\rightarrow$ Big Crunch); für $\rho < \rho_c$ setzt sich die Expansion ewig fort und führt zum Big Rip.

Kuipergürtel Ringförmige, flache Region bestehend aus Asteroiden, Kometen und Zwergplaneten jenseits der Neptunbahn. Pluto ist eines der größten Objekte im Kuipergürtel.

Ladung Eine Quantenzahl, die von einem Teilchen getragen wird. Die Ladungsquantenzahl bestimmt, ob ein Teilchen an einem bestimmten Wechselwirkungsprozess teilnehmen kann. Ein Teilchen mit elektrischer Ladung hat elektromagnetische Wechselwirkungen, eines mit starker Ladung hat starke Wechselwirkungen, eines mit schwacher Ladung hat schwache Wechselwirkungen usw.

Ladungserhaltung Die Beobachtung, dass die Ladung eines Systems von Teilchen bei einer Wechselwirkung oder Transformation insgesamt unverändert bleibt. Dabei steht Ladung für elektrische Ladung, starke Ladung oder auch schwache Ladung.

Ladungskonjugation (C-Invarianz) Das Prinzip der Ladungsinvarianz sagt aus, dass alle Vorgänge wieder eine physikalische Realität besitzen, wenn man die Teilchen durch ihre Antiteilchen ersetzt. Dieses Prinzip ist in der schwachen Wechselwirkung verletzt.

Leistungsspektrum Beschreibt die Strukturbildung über Dichteschwankungen im frühen Universum.

LEP Abkürzung für Large Electron–Positron Collider, dem Elektron-Positron-Speicherring am CERN mit einem Umfang von 27 km.

Leptogenese Phase der Erzeugung von Leptonen im frühen Universum.

Lepton Ein fundamentales Fermion, das nicht an starken Wechselwirkungen teilnimmt. Die elektrisch geladenen Leptonen sind das Elektron (e), das Myon (μ), das Tauon (τ) und ihre Antiteilchen. Elektrisch neutrale Leptonen heißen Neutrinos (ν_e, ν_μ, ν_τ).

Leptonenzahl Quantenzahl, die die Zugehörigkeit eines Teilchens zu der Familie der Leptonen charakterisiert. Die drei Generationen von Leptonen (e^-, μ^-, τ^-) haben unterschiedliche Leptonenzahlen.

LHC Large Hadron Collider am CERN in Genf. Im LHC werden Protonen bei einer Schwerpunktsenergie von ungefähr 14 TeV zu Frontalkollisionen veranlasst.

Lichtgeschwindigkeit (c) Der Wert der Lichtgeschwindigkeit bildet die Basis zur Definition der Längeneinheit Meter: 1 Meter ist die Länge der Strecke, die Licht im Vakuum während der Dauer von $1/299\,792\,458$ Sekunden durchläuft.

Lichtjahr Abstand, den das Licht in einem Jahr zurücklegt; $1\,\text{LJ} = 9{,}45 \cdot 10^{15}\,\text{m} = 0{,}306\,\text{pc}$.

LIGO Laser Interferometer Gravitational-wave Observatory/Laser-Interferometer; Michelson-Interferometer als Gravitationswellen-Observatorium bestehend aus zwei unabhängigen Detektoren in ca. 3000 km Entfernung in den USA. LIGO entdeckte 2015 Gravitationswellen von einem Paar verschmelzender Schwarzer Löcher.

LISA Laser Interferometric Space Array; geplantes Observatorium im Weltall zur Messung von Gravitationswellen mithilfe von drei Satelliten, die ein gleichseitiges Dreieck mit 5 Millionen km Kantenlänge bilden. LISA wurde inzwischen ersetzt durch eLISA (Evolved Laser Interferometer Space Antenna), das allein mit europäischer Finanzierung realisiert werden soll. Neuer Name: NGO (New Gravitational wave Observatory); geplanter Start 2034.

LMC – Große Magellan'sche Wolke Irreguläre Galaxie am Südhimmel in einem Abstand von 170 000 Lichtjahren ($\stackrel{\wedge}{=} 52\,\text{kpc}$).

lokale Gruppe Ein System von Galaxien, dem neben unserer Milchstraße auch der Andromedanebel und die Magellan'schen Wolken angehören. Der Durchmesser der lokalen Gruppe ist etwa 5 Millionen Lichtjahre.

lokaler Superhaufen Virgosuperhaufen; ‚Milchstraße' von Galaxien, zu der auch die lokale Gruppe und das Virgo-Cluster gehören. Ausdehnung ca. 30 Mpc.

LOFAR LOFAR (Low Frequency Array) ist ein Radiointerferometer bestehend aus einer Vielzahl von Radiodetektoren (rund 10 000) im Frequenzbereich 10–80 MHz und 110–240 MHz mit einer Ausdehnung von 1000 km und mit einer Winkelauflösung im Bogensekundenbereich.

LOPES LOPES (LOFAR PrototypE Station) war ein digitales Radioantennenfeld zur Messung kosmischer Luftschauer auf dem Gelände des KASCADE-Grande-Experiments in Karlsruhe.

Lorentz-Transformation Transformation kinematischer Variablen für Bezugssysteme, die sich mit geradlinig gleichförmiger Geschwindigkeit zueinander bewegen unter Berücksichtigung, dass die Vakuumlichtgeschwindigkeit eine Grenzgeschwindigkeit ist.

Luftschauer-Cherenkov-Technik Messung ausgedehnter Luftschauer über das von ihnen in der Atmosphäre erzeugte Cherenkov-Licht.

Luminosität Gesamte Lichtabstrahlung eines Sternes oder einer Galaxie in allen Wellenlängenbereichen. Die Luminosität entspricht damit der absoluten Helligkeit.

M87 Galaxie im Virgohaufen (Abstand 11 Mpc); guter Kandidat zur Erzeugung von hochenergetischer kosmischer Strahlung.

MACHO Massive Compact Halo Object. Experiment zur Suche nach dunklen, kompakten Objekten im Halo der Milchstraße; s. a. → EROS.

Magellan'sche Wolken Nächste Galaxiennachbarn zur Milchstraße bestehend aus der Kleinen (SMC) und Großen Magellan'schen Wolke (LMC); Abstand 52 kpc.

MAGIC MAGIC (Major Atmospheric Gamma Imaging Cherenkov) ist ein Cherenkov-Teleskop auf La Palma zur Messung hochenergetischer kosmischer Gammastrahlung.

magische Zahlen Kerne, deren Protonenzahl Z oder Neutronenzahl N eine der magischen Zahlen 2, 8, 20, 28, 50, 82 oder 126 ist. Kerne, deren Protonenzahl und auch Neutronenzahl magisch ist, heißen doppelt magisch.

Magnetar Spezielle Klasse von Neutronensternen, die über ein superstarkes Magnetfeld verfügen (bis 10^{11} Tesla). Magnetare senden sporadische γ-Bursts aus.

Magnitudo Größenklasse zur Bezeichnung der Helligkeit eines Sterns. Man unterscheidet die → absolute Helligkeit (s. dort, auch absolute Größenklasse) und die scheinbare Helligkeit (oder → Größenklasse, s. dort). Die scheinbare Helligkeit wird mit ‚m' angegeben, die absolute Helligkeit mit ‚M'.

Markarian-Galaxien Im blauen und UV-Bereich emittierende Galaxien mit hellem aktiven galaktischen Kern, der auch $\geq$ TeV-Gammastrahlung aussendet.

Masse Ruhmasse; die Ruhmasse (m) eines Teilchens ist diejenige Masse, die man erhält, wenn man die Energie eines isolierten freien Teilchens im Zustand der Ruhe durch das Quadrat der Lichtgeschwindigkeit dividiert.

Materieoszillationen Flavouroszillationen können durch Materieeffekte resonanzartig verstärkt werden.

Meson Ein Hadron bestehend aus einem Quark und einem Antiquark.

Mikrogravitationslinseneffekt Auch Gravitationsmikrolinseneffekt. Dunkle Objekte können als Gravitationslinse vorübergehend die Helligkeit entfernter Objekte erhöhen.

Mini Black Holes Extrem kleine ($\approx$ μg) Schwarze Löcher könnten sich im frühen Universum bilden. Diese primordialen Schwarzen Löcher sind nicht der Endzustand kollabierender Sterne.

Mpc Mega-parsec (s. parsec).

Monopolproblem GUT-Theorien sagen die Existenz von massiven magnetischen Monopolen vorher. Die Inflationsphase würde diese Monopoldichte extrem stark verdünnen.

MSW-Effekt Materieoszillationen, vorgeschlagen von Mikheyev, Smirnov und Wolfenstein.

M-Theorie Supersymmetrische Stringtheorie (‚Superstringtheorie'), die alle Wechselwirkungen vereinigt. Insbesondere enthält die M-Theorie eine Quantentheorie der Gravitation. Die kleinsten Objekte der M-Theorie sind p-dimensionale Membranen in einer 11-dimensionalen Raumzeit. Von den 10 Raumdimensionen sind 7 in einem Calabi-Yau-Raum kompaktifiziert.

Multiplizität Anzahl der in einer Wechselwirkung erzeugten Sekundärteilchen.

Multiversum Superuniversum bestehend aus vielen Universen, von denen eines *unser* Universum ist.

Myon μ; die zweite Sorte geladener Leptonen. Das Myon hat die elektrische Ladung -1.

Myonenzahl Das Myon μ^- und das zugehörige Myon-Neutrino haben die myonische Leptonenzahl $+1$, ihre Antiteilchen die myonische Leptonenzahl -1. Alle anderen Elementarteilchen haben die Myonenzahl 0. Die Myonenzahl ist eine Erhaltungsgröße.

NASA National Aeronautics and Space Administration. Zivile US-Bundesbehörde für Raumfahrt.

negativer Druck Genauso wie ein positiver Druck über sein Feld die Gravitation verstärkt, führt ein negativer Druck (wie z. B. bei einer Feder) zu einer abstoßenden Schwerkraft.

neutraler Strom Wechselwirkungsmechanismus, der durch den Austausch eines virtuellen neutralen Eichbosons vermittelt wird (auch ‚Neutral Current‘).

Neutrino Ein Lepton ohne elektrische Ladung. Neutrinos nehmen nur an der schwachen und Gravitationswechselwirkung teil und sind deshalb sehr schwer nachzuweisen. Es gibt drei bekannte Typen von Neutrinos (ν_e, ν_μ und ν_τ), die alle nur sehr geringe Massen besitzen. Am LEP konnte gezeigt werden, dass es neben den drei bekannten Neutrinogenerationen keine weitere mit leichten Neutrinos ($m_\nu < 45\,\mathrm{GeV}/c^2$) gibt.

Neutrino-Oszillationen Umwandlung eines Neutrino-Flavours in einen anderen durch Vakuum- oder Materieoszillationen.

Neutron n; ein Baryon mit einer elektrischen Ladung null. Es ist ein Fermion mit einer Struktur, die aufgebaut ist aus zwei Down-Quarks und einem Up-Quark, die durch Gluonen zusammengehalten werden.

Neutronenstern Extrem dichter Stern, der überwiegend aus Neutronen besteht. Neutronensterne sind Überbleibsel von Supernovaexplosionen, wobei der Gravitationsdruck im Reststern so groß wird, dass die Elektronen in die Protonen hineingequetscht werden ($e^- + p \rightarrow n + \nu_e$). Neutronensterne haben Durchmesser von typisch 20 km. Überwindet der Gravitationsdruck den Entartungsdruck der Neutronen, so kollabiert der Neutronenstern zu einem Schwarzen Loch.

‚no hair‘-Theorem Ein Schwarzes Loch hat für einen Beobachter höchstens drei Eigenschaften: Masse, elektrische Ladung und Drehimpuls. Gleichen zwei Schwarze Löcher sich in diesen Eigenschaften, so sind sie ununterscheidbar.

Nova Stern mit plötzlichem Luminositätsanstieg ($\approx 10^6$-fach). Die Sternexplosion zerreißt den Stern nicht wie bei einer Supernovaexplosion. Eine Nova kann auch beim gleichen Stern mehrmals vorkommen.

Nullpunktsenergie Jedes quantenmechanische System hat selbst im niedrigsten Energiezustand immer noch eine von null verschiedene Energie.

offenes Universum Ein Friedmann-Lemaître-Weltmodell eines unendlichen, permanent expandierenden Universums.

OGLE Optical Gravitational Lens Experiment zur Suche nach der Dunklen Materie in der Milchstraße.

Olbert'sches Paradoxon In einem unendlichen, statischen Universum müsste der Nacht-himmel hell sein, weil jede Sichtlinie auf einem Stern landet. Das Universum ist aber endlich, Sterne leuchten nicht ewig, und ihr Licht wird durch die Expansion des Weltalls rotverschoben.

Oort'sche Wolke Vermutete, aber bisher nicht nachgewiesene Ansammlung astronomi-scher Objekte im äußersten Bereich des Sonnensystems mit einem Durchmesser von etwa 3 Lichtjahren.

OSSE Oriented Scintillation Spectroscopy Experiment an Bord des CGRO-Satelliten.

Ost-West-Effekt Geomagnetisch bedingte Asymmetrie der ankommenden primären kos-mischen Strahlung, die darin begründet ist, dass die Primärteilchen positive Ladung tragen.

Paarerzeugung Erzeugung von Fermion-Antifermion-Paaren durch Photonen im Coulomb-Feld von Atomkernen oder Elektronen.

PAMELA Payload for Antimatter Matter Exploration and Light-nuclei Astrophysics; Satellitenexperiment zur Messung der primären kosmischen Strahlung. PAMELA entdeckte einen Überschuss von Positronen im Hochenergiebereich.

Parallaxe Scheinbare Bewegung eines relativ nahen Objekts im Vergleich zum Himmels-hintergrund bei Veränderung der Beobachterposition.

Parität Ersetzt man in einer Wellenfunktion $\psi(r)$ den Radiusvektor durch $-r$, so kann gelten $\psi(r) = +\psi(-r)$ oder $\psi(r) = -\psi(-r)$. Im ersteren Falle spricht man von gera-der Parität, im zweiten Falle von ungerader Parität. Die Parität ist in der schwachen Wechselwirkung verletzt.

parsec Parallaxensekunde; Entfernung, unter der der mittlere Abstand Erde–Sonne unter dem Winkel einer Bogensekunde erscheint. $1\,\mathrm{pc} = 3{,}086 \cdot 10^{16}\,\mathrm{m} = 3{,}26\,\mathrm{Lichtjahre}$.

Pauli-Prinzip Das Pauli-Prinzip besagt, dass keine zwei Ferminonen im selben Quanten-zustand gleichzeitig existieren können.

Periastron (Periastrum) Bei Doppelsternen der dem Hauptstern am nächsten liegende Punkt der Bahn des Begleitsterns.

Perihel Ort größter Sonnennähe eines Planeten.

Perigäum Ort eines Satelliten in größter Erdnähe.

PETRA Positron Electron Tandem Ring Accelerator, ein Elektron-Positron-Speicherring am DESY in Hamburg, an dem das Gluon entdeckt wurde.

Pfotzer-Maximum Intensitätsmaximum sekundärer kosmischer Strahlung in 15 km Höhe erzeugt durch Wechselwirkung primärer kosmischer Teilchen mit der Atmosphäre.

Photino Supersymmetrischer Partner des Photons.

Photon Das Eichboson (Botenteilchen) der elektromagnetischen Wechselwirkung.

Pion π; das leichteste Meson; Pionen kommen in einem Isospintriplett vor und haben elektrische Ladungen von $+1$, -1 oder 0.

Planck (Surveyor) Satellit zur Messung der primordialen Schwarzkörperstrahlung (2009–2013).

Planck-Länge Längenskala, bei der sich die Quantennatur der Gravitation zeigen sollte: $L_P = \sqrt{G\hbar/c^3} = 1{,}62 \cdot 10^{-35}$ m.

Planck-Masse Energieskala, ab der sich alle Kräfte einschließlich der Gravitation durch eine einheitliche Theorie beschreiben lassen sollten: $m_P = \sqrt{\hbar c/G} = 1{,}22 \cdot 10^{19}$ GeV$/c^2$.

Planck'sche Strahlungsformel Beschreibt den Zusammenhang zwischen der frequenzabhängigen Strahlungsdichte eines strahlenden Hohlraums (eines ‚Schwarzen Körpers‘) und der Temperatur.

Planck-Verteilung Intensitätsverteilung der Schwarzkörperstrahlung eines Körpers der Temperatur T als Funktion der Wellenlänge.

Planck-Zeit Zeit kurz nach dem Urknall, die nur durch eine Theorie der Quantengravitation beschrieben werden kann: $t = \sqrt{G\hbar/c^5} = 5{,}4 \cdot 10^{-44}$ s.

planetarer Nebel Von einem heißen Stern an dessen Lebensende ejizierte, expandierende Gashülle.

PMNS-Matrix Nach den Ideengebern für Neutrino-Oszillationen genannte Neutrinomischungsmatrix (Pontecorvo, Maki, Nakagawa, Sakata).

Polarlicht Lichterscheinung, die vom Sonnenwind (Elektronen und Protonen) erzeugt wird, der an den Polen parallel zum Erdmagnetfeld tief in die Atmosphäre eindringen kann. Durch Wechselwirkung der Elektronen und Protonen mit den Atomen und Molekülen der Atmosphäre werden diese zum Leuchten angeregt.

Positron e^+; Antiteilchen des Elektrons.

primäre kosmische Strahlung Die primäre kosmische Strahlung ist die aus dem Weltraum auf unsere Erde einfallende Teilchenstrahlung. Sie besteht hauptsächlich aus Protonen und α-Teilchen, aber es kommen auch Elemente bis hinauf zum Uran in der primären kosmischen Strahlung vor.

primordiale Schwarze Löcher S. $\rightarrow$ Mini Black Holes.

primordiale Teilchen Teilchen aus den Quellen.

Proton p; das bekannteste Hadron, ein Baryon mit der elektrischen Ladung +1. Protonen werden aus zwei Up-Quarks und einem Down-Quark, die durch Gluonen zusammengehalten werden, aufgebaut. Der Kern eines Wasserstoffatoms ist ein Proton.

Proton-Proton-Kette Kernreaktionen, die Wasserstoff letztlich zu Helium verbrennen. Der pp-Zyklus ist die Hauptenergiequelle für die Sonne.

Protostern Sehr dichte Regionen oder Kerne von Gaswolken, aus denen sich Sterne bilden.

Proxima Centauri Sonnennächster Stern in 4,24 Lichtjahren Abstand mit einem Planeten (Proxima b) in einer vermutlich habitablen Zone.

Pseudoskalar Skalare Größe, die bei Raumspiegelung ihr Vorzeichen ändert.

PSPC Position-Sensitive Proportional Counter (ortsempfindlicher Proportionalzähler).

Pulsar Rotierender Neutronenstern mit charakteristischer, gepulster Emission in verschiedenen Spektralbereichen (Radio-, optische, Röntgen-, Gammaemission; ‚pulsierender Radiostern‘).

Quant Ein Quant ist die kleinste diskrete Menge irgendeiner physikalischen Größe. Das Planck'sche Wirkungsquantum ist die kleinste Größe einer physikalischen Wirkung. Die Elementarladung ist die kleinste Ladung von frei beobachtbaren Teilchen.

Quantenchromodynamik QCD; Theorie der starken Wechselwirkung von Quarks und Gluonen.

Quantenfeldtheorie Mathematisch-physikalische Theorie zur Beschreibung von Prozessen, bei denen Teilchen erzeugt oder vernichtet werden.

Quantengravitation Quantentheorie der Gravitation, eventuell vereinigt mit den übrigen Wechselwirkungen.

Quantenmechanik Die Quantenmechanik beschreibt die Gesetze der Physik, die bei sehr kleinen Abständen gelten. Das Hauptmerkmal der Quantenmechanik ist, dass die elektrische Ladung, die Energien und der Drehimpuls in diskreten Mengen vorkommen, die man Quanten nennt.

Quark q; ein fundamentales Fermion, das der starken Wechselwirkung unterliegt. Quarks haben elektrische Ladung von entweder $+\frac{2}{3}$ (up, charm, top) oder $-\frac{1}{3}$ (down, strange, bottom) in Einheiten, in denen die elektrische Ladung eines Protons +1 ist.

Quasar Quasistellare Radioquelle; Galaxie bei großer Rotverschiebung mit einem aktiven Kern, bei der der Kern die ganze Galaxie überstrahlt und dadurch wie ein Stern aussieht.

Quintessenz Modell eines hypothetischen skalaren Felds, das die kosmologische Entwicklung beeinflusst. Im Quintessenzmodell variiert die Energiedichte des Vakuums mit der Zeit in der Weise, dass sie auch noch heute eine Rolle spielt.

Radarastronomie Astronomie im Radiowellenbereich; führte zur Entdeckung der kosmischen Schwarzkörperstrahlung (Radar = Radio Detecting And Ranging); auch Radioastronomie.

Radioastronomie S. → Radarastronomie.

Radiogalaxie Eine Galaxie mit hoher Luminosität im Radiowellenbereich.

Re-Ionisation Epoche, in der sich die Materie des Universums nochmals ionisierte, also re-ionisierte. Danach wurde das Universum für sichtbares Licht transparent.

Rekombination Einfang eines Elektrons durch ein positives Ion, häufig in Verbindung mit Strahlungsemission.

Relativitätsprinzip Die Gesetze der Physik sind in allen Koordinatensystemen die gleichen.

Restwechselwirkung Die Restwechselwirkung ist die Wechselwirkung zwischen Objekten, die keine Ladung tragen, aber Konstituenten enthalten, die geladen sind. Z. B. ist die Restwechselwirkung zwischen farbneutralen Protonen und Neutronen verantwortlich für die Kernbindung. Sie kommt durch die starken Ladungen der Konstituenten des Protons und Neutrons zustande.

Röntgenastronomie Astronomie im Röntgenbereich (0,1 keV–100 keV).

Röntgen-Burster Röntgenquellen, deren Strahlung in unregelmäßigen Abständen plötzlich ansteigt.

ROSAT Deutsch-britisch-amerikanischer Röntgensatellit (1990 gestartet).

Rosetta Europäische Raumsonde, die einen Lander (Philae) auf dem Kometen Tschurjumow-Gerasimenko abgesetzt hat.

Roter Riese Wenn ein Hauptreihenstern seinen Wasserstoffvorrat verbrannt hat, kontrahiert sein Kern, und es setzt Heliumbrennen ein. Dabei bläht sich der Stern auf und steigert seine Luminosität.

Rotverschiebung Vergrößerung der Wellenlänge elektromagnetischer Strahlung durch den Doppler-Effekt, durch die Expansion des Weltalls oder durch starke Gravitationsfelder:

$$z = \frac{\Delta\lambda}{\lambda_0} = \frac{\lambda - \lambda_0}{\lambda_0}$$

(λ_0 – emittierte Wellenlänge, λ – beobachtete Wellenlänge),

$$z = \begin{cases} v/c & , \quad \text{klassisch} \\ \sqrt{\dfrac{c+v}{c-v}} - 1 & , \quad \text{relativistisch} \end{cases}.$$

R-Parität Quantenzahl, die supersymmetrische Teilchen von normalen Teilchen unterscheidet.

SAGE-Experiment Soviet-American Gallium Experiment zum Nachweis der solaren Neutrinos aus dem pp-Zyklus.

Sacharow-Kriterien Notwendige Bedingungen zur Erklärung und zum Verständnis der Materie-Antimaterie-Asymmetrie.

SAS 2, SAS 3 Small Astronomy Satellite; 1972 (SAS 2) bzw. 1975 (SAS 3) von der NASA gestartete Gammasatelliten.

Schauer Oder Kaskade. Hochenergetische Elementarteilchen können in Wechselwirkungen zahlreiche neue Teilchen erzeugen, die wiederum in weiteren Wechselwirkungen neue Teilchen produzieren. Die dabei entstehende Teilchenkaskade kann in Materie absorbiert werden und zur Bestimmung der Energie des auslösenden Teilchens dienen. Man unterscheidet elektromagnetische (ausgelöst durch Elektronen und Photonen) und hadronische Schauer (ausgelöst von stark wechselwirkenden Teilchen, z. B. p, α, Fe, $\pi^{\pm}$, ...).

Schockfront Ein abruptes Druck-, Dichte- oder Temperaturgefälle.

Schockwellen Materie, die durch eine Schockfront läuft, erfährt eine plötzliche irreversible Zustandsänderung, wobei gewöhnlich kinetische Energie in thermische Energie umgewandelt wird. An Schockfronten können aber auch Teilchen effektiv beschleunigt werden.

schwache Wechselwirkung Eine Wechselwirkung für alle Prozesse, in denen W^+-, W^-- oder Z-Bosonen ausgetauscht werden.

schwarzer Körper Ein idealer Körper, der alle auf ihn fallende Strahlung absorbiert. Die Emission eines schwarzen Körpers hängt allein von seiner Temperatur ab.

Schwarzes Loch Ein massiver Stern, der seinen Wasserstoff verbrannt hat, kann unter seiner eigenen Gravitation zu einer mathematischen Singularität schrumpfen. Die Größe eines Schwarzen Lochs wird durch seinen Ereignishorizont charakterisiert. Der Ereignishorizont ist der Radius der Region, in dem die Gravitation so stark ist, dass nicht einmal Licht entkommen kann (s. Schwarzschild-Radius).

Schwarzkörperstrahlung Strahlung eines Objektes, das ein perfekter Strahlungsabsorber ist. Ein solcher Absorber ist ebenfalls ein perfekter Emitter (auch Hintergrundstrahlung).

Schwarzschild-Radius Ereignishorizont eines sphärischen Schwarzen Loches, $R = 2GM/c^2$.

Schwerkraft Oder Gravitation. Anziehend wirkende Kraft zwischen zwei Körpern aufgrund ihrer Massen. Die Gravitation zwischen zwei Elementarteilchen ist wegen ihrer geringen Massen vernachlässigbar klein.

sekundäre kosmische Strahlung Die sekundäre kosmische Strahlung ist ein kompliziertes Gemisch aus Elementarteilchen, die durch Wechselwirkung der primären kosmischen Strahlung mit den Atomkernen der Atmosphäre entstehen.

Seltsamkeit Strangeness: Quantenzahl zur Charakterisierung von Hadronen, die ein s-Quark enthalten.

SETI (SETI) Search for Extraterrestrial Intelligence ist die Suche nach außerirdischen Zivilisationen mithilfe von Radiosignalen. Man beschränkt sich im Wesentlichen auf das Lauschen von Signalen möglicher extraterrestrischer, technisch versierter Zivilisationen.

Seyfert-Galaxie Unterklasse der Spiralgalaxien, die durch einen aktiven Kern und starke Emission im Blauen gekennzeichnet sind.

SGR-Objekte Soft-Gamma-Ray Repeater sind Objekte, die wiederholt γ-Blitze aussenden. Es handelt sich bei ihnen vermutlich um Neutronensterne mit außerordentlich hohen Magnetfeldern (s. Magnetar).

Singularität Eine Raum-Zeit-Region mit unendlich großer Raumkrümmung – ein Raum-Zeit-Punkt.

Slepton Supersymmetrischer Partner eines Leptons.

SMC Small Magellanic Cloud (Kleine Magellan'sche Wolke). Galaxie in unmittelbarer Nachbarschaft der Großen Magellan'schen Wolke (LMC).

SN 1987A Supernovaexplosion in der Großen Magellan'schen Wolke 1987. Der Vorgängerstern war Sanduleak.

SNAP Supernova/Acceleration Probe: Satellit zur Untersuchung der Dunklen Materie und Dunklen Energie: Start ≈ 2020?

SNO Sudbury Neutrino Observatory; Observatorium zur Messung der Neutrino-Oszillationen.

SNR Supernova Remnant. Reststern nach einer Supernovaexplosion. Dabei handelt es sich meist um einen rotierenden Neutronenstern (Pulsar).

Sonnenflecken Kühlere, und damit dunklere Bereiche der Sonne, in denen thermische Energie in Magnetfeldenergie übergegangen ist.

Sonnenfleckenzyklus Wiederkehrender 11-Jahres-Zyklus von Sonnenflecken.

Sonnenwind Fluss solarer Teilchen (Elektronen und Protonen), die von der Sonne wegströmen (entsprechend auch Sternenwind).

Spallation Kernumwandlung durch hochenergetische Teilchen, bei der – im Gegensatz zur Kernspaltung – eine größere Anzahl von Kernbruchstücken sowie α-Teilchen und Neutronen auftreten.

Spaghettifikation Streckung eines Körpers, der in ein Schwarzes Loch fällt, aufgrund der differentiellen Gravitation.

Speicherring Synchrotron, bei dem in einem Vakuumrohr Teilchen und Antiteilchen gleichzeitig gespeichert werden, also gegenläufig umlaufen. Die in Paketen gespeicherten Teilchen kollidieren an den Wechselwirkungspunkten.

Spezielle Relativitätstheorie Die von der klassischen Newton'schen Theorie verwendete Vorstellung eines absoluten Raumes und einer absoluten Zeit wurde von Einstein zugunsten einer relativen Raumzeit aufgegeben. Unter Einbeziehung der endlichen, konstanten Vakuumlichtgeschwindigkeit in allen zueinander geradlinig, gleichförmig bewegten Bezugssystemen ergibt sich unter anderem eine Geschwindigkeitstransformation, die von der Galilei-Transformation abweicht.

Spin Eigendrehimpuls eines Teilchen, gequantelt in Einheiten von $\hbar$, wobei $\hbar = \frac{h}{2\pi}$ und h das Planck'sche Wirkungsquantum ist.

spontane Symmetriebrechung Ausbildung von unterschiedlichen Eigenschaften eines Systems bei niedrigen Energien (z. B. schwache und elektromagnetische Wechselwirkung), die bei hohen Energien, bei denen sie durch eine vereinigte Theorie beschrieben werden, nicht existieren.

Squark Supersymmetrischer Partner eines Quarks.

Standardkerze Astronomisches Objekt mit bekannter absoluter Helligkeit.

Standardmodell Bezeichnung der Physiker für die Theorie der fundamentalen Teilchen und ihrer Wechselwirkungen. Im engeren Sinne beschreibt das Standardmodell die Vereinigung der schwachen und elektromagnetischen Wechselwirkungen. Im weiteren Sinne wird es häufig gebraucht für die gemeinsame Beschreibung der schwachen, elektromagnetischen und starken Wechselwirkungen.

Starburst-Galaxien Galaxien mit einer hohen Sternentstehungsrate.

starke Wechselwirkung Die Wechselwirkung, die verantwortlich ist für die Bindung zwischen Quarks, Antiquarks und Gluonen, aus denen die Hadronen aufgebaut werden. Die Restwechselwirkung der starken Wechselwirkung ist verantwortlich für die Kernbindung.

stationäres Universum Älteres Weltmodell, in dem kontinuierlich Materie erzeugt wird, die den bei der Expansion entstehenden Raum ausfüllt und so eine konstante Dichte aufrechterhält.

Strahlungsära Zeitspanne vom Urknall bis zu 380 000 Jahren, als sich neutrale Atome bildeten.

Strahlungsdruck Kraft, die Photonen ausüben, wenn sie an kleinen Staub- oder Materieteilchen gestreut oder von Atomen absorbiert werden.

Strahlungsgürtel S. → Van-Allen-Gürtel.

Strahlungslänge X_0 Charakteristische Abschwächlänge für hochenergetische Elektronen- und Gammastrahlung.

Strangeness Die Strangeness (Seltsamkeit) des s-Quarks ist −1. Für die Strangeness gilt ein eingeschränkter Erhaltungssatz. Sie bleibt bei starken und elektromagnetischen Wechselwirkungen erhalten, ist jedoch bei schwachen Wechselwirkungen verletzt.

Strange-Quark s; die dritte Quarksorte. Das seltsame Quark hat die elektrische Ladung $-\frac{1}{3}e$.

String Im Rahmen der Stringtheorie sind die bekannten Elementarteilchen unterschiedliche Anregungen von elementaren Saiten (‚Strings'). Die Länge der Strings ist durch die Planck-Skala gegeben (→ Planck-Länge).

Stringtheorie Theorie, die die Allgemeine Relativitätstheorie mit der Quantenmechanik durch die Einführung einer mikroskopischen Theorie der Gravitation vereinigt.

Supererde Bezeichnung für große extrasolare erdähnliche Planeten. Die Masse der Supererden ist viel größer als die der Erde. Über die Möglichkeit von Leben auf Supererden wird keine Aussage gemacht.

supergalaktische Ebene Konzentration vieler Galaxien um den Virgohaufen in einer Ebene mit einer Ausdehnung von $\approx 30\,\text{Mpc}$.

Superhaufen S. → Galaxienhaufen.

Super-Kamiokande-Detektor Nachfolgeexperiment des Kamiokande-Detektors (s. Kamiokande).

supermassives Schwarzes Loch Schwarzes Loch im Zentrum einer Galaxie, das 10^9 Sonnenmassen enthalten kann.

Supernova Sternexplosion, die durch einen Gravitationskollaps ausgelöst wird, wenn der Stern seinen Wasserstoff- und Heliumvorrat verbraucht hat und unter seiner eigenen Schwerkraft zusammenfällt. Der Reststern einer Supernova ist ein Neutronenstern oder Pulsar.

Supernovaüberrest Reststern nach einer Supernovaexplosion, meist ein Neutronenstern oder Pulsar.

Supersymmetrie (SUSY) In supersymmetrischen Theorien wird jedem Fermion ein bosonischer Partner und jedem Boson ein fermionischer Partner zugeordnet. Auf diese Weise wird die Zahl der Elementarteilchen verdoppelt. Die bosonischen Partner der Leptonen und Quarks sind die Sleptonen und Squarks. Die fermionischen Partner etwa des Photons, Gluons, Z und W sind Photino, Gluino, Zino und Wino. Bisher wurden noch keine supersymmetrischen Teilchen nachgewiesen.

Synchrotronstrahlung Elektromagnetische Strahlung, die von einem beschleunigten geladenen Teilchen in einem Magnetfeld emittiert wird.

Szintillation Anregung von Atomen und Molekülen durch den Energieverlust geladener Teilchen mit nachfolgender Lichtemission.

Tachyon Hypothetisches Teilchen mit Überlichtgeschwindigkeit.

Tau τ; die dritte Sorte geladener Leptonen. Das Tau trägt die elektrische Ladung −1.

Tauonenzahl Das Tau τ^- und sein zugehöriges Tau-Neutrino haben die Tauonenzahl +1, die Antiteilchen τ^+ und $\bar{\nu}_\tau$ die Tauonenzahl −1. Alle anderen Elementarteilchen haben die Tauonenzahl 0. Die Tauonenzahl ist eine Erhaltungsgröße.

thermonukleare Reaktion Kernverschmelzung von leichten Elementen zu schweren Elementen bei hohen Temperaturen (z. B. pp-Fusion bei $T \approx 10^7$ K).

Theory of Everything (TOE) Die ultimative Theorie, in der die unterschiedlichen Phänomene der elektroschwachen, starken und gravitativen Wechselwirkungen einheitlich beschrieben werden.

Top-Quark t; die sechste Quarksorte. Das Top-Quark hat die elektrische Ladung $+\frac{2}{3}e$. Die Masse des Top-Quarks ist vergleichbar der Masse eines Goldkerns ($173\,\text{GeV}/c^2$).

Triple-α-Prozess $3\alpha \longrightarrow {}^{12}_{6}\text{C}$ mit großem Wirkungsquerschnitt; Voraussetzung für die Bildung von Leben auf der Erde.

Tritium Isotop des Wasserstoffs mit zwei zusätzlichen Neutronen im Kern.

Überlichtgeschwindigkeit Phänomen der scheinbaren Überlichtgeschwindigkeit, die sich durch einen Geometrieeffekt, der mit der endlichen Laufzeit des Lichtes zusammenhängt, erklären lässt.

Unschärferelation Quantenprinzip, zuerst von Werner Heisenberg formuliert, das besagt, dass es unmöglich ist, sowohl den Aufenthaltsort als auch den Impuls eines Teilchens zur selben Zeit mit absoluter Präzision zu kennen. Das Heisenberg-Prinzip bezieht sich generell auf komplementäre Größen, also ebenso auf die komplementären Größen Energie und Zeit.

Up-Quark u; die leichteste Quarksorte mit elektrischer Ladung $+\frac{2}{3}e$.

Urknall (Big Bang) Anfang des Universums, als alle Materie und Strahlung aus einer Singularität entstand.

Vakuumenergiedichte Quantenfelder im energetisch niedrigsten Zustand, die das Vakuum beschreiben, müssen nicht notwendigerweise die Energie null haben.

Van-Allen-Gürtel Niederenergetische Teilchen des Sonnenwindes werden in bestimmten Bereichen des Erdmagnetfelds eingefangen und dort gespeichert.

Vela-Pulsar Vela X1, ca. 1500 Lichtjahre entfernter Supernovaüberrest im Sternbild Vela; die Supernovaexplosion wurde von den Sumerern vor 6000 Jahren beobachtet.

VERITAS VERITAS (Very Energetic Radiation Imaging Telescope Array System) ist ein Cherenkov-Teleskop in Arizona zur Messung hochenergetischer kosmischer Gammastrahlung.

Vernichtungsstrahlung S. → Annihilation.

Viererimpuls Vektor mit vier Komponenten, bestehend aus der Energie und den drei Impulskomponenten.

Virgohaufen Konzentration von Galaxien in Richtung des Sternbildes Jungfrau.

virtuelles Teilchen Teilchen, deren Lorentz-invariante Massen nicht mit ihren Ruhmassen übereinstimmen, heißen virtuell. Virtuelle Teilchen mit einem negativen Massenquadrat heißen raumartig, solche mit einem positiven Massenquadrat zeitartig. Virtuelle Teilchen können nur für solche Zeiten existieren, die durch die Heisenberg'sche Unschärferelation zugelassen sind.

Wasserstoffbrennen Wasserstofffusion zum Helium.

W^+-, W^-**-Boson** Geladene Eichquanten der schwachen Wechselwirkung. Sie sind an allen sogenannten Charged-Current-Prozessen (‚geladene Ströme') beteiligt. Das sind Prozesse, in denen sich die elektrische Ladung der beteiligten Teilchen ändert.

Wechselwirkungslänge λ Charakteristische Stoßlänge für stark wechselwirkende Teilchen.

Weißer Zwerg Reststern von Erdgröße, dessen Stabilität nicht durch den Strahlungs- oder Gasdruck wie bei normalen Sternen aufrechterhalten wird, sondern durch den Druck des entarteten Elektronengases. Hat der Weiße Zwerg eine Masse, die größer als das 1,4-Fache der Sonnenmasse ist, wird auch dieser Druck überwunden, und er kollabiert zu einem Neutronenstern.

Weltalter Aus der Hubble-Expansion und dem Planck-Satelliten bestimmtes Alter der Welt unter der Annahme, dass das Universum im Urknall entstand. Das Weltalter beträgt 13,8 Milliarden Jahre.

Weltmodelle S. → Friedmann-Lemaître-Universen.

Whipple Whipple war ein Cherenkov-Teleskop zur Messung hochenergetischer kosmischer Gammastrahlung (1997–2006).

WIMPs Weakly Interacting Massive Particles sind Kandidaten für Dunkle Materie.

Wirkungsquerschnitt Der Wirkungsquerschnitt ist diejenige Fläche eines Atomkernes oder Teilchens, die ein Teilchen treffen muss, um eine bestimmte Reaktion herbeizuführen.

WMAP Wilkinson Microwave Anisotropy Project: Satellit zur Messung der primordialen Schwarzkörperstrahlung (2001–2010).

w**-Parameter** Der w-Parameter (w = Druck/Energiedichte) charakterisiert verschiedene Modelle der Entwicklung des Universums.

Wurmloch Ein hypothetischer Kanal in der Raumzeit, der verschiedene Regionen eines Universums verbindet oder eine Brücke zu einem anderen Universum schafft.

XMM Röntgensatellit gestartet 1999 (X-Ray Multi-Mirror Satellite), umbenannt in Newton-Observatorium.

Z-Boson Neutrales Boson der schwachen Wechselwirkung. Es vermittelt diese schwache Wechselwirkung in allen Prozessen, die nicht mit einer Flavour-, d. h. Quarksortenänderung einhergehen.

Zeitumkehrinvarianz (T-Invarianz); unter T-Invarianz versteht man die Aussage, dass alle in der Natur vorkommenden Reaktionen zwischen Elementarteilchen auch zeitlich umgekehrt möglich sind. Wenn CPT, also die Abfolge der Ladungskonjugation, der Paritätstransformation und der T-Spiegelung eine Erhaltungsgröße ist, dann ist die T-Invarianz bei schwachen Wechselwirkungen verletzt, weil die CP-Invarianz nachgewiesenermaßen im Zerfall des neutralen Kaons nicht erhalten ist.

Zerfall Ein Prozess, in dem ein Teilchen verschwindet und an seiner Stelle andere Teilchen auftauchen. Die Summe der Massen der erzeugten Teilchen ist immer geringer als die Masse des ursprünglichen Teilchens, das zerfällt.

Zyklotronmechanismus Beschleunigung geladener Teilchen auf Kreisbahnen in einem transversalen Magnetfeld.

Bildnachweis und Referenzen

1. Credner, T., Kohle, S., Universität Bonn, Observatorium Calar Alto
2. M1: Filaments of the Crab Nebula. Mit freundlicher Genehmigung von S. Kohle, T. Credner et al. Astronomisches Institut, Universität Bern. ◇ http://apod.nasa.gov/apod/ap980208.html. Zugegriffen: 27. Apr. 2017
3. Mammana, D.: mammana@skyscapes.com. Private Mitteilung von Dennis Mammana
4. D. Kuhn, Universität Innsbruck, private Mitteilung
5. Hess, V.F.: Über Beobachtungen der durchdringenden Strahlung bei sieben Freiballonfahrten. Phys. Z. **13**, 1084 (1912)
6. Kohlhörster, W.: Messungen der durchdringenden Strahlung im Freiballon in größeren Höhen. Phys. Z. **14**, 1153 (1913)
7. Robert O'Dell, C.: NASA und ESA: The gravitational lens G2237 + 0305. In: Hubble Site (2015). 13. September 1990
8. Ost-West-Effekt nach de Clercq, C., Vrije Universiteit Brussel. http://w3.iihe.ac.be/~cdeclerc/astroparticles/figures/ (2009). Zugegriffen: 27. Apr. 2017
9. Anderson, C.D., Neddermeyer, S.H.: Cloud chamber observations of cosmic rays at 4300 meters elevation and near sea-level. Phys. Rev. **50**, 263 (1936)
10. Powell, C.F., Fowler, P.H., Perkins, D.H.: The Study of Elementary Particles by the Photographic Method. Pergamon Press, New York (1959)
11. G-Stack Collaboration; Davies, J.H., et al.: On the Masses and Modes of Decay of Heavy Mesons Produced in Cosmic Radiation. Il Nuovo Cimento, Vol.2, No. 5, p. 1063 (1955). ◇ Perkins, D.H.; University of Oxford; Private Mitteilung (1996)
12. Rochester, G.D., Butler, C.C., Manchester, U.: Evidence for the existence of new unstable elementary particles. Nat. **160**, 855–857 (1947)
13. Oh, S.Y., Yi, Y.: A simultaneous forbush decrease associated with an earthward coronal mass ejection observed by STEREO. Solar Phys. **280**, 197–204 (2012)
14. Penzias, A.A.: Mit freundlicher Genehmigung von A.A. Penzias. Bell Labs, USA (1965)
15. Penzias, A.A., Wilson R.W.: A measurement of excess antenna temperature at 4080 Mc/s. Astrophys. J. Lett. **142**, 419–421 (July 1965). ◇ A.A. Penzias und R.W. Wilson, Bell Labs, Holmdel, NJ
16. Niu, K., Mikumo, E., Maeda, Y.: Possible decay in flight of a new type particle. Prog. Theor. Phys. **46** 1644–1646 (1971). ◇ Niu, K., Mikumo, E., Maeda, Y.: A possible decay in flight of a new type particle. Conf. Paper, 12th Int. Cos. Ray Conf. (Hobart), 2792–2798 (1971). ◇ S. a. Niu, K.: Discovery of naked charm particles and lifetime differences among charm species using nuclear emulsion techniques innovated in Japan. Proc. Jpn. Acad. **Ser. B 84**, 1–16 (2008)
17. Grupen, C.: Cosmic Cartoon Collection. Siegen University Press, Siegen (2014)

© Springer-Verlag GmbH Deutschland 2018
C. Grupen, *Einstieg in die Astroteilchenphysik*,
https://doi.org/10.1007/978-3-662-55271-1

18. Timm, U., PLUTO Collaboration. ◇ Stella, B.R. (Rome III U. & INFN, Rome3), Meyer, H.-J. (Siegen U.): Y(9.46 GeV) and the gluon discovery (a critical recollection of PLUTO results). (Aug 2010. 37 pp.). Eur. Phys. J. **H36**, 203–243 (2011)

19. ATLAS Collaboration.: Higgs boson decaying into two photons. http://atlasexperiment.org/HiggsResources/ (2012). Zugegriffen: 27. Apr. 2017

20. Malin, D.: Anglo-Australian Observatory. David Malin Images. https://www.davidmalin.com/ (Photo from 1987)

21. H.E.S.S. Collaboration.: The H.E.S.S. II telescope array. https://commons.wikimedia.org/wiki/File:H.E.S.S._II_Telescope_Array.jpg (2012). Zugegriffen: 27. Apr. 2017

22. Aguilar, J.A.: Gamma-ray astronomy. Université Libre de Bruxelles (2012). http://w3.iihe.ac.be/~aguilar/PHYS-467/PA5_notes.pdf (2012). Zugegriffen: 27. Apr. 2017

23. ALICE Collaboration.: http://alice-collaboration.web.cern.ch/. Zugegriffen: 27. Apr. 2017. ◇ Yu, W. (ALICT TPC Collaboration): Particle identification of the ALICE TPC via dE/dx. http://adsabs.harvard.edu/abs/2013NIMPA.706...55Y (2013). Zugegriffen: 27. Apr. 2017

24. Pretzl, K.P.: Superconducting granule detectors. Part. World **1**, 153–162 (1990)

25. Bavykina, I.: Investigation of $ZnWO_4$ crystals as an absorber in the CRESST dark matter search. Master thesis, University of Siegen (2006)

26. Risse, M., Homola, P.: Search for ultra-high energy photons using air showers. Mod. Phys. Lett. A **22**, 749–766 (2007)

27. Gaisser, T.K.: Cosmic rays at the knee. astro-ph/0608553 (2006)

28. Aguilar, J.A.: Major components of the primary cosmic radiation. In: Particle Astrophysics, Lecture 3: Université Libre de Bruxelles. http://w3.iihe.ac.be/~aguilar/PHYS-467/PA3.pdf (2013). Zugegriffen: 27. Apr. 2017. ◇ *Die Figur stammt aus:* Boyle, P., Müller, D.: The review of particle physics. Fig. 28.1. In: Olive, K.A., et al. (Hrsg.) (Particle Data Group): Chin. Phys. C **38**, 090001 (2014) *und einer Aktualisierung von 2015*

29. Aguilar, J.A.: Particle Astrophysics, Lecture 3. Université Libre de Bruxelles. http://w3.iihe.ac.be/~aguilar/PHYS-467/PA3.pdf (2017). Zugegriffen: 27. Apr. 2017. Mit freundlicher Genehmigung von Karen G. Andeen, Marquette University, Milwaukee, USA

30. High Resolution Fly's Eye Experiment (HiRes).: http://www.cosmic-ray.org. Zugegriffen: 27. Apr. 2017. ◇ Observation of the GZK Cutoff by the HiRes Experiment. ◇ arXiv.astro-ph/0703099

31. Kampert, K.-H.: Energy spectrum as measured at the Pierre Auger Observatory. https://www.auger.org/. Zugegriffen: 27. Apr. 2017

32. Aguilar, J.A.: Energy dependence of the position of the shower maximum and width of high energy air showers by the Auger and HiRes experiments. In: Particle Astrophysics, Lecture 3. aguilar@icecube.wisc.edu. Zugegriffen: 27. Apr. 2017

33. Farrar, G.R., Piran, T.: Violation of the Greisen-Zatsepin-Kuzmin Cutoff: a tempest in a (Magnetic) teapot? Why cosmic ray energies above 10^{20} eV may not require new physics. Phys. Rev. Lett. **84**, 3527 (April 2000). ◇ Rudberg, R.: Magnetic field of the milky way. http://hypertextbook.com/facts/2001/RebeccaRudberg.shtml 2001. Zugegriffen: 27. Apr. 2017

34. Reddy, F.: Black hole 'batteries' keep blazars going and going. https://www.nasa.gov/content/goddard/black-hole-batteries-keep-blazars-going-and-going (2017). Zugegriffen: 27. Apr. 2017

35. Super-Kamiokande.: The world's largest underground neutrino detector, Kamioka, Japan. http://www-sk.icrr.u-tokyo.ac.jp/sk/index-e.html. Zugegriffen: 27. Apr. 2017. Kamioka Observatory, ICRR (Institute for Cosmic Ray Research), The University of Tokyo

36. Pontecorvo, B.: Inverse beta processes and nonconservation of lepton charge. Zhurnal Eksperimental'noi i Teoreticheskoi Fiziki **34**, 247 (1957). Reproduziert und übersetzt in Sov. Phys. JETP **7**, 172 (1958)

37. Maki, Z., Nakagawa, M., Sakata, S.: Remarks on the unified model of elementary particles. Prog. Theor. Phys. **28**, 870 (1962)

38. McDonald, A.B.: The Sudbury Neutrino Observatory, Kingston, Ontario, Canada. http://www.sno.phy.queensu.ca/. Zugegriffen: 27. Apr. 2017

39. ©: Australian Astronomical Observatory, Foto von D. Malin von CCD-Aufnahmen des AAT

40. Krist, J.: Deconvolving WFPC2 images with tiny tim models. https://science.jpl.nasa.gov/people/Krist/ (2011). Zugegriffen: 27. Apr. 2017. ◇ Krist, J.: Jet propulsion laboratory. http://www.stsci.edu/software/tinytim/deconwfpc2.html (2011). Zugegriffen: 27. Apr. 2017

41. Halzen, F.: IceCube detector. https://icecube.wisc.edu/ (2013). Zugegriffen: 27. Apr. 2017. Mit freundlicher Genehmigung von F. Halzen

42. Mavromatos, N.: High-energy gamma-ray astronomy and string theory. E. J. Phys. Conf. Ser. **174**, 012016 (2009). ◇ De Naurois, M.: Workshop of HSSHEP, April 2008, Olympia (Greece). https://inspirehep.net/record/814530/plots?ln=de. Zugegriffen: 27. Apr. 2017

43. Michelson, P.: Colossal bubbles at milky way's plane – "'may be the annihilation of dark matter'". Fermi gamma-ray space telescope. http://fermi.gsfc.nasa.gov/ (2013). Zugegriffen: 27. Apr. 2017

44. Knapp, J. (University of Leeds, jetzt DESY): CORSIKA – an air shower simulation program. https://www.ikp.kit.edu/corsika/ (2017). Zugegriffen: 27. Apr. 2017

45. Mirzoyan, R.: The MAGIC telescopes. https://magic.mpp.mpg.de/ (2016). Zugegriffen: 27. Apr. 2017

46. Hartman, R.C.: Galactic plane gamma-radiation. https://heasarc.gsfc.nasa.gov/docs/sas2/sas2.html (1979). Zugegriffen: 27. Apr. 2017. ◇ Hillier, R.: Gamma Ray Astronomy. Oxford University Press, Oxford (1985). ◇ Hartman, R.C., et al.: Galactic plane gamma-radiation. Astrophys. J., Part 1, vol. **230**, 597–606 (1979)

47. The Energetic Gamma Ray Experiment Telescope (EGRET), NASA: EGRET Data; CGRO EGRET Team, Drake, S., for the HEASARC: http://heasarc.gsfc.nasa.gov/docs/cgro/images/egret/EGRET_All_Sky.jpg. Zugegriffen: 27. Apr. 2017. ◇ Hartman, R.C., et al.: The third EGRET catalog of high-energy gamma-ray sources. Astrophys. J. Suppl. Ser. **123**, 79–202 (1999)

48. Suntzeff, N.B., et al.: The bolometric light curve of SN 1987 A. Astrophys. J. Lett. **384**, L33 (1992). ◇ http://mitchell.tamu.edu/people/nicholas-suntzeff/. Zugegriffen: 27. Apr. 2017. ◇ Pettini, M. (University of Cambridge): Structure and evolution of stars. Lecture **16**, 1–27 (2011)

49. Gehrels, N.: NASA Goddard Space Flight Center: Burst and Transient Source Experiment an Bord des Gamma Ray Observatory (BATSE – GRO). https://heasarc.gsfc.nasa.gov/docs/cgro/cgro/batse.html (2005). Zugegriffen: 27. Apr. 2017

50. Fishman, G., et al.: BATSE Gamma-ray-burst final sky map. http://apod.nasa.gov/apod/ap000628.html. Zugegriffen: 27. Apr. 2017

51. Smale, A.: Short and long-duration gamma-ry-bursts. National Aeronautics and Space Administration; Goddard Space Flight Center. https://imagine.gsfc.nasa.gov/Images/science/burst_durations_labelled.jpg (2013). Zugegriffen: 27. Apr. 2017

52. Trümper, J.: Max-Planck-Institut für extraterrestrische Physik: The ROSAT Satellite. http://www.mpe.mpg.de/xray/wave/rosat/mission/rosat/index.php (1990). Zugegriffen: 27. Apr. 2017

53. Wilkes, B.: Chandra X-ray observatory. http://chandra.si.edu/ (2017). Zugegriffen: 27. Apr. 2017

54. Schartel, N.: Artist's impression of XMM-Newton: XMM-newton science operations centre – ESA. http://xmm.esac.esa.int/ (2017). Zugegriffen: 27. Apr. 2017. http://www.esa.

int/spaceinimages/Images/2000/09/Artist_s_impression_of_XMM-Newton. Zugegriffen: 27. Apr. 2017. ©: ESA – David Ducros

55. Schartel, N.: XMM-Newton Science Operations Centre – ESA: XMM-Newton observation of XMMU J2235.3-2557. http://sci.esa.int/xmm-newton/ und http://xmm.esac.esa.int/, http://sci.esa.int/xmm-newton/36649-xmm-newton-observation-of-xmmu-j2235-3-2557/ (2017). Zugegriffen: 27. Apr. 2017. ©: ESA/ESO

56. Abbott, B.P.: LIGO collabotation. https://www.ligo.caltech.edu/ (2016). Zugegriffen: 27. Apr. 2017. ◇ Kashlinsky, A. (NASA, Goddard und SSAI, Lanham): Astrophys. J. **823** (2), L25 (2016). ◇ Abbott, B.P., et al. (LIGO Scientific Collaboration and Virgo Collaboration): Observation of gravitational waves from a binary black hole merger. Phys. Rev. Lett. **116**, 061102 (11 February 2016)

57. Connaughton, V., et al.: Fermi GBM observations of LIGO gravitational wave event GW150914. Eingereicht bei Astrophys. J.: arxiv.org/abs/1602.03920. Zugegriffen: 27. Apr. 2017

58. Weisberg, J.M., Taylor, J.H.: Institute of Astronomy, University of Cambridge, UK (2005). ◇ Hulse, R.A., Taylor, J.H.: A High-Sensitivity Pulsar Survey. Astrophys. J. **191**, L 59–61 (1974)

59. Distortion of space from a gravitational wave. Unit 3: Gravity. In: http://www.learner.org. Zugegriffen: 27. Apr. 2017. Mit freundlicher Genehmigung von B. Heckel (2016)

60. Menn, W.: Private Mitteilung. IMAX, Isotope Matter Antimatter Experiment. http://ida1.physik.uni-siegen.de/imax.html (2000). Zugegriffen: 27. Apr. 2017.

61. Grashorn, E.W., et al.: The atmospheric charged kaon/pion ratio using seasonal variation methods. Astropart. Phys. **33**, 140–145 (2010)

62. Allkofer, O.C.: Altitude Variation of the main cosmic ray components. In: Allkofer, O.C., Grieder, P.K.F.: Cosmic Rays on Earth – Physik Daten. Fachinformationszentrum Karlsruhe (Energie, Physik, Mathematik), Karlsruhe, ISSN 0344-8401 (1984). ◇ Cosmic Rays. http://pdg.lbl.gov/2016/reviews/rpp2016-rev-cosmic-rays.pdf. Zugegriffen: 27. Apr. 2017

63. Kaftanov, V.S., Liubimov, V.A.: Spark chamber use in high energy physics. Nucl. Instr. Meth. **20**, 1107 (1957)

64. Schmelling, M., Grupen, C., et al.: Spectrum and charge ratio of vertical cosmic ray muons up to momenta of 2.5 TeV/c. Astropart. Phys. **49**, 1–5 (2013)

65. Krishnaswamy, M.R., Menon, M.G.K., Narasimham, V.S., Wolfendale, A.W.: The kolar gold fields neutrino experiment. II. Atmospheric muons at a depth of 7000 hg cm-2 (Kolar). Proc. R. Soc. A **323**(1555), 511–522 (July 1971). ◇ Grieder, P.K.F.: Cosmics Rays at Earth, Elsevier (2001). ◇ Adarkar, H. et al.: Study of prompt muon production by angular distribution of muons recorded in KGF nucleon decay experiment. Proc. Int. Symp. Underground Phys. Exp. **C90-01-06**, 310–313 (1990)

66. Crookes, J.N., Rustin, R.C.: An investigation of the absolute intensity of muons at sea-level. Nucl. Phys. **B 39**, 493–508 (1972). ◇ Grieder, P.K.F.: Cosmics Rays at Earth, Elsevier Amsterdam, New York (2001)

67. Grupen, C., Wolfendale, A.W., Young, E.C.M.: Stopping particles underground. Nuovo Cim. **B10**, 144–154 (1972)

68. Wachsmuth, H., Müller, A.-S.: The CosmoALEPH experiment: http://aleph.web.cern.ch/aleph/cosmolep/ (1996). Zugegriffen: 27. Apr. 2017. ◇ Drevermann, H.: DALI: The aleph offline event display. http://aleph.web.cern.ch/aleph/cgi-bin/dali_pic_db (1999). Zugegriffen: 27. Apr. 2017

69. Maciuc, F., Grupen, C., Schmelling, M., et al.: Muon-pair production by atmospheric muons in cosmoALEPH. Phys. Rev. Lett. **96**, 021801 (2006)

70. Samorski, M., Stamm, W.: Detection of 16th eV gamma-rays from Cygnus X-3. Astrophys. J. **268**, L17 (1983a). ◇ Samorski, M., Stamm, W.: Detection of 16th eV gamma-rays from Cygnus

X-3. **EA1** 1–39. In: Durgaprased, N. (Bombay: Tata Institute of Fundamental Research) (ed.) Proc. 18th Int. Conf. on Cosmic Rays, Bangalore (1983b).

71. Aartsen, M.G., et al.: (IceCube Collaboration): Observation of the cosmic-ray shadow of the moon with icecube. Phys. Rev. **D89** 10, 102004 (2014). Mit freundlicher Genehmigung von F. Halzen

72. Sinnis, G.: Air shower detectors in gamma-ray astronomy. New. J. Phys. **11**, 055007 (2009)

73. Shellard, R.C.: First results from the Pierre Auger Observatory. Braz. J. Phys. **36**(4a), 1184–1193 (2006). ◇ Knapp, J., Heck, D., et al.: Extensive air shower simulations at the highest energies. Astropart. Phys. **19**, 77–99 (2003). ◇ Bild ursprünglich von J. Knapp, D. Heck und T. Merz (KIT Karlsruhe, DESY)

74. Engel, R.: Indirect Detection of Cosmic Rays. In: Grupen, C., Buvat, I., (Hrsg.) Handbook of Particle Detection and Imaging, **Vol. 2**, 594, Springer, Berlin (2012). ◇ Engel, R., Heck, D., Pierog, T.: Extensive air showers and hadronic interactions at high energy. Annu. Rev. Nucl. Part. Sci. **61**, 467–489 (2011). ◇ Heck, D., private Mitteilung 2016

75. Pierre Auger Observatory, Dept. of Physics; Univ. of Roma – Tor Vergata Homepage: http://research.roma2.infn.it/~auger/integtest.html. Zugegriffen: 27. Apr. 2017 ◇ Kampert, K., private Mitteilung 2016

76. Kampert, K.-H.: Fotonachweis: Pierre Auger Collaboration. www.auger.org, http://research.roma2.infn.it/~auger/welcome.html (2017). Zugegriffen: 27. Apr. 2017

77. Haungs, A.: JEM-EUSO: Extreme universe space observatory on board the Japanese experiment module. jemeuso.riken.jp (2017). Zugegriffen: 27. Apr. 2017. ◇ Private Mitteilung A. Haungs

78. Kampert, K.-H.: The Auger experiment: https://www.auger.org/ (2017). Zugegriffen: 27. Apr. 2017. ◇ Abraham, J., et al.: Correlation of the highest-energy cosmic rays with the positions of nearby active galactic nuclei. Astropart. Phys. **29**, 188–204 (2008). http://inspirehep.net/record/767631. Zugegriffen: 27. Apr. 2017

79. Wada, T., Ochi, N., Kitamura, T., et al.: Observation of time correlation in cosmic air shower network. Nucl. Phys. B – Proc. Suppl. **75**(1–2), 330–332 (1999)

80. Falcke, H., et al., (LOPES Collaboration): Detection and imaging of atmospheric radio flashes from cosmic ray air showers. Nat. **435** 313–316 (2005)

81. LOPES und KASCADE-Grande-Collaboration, KIT Karlsruhe: https://www.ekp.kit.edu/lopes.php (2012). Zugegriffen: 27. Apr. 2017. ◇ Grupen, C., et al.: Radio detection of cosmic rays with LOPES. Braz. J. Phys. **36** (4A), (Dec. 2006)

82. Link, K., et al., (The LOPES experiment): Nucl. Phys. Proc. Suppl. **212–213**, 323–328 (2011)

83. Smoot, G.: Cosmic background explorer. http://aether.lbl.gov/www/projects/cobe/ (1997). Zugegriffen: 27. Apr. 2017. ◇ Bennett, C.L.: Wilkinson microwave anisotropy probe: http://map.gsfc.nasa.gov/. Zugegriffen: 27. Apr. 2017. ◇ Ade, P.A.R., et al.: Planck 2015 results. XIII. Cosmological parameters. Astron. Astrophys. **594**, A13. http://www.esa.int/Our_Activities/Space_Science/Planck (2016). Zugegriffen: 27. Apr. 2017

84. Olive, K.A.: Particle data group. Eur. Phys. J. **C3**, 144 (1998). ◇ Lewis, K. Distance ladder and hubble diagram. (2013): http://physics121.voices.wooster.edu/distance-ladder-and-hubble-diagram/. Zugegriffen: 27. Apr. 2017

85. Bahcall, N.A. (Department of Astrophysical Sciences, Princeton University, Princeton, NJ 08544): Hubble's Law and the expanding universe. Proc. Natl. Acad. Sci. USA **112**(11) 3173–3175 (2015). http://www.pnas.org/content/101/1/8/F3.expansion. Zugegriffen: 27. Apr. 2017. ◇ Jha, S.: Ph.D. thesis. Harvard Univ., Cambridge (2002). ◇ Jha, S., et al.: Astrophys. J. Suppl. Ser. **125**, 73–97 (1999)

86. Ade, P.A.R., et al.: Planck 2015 results XIII. Cosmological parameters: www.cosmos.esa.int/web/planck (2016). Zugegriffen: 27. Apr. 2017

87. Ade, P.A.R., et al.: Planck 2015 results. XIII. Cosmological parameters Planck Collaboration. arXiv.org: astro-ph: arXiv:1502.01589 (2016)

88. Bartelmann, M.: Planck und wie er die Welt sah. Phys. J. **03/2017**, 35–41 (März 2017)

89. Elsen, M.: Die Helligkeit der Sterne. http://www.avgoe.de/astro/Teil04/Helligkeit.html (2017) Zugegriffen: 06. OKt. 2017

90. Scheinbare Helligkeit. https://de.wikipedia.org/wiki/Scheinbare_Helligkeit. Zugegriffen: 11. Okt. 2017. Baker, D., Hardy, D.: Der Kosmos-Sternführer. Franckh-Kosmos, Stuttgart (1981).

91. Gardner, J.P.: The James webb telescope. https://www.jwst.nasa.gov/resources/JWST_SSR_ JPG.pdf (2010). Zugegriffen: 27. Apr. 2017. ◇ Gardner, J.P.: Absolute magnitude limit in the infrared. https://en.wikipedia.org/wiki/Limiting_magnitude (2010). Zugegriffen: 27. Apr. 2017

92. Perlmutter, S.: Supernovae, dark energy, and the accelerating universe. Phys. Today, 53–60 (April 2003). ◇ http://map.gsfc.nasa.gov/universe/uni_fate.html. Zugegriffen: 27. Apr. 2017, http://www.pro-physik.de/details/news/1359737/Saul_Perlmutter_Brian_P__Schmidt_ und_Adam_G__Riess.html. Zugegriffen: 27. Apr. 2017

93. Accelerating universe and dark energy. http://www.physicsoftheuniverse.com/topics_bigbang_ accelerating.html. Zugegriffen: 27. Apr. 2017. ◇ Variation of the size of the universe. http:// www.jaymaron.com/particles/friedmann.png. Zugegriffen: 27. Apr. 2017 ◇ NASA / WMAP Science Team 2015. Expansion of the universe. http://map.gsfc.nasa.gov/media/990350/ 990350s.jpg. Zugegriffen: 27. Apr. 2017. NASA Official: Dr. E. J. Wollack, Webmaster: B. Griswold

94. Redd, N.T.: How big is the universe? http://www.space.com/24073-how-big-is-the-universe. html (2017). Zugegriffen: 27. Apr. 2017

95. Adriani, O., et al.: PAMELA results on the cosmic-ray antiproton flux from 60 MeV to 180 GeV in kinetic energy. Phys. Rev. Lett. **105**, 121101 (2010). ◇ PAMELA-Collaboration: http://pamela.roma2.infn.it/index.php. Zugegriffen: 27. Apr. 2017. ◇ Mit freundlicher Genehmigung von: M. Simon

96. STAR Collaboration 2011, Nat. doi:10.1038/nature 10079

97. Churazov, E., Sunyaev, R., Sazonov, S., Revnivtsev, M.: Positronenvernichtung in der Milchstraße. http://wwwmpa.mpa-garching.mpg.de/mpa/research/current_research/hl2005-5/ hl2005-5-de.html (2005). Zugegriffen: 27. Apr. 2017

98. Churazov, E., Sunyaev, et al.: Annihilation of positrons in the Galaxy. http://wwwmpa.mpa-garching.mpg.de/mpa/research/current_research/hl2005-5/spi_spec-l.gif (2005). Zugegriffen: 27. Apr. 2017. ◇ Churazov, E., Sunyaev, R., Sazonov, S., Revnivtsev, M., Varshalovich, D.: Positron annihilation spectrum from the Galactic Centre region observed by SPI/INTEGRAL. Mon. Not. R. Astron. Soc. **357**, 1377–1386 (2005)

99. Adriani, O., et al.: An anomalous positron abundance in cosmic rays with energies 1.5–100 GeV. Nat. **458**, 607–609 (2 April 2009). ◇ http://www.nature.com/nature/journal/ v458/n7238/fig_tab/nature07942_F2.html. Zugegriffen: 27. Apr. 2017. ◇ Ting, S.C.C.: New results from the alpha magnetic spectrometer on the international space station. http://www.ams02.org/2014/09/new-results-from-the-alpha-magnetic-spectrometer-on-the-international-space-station/ (2014). Zugegriffen: 30. Apr. 2017

100. Von Ballmoos, P.,: Antimatter in the universe. Constraints from gamma-ray astronomy, hyperfine interact. **228**(1–3), 91–100 (2014). CGRO/COMPTEL, arXiv:1401.7258 [astro-ph.HE] (2014)

101. Sarkar, S.: Der BBN-Code kann heruntergeladen werden von. www-thphys.physics.ox.ac.uk/ users/SubirSarkar/bbn.html (2008). Zugegriffen: 27. Apr. 2017

102. Rieke, M.J. (Department of Astronomy and Steward Observatory): The relative amounts of deuterium, various isotopes of He, Be, and Li formed in the Big Bang depend on the temperature at a given pressure and hence size of the Universe. http://ircamera.as.arizona.

edu/astr_250/Lectures/Lecture_27.htm (1995). Zugegriffen: 27. Apr. 2017. ◇ Auch unter Astronomica.org zu finden. ◇ Mihos, C.: The Early Universe/Big Bang Nucleosynthesis. http://burro.case.edu/Academics/Astr222/Cosmo/Early/EarlyUniverse.html; http://burro.case.edu/Academics/Astr222/Cosmo/Early/bbn.html (2016). Zugegriffen: 11. Okt. 2017

103. Fields, B.D.: The primordial lithium problem. Annu. Rev. Nucl. Part. Sci. **61**, 47–68 (2011)

104. Burles, S., Tytler, D.: The matter composition of the universe. Astrophys. J. **499**, 699 (1998); **507**, 732 (1998). ◇ https://ned.ipac.caltech.edu/level5/March03/Freedman/Freedman2_3.html. Zugegriffen: 27. Apr. 2017

105. Berger, A. (Hrsg.): The Big Bang and Georges Lemaître. D. Reidel Publishing Company. Dordrecht, Holland (1983); und Springer, Niederlande (1984)

106. Steigman, G.: Abundances of primordial elements in their dependence on the baryon density. http://i.stack.imgur.com/h8KGc.jpg (2007). Zugegriffen: 27. Apr. 2017. ◇ *Big Bang Nucleosynthesis*: Steigman, G.: Probing the First 20 Minutes. Nat. **415**, 27–29 (3 January 2002). https://ned.ipac.caltech.edu/level5/Sept03/Trodden/Trodden4_5.html. Zugegriffen: 27. Apr. 2017. ◇ B.D. Fields et al.: Big-Bang Nucleosynthesis. http://pdg.lbl.gov/2015/reviews/rpp2015-rev-bbang-nucleosynthesis.pdf. Zugegriffen: 10. Okt. 2017

107. Cooke, R.J.: Big Bang nucleosynthesis and the helium isotope ratio. Astrophys. J. Lett. **812**, L12 (2015); doi:10.1088/2041-8205/812/1/L12; Creative Commons licences ©AAS. Wiedergegeben mit Genehmigung; http://www.colorado.edu/aps/ryan-cooke-aps-colloquium. Zugegriffen: 27. Apr. 2017

108. The LEP and the SLD experiments, *A combination of Preliminary Electroweak Measurements and Constraints on the Standard Model*, CERN EP/2000-016 (2000); und K. Winter, Neutrino Physics, Cambridge University Press (2000)

109. Alpher, R.A., Herman, R.C.: Remarks on the evolution of the expanding universe. Phys. Rev. **75**, 1089 (1949)

110. Dicke, R.H., Peebles, P.J.E., Roll, P.G., Wilkinson, D.T.: Measurements of cosmic microwave background radiation. Astrophys. J. **142**, 414 (1965)

111. Penzias, A.A., Wilson, R.W.: A measurement of excess antenna temperature at 4080 Mc/s. Astrophys. J. **142**, 419 (1965)

112. Fixsen, D.J., et al.: The cosmic microwave background spectrum from the full COBE/FIRAS Data Set. Astrophys. J. **473**, 576 (1996). ◇ http://map.gsfc.nasa.gov/. Zugegriffen: 27. Apr. 2017. ◇ http://lambda.gsfc.nasa.gov/product/cobe/about_firas.cfm. Zugegriffen: 27. Apr. 2017

113. Hinshaw, G., et al.: First year wilkinson microwave anisotropy probe (WMAP) observations: the angular power spectrum. Astrophys. J. **148**, 135 (2003)

114. Fixsen, D.J., et al.: The temperature of the cosmic microwave background. Astrophys. J. **707**(2), 916–920 (2009)

115. Mather, J.C. (NASA Science and Exploration Directorate): Sky map of the cosmic microwave background radiation by COBE. http://science.nasa.gov/missions/cobe/ (1992). Zugegriffen: 27. Apr. 2017

116. Goddard space flight center and princeton university: A full-sky map produced by the wilkinson microwave anisotropy probe. http://map.gsfc.nasa.gov (2012). Zugegriffen: 27. Apr. 2017. WMAP Science Team/NASA Goddard

117. Planck-experiment. http://www.esa.int/Our_Activities/Space_Science/Planck (2015). Zugegriffen: 27. Apr. 2017

118. Planck.: ESA and the Planck collaboration (2013) http://www.esa.int/Our_Activities/Space_Science/Planck; http://sci.esa.int/planck/51555-planck-power-spectrum-of-temperature-fluctuations-in-the-cosmic-microwave-background/; http://sci.esa.int/science-e-media/img/63/Planck_power_spectrum_orig.jpg. Zugegriffen: 27. Apr. 2017.

119. Hu, W.: Cosmic microwave background anisotropies. background.uchicago.edu/~whu (2002). Zugegriffen: 27. Apr. 2017. ◇ Hu, W., Dodelson, S.: Cosmic microwave background anisotropies. Ann. Rev. Astron. Astrophys. **40**, 171–216 (2002); astro-ph/0110414. ◇ Melchiorri, A., Griffiths, L.M.: From anisotropy to omega. arXiv:astro-ph/0011147; New Astron. Rev. **45**, 321–328 (2001)

120. Planck 2013 Results, XVI. Cosmological Parameters, arXiv.org: astro-ph: arXiv:1303.5076, arXiv:1303.5076v3 (astro-ph.CO) Astronomy and Astrophysics (2014)

121. Planck Legacy Archive, ESA.: http://pla.esac.esa.int/pla/#cosmology (2017). Zugegriffen: 27. Apr. 2017

122. Readhead, A.C.S., et al.: CERN Cour. (July/August 2002); astro-ph/0402359 (2004). ◇ Readhead, A.C.S., et al.: Extended mosaic observations with the cosmic background imager. Astrophys. J. **609**, 498–512 (2004)

123. Ade, P.A.R.: Balloon observations of millimetric extragalactic radiation and geophysics. http://orca.cf.ac.uk/70825/ (2017). Zugegriffen: 06. Okt. 2017

124. Lee, A.: Millimeter anisotropy eXperiment iMaging array. http://cosmology.berkeley.edu/group/cmb/ (2001). Zugegriffen: 27. Apr. 2017

125. Ryden, B.: Introduction to Cosmology. Addison-Wesley, San Francisco (2003)

126. Olive, K.A.: Big Bang Baryogenesis. hep-ph/9404352 (1994). Kapitel: Matter Under Extreme Conditions Vol. 440 der Serie Lecture Notes in Physics S. 1–37 (2005)

127. Olive, K.A.: Primordial inflation and super-cosmology. inspirehep.net/record/190519/. Zugegriffen: 27. Apr. 2017. CERN-TH-3587 (1983)

128. Cabrera, B.: First results from a superconductive detector for moving magnetic monopoles. Phys. Rev. Lett. **48**, 1378 (1982)

129. Guth, A.H.: Inflationary universe: A possible solution to the horizon and flatness problems. Phys. Rev. D **23**, 347 (1981)

130. Linde, A.D.: A new inflationary universe scenario: A possible solution of the horizon, flatness, homogeneity, isotropy and primordial monopole problems. Phys. Lett. **108B**, 389 (1982)

131. Albrecht, A., Steinhardt, P.J.: Cosmology for grand unified theories with radiatively induced symmetry breaking. Phys. Rev. Lett. **48**, 1220 (1982)

132. Evans, M.: The Sloan Digital Sky Survey: mapping the universe. http://www.sdss.org/ (2017). Zugegriffen: 27. Apr. 2017

133. Tegmark, M., et al.: The 3-D power spectrum of galaxies from the SDSS. Astrophys. J. **606**, 702–740 (2004)

134. Abbott, B.P., et al., (LIGO Scientific Collaboration and Virgo Collaboration): GW151226: Observation of gravitational waves from a 22-solar mass binary black hole coalescence. Phys. Rev. Lett. **116**, 241103 (15. Juni 2016). ◇ http://www.ligo.org/news.php Zugegriffen: 11. Juni 2017. ◇ Abbott, B.P., et al.: LIGO and Virgo observatories detect gravitational wave signals from black hole collision. https://phys.org/news/2017-09-ligo-virgo-observatories-black-hole.html. Zugegriffen: 10. Okt. 2017

135. Evans, M.: Sloan digital sky survey III. A slide through a map of our universe. New 3-D map of massive galaxies and distant black holes offers clues to dark matter and dark energy. http://www.sdss3.org/press/dr9.php (2017). Zugegriffen: 27. Apr. 2017

136. Freese, K.: Review of observational evidence for dark matter in the universe and in upcoming searches for dark stars. EAS Publ. Ser. **36** 113–126 (2008). arXiv:0812.4005 [astro-ph]. http://www-personal.umich.edu/~ktfreese/. Zugegriffen: 27. Apr. 2017

137. King, L.J., et al.: A complete infrared Einstein ring in the gravitational lens system B1938+666. arXiv:astro-ph/9710171

138. Raffelt, G.G. (Max Planck Institut für Physik, Werner Heisenberg Institut, München; homepage): http://wwwth.mpp.mpg.de/members/raffelt/ (2017). Zugegriffen: 27. Apr. 2017. ◇

Ryden, B.: Introduction to Cosmology. Pearson Education Limited, Prentice Hall; 2002 und Cambridge University Press; neueste Ausgabe 2016 (2013). ◇ Griest, K.: All about MACHO, IOP Publishing Ltd. http://www.slac.stanford.edu/pubs/beamline/30/1/30-1-griest.pdf (2006). Zugegriffen: 27. Apr. 2017. ◇ The MACHOPproject: http://wwwmacho.anu.edu.au/ (2012). Zugegriffen: 27. Apr. 2017. ◇ Peng, E.W.: Astrophys. J. **475**, 43–46 (1997)

139. Bildnachweis: X-ray: NASA/CXC/CfA/ M. Markevitch et al.; Gravitationnslinsen: NASA/STScI; ESO WFI; Magellan, U. Arizona, D. Clowe et al., Optisch: NASA/STScI; Magellan/U. Arizona/ D. Clowe et al.; weitere Zitate unter: The Matter of the Bullet Cluster: https://apod.nasa.gov/apod/ap170115.html. Zugegriffen: 27. Apr. 2017

140. Hannestad, S.: Neutrino physics from Cosmology. arXiv:1311.0623v1 [astro-ph.CO]. Laboratory measurements and limits for neutrino properties: http://cupp.oulu.fi/neutrino/nd-mass.html (2013). Zugegriffen: 27. Apr. 2017

141. Planck 2015 results. XIII. Cosmological parameters. https://arxiv.org/pdf/1502.01589.pdf. Zugegriffen: 27. Apr. 2017. ◇ C. Patrignani et al.: Particle data group. Chin. Phys. **C 40**, 100001 (2016). ◇ Raffelt, G.G.: Cosmological neutrinos. http://wwwth.mpp.mpg.de/members/raffelt/mypapers/200507.pdf. Zugegriffen: 27. Apr. 2017

142. CAST: CERN Axion Solar Telescope: Computational structure formation. http://cast.web.cern.ch/CAST (2015). Zugegriffen: 27. Apr. 2017

143. Raffelt, G.G.: Private Mitteilung. http://www.mpa-garching.mpg.de/computationalstructu-reformation (2017). Zugegriffen: 27. Apr. 2017. ◇

144. NASA Exoplanet Archive, operated by the California Institute of Technology, under contract with the National Aeronautics and Space Administration under the Exoplanet Exploration Program. http://exoplanetarchive.ipac.caltech.edu/ (2017). Zugegriffen: 27. Apr. 2017. California Institute of Technology, NASA Exoplanet Archive, NASA Exoplanet Science Institute

145. Howell, S., Borucki, W.: http://kepler.nasa.gov/images/mws/BatalhaPNAS_F1.large.jpg (2017). Zugegriffen: 27. Apr. 2017. ◇ Exploring exoplanet populations with NASA's Kepler Mission. http://www.pnas.org/content/111/35/12647.full. Zugegriffen: 27. Apr. 2017. Mit Genehmigung von S. Howell, Project Scientist cc Michele Johnson NASA Ames Research Center Moffett Field, CA 94035-1000. ◇ Batalha, N.M.: Exploring exoplanet populations with NASA's Kepler Mission. Proc. Natl. Acad. Sci. USA **11**(35), (2014) 12647–12654. https://doi.org/10.1073/pnas.1304196111

146. Beaulieu, J.P., et al.: Discovery of a cool planet of 5,5 Earthmasses through gravitational microlensing. Nat. **439**, 437–440 (2006). ◇ http://planet.iap.fr. Zugegriffen: 27. Apr. 2017

147. Rees, M.: Just Six Numbers: The Deep Forces That Shape the Universe. Basic Books, New York (2001)

148. Oberhummer, H., Puntigam, M., Gruber, W.: Das Universum ist eine Scheißgegend. Carl Hanser Verlag, Berlin (2015)

149. Kurki-Suonio, H.: Thermal history of the early universe, Lectures by Hannu Kurki-Suonio. http://www.helsinki.fi/~hkurkisu/cpt/Cosmo6.pdf. (2015) Zugegriffen: 27. Apr. 2017

Weiterführende Literatur

Zwicky, F.: On the masses of nebulae and of clusters of nebulae. Astrophys. J. **86**, 217 (1937)

Gamow, G.: The origin of elements and the separation of galaxies. Phys. Rev. **74**. 505 (1948)

Rossi, B.: High Energy Physics. Prentice Hall, Englewood Cliffs (1952)

Sakharov, A.D.: Violation of CP invariance, C Asymmetry, and Baryon Asymmetry of the Universe. JETP Letters, **5**, 24 (1967)

Hayakawa, S.: Cosmic Ray Physics. Wiley-Interscience, New York (1969)

Abramowitz, M., Stegun, I.: Handbook of Mathematical Functions, 9. Aufl. Dover Publ., New York (1970)

Unsöld, A.: Der Neue Kosmos. Springer, Heidelberg (1974)

Allkofer, O.C.: Introduction to Cosmic Radiation. Thiemig, München (1975)

Adams, D.J.: Cosmic X-ray Astronomy. Adam Hilger Ltd., Bristol (1980)

Silk, J.: The Big Bang – The Creation and Evolution of the Universe. Freeman, New York (1980)

Gradstein, I.S., Ryshik, I.M.: Tables of Series, Products, and Integrals. Harri Deutsch, Thun, Frankfurt am Main (1981)

Shu, F.H.: The Physical Universe: An Introduction to Astronomy. Univ. Science Books. Mill Valley, California (1982)

Hillier, R.: Gamma-Ray Astronomy (Oxford Studies in Physics). Clarendon Press, Oxford (1984)

Schäfer, H.: Elektromagnetische Strahlung – Informationen aus dem Weltall. Vieweg, Wiesbaden (1985)

Börner, G.: The Early Universe: Facts and Fiction. Springer, Berlin (1988)

Gaisser, T.K.: Cosmic Rays and Particle Physics. Cambridge University Press, Cambridge (1990)

Gribbin, J.: Auf der Suche nach dem Omega-Punkt. Piper, München (1990)

Bahcall, J.A.: Neutrino Astronomy. Cambridge University Press, Cambridge, UK (1990)

Kolb, E.W., Turner, M.S.: The Early Universe. Addison-Wesley, Reading, Mass. (1990)

Denegri, D., Sadoulet, B., Spiro, M.: The Number of Neutrino Species. Rev. Mod. Phys. **62**, 1 (1990)

Ramana Murthy, P.V., Wolfendale, A.W.: Gamma-Ray Astronomy. Cambridge University Press, Cambridge, UK (1993)

Weinberg, S.: The First Three Minutes. BasicBooks, New York (1993)

Gehrels, N., et al.:The Compton Gamma-Ray Observatory. Scientific American, 38–45 (Dez. 1993)

Endrös, R.: Die Strahlung der Erde und ihre Wirkung auf das Leben, 5. Aufl. G. A. Ulmer, Tuningen (1993)

Rohlf, J.W.: Modern Physics from α to Z^0. J. Wiley & Sons, New York (1994)

Klapdor-Kleingrothaus, H.V., Staudt, A.: Teilchenphysik ohne Beschleuniger. Teubner, Stuttgart (1995)

© Springer-Verlag GmbH Deutschland 2018

C. Grupen, *Einstieg in die Astroteilchenphysik*,

https://doi.org/10.1007/978-3-662-55271-1

Halzen, F.: Ice fishing for neutrinos. AMANDA Homepage. http://amanda.berkeley.edu/www/ice-fishing.html Zugegriffen: 27. Apr. 2017

Ferguson, K.: Das Universum des Stephen Hawking. Econ, Düsseldorf (1995)

Melissinos, A.C.: Lecture Notes on Particle Astrophysics. Univ. of Rochester (1995). UR-1841 (Sept. 1996)

Arfken, G.B., Weber, H.J.: Mathematical Methods for Physicists, 4. Aufl. Academic Press, New York (1995)

Guénault, T.: Statistical Physics, 2. Aufl. Kluwer Academic Publishers, Secaucus (1995)

Ferguson, K.: Gottes Freiheit und die Gesetze der Schöpfung. Econ, Düsseldorf (1996)

Ferguson, K.: Prisons of Light – Black Holes. Cambridge University Press, Cambridge, UK (1996)

Grupen, C.: Particle Detectors. Cambridge University Press, UK (1996)

Carroll, B.W., Ostlie, D.A.: An Introduction to Modern Astrophysics. Addison-Wesley, Reading, Mass (1996)

Fixsen, D.J., et al.: The cosmic microwave background spectrum from the full COBE/FIRAS data set. Astrophys. J. **473**, 576. http://lambda.gsfc.nasa.gov/product/cobe/firas_overview.cfm (1996). Zugegriffen: 27. Apr. 2017

Harland, D.M.: Cosmic background explorer (COBE). https://www.britannica.com/topic/Cosmic-Background-Explorer (1993). Zugegriffen: 27. Apr. 2017

Seljak, U., Zaldarriaga, M.: A line-of-sight integration approach to cosmic microwave background anisotropies. Astrophy. J. **469**, 437–444 (1996). ◇ CMBFAST is a computer code, written by Uros Seljak and Matias Zaldarriaga, for computing the anisotropy of the cosmic microwave background. Code des Programms CMBFAST ist verfügbar unter www.cmbfast.org Zugegriffen: 27. Apr. 2017

Cowan, G.: Statistical Data Analysis. Oxford University Press, Oxford, (1998)

Guth, A.: The Inflationary Universe. Vintage, Vancouver, USA (1998)

Bock, R.K., Vasilescu, A.: The Particle Detector Briefbook. Springer, Berlin (1998)

Allday, J.: Quarks, Leptons and the Big Bang. Inst. of Physics Publ., Bristol (1998)

Hogan, C.J.: The Little Book of the Big Bang. Copernicus, Springer, New York (1998)

Cohen, A.G., De Rujula, A., Glashow, S.L.: A matter-antimatter universe? Astrophys. J. **495**, 539–549 (1998)

Bucher, M.A., Spergel, D.N.: Was vor dem Urknall geschah. Spektrum der Wissenschaft **3**, S. 55 (1999)

Hogan, C.J., Kirshner, R.P., Suntzeff, N.B.: Die Vermessung der Raumzeit mit Supernovae. Spektrum der Wissenschaft **3**, 40 (1999)

Krauss, L.M.: Neuer Auftrieb für ein beschleunigtes Universum, Spektrum der Wissenschaft **3**, 47 (1999)

Trümper, J.: ROSAT und seine Nachfolger, Phys. Bl. **55/9**, S. 45 (1999)

Blümer, J.: Die höchsten Energien im Universum. Physik in unserer Zeit, S. 234–239 (Nov. 1999)

Greene, B.: The Elegant Universe. Vintage 2000, London (1999)

Bergström, L., Goobar, A.: Cosmology and Particle Astrophysics. Wiley, Chichester (1999)

Turner, M.S., Tyson, J.A.: Cosmology at the millennium. Rev. Mod. Phys. **71**, 145 (1999)

Liddle, A.: An Introduction to Modern Cosmology. Wiley, Chichester (1999)

Grupen, C.: Astroteilchenphysik: das Universum im Licht der kosmischen Strahlung. Vieweg, Braunschweig (2000)

Klapdor-Kleingrothaus, H.V., Zuber, K.: Teilchenastrophysik. Teubner, Stuttgart (1997). Particle Astrophysics, Inst. of Physics Publ., Bristol (2000)

Rees, M.: New Perspectives in Astrophysical Cosmology. Cambridge University Press, Cambridge (2000)

The LEP and SLD experiments: A Combination of Preliminary Electroweak Measurements and Constraints on the Standard Model. CERN EP/2000-016 (2000)

Grieder, P.K.F.: Cosmic Rays at Earth. Elsevier Science, Amsterdam, The Netherlands (2001)

Cole, K.C.: The Hole in the Universe. The Harvest Book/Harcourt Inc., San Diego (2001)

Cohen, A.G.: CP Violation and the Origins of Matter. In: Proceedings of the 29th SLAC Summer Institute (2001)

Schlickeiser, R.: Cosmic Ray Astrophysics. Springer, Berlin (2002)

Hu, W., Dodelson, S.: Cosmic microwave background anisotropies. Ann. Rev. Astron. Astrophys. **40**, 171–216 (2002). ◇ background.uchicago.edu/~whu Zugegriffen: 27. Apr. 2017

Peacock, J.A.: Cosmological Physics. Cambridge University Press, Cambridge (2003)

Cowan, G.D.: Lecture Notes on Particle Astrophysics PH3930. Royal Holloway, University of London (2003). S. a. www.pp.rhul.ac.uk/~cowan/astrophy.html Zugegriffen: 27. Apr. 2017

Hinshaw, G., et al.: Nine-Year Wilkinson Microwave Anisotropy Probe (WMAP) Observations: Final Maps and Results. Astrophys. J. Suppl. Ser. **148**, 135 (2003). ◇ map.gsfc.nasa.gov Zugegriffen: 27. Apr. 2017

Greene, B.: The Fabric of the Cosmos: Space, Time and the Texture of Reality. Alfred A. Knopf, New York 10019 (2004)

Tegmark, M., et al.: The Sloan Digital Sky Survey: mapping the universe Astrophys. J. **606**, 702–740 (2004). ◇ The Sloan Digital Sky Survey: Mapping the Universe. http://www.sdss.org/ Zugegriffen: 27. Apr. 2017

Guth, A.H.: Inflation. In Freedman, W.L. (Hrsg.) Carnegie Observatories Astrophysics Series, Vol. 2: Measuring and Modeling the Universe. Cambridge University Press, Pasadena, CA 91101, USA (2004). astro-ph/0404546

Readhead, A.C.S., et al.: Extended Mosaic Observations with the Cosmic Background Imager. CERN Courier, Genf (July/August 2002). astro-ph/0402359 (2004)

Grupen, C.: Astroparticle Physics. Springer, Berlin (2005)

Bryson, B., Vogel, S.: Eine kurze Geschichte von fast allem, 14. Aufl. Goldmann Verlag, Verlagsgruppe Random House GmbH, München (2005)

Sarkar, U.: Particle and Astroparticle Physics. CRC Press, Taylor and Francis Group, Abingdon, UK (2007)

Stanev, T.: High Energy Cosmic Rays, 2. Aufl. Springer, Heidelberg (2009)

Perkins, D.H.: Particle Astrophysics, 2. Aufl. Oxford University Press, Oxford, UK (2009)

Pauldrach, A.W.A.: In: Burkert, A., Lesch, H., Heckmann, N., Hetznecker. H. (Hrsg.) Dunkle kosmische Energie: Das Rätsel der beschleunigten Expansion des Universums. Spektrum Akademischer Verlag, Heidelberg (2010)

Giani, S., Leroy, C., Rancoita, P.G.: Cosmic Rays for Particle and Astroparticle Physics. World Scientific, Singapur 596224 (2011)

Hooper, D.: Dunkle Materie: Die kosmische Energielücke. Spektrum Akademischer Verlag, Heidelberg (2012)

Bertolotti, M.: Celestial Messengers: Cosmic Rays: The Story of a Scientific Adventure (Astronomers' Universe). Springer, Berlin (2013)

Soler Gil, F.J.: Entdeckung oder Konstruktion?: Die Astroteilchenphysik und die Suche nach der physikalischen Realität. Verlag Peter Lang, Frankfurt am Main (2013)

Catling, D.C.: Astrobiology. Oxford University Press, Oxford (2013)

Olive, K.A., et al., (Particle Data Group): Review of Particle Physics, Chin. Phys. **C 38**, 090001 (2014). pdg.lbl.gov Zugegriffen: 27. Apr. 2017

Oberhummer, H., Puntigam, M., Gruber, W.: Das Universum ist eine Scheißgegend. Carl Hanser Verlag, Berlin (2015)

De Angelis, A., Pimenta, M.J.M.: Introduction to Particle and Astroparticle Physics. Springer, Berlin (2015)

Bernlöhr, K.: Cosmic ray, gamma ray, neutrino and similar experiments. https://www.mpi-hd.mpg. de/hfm/CosmicRay/CosmicRaySites.html. (2015) Zugegriffen: 27. Apr. 2017

Gaisser, T.K., Engel, R., Resconi, E.: Cosmic Rays and Particle Physics. Cambridge University Press, Cambridge (2016)

Fließbach, T. Allgemeine Relativitätstheorie, 7. Aufl. Springer Spektrum, Heidelberg (2016)

Kolanowski, H., Wermes, N.: Teilchendetektoren und Anwendungen. Springer, Berlin (2016)

Perlmutter, S., et al.: Supernova cosmology project. supernova.lbl.gov (2010). Zugegriffen: 27. Apr. 2017

Connors, M., et al.: Internet-Seite des relativistic heavy ion collider. www.bnl.gov/RHIC/ (2017). Zugegriffen: 27. Apr. 2017

Ting, S.C.C.: Internet-Seite des alpha magnetic spectrometer. ams.cern.ch (2017). Zugegriffen: 27. Apr. 2017

Mather, J.C., Smoot, G.F.: Internet-Seite des Satelliten WMAP ‚Wilkinson Microwave Anisotropy Probe'. map.gsfc.nasa.gov (2013). Zugegriffen: 27. Apr. 2017

Register*

*Die kursiv gesetzten Zahlen beziehen sich auf das Glossar; unterstrichene Seitenzahlen bezeichnen Haupteinträge.

© Springer-Verlag GmbH Deutschland 2018
C. Grupen, *Einstieg in die Astroteilchenphysik*,
https://doi.org/10.1007/978-3-662-55271-1